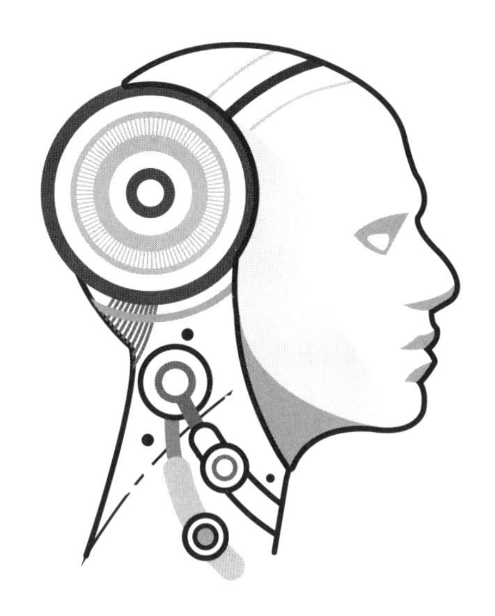

机器学习

互联网业务安全实践

王 帅 吴哲夫 著

電子工業出版社
Publishing House of Electronics Industry
北京•BEIJING

内 容 简 介

互联网产业正在从 IT 时代迈入 DT 时代（数据时代），同时互联网产业的繁荣也催生了黑灰产这样的群体。那么，在数据时代应该如何应对互联网业务安全威胁？机器学习技术在互联网业务安全领域的应用正是答案。

本书首先从机器学习技术的原理入手，自成体系地介绍了机器学习的基础知识，从数学的角度揭示了算法模型背后的基本原理；然后介绍了互联网业务安全所涉及的重要业务场景，以及机器学习技术在这些场景中的应用实践；最后介绍了如何应用互联网技术栈来建设业务安全技术架构。作者根据多年的一线互联网公司从业经验给出了很多独到的见解，供读者参考。

本书既适合机器学习从业者作为入门参考书，也适合互联网业务安全从业者学习黑灰产对抗手段，帮助他们做到知己知彼，了解如何应用机器学习技术来提高与黑灰产对抗的能力。

图书在版编目（CIP）数据

机器学习互联网业务安全实践 / 王帅，吴哲夫著. —北京：电子工业出版社，2019.9
ISBN 978-7-121-35568-4

Ⅰ. ①机… Ⅱ. ①王… ②吴… Ⅲ. ①机器学习－应用－互联网络－网络安全－研究 Ⅳ. ①TP393.08

中国版本图书馆 CIP 数据核字（2018）第 260304 号

责任编辑：张春雨
文字编辑：许　艳
印　　刷：三河市良远印务有限公司
装　　订：三河市良远印务有限公司
出版发行：电子工业出版社
　　　　　北京市海淀区万寿路 173 信箱　　邮编：100036
开　　本：787×980　1/16　印张：32　字数：553 千字
版　　次：2019 年 9 月第 1 版
印　　次：2019 年 9 月第 1 次印刷
定　　价：128.00 元

凡所购买电子工业出版社图书有缺损问题，请向购买书店调换。若书店售缺，请与本社发行部联系，联系及邮购电话：（010）88254888，88258888。

质量投诉请发邮件至 zlts@phei.com.cn，盗版侵权举报请发邮件至 dbqq@phei.com.cn。

本书咨询联系方式：010-51260888-819，faq@phei.com.cn。

推荐语

对于安全行业来说，业务安全正随着业务形态的复杂化而变得越来越具有挑战性，本书从概念到实例都有比较详细的讲解，能够帮助阅读者更好地思考和学习，提供业务安全需求相关的更多技术选择。

——张作裕

阿里巴巴钉钉 CRO

平台型互联网公司都面临着垃圾注册、刷单、“薅羊毛”、信息泄露等业务安全方面的威胁，与黑灰产的对抗需要构建一套有效的业务安全模型体系，而对这个垂直领域，业内的关注度较低。本书作者结合自己多年的实践经验，从技术角度讲解了构建这套模型体系所涉及的常用算法和工具，适合从事业务安全算法领域的初学者学习，也适合中高阶的从业者参考。

——陈朝钢

资深风控架构师

机器学习是多学科交叉的领域，有极广泛的应用。作为一名互联网行业的从业者，很高兴从本书中看到了知识与正义的共鸣：从安全的视角探索机器学习的应用，以高端的技术构筑互联网业务的防护盾。本书作者对业务安全的理解深刻，从数学基础、模型算法、系统应用方面对机器学习知识进行了梳理，值得点赞和学习。

——陈景东

蚂蚁金服高级技术专家

机器学习、安全都是目前互联网领域的热门研究方向，两者的交叉更是最近的研究热点之一。这本书深入浅出，从机器学习的基础理论、模型出发，一步步揭示如何将机器学习应用在业务安全中，书中既有理论的讲解也有经验的总结，非常值得机器学习和业务安全的开发人员学习和借鉴。

——邓钦华

网易云音乐算法智能部负责人

在业务安全形势日益严峻的今天，如何利用机器学习扩大风险的识别范围，提高风险识别的准确度，提升业务安全的自动化水平，是业务安全从业人员高度关注的问题。本书作者对业务安全中常用的机器学习算法和模型进行了深入的讲解，并通过反欺诈、反爬虫、账户安全、内容安全、信贷安全等实际案例指引读者在业务安全工作中选择和应用合适的算法和模型。作者将他们的丰富实战经验完整教授给读者，不仅授人以鱼，更授人以渔。

阅读本书，做业务安全工作的同学可以快速为自己的业务选择合适的机器学习方案；设计算法的同学可以了解机器学习在业务安全应用中的独特之处，激发灵感，对机器学习在业务安全中的应用进行更深入的研究。

市面上鲜有图书既深入讲解机器学习算法和模型，又毫无保留地分享在业务安全实践中应用机器学习的经验，本书尤其值得业务安全的初学者深入研读。

——许瑞

唯品会业务安全负责人

通常我认为有两类（机器学习）算法书比较优秀：一类是书中的知识体系是自洽的，读者不需要同时查阅其他资料就可以学习；另一类是将知识和实践有机结合，不会让读者有学习屠龙术之感，能很快上手实践。非常难得的是，这两个特征都体现在本书中，因而此书是进入智能网络安全领域的一本非常棒的入门书籍。知易行难，让我们像作者一样在机器学习这条路上漫漫求索吧。

——张金

阿里巴巴搜索事业部

高级算法专家

推荐序一

2016 年 3 月，AlphaGo 战胜李世石，人工智能一下子又成为被广泛讨论的热门话题。这两年人工智能发展得非常快，深度学习为语音、文本和图像处理带来了很多突破。机器学习在各种业务场景中有很重要的应用价值。市面上介绍机器学习的书有不少，介绍互联网业务安全的书也有一些，但是介绍机器学习在互联网业务安全领域实践的书，并不多。

本书开篇概述了互联网业务安全的内涵，接着就进入正题介绍机器学习的内容，从机器学习的入门知识到模型再到具体工程的实施，让缺少相关经验的读者能够比较容易地顺着这个思路了解对应内容。后面的章节更多的是围绕具体业务安全工作而展开的，内容十分丰富。更重要的是，这些都是两位作者在实际业务场景中的实战经验的总结。从我个人的角度看，这些在业务场景中积累的经验更加宝贵，就好比是真的上了战场而且打了胜仗的高手所分享的经验，弥足珍贵。

希望本书能够给读者带来更多的帮助。

曾宪杰

蘑菇街副总裁

推荐序二

当我突然收到王帅同学的《机器学习互联网业务安全实践》初稿时，既感到惊讶也感到佩服。惊讶的是，在我印象中还是个毛头小伙子的他，已经能拿着自己的著作出现在我面前。佩服的是，写书毕竟是一件非常繁杂辛苦的事情，王帅同学虽然研究生毕业才 5 年，但却有勇气也乐意在繁忙的工作之余，花功夫将理论知识和自己的实践经验总结成书，造福读者。

回想起来，王帅读研期间一直都是一位发展全面、表现优秀的学生。学习成绩好，自不必说，他是 2010 年从哈尔滨工业大学保送到华中科技大学图像所（2013 年已与自控系合并为自动化学院）读研的，读研期间课程成绩名列前茅。最突出的是他的科研动手能力，那段时间我们刚好承担了一项国家工程的关键技术攻关任务，由于问题的特殊性，几乎没有可参考借鉴的资料，而且时间紧、任务重，王帅作为主力承担了其中的两项研究工作，均圆满完成任务，得到单位的好评。另一方面，王帅还是当时图像所研究生会的主席，积极为同学服务，把所里的学生工作开展得有声有色，除了组织日常的学术交流活动，文体活动也举办得丰富多彩，拿了学校不少的奖，很有影响力。

这几年，人工智能在媒体的高度关注下热度爆棚，技术发展极为迅速，新思想、新方法、新算法层出不穷，应用领域也在不断扩大。如果仅靠在学校学习的知识，显然是不能适应这个领域日新月异的发展的，每一个技术人员在工作中都必须有很强的自学能力，不断提高自身素质，才能跟上技术发展的步伐。显然，王帅做到了不断学习、不断进步。他能写这本书就是最好的证明。

这本书的意义不仅仅在于王帅同学对自己的前期工作做了很好的总结，更重要的是，业务安全是一个充满激烈对抗的领域，如何应对黑灰产对互联网平台的攻击是每一位相关技术从业者都需要思考的问题，本书对于那些刚入职场、刚进入业务安全领域的新人来说，具有很强的指导意义，能让他们很快将书本知识和实际应用相连接，尽快达到工作要求。当然，这本书将机器学习理论与业务安全相结合，也能让这个领域的从业者受到启发，具有“抛砖引玉”的作用。

最后，希望王帅同学戒骄戒躁，继续努力，为机器学习在业务安全领域中的应用做出更多贡献。

曹治国

教授，华中科技大学自动化学院院长

序言一

写下本文的此刻，我正坐在从杭州前往北京的 G40 次列车上，准备参加第二天在北京理工大学举办的 MLA 2017 会议。北京是我开始参加工作的地方，也是我第一次实习的地方，对于北京，我是很有感情的。而对于杭州，则怀着难以名状的情愫，从古至今，无数文人墨客在此留下印记，其中李叔同先生的“未能抛得杭州去，一半勾留是此湖”给我的印象最为深刻。所以 2015 年春节后，我毅然从百度离开加入蘑菇街（现在的美丽联合集团，简称美联），在反作弊团队工作。工作的方向也从搜索算法策略转到了业务安全算法策略。我们的团队从最初仅有反作弊相关算法策略，到现在机器学习算法能够服务于主要的业务安全场景，算法技术的迭代与优化历经了近 3 年的时间。虽然与 BATJ 等巨头相比，我们的体量还有较大的差距，但是“麻雀虽小，五脏俱全”，当前我们的业务安全算法策略体系基本涵盖了统计机器学习方法、深度学习方法和复杂网络的相关算法。

在 2018 年 51CTO 组织的 WOT 峰会[1]和唯品会组织的城市沙龙上海站[2]中，我们的团队都分享了在美联业务安全场景中使用机器学习方法的一些心得体会和实践经验，收到了较好的反响。在会议期间，我们和同行们针对当前所面临的问题做了深入的交流。而我个人也在 CSDN 的博客上发表文章，剖析和分享生产环境中涉及的一些算法原理知识。正是因为这些文章，电子工业出版社的张春雨先生辗转找到我，希望我能写一本关于如何在业务安全中应用机器学习的书籍。说实话，一开始我是非常“紧张”的，一是考虑到业务安全的范围实在太大，自己平时接触的工作还是有一定的局限的；二是机器学习这个领域内的经典图书很多，李航博士的《统计学习方法》和周志华老师的《机器学习》（俗称“西瓜书”）都广受好评，我来写书岂

---

1 http://wot.51cto.com/act/2017/innovation/page/agent

2 https://mp.weixin.qq.com/s/7t5zMuAscs_I8f1poMrJVA

不是班门弄斧？而与张春雨先生深入沟通后，我逐渐打消了顾虑，也明确了本书的定位。

幸运的是，我们团队内新加入的盖世（花名）同学对于此事非常感兴趣，再加上其个人在机器学习领域也积累了不少经验，所以我们一拍即合，欣然接受了张春雨先生的邀请，决定为互联网业务安全中的机器学习技术做一点小小的贡献。

本书旨在为工程技术人员提供一份在业务安全中实践机器学习技术的入门指南，内容包括业务的背景、机器学习算法的原理、算法的实现与优化，以及在生产环境中算法的上线与迭代方法。如果我们踩过的“坑”和积淀的经验能够为相关从业者带来一些启发，我们就心满意足了。

此时列车刚开过济南西站，窗外已经是茫茫黑夜，正如黑灰产和“羊毛党”们所处的隐蔽之处。与这些不法分子对抗是业务安全从业者的职责，而机器学习技术也许就是划破这黑暗的一束光，为我们赢得胜利带来可能。希望此书可以让这束光愈加明亮。

王帅

序言二

作为一个科班出身的计算机从业人员，深知在机器学习领域摸爬滚打的不易。在山东大学学习期间，我学的是软件工程，对编程有浓厚的兴趣，陈竹敏老师认可我的才能，并让我参加与美国得克萨斯州大学的合作项目，还推荐我继续读研究生。在读研的两年期间，北大的杨雅辉老师对我的学习给予了极多的指导。后来，我又跟随微软亚洲研究院的袁进辉老师学习，收获良多，从一个动手能力极弱的“小白”成长为能熟练编写代码的机器学习工程师。现在从业三年，也指导了许多学弟、学妹进入职场，希望自己也能像我的老师们一样无私地传授知识。

回想自己学习机器学习的经历，感慨良多。本科毕业时，尽管已经学习了《微积分》《线性代数》《离散数学》《数理统计》《计算机组成原理》《编译原理》《操作系统》《算法导论》《运筹学》等教材，我却并没有见到这些本应有极高价值的书本知识在实际工作中发挥多大的作用，因此十分迷茫。当时陈竹敏老师推荐我继续深造，从此折节读书，半载后来到梦寐以求的学府——北京大学。感谢我的室友，他们的专业（自然语言处理和机器学习）对我产生了极大的影响，也终于看到了自己投入时间学习的课程知识能够发挥的价值。为了不至于落后周围人太多，我深居简出，自学了《数值分析》《测度论》《代数》《统计学》《贝叶斯统计》《图论》《矩阵论》《凸优化》等教材，并且了解与学习了衍生的应用学科知识，研读《机器学习》《密码学》《应用回归分析》《组合数学》等书籍。工作以后，虽然有很多想要深入学习的细分理论知识，买了《实变函数与泛函分析》《博弈论》《拓扑学》等图书，但是一直苦于没有足够的时间，这些书籍已经在书架上落灰了。

上面罗列了一些教材，其实是想给在校的学生朋友学习机器学习提供一个书单。当然，纸上学来终觉浅，绝知此事要躬行，任何理论知识只有在实际场景中应用或实验，才能加深理解。

作为一个机器学习领域的新人，我也在不断认真学习机器学习的理论，希望能够在工作中充分应用所学知识。我曾在传统行业工作，后来进入大数据领域，在电商行业摸爬滚打。我觉得人应该脚踏实地，无论身处何种行业，都应该在一个专业领域深入地学习。现在，我已经是一个父亲，肩上的责任越来越重，但是我十分感恩。感谢家人，让我学会了真诚待人，享受生活中的一切美好。

吴哲夫

前言

机器学习学科的发展大体经历了规则学习、统计学习、深度学习这三大阶段。从最早的结构化的人机赛棋，到广泛领域的知识问答，再到当下红极一时的自动驾驶等工业领域，机器学习已经被成功应用到模式识别、数据挖掘、自然语言处理、人工智能、语音识别、图像识别等各个领域，并且被综合应用到信息检索、生物信息技术、自动驾驶、无人机、AR/VR、医疗、教育等各个行业。

机器学习的很多方法在原理上是相通的，只不过适用的领域不同。机器学习的能力比较强大，应用范围广泛，要解决的问题多且繁杂，因此并不存在一个适用于所有问题的结构化方法。这就要求机器学习工程师具备较高的素质，除了掌握计算机科学基础的三个方面的知识（系统、软件、理论），还要对机器学习算法有深入的了解，只有这样才可以搭建出一个适用于工业界应用的好框架。

基础决定深度。一般来讲，机器学习由**模型**（建模）、**策略**（学习方法）、**算法**（实现）三部分组成，叫作机器学习三要素。这三部分层层递进，推理的难度逐渐增加，对人的要求也不一样：在建模过程中需要有理解能力，在设计学习方法时需要有数学推理能力，最终将学习方法实现为算法时需要有转化能力。当然，一些资深的程序员或者 ACM（Association for Computing Machinery）竞赛的参赛者，本身有非常强的代码理解能力，这些能力能帮助他们理解算法，并进一步理解机器学习的过程。

要想成为一名优秀的机器学习工程师，必须有良好的数学基础。在本科阶段学习的数值分析、线性代数、概率与统计、离散数学等课程知识，对于理解大多数模型来说已经足够了。概率与统计及离散数学是理解模型的基础，线性代数决定了你实现算法的能力，数值分析决定了推衍过程。然而，如果希望更深入地理解模型算法的实现原理、掌握和学习更多的模型，还需要学习矩阵论、优化论、泛函分析、贝叶斯统计、模糊数学等方面的知识。

在工业界，很多时候大家只是使用模型，最低的要求就是理解模型的输入、中间过程和输出。要快速掌握并使用模型，关键在于理解模型的适用条件，这样才能构造出符合模型要求的特征。客观地讲，并没有不好的模型，只有没有构造好的特征。这也牵扯到模型的适用性问题，有些任务可能非常难以转化成模型最适用的问题，因为有时候如果强制使用某种模型，可能需要对于任务与特征本身有深刻的理解，以及长时间的浸淫。

很多时候，我们并不一定要选择最合适的模型，究其原因：一是我们所选择的模型可能并不需要特别复杂的转化就可以用于此种问题；二是机器学习工程师不一定有时间对某个行业进行深入的分析和研究，提取出适用于模型的各种特征；三是强制使用某种模型可能会导致转化问题本身就是一个复杂的问题，需要对结构进行大量修改以及在工程上提供支持。由于业界竞争激烈，有时候我们需要的是快速迭代，因此这时更关键的是选择一个基本适用的模型，先验证得到问题的可解性和baseline，然后再不断优化。

本书适合那些从其他编程领域转入机器学习领域的工程师阅读，帮助他们快速掌握模型及其应用。本书假设读者已掌握微积分、概率论、线性代数以及离散数学的基础知识。书中简单介绍了机器学习的基本概念及其背后的数学原理，以机器学习在业务安全领域的应用为线，详细讲解如何将机器学习应用到业务安全工作中，对一些模型的策略和算法进行了深入介绍。

本书第 2 章、第 3 章中的一些数学基础知识（定义、原理等），引用自国内外名校采用的本科与研究生教材，笔者按照自己学习机器学习的路线对这些知识进行了编排，并统一了数学符号，方便大家快速了解或查询。

限于篇幅，本书只列出必需的数学基础知识，仅对某些定理给出了证明，并加入笔者的解释，帮助大家理解。机器学习是一门与数学联系十分紧密的学科，因此笔者更愿意用符号、公式和算法语言来介绍相应的内容，希望大家能通过定义理解函数，通过算法语言理解算法本身，培养看公式比看文字更高效的能力。希望大家能够理解算法的原理，了解如何恰当地将机器学习应用到实际场景中，既抛出问题，又给出笔者积累的解决问题的思路。最后还要强调，数学是基础，数学概念字字珠玑，请大家认真理解，在此基础上你甚至能创造属于自己的算法。

鉴于写作时间仓促以及篇幅有限，书中有些地方的讲解可能比较晦涩或者不够全面，尽管笔者竭尽所能，有些疏漏也在所难免，希望大家能够在发现问题后第一时间联系笔者，笔者会在再版时更正，在此先表示感谢。下图所示为机器学习算法工程师需要具备的技能树。

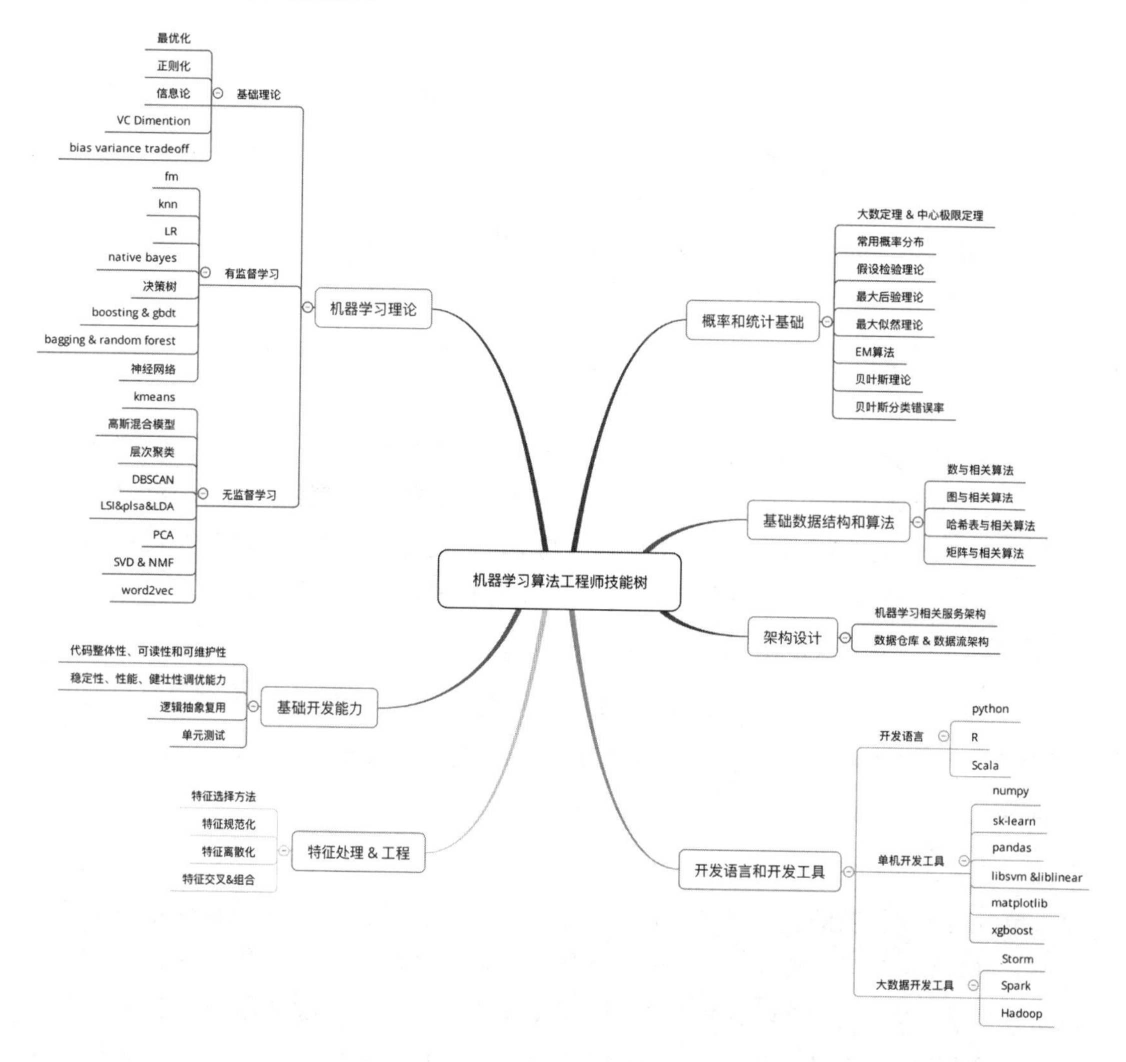

目录

第1章 互联网业务安全简述

互联网的诞生，可以说在某种程度上改变了人类的生活方式。从 2000 年开始，数字社会的概念逐步深入人心，而移动互联网的兴起，更是颠覆了人们获取与消费信息的形式。什么是互联网业务安全？互联网厂商在开展生产活动和经营业务的过程中的安全，就是互联网业务安全。例如，电商平台提供的电子商务服务的安全、社交平台提供的 SNS（Social Networking Service）的安全等都属于互联网业务安全的范畴（为了表述上的方便，书中有些地方会简称“业务安全”）。为什么要研究互联网业务安全呢？因为在网络中存在这样一群人，他们通过技术或者社会工程学手段来攫取信息而获得非法利益，通常被称为网络黑灰产或者“羊毛党”。各大互联网厂商为了维护互联网业务安全，就需要构建相应的风控防线来与之对抗。

尤其是最近几年来，由于网络信息泄露造成的欺诈事件屡见于各大新闻媒体，其带来的一系列社会问题也逐渐浮出水面。例如臭名昭著的电信诈骗案，受影响的群体中不仅有普通用户，甚至还有互联网从业者。笔者身边的同事就曾遭遇类似的诈骗事件。据公安部的统计数据，我国黑灰产的从业者数量已经超过了 150 万，而安全行业人员的数量却只有前者的几十分之一，可以说互联网业务安全的形势十分严峻。

本章首先通过近年的热点安全事件来介绍互联网业务安全的现状，然后基于此现状讨论互联网企业应该如何应对来自网络黑灰产的挑战。

1.1 互联网业务安全现状

纵观全球，互联网业务安全事故频发，随之而来的一系列欺诈和诈骗等事件也逐渐走进公众的视野。从结果看来，不仅中小互联网公司深受其害，大型互联网厂商也难以幸免。下面简要介绍一些互联网行业内影响较大的业务安全事件。

2015 年 10 月 19 日，乌云网宣布发现新漏洞，该漏洞导致网易 163 和 126 邮箱上亿条的用户数据被泄露，其中包括用户名、密码等敏感信息[1]，造成了非常恶劣的社会影响。用户受到的威胁主要有关联的 iCloud 账号被盗、手机被锁、其他使用网易邮箱注册的服务被篡改等。

2016 年 11 月 16 日，在美股上市的公司宜人贷发布的第三季度财报披露，2016 年 7 月发生一项针对该公司某极速借款产品的有组织的欺诈事件，让其认列了一项约 8126 万元（人民币）的特殊风险准备金[2,3]。无独有偶，红岭创投也多次被曝出因内外勾结而被骗贷的新闻[4,5]。

2016 年 12 月 10 日，有消息称京东用户信息遭泄露[6,7]，一个大小为 12 GB 的数据包在互联网上流传，其中包括用户名、密码、邮箱、QQ 号、电话号码、身份证等敏感数据，多达数千万条。京东于当年 12 月 11 日凌晨 2 点迅速做出反应，表示该信息泄露源于 2013 年 Struts 2 的安全漏洞，在问题被发现后迅速进行了修复，但是因部分账户未及时升级账户安全策略，所以有一些信息被泄露。

2017 年 11 月 21 日，美国打车软件公司优步（Uber）被彭博新闻社曝出用户信息被泄露的丑闻[8,9,10]。该公司在 2016 年 10 月曾发生一起极其严重的信息泄露事件，全球 5700 多万用户和 700 万名司机的个人信息被泄露，优步公司更是为此支付了 10 万美元的“封口费”。该事件的影响深远，欧洲多个国家的数据保护机构纷纷跟进调查，美国和英国的政府也表示严重关切。

2018 年 4 月 11 日，浙江余姚人民检察院发布消息[11,12]，“90 后”小伙陈某于 2017 年 12 月 8 日上午发现支付宝的某漏洞：在支付宝某页面中输入任意手机号码，支付宝后台服务器便认定该手机号码绑定的支付宝账户扫了陈某的支付宝二维码，该手机号码对应的用户便会获得支付宝的营销红包，而在该红包被抵用之后，陈某就能在支付宝内获得同等额度的赏金。两天时间内，陈某便获得了 90 多万元的赏金，而且陈某还将该方法授予其兄弟李某，李某利用该方法也获利 20 余万元。支付宝方面在发现异常后，向公安机关报警。2018 年 1 月 2 日，陈某被余姚市公安局抓获，并以破坏计算信息系统罪被批准逮捕。

上述热点事件仅仅是互联网业务安全事故的冰山一角。可以说从互联网（万维网）诞生开始，业务安全就是绕不开的话题。而目前全世界的网民数量已经超过 40 亿，伴随着移动互联网的兴起、“互联网+”应用的日益深入，互联网早已经成为人们日常生活的一部分，借由互联网开展的业务已经渗透到衣食住行等各个方面。根据相关统计数据，2016 年中国数字经济总量达到 22.6 万亿元，在 GDP 中的占比超过 30%[13]。这样庞大的利益蛋糕必然会吸引网络黑灰产和“羊毛党”的关注，他们会利用各种技术和非技术（社会工程学）手段来攫取利益。有关统计数据显示，全球范围内各种欺诈、钓鱼、拖库、撞库等案件以每年 30%的速度递增，其中仅国内的黑灰产人员就超过了 150 万，每年造成的资金损失规模高达千亿元。

对于那些黑灰产“专业户”而言，他们很清楚不同规模企业的风控程度及风险应对能力。许多大型企业由于有充足的资金和人力，甚至会在各种黑灰产链条中埋下眼线。可以说黑灰产与企业间的斗争像警匪片，而在巨大利益的诱惑下，真实情况还要复杂得多。

例如，对于电商平台上的商家而言，流量就是红利，多一些好评，多一些展示机会，可能就意味着多几百万元的收益。一般而言，平台对商家的管控能力是有限的，同时，新商品销售的冷启动、爆款商品销量的维持一直是商家要解决的难题，这就导致了商家会通过广告以外的非正常手段来提升流量。对于平台来说，商家这样做也增加了平台的流量与收入，所以大部分互联网企业为了追求收益都会放任商家的行为。这样做从短期来看似乎有利可图，但是从长期来看，不仅会降低用户对平台的信任度，更会造成劣币驱逐良币的现象。

许多灰产（比如“羊毛党”）会直接侵犯平台的权益，不论是流量推广、红包激励还是大促活动，他们都能从平台原本要让给用户和商家的利益中“薅羊毛”。举一个简单的例子，比如做流量推广，每个 App 的推广都需要投入极大的资金，当前很多企业选择将其外包给第三方来做，最后进行结算。这时总会有一些黑灰产或者“羊毛党”利用“僵尸用户”或者模拟真实用户消耗企业的推广资金（当然，大多企业还是会自己统计流量推广所带来的用户量与留存用户量之间的差距的）。

小企业可以幸免吗？答案当然是否定的，小企业遭受的损失甚至有过之而无不及。小企业由于其体量小，往往认识不到其中的风险，或者即使认识到了也没有精力做好风控。在互联网平台的运营过程中，对运营方案考虑不周会使黑灰产有机可乘，轻则“吃掉”大部分活动的预算，重则拖垮整个公司。

随着电商的兴起及移动支付的繁荣，资金的流转越来越便利和频繁，这也给不法分子很多可乘之机。而互联网金融的兴起，让黑灰产趋之若鹜，为了高额的非法收益不惜铤而走险。纵观近年来的业务安全事件，可以总结出如下特点：

- 频率高，范围广。互联网业务安全事件的数量呈逐年上升态势，波及范围甚广，例如波及全球的比特币勒索病毒 WanaCrypt0r 2.0（永恒之蓝）事件。
- 高度产业链化。黑灰产已经逐步形成一条完整的产业链，内部分工明确、技术专业，而且十分隐蔽。
- 危害严重，社会影响较大。一些互联网业务安全事件的社会危害程度很大，甚至会伤及受害人的性命，例如电信诈骗。

互联网技术极大地推动了社会发展，为企业创造了可观的财富，也被很多不法分子当作吸金的工具。他们就像苍蝇一样一路追寻着利益，利用各种互联网技术进行偷盗、诈骗、敲诈等不法行为。可以说围绕互联网的黑灰产正以极快的速度蔓延，给互联网业务安全带来极大影响。互联网业务安全正面临着严峻的形势与挑战，现状不容乐观。

1.2 如何应对挑战

那么，我们如何应对挑战呢？总的说来，互联网业务安全工作的重点在于未雨绸缪，尽可能地避免亡羊补牢（当然，在安全事件无法完全避免时，亡羊补牢也是必须做的事情）。因为一旦发生安全事件，其影响就是不可逆转的，轻则影响业务的推进与用户的体验，重则关系到互联网公司的生死存亡。一般来讲，互联网业务安全工作可以从以下三个方面着手。

首先，对互联网业务安全预警信息实施监控。这是进行互联网业务安全防护的先决条件。从外部来看，业界内的信息共享是对抗黑灰产的有效手段，而且信息共享对于互联网厂商来说是双赢的，因为在互联网环境中，没有哪一家互联网公司是信息孤岛，信息的泄露会在不同互联网厂商之间造成危害，而信息共享则会为厂商提供一定的安全预警时间。从过去的经验看，安全事件虽然一开始发生在某家企业，但是其影响会以很快的速度波及同行业的公司乃至整个业界。例如曾经极其猖獗的电商“钓鱼”诈骗事件，大多数电商平台都未能幸免，造成了非常恶劣的社会影响，也给诸多用户带来了经济上的损失。而对安全事件的联防联控会为广大公司争取一定的应对时间，避免完全被动的形势。

进一步讲，随着国家对网络安全重视程度的提高，以及法律制度的健全，广大互联网企业还可以联合司法机关与政府部门共同治理网络黑灰产，提高不法分子的犯罪成本。从内部来说，立足于公司的业务现状建立情报监测系统，能为业务的正常开展提供安全防护预警信息，尽可能地提前分析开展业务时可能遇到的风险，为业务保驾护航。综上所述，获得安全预警信息的目的是为应对安全事件争取时间，为业务的开展争取安全空间，也可以说是业务安全防护的“天时”。

其次，提升业务安全防护技术，这是互联网业务安全防护的基石。目前技术型黑灰产已经成为网络犯罪的主流，而且处于犯罪产业链的最上游，同时黑灰产技术种类齐全，人员有求必应，目标精准，其手段随着技术发展和社会需求不断变化。举例来说，随着移动互联网的发展，针对移动端应用的攻击的数量与日俱增，如何加固移动端应用，防止其被黑客攻击，是各互联网厂商绕不开的技术门槛。再比如，拖库和撞库是黑灰产进行安全渗透攻击的常见手段，在进行架构设计及编码时，就要把加强敏感和隐私信息的保护，以及提升用户账户系统的安全防护能力考虑进来。随着大数据、人工智能和机器学习（包括深度学习）等相关技术的进步，在海量业务数据中挖掘出异常风险行为，已经是互联网业务安全防护技术的核心功能之一。

另外，值得一提的是，目前大型的互联网厂商都已经发布了业务安全防护的商业化产品，例如腾讯的天御[14]、阿里的蚁盾[15]和网易的易盾[16]等，小型的业务安全厂商也各有建树，例如邦盛[17]、同盾[18]、数美[19]和极验[20]等。互联网平台不仅要通过合理地利用外部技术来增强自身的业务安全防护能力，更要立足于自己的业务特点来积累和沉淀业务安全防护技术，这样才能各取所长，灵活高效地应对各类业务安全风险事件，构筑业务安全防护的基石。技术能力作为对抗黑灰产的基础，可以说是业务安全防护必须依赖的“地利”。

最后，培养业务安全相关的专业技术人员，这是业务安全防护的核心。一般而言，从事业务安全行业是有一定门槛的，不仅需要具备专业的技术能力，而且需要了解业务本身，这样才能从海量数据中捕捉到异常，找出业务安全的漏洞与潜在风险。尼采曾说，“当你在凝视深渊的时候，深渊也正在凝视着你。”业务安全技术人员在从业过程中，无时不面对黑灰产的巨大利益诱惑，难免会有心理上的波动，而风控人员监守自盗，与黑灰产同流合污的新闻也不新鲜。所以，对业务安全相关的专业技术人员的培养是非常重要的。他们既要有专业技能，又要对业务及数据保持敏感，还要有正直的品格，这样的人才能在与网络黑灰产的斗争中把握正确的方向，为构筑业务安全的护城河添砖加瓦。业务安全相关的专业技术人员作为“正义与邪恶”对抗的核心，可以说是业务安全所必需的“人和”。

总而言之，互联网业务安全形势日益严峻，各大互联网厂商需要积极构筑业务安全的护城河。然而这个过程并不是一蹴而就的，需要天时、地利与人和。而本书将重点从机器学习算法原理和应用的角度切入，介绍如何基于机器学习技术构建风险识别的引擎，为业务安全防护提供一定的技术支撑。

1.3 本章小结

本章首先介绍了互联网业务安全的现状，列举了近年来的业务安全热点事件，例如网易邮箱密码泄露、京东用户信息泄露等，总结了业务安全事件的三个特点，即：频率高、范围广，高度产业链化，社会危害严重。然后，从三个方面阐述了互联网平台如何应对业务安全风险的挑战，主要包括：监控业务安全预警信息，提升业务安全防护技术，以及培养业务安全相关的专业技术人员。最后，阐述了本书的切入点，即：基于机器学习技术来打造风险识别引擎，为业务安全对抗提供技术支撑。

参考资料

[1] http://business.sohu.com/20151020/n423654851.shtml

[2] http://finance.sina.com.cn/chanjing/gsnews/2017-03-17/doc-ifycnpit2131931.shtml
[3] http://www.csai.cn/p2pzixun/1217637.html
[4] https://www.huxiu.com/article/187631.html
[5] http://finance.ifeng.com/a/20170724/15546879_0.shtml
[6] http://www.sohu.com/a/121239860_115207
[7] http://finance.sina.com.cn/roll/2016-12-11/doc-ifxypcqa9296945.shtml
[8] http://caijing.chinadaily.com.cn/2017-12/06/content_35273852.htm
[9] http://news.163.com/17/1122/15/D3S075G100018AOQ.html
[10] http://tech.sina.com.cn/i/2017-11-24/doc-ifypathz5508560.shtml
[11] http://www.sohu.com/a/228273682_116815
[12] http://www.techweb.com.cn/digitallife/2018-04-13/2654963_2.shtml
[13] http://www.cbdio.com/BigData/2017-07/14/content_5557896.htm
[14] https://cloud.tencent.com/
[15] http://www.yidun.com/
[16] http://dun.163.com/
[17] https://www.bsfit.com.cn/
[18] https://www.tongdun.cn/
[19] https://www.ishumei.com/
[20] http://www.geetest.com/

第2章

机器学习入门

本章汇总机器学习的基本概念及相关的数学原理，从机器学习中常用的概念出发，将其中的数学结构抽象出来，并梳理不同机器学习模型背后共同的数学原理，讲述其机制。为了便于读者理解，本章的讲解没有拘泥于固定的机器学习模型，因为实际上大多数模型都是不同数学理论的抽象与融合。本章的内容将为读者从数学的角度深入了解机器学习的原理、构建自己的模型夯实基础。

2.1 节阐述多数模型都要用到的相似性度量的概念。因为不论模型的特征空间属于何种空间，最终都需要一种衡量相似度的标准，所以本章首先介绍不同空间衡量相似度的方法。

2.2 节讲解矩阵基础，帮助读者复习矩阵论的知识。矩阵论是绝大多数机器学习理论的基础，一般而言，机器学习工程师能否快速地掌握新模型，多数情况下取决于其对矩阵论理解的透彻程度。

2.3 节介绍空间理论，讲述了多个空间的概念，使读者了解不同模型的真正适用范围。如果在某些情况下使用一种模型总是难以获得好的效果，很有可能是因为你对模型适用空间的理解产生了偏差。这也是为什么笔者提出，没有不好的模型，只有不适用的抽象方式的原因。例如，将特征抽象成并不适用于此类空间中内积度量的方式，就会导致模型很难达到预期效果。

2.4 节介绍常用机器学习方法所使用的数学结构。简单的结构总是容易被先发现。纵观机器学习的发展史，机器学习模型的结构从简单的线性模型、单层模型，发展到多层模型和网络模型。其实，模型的发展并非受限于人对于结构的想象，而是受限于数学领域对于复杂结构的研究与成果的普及（比如随机过程、贝叶斯网络等）。

某个领域越成熟，研究人员的基数越大，其产出就会越多。因此，对数学和物理等基础学科的研究，永远是推动人类科技发展的动力。

2.5 节介绍贝叶斯统计。该方法是网络结构、概率模型、概率图模型的基础。对其的简单应用已经可以抽象出很多机器学习策略或模型，如果再将它与其他结构相结合，还能够产出更多模型，如 LDA（Latent Dirichlet Allocation，潜狄利克雷分布）、深度网络模型等。

2.6 节讲述策略与算法，这是构建模型后最重要的步骤。如果一个复杂的模型没有已知的学习算法相佐，我们就无法得知其隐含的假设空间形式，以及如何最优化假设空间。数学是自然科学的理论基础，希望大家在构造模型的同时，都有敏锐的数学思维。如果本书能够提供一点指导性的方向，引领大家找到自己需要补足的知识，也就算达到了目的。

2.7 节是笔者总结的一些经验，汇总了笔者和同行在机器学习实践中遇到的一些常见问题和处理问题的经验，希望对大家解决工程上的实际问题有所帮助。

2.1　相似性

相似性（similarity）是机器学习中经常涉及的一个概念。现在的机器学习体系绕不开对相似性的度量：不论是机器学习的目标——从统计的角度出发，利用总体中的观测样本建模来衡量模型在未知数据上的表现，还是大多数特定模型，其本质都是衡量数据之间、函数之间、空间之间的相似性，虽然它们的度量方式各不相同。

本节先讲述范数的概念，进而介绍各种不同距离的度量方式。

2.1.1　范数

范数（norm）是一个函数，用来度量向量或者向量空间的大小和长度。在泛函分析与计算数学中，特别是在数值代数中，以及在研究数值方法的收敛性、稳定性及误差分析等问题时，范数都扮演着重要角色。在赋范线性空间中，范数的定义需要满足三个条件：非负性、齐次性和三角不等式。

我们先介绍向量范数，再来看矩阵范数的概念。

2.1.1.1 向量范数

定义 若 V 是数域 P 上的线性空间，而且对于 V 的任一向量$\boldsymbol{x}$，若实值函数$\|\cdot\|: \mathbb{R}^n \rightarrow \mathbb{R}$满足如下条件：

（1）$\forall \boldsymbol{x} \in \mathbb{R}^n$，$\|\boldsymbol{x}\| \geqslant 0$；如果$\boldsymbol{x} = 0$，则$\|\boldsymbol{x}\| = 0$

（2）$\forall \alpha \in \mathbb{R}$，$\boldsymbol{x} \in \mathbb{R}$，有$\|\alpha \boldsymbol{x}\| = |\alpha| \|\boldsymbol{x}\|$

（3）$\forall \boldsymbol{x}, \boldsymbol{y} \in \mathbb{R}^n$，$\|\boldsymbol{x} + \boldsymbol{y}\| \leqslant \|\boldsymbol{x}\| + \|\boldsymbol{y}\|$

则称$\|\cdot\|$为向量范数，其中$\mathbb{R}^n$表示 n 维向量空间。

向量范数是对向量大小的一种度量，可以形象地理解为向量的长度，比如向量到零点的距离，抑或相应的两个点之间的距离。

下面列出几个有代表性的 n 阶向量范数。

1．$L1 = |\boldsymbol{x}_1| + |\boldsymbol{x}_2| + \cdots$

$L1$ 表示向量 $\boldsymbol{x}$各元素的绝对值之和。

2．$L2 = \sqrt{\boldsymbol{x}_1^2 + \boldsymbol{x}_2^2 + \cdots}$

$L2$表示欧氏空间中的点到原点的距离，因此也称为欧氏（Euclidean）范数或者弗罗贝尼乌斯（Frobenius）范数。

3．$Lp = (|\boldsymbol{x}_1|^p + |\boldsymbol{x}_2|^p + \cdots)^{1/p}$

可以看到 $L1$、$L2$ 与 Lp 其实是相同的形式。

4．$L\infty = \lim(\sum|p_i - q_i|^k)^{1/k}$

$L\infty$表示向量 $\boldsymbol{x}$的元素中绝对值的最大值，称为无穷范数，也是一致范数（对于一个紧支撑的连续函数而言，它的一致范数可以理解为 Lp 意义下的范数的极限）。

如图 2-1 所示，Lp 球显示了在三维空间中不同范数的直观含义。随着 p 值的递减，Lp 所代表的空间大小也相应递减。

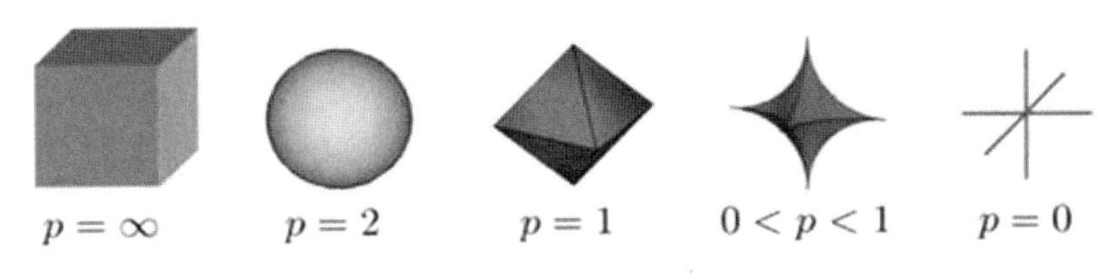

图 2-1　*Lp* 球

实际上，范数不仅应用于 n 维向量空间，对于所有的赋范线性空间，范数的定义都成立。在后面介绍矩阵的相关理论时，我们还会讲到这个概念。

2.1.1.2　矩阵范数

定义 设$\boldsymbol{A}$为$m\times n$矩阵，$||\cdot||_\alpha$是$\mathbb{R}^m$上的向量范数，$||\cdot||_\beta$是$\mathbb{R}^n$上的向量范数，则定义矩阵范数为：

$$||\boldsymbol{A}|| = \max_{\|\boldsymbol{x}\|_\beta=1}\|\boldsymbol{Ax}\|_\alpha$$

矩阵范数具有与向量范数相似的性质。二者的区别在于，向量范数的性质包含在定义的条件中。矩阵范数由于包含了向量范数的定义，因此有如下性质：

（1）$||\boldsymbol{Ax}||_\alpha \leqslant ||\boldsymbol{A}|| \cdot ||\boldsymbol{x}||_\beta$

（2）$||\lambda\boldsymbol{A}|| = |\lambda| \cdot ||\boldsymbol{A}||$

（3）$||\boldsymbol{A}+\boldsymbol{B}|| \leqslant ||\boldsymbol{A}|| + ||\boldsymbol{B}||$

（4）$||\boldsymbol{AD}|| \leqslant ||\boldsymbol{A}|| \cdot ||\boldsymbol{D}||$

其中，$\boldsymbol{A}$、$\boldsymbol{B}$为$m\times n$矩阵，$\boldsymbol{D}$是$n\times p$矩阵，λ为实数，$\boldsymbol{x}\in\mathbb{R}^n$。

同样地，下面列出几个有代表性的 n 阶矩阵范数：

（1）$||\boldsymbol{A}||_1 = \max_j \sum_{i=1}^m |a_{ij}|$，称为**列范数**。

（2）$||\boldsymbol{A}||_2 = \sqrt{\lambda_{\boldsymbol{A}^{\mathrm{H}}\boldsymbol{A}}}$，$\lambda_{\boldsymbol{A}^{\mathrm{H}}\boldsymbol{A}}$表示$\boldsymbol{A}^{\mathrm{H}}\boldsymbol{A}$的绝对值的最大特征值，$||\boldsymbol{A}||_2$又被称为**谱范数**。

（3）$||\boldsymbol{A}||_\infty = \max_i \sum_{j=1}^n |a_{ij}|$，称为**行范数**。

其中，矩阵$\boldsymbol{A} = (a_{ij})_{m\times n}$。

2.1.2 度量

机器学习的一个重要应用就是度量（metric）。我们度量个体或群体之间的差异，以此评估个体或群体的相似性，判断其类别。最常见的是将度量应用于聚类和分类方法。对于不同的数据特性，我们抽象出来的假设空间也不一样，所以会采用不同的度量方式。

2.1.2.1 欧几里得距离

欧几里得距离（Euclidean distance），也称欧氏距离，是一种常见的距离定义，指在 n 维空间中两个点之间的真实距离，或者向量的自然长度（即该点到原点的距离）。欧氏距离对应于 $L2$ 范数，相当于两点之间的 $L2$ 范数。在二维和三维空间中，欧氏距离就是两点之间的实际距离：

$$d=\sqrt{\left(\sum_{i=1}^{n}(x_i-y_i)^2\right)}$$

2.1.2.2 曼哈顿距离

曼哈顿距离（Manhattan distance）或出租车几何，是由 19 世纪的赫尔曼・闵可夫斯基所提出的，它是一种在几何度量空间中使用的几何学用语，用以标明两个点在标准坐标系上的绝对轴距总和。曼哈顿距离对应于 $L1$ 范数。

曼哈顿距离的数学表达式为：

$$d=\sum_{i=1}^{n}|x_i-y_i|$$

如图 2-2 所示，图中左上角的折线代表两点之间的曼哈顿距离，中间的对角线代表欧氏距离，也就是直线距离，而阶梯状的折线代表等价的曼哈顿距离。

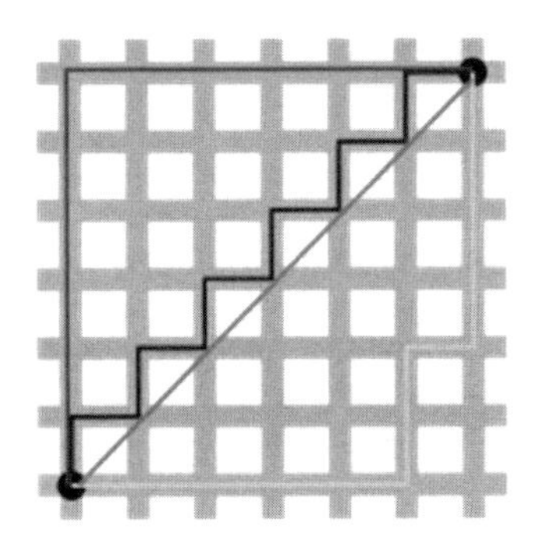

图 2-2　曼哈顿距离

2.1.2.3　闵可夫距离

闵可夫距离（Minkowski distance）又叫作闵可夫斯基距离，是欧氏空间中的一种度量，被看作是欧氏距离的一种推广。欧氏距离、曼哈顿距离、切比雪夫距离都可以看作是闵可夫距离的特殊情况。闵可夫距离不是一种距离，而是一组距离的定义，对应于 Lp 范数。其数学表达式如下，其中 p 为参数：

$$d = (\sum_{i=1}^{n}(x_i - y_i)^p)^{1/p}$$

图 2-3 表示在平面中，p 取不同值时平面上的点到原点的闵可夫距离的形状。

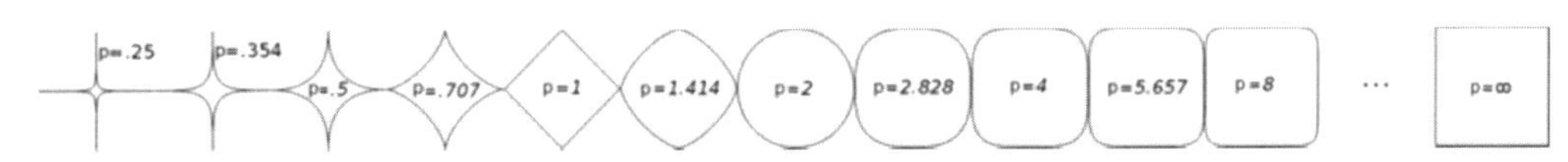

图 2-3　p 取不同值时，平面上的点到原点的闵可夫距离的形状

2.1.2.4　切比雪夫距离

当 p 趋于无穷大时，闵可夫距离可以转化成切比雪夫距离（Chebyshev distance）：

$$\lim_{p\to\infty}(\sum_{i=1}^{n}(x_i - y_i)^p)^{1/p} = \max_{i=1}^{n}|x_i - y_i|$$

切比雪夫距离对应于$L\infty$范数，其定义为其各坐标数值差的绝对值的最大值，也就是某一维度的最大距离。切比雪夫距离是由一致范数（uniform norm）（或称为上确界范数）所衍生的度量，也是超凸度量（injective metric）的一种。

2.1.2.5 马氏距离

讲到马氏距离（Mahalanobis distance），就要先讲解其代数原理：楚列斯基分解。

1．楚列斯基分解（Cholesky Decomposition）

乔累斯基分解是对对称正定矩阵的一种减少计算量的三角分解方法。

定义 设$\boldsymbol{A}$为 n 阶正定矩阵，则存在一个实的非奇异下三角阵$\boldsymbol{L}$，使

$$\boldsymbol{A} = \boldsymbol{L}\boldsymbol{L}^{\mathrm{T}}$$

如果限定$\boldsymbol{L}$是正定矩阵，则这种分解是唯一的。上式称为对称正定矩阵$\boldsymbol{A}$的楚列斯基分解，亦称为**平方根分解**。

2．马氏距离（Mahalanobis distance）

马氏距离实际上是利用楚列斯基分解来消除不同维度之间的**相关性**和**尺度不同性**。假设样本点之间的协方差矩阵是$\boldsymbol{\Sigma}$，可知其对称正定，为了消除不同维度之间的相关性和尺度差别，只需要对于样本点$\boldsymbol{x}$做如下变换：$\boldsymbol{z} = \boldsymbol{L}^{-1}(\boldsymbol{x}-\boldsymbol{\mu})$，变换之后的$\boldsymbol{z}$之间的欧氏距离也就是原样本点$\boldsymbol{x}$的马氏距离（为了方便计算，我们两边取平方）：

$$\begin{aligned} D_M(\boldsymbol{x}^2) &= \boldsymbol{z}^{\mathrm{T}}\boldsymbol{z} \\ &= \left(\boldsymbol{L}^{-1}(\boldsymbol{x}-\boldsymbol{\mu})\right)^{\mathrm{T}}\left(\boldsymbol{L}^{-1}(\boldsymbol{x}-\boldsymbol{\mu})\right) \\ &= (\boldsymbol{x}-\boldsymbol{\mu})^{\mathrm{T}}(\boldsymbol{L}\boldsymbol{L}^{\mathrm{T}})^{-1}(\boldsymbol{x}-\boldsymbol{\mu}) \\ &= (\boldsymbol{x}-\boldsymbol{\mu})^{\mathrm{T}}\boldsymbol{\Sigma}^{-1}(\boldsymbol{x}-\boldsymbol{\mu}) \end{aligned}$$

我们可以从另一个角度，也就是印度统计学家马哈拉诺比斯（P. C. Mahalanobis）提出马氏距离时采用的角度再看这个问题。很明显，欧氏距离并不会考虑各个特征之间的关系。例如，一个用户所购买的商品数量与商品所带来的收益这两个特征，如果使用欧氏距离来度量用户之间相似度，可以发现这两个特征其实是独立的度量，而且它们的尺度无关，那么使用欧氏距离来度量就会有明显的缺陷，因为用户所购买的商品数量变化的规模要远小于商品收益的变化规模。

如图 2-4 所示，右侧五角星（1）明显比左侧五角星（2）更趋于在包含原点的簇

中。因此，度量右侧五角星（2）时，度量结果应该比左侧五角星（1）更靠近原点（中心点）。

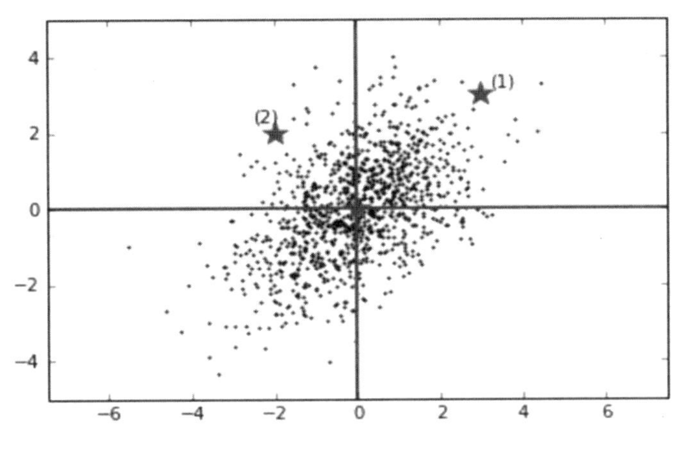

图 2-4　对马氏距离的解释示例

对于一个均值向量为$\boldsymbol{\mu}=(\mu_1,\mu_2,\cdots,\mu_p)^{\mathrm{T}}$，协方差矩阵为$\boldsymbol{\Sigma}$的随机向量$\boldsymbol{x}=(x_1,x_2,\cdots,x_p)^{\mathrm{T}}$，其马氏距离为：

$$D_M(\boldsymbol{x})=\sqrt{(\boldsymbol{x}-\boldsymbol{\mu})^{\mathrm{T}}\boldsymbol{\Sigma}^{-1}(\boldsymbol{x}-\boldsymbol{\mu})}$$

同样，对两个不同的随机向量进行对比，并不需要用到均值，将均值向量变为另一个随机向量 $\boldsymbol{d}$ 即可：

$$\boldsymbol{d}(\boldsymbol{x},\ \boldsymbol{y})=\sqrt{(\boldsymbol{x}-\boldsymbol{y})^{\mathrm{T}}\boldsymbol{\Sigma}^{-1}(\boldsymbol{x}-\boldsymbol{y})}$$

可以看到，当$\boldsymbol{\Sigma}^{-1}$为单位矩阵时，马氏距离为欧氏距离；当$\boldsymbol{\Sigma}^{-1}$为对角矩阵时，此时马氏距离也叫作标准化欧氏距离（standardized Euclidean distance）。其数学表达式如下：

$$\boldsymbol{d}(\boldsymbol{x},\ \boldsymbol{y})=\sqrt{\sum_{i=1}^{N}\frac{(x_i-y_i)^2}{{s_i}^2}}$$

如果将方差的倒数看成一个权重，此时的标准化欧氏距离就可以看成是一种加权欧氏距离（weighted Euclidean distance）。

马氏距离的变换和 PCA（Principal Component Analysis，主成分分析）解的白化处理颇有异曲同工之妙，不同之处在于：就二维空间来看，PCA 是将数据主成分旋转到 x 轴（正交矩阵的酉变换），然后在尺度上缩放（对角矩阵），实现相同的尺度；而马氏距离的 $\boldsymbol{L}$ 逆矩阵是一个下三角阵，先在 x 轴和 y 轴方向进行缩放，再在 y 轴方向上进行错切（想象一下把矩形变为平行四边形），总体来说是一个没有旋转的仿射变换。

2.1.2.6 余弦距离

在几何中，夹角的余弦可用来衡量两个向量方向间的差异，机器学习借用这一概念来衡量样本向量之间的差异：

$$\cos\theta = \frac{\boldsymbol{x}\cdot\boldsymbol{y}}{|\boldsymbol{x}|\cdot|\boldsymbol{y}|}$$

夹角余弦的取值范围为[-1,1]。显然，夹角余弦的值越大，表示两个向量之间的夹角越小。

值得注意的是，余弦距离衡量的是空间中两个向量的夹角，因此有一定的适用条件。比如，在文档相似度计算中使用的 TF-IDF 和计算图片相似性时使用的 histogram 等很多经典领域，余弦距离就很适用，但如果问题的度量本身不仅跟夹角有关，还跟向量长度、位置、所在象限、密集程度等有关，则应该选用别的度量。

2.1.2.7 皮尔逊相关系数

可以看到，余弦距离受到很多因子的影响，为了解决其中的一个问题——向量的平移不变性，有人提出皮尔逊相关系数（Pearson Correlation Coefficient），简称相关系数：

$$\begin{aligned}
\rho_{X,Y} &= \frac{cov(X,Y)}{\sigma_X\sigma_Y} \\
&= \frac{[E(X-\mu_X)(Y-\mu_Y)]}{\sigma_X\sigma_Y} \\
&= \frac{E[XY]-E[X]E[Y]}{\sqrt{E[X^2]-\left[E[X]\right]^2}\sqrt{E[Y^2]-\left[E[Y]\right]^2}}
\end{aligned}$$

皮尔逊相关系数具有平移不变性和尺度不变性，同马氏距离一样，可以作用于两个随机变量，计算两个随机变量的相关性。

如果我们展开皮尔逊相关系数的计算公式，用 $\mathrm{corr}(\boldsymbol{x},\boldsymbol{y})$表示，则有：

$$
\begin{aligned}
\mathrm{corr}(\boldsymbol{x},\boldsymbol{y}) &= \frac{\sum(x_i-\overline{\boldsymbol{x}})\sum(y_i-\overline{\boldsymbol{y}})}{\sqrt{\sum(x_i-\overline{\boldsymbol{x}})}\sqrt{\sum(y_i-\overline{\boldsymbol{y}})}} \\
&= \frac{\langle \boldsymbol{x}-\overline{\boldsymbol{x}}, \boldsymbol{y}-\overline{\boldsymbol{y}} \rangle}{\|\boldsymbol{x}-\overline{\boldsymbol{x}}\| \cdot \|\boldsymbol{y}-\overline{\boldsymbol{y}}\|} \\
&= \mathrm{CosSim}(\boldsymbol{x}-\overline{\boldsymbol{x}}, \boldsymbol{y}-\overline{\boldsymbol{y}})
\end{aligned}
$$

可以看到，皮尔逊相关系数与余弦相似度在数据标准化后是等价的，只不过皮尔逊相关系数对一个随机变量使用标准化的方法进行了数据缩放，使其在尺度维度归一化，消除了尺度的影响。

归一化还有其他的方法，比如**标准化**的方法：

$$z(X) = \frac{X-\mu_X}{\sigma_X}$$

此种标准化实际上是统计学中的 z-score 规范化，它与归一化的不同之处在于，对数据标准化并不会改变原始数据的相对距离比例，只相当于在向量的每一个维度上进行了缩放。

另外，皮尔逊相关系数与欧氏距离在数据进行标准化后也存在线性关系，有兴趣的读者可以自行推导：

$$d(X, Y) = 2n(1-\rho(X, Y))$$

2.1.2.8　杰卡德距离

杰卡德距离（Jaccard distance）用于衡量集合之间的距离。我们先介绍杰卡德相似系数。

1．杰卡德相似系数（Jaccard Similarity Coefficient）

杰卡德相似系数度量的是两个集合的相似度，使用两个集合的交集比这两个集合的并集。

$$J(A,B) = \frac{|A \cap B|}{|A \cup B|}$$

2．杰卡德距离（Jaccard distance）

与杰卡德相似系数相反，杰卡德距离用两个集合中不同的元素所占的比例来衡量这两个集合的区分度：

$$J_{\delta} = 1 - J(A,B) = \frac{|A \cup B| - |A \cap B|}{|A \cup B|}$$

2.1.2.9 序列距离

序列距离并不是指某种特定的距离度量方式，所有与序列有关的度量统称为序列距离。在不同的应用条件下，存在不同的距离度量方式。这里介绍三个与序列有关的距离：海明距离、编辑距离和 DTW 距离。

1．海明距离（Hamming distance）

海明距离指对于两个等长字符串，从一个字符串变为另一个字符串所需要的最小替换次数。

海明距离的定义比较简单，由于其简单易用，因此应用广泛。例如海明码，一种可以用于信息编码的方式，它将有效信息按照某种规律分成若干组，每组安排一个校验位。这样，校验位就可以用于检验信息的完整性。

除了海明距离，匹配系数也可以用来度量字符串的相似度。其定义如下：

$$\text{匹配系数} = \frac{\text{匹配字符数}}{\text{总字符数}}$$

2．编辑距离（Edit Distance，Levenshtein Distance）

有一个经典的动态规划算法问题，也就是字符串的编辑距离。字符串的编辑距离是指两个字符串之间，通过限定的操作（替换、插入、删除），由一个字符串转换成另一个字符串所需要的最少编辑次数。

设 $S_1[1,2,\cdots,i]$ 和 $S_2[1,2,\cdots,j]$ 表示两个子序列，$D[i,j]$ 表示 $S_1[1,2,\cdots,i]$ 和 $S_2[1,2,\cdots,j]$的编辑距离。它们的递推关系如下：

$$D[i,j] = \min\{D[i-1,j]+1, D[i,j-1]+1, D[i-1,j-1]+t[i,j]\}$$

$$t[i,j] = \begin{cases} 0 & S_1[i] = S_2[j] \\ 1 & S_1[i] \neq S_2[j] \end{cases}$$

$$D[0,j] = j,$$

$$D[i,0] = i$$

算法时间复杂度为$O(nm)$，n 和 m 分别是序列S_1和S_2的长度。

更复杂的编辑距离还有带权值的编辑距离，它可以对每个编辑操作赋予不同的权值，目标是求最小权值的转换操作序列。

3. DTW（Dynamic Time Warp）距离

DTW 距离是当序列信号在时间或者速度上不匹配时衡量相似度的一种方法。

举个例子，两份原本一样的声音样本 A 和 B 的内容都是“你好”，A 在时间上发生了扭曲，“你”这个音延长了几秒。最后的 A 为“你……好”，B 为“你好”。DTW 正是这样一种可以用来匹配 A、B 之间最短距离的算法。

与编辑距离类似，DTW 距离限定要保持信号的先后顺序，对时间信号进行“膨胀”或“收缩”，找到最优匹配。它解决的也是动态规划问题。

设$S_1[1,2,\cdots,i]$和$S_2[1,2,\cdots,j]$表示两个子序列，$D[i,j]$表示它们的 DTW 距离，其递推关系如下：

$$D[i,j] = \min\{D[i-1,j], D[i,j-1], D[i-1,j-1]+t[i,j]\}$$

$$t[i,j] = \begin{cases} 0 & S_1[i] = S_2[j] \\ 1 & S_1[i] \neq S_2[j] \end{cases}$$

$$D[0,j] = j,$$

$$D[i,0] = i$$

2.1.2.10 KL 散度

KL 散度（Kullback-Leibler Divergence），又叫相对熵（Relative Entropy），适用于衡量概率分布之间的距离，可以应用于统计学中检测两组样本分布之间的距离。同样的检测方法还有卡方检验（Chi-Square）。统计学习中的多项分布、机器学习中的 Softmax 回归等问题，最终都是在计算概率分布，对于这些问题都可以应用 KL 散度。KL 散度的定义如下：

$$\begin{aligned}\mathrm{KL}(p\|q) &= -\int p(x)\ln q(x)\mathrm{d}x - \left(-\int p(x)\ln p(x)\,\mathrm{d}x\right) \\ &= \int p(x)\ln\left\{\frac{q(x)}{p(x)}\right\}\mathrm{d}x\end{aligned}$$

我们知道，信息熵用于度量信息量的大小，$H(X) = -\int p(x)\mathrm{ln}p(x)\mathrm{d}x$，而 KL 散度相当于两个分布对应的随机变量的相对信息量。

对于 Softmax 回归或者逻辑回归，我们的优化目标就是尽量减小样本总体的 KL 散度之和（目标函数）。

2.2 矩阵

本节我们会解释线性、线性空间、线性变换等问题的本质，帮助大家理解线性代数，以便对本书的后续章节有更深刻的理解。下面先看对几个基本概念的简单理解[1]。

- **线性空间**：对集合的元素在线性运算方面所表现的共性进行概括而形成的数学概念。
- **线性算子**：用来研究线性空间之间关系的主要工具。
- **矩阵**：线性系统中线性算子在基下的一种数量表示。

2.2.1 线性空间

线性空间也称为向量空间。这里空间的概念是用来限定所取数值的范围的。为了准确地理解线性空间，我们先来看数环与数域的概念。

2.2.1.1 数环与数域

下面是一些基本概念的非标准化定义。

- **封闭性**：是指对集合中任意两个元素进行指定运算操作的结果仍属于该集合。
- **数环**：满足加、减、乘法封闭性的数集。
- **数域**：至少包含两个互异数，并且对于四则运算都封闭的数集。

常见的数环与数域如下：

- 全体整数组成一个数环。
- 全体有理数组成一个数域，并且是最小的数域，叫作有理数域，记为$\mathbb{Q}$。
- 全体实数组成一个数域，叫作实数域，记为$\mathbb{R}$。
- 全体复数组成一个数域，叫作复数域，记为$\mathbb{C}$。

2.2.1.2 线性空间

线性空间是线性代数中 n 维向量空间概念的抽象和推广。

n 维向量空间表示为：

$$K^n = \left\{ \boldsymbol{\alpha} = (a_1, a_2, \cdots, a_n) \middle| a_i \in \mathbb{R} \text{ 或 } a_i \in \mathbb{C}, i = 1,2,\cdots,n \right\}$$

其中，向量$\boldsymbol{\alpha}$是有序数组。

我们知道 n 维向量空间对加法与数乘（数与向量的乘法）运算是封闭的，并且满足交换律、结合律、分配律、数因子分配律、数因子结合律、乘 1 不变，且存在零向量，存在负向量。

对于线性空间，我们要研究的集合已经远远超出 n 维向量空间K^n的范围，集合中的元素不一定是有序数组，但集合中元素的加法以及数乘运算仍旧具有K^n的性质。

定义 设 V 是一个非空集合，P 是一个数域，如果 V 满足加法封闭性和数乘（P 中的数与 V 中的元素相乘）封闭性，并且满足加法交换律、加法结合律、数乘分配率、数因子分配率、结合律、乘 1 不变、存在零元素、存在负元素这 8 条性质，1 为数域 P 的单位数，我们就说 V 是数域 P 上的**线性空间**。

当 P 为实数域$\mathbb{R}$时，称 V 为**实线性空间**；当 P 为复数域$\mathbb{C}$时，称 V 为**复线性空间**。

通常，我们把 V 中满足 8 条性质且为封闭的加法及数乘两种运算，统称为**线性运算**。凡是定义了线性运算的集合，均称为线性空间。因此，线性运算是线性空间的本质，它反映了集合中元素之间的某种代数结构，当我们仅研究集合的代数结构时，便抽象出线性空间的概念。

例如，系数为实数，次数不超过 n 的一元多项式全体（含 0）

$$P[x]_n=\{a_nx^n+a_{n-1}x^{n-1}+\cdots+a_1x+a_0|\ a_n,a_{n-1},\cdots,a_0\in\mathbb{R}\}$$

是一个实数域$\mathbb{R}$上的线性空间。

例如，容易验证，所有 n 阶矩阵的集合$\mathbb{R}^{n\times n}$也是实数域$\mathbb{R}$上的线性空间，称为**矩阵空间**。

例如，平面上全体向量组成的集合，定义通常意义下的向量加法和$k\cdot\boldsymbol{\alpha}=0$这种数乘，就不构成线性空间。因为$1\cdot\boldsymbol{\alpha}=0$不满足“乘 1 不变”性质。

一般来说，同一个集合若定义了两种不同的线性运算，就构成不同的线性空间；若定义的运算不是线性运算，就不能构成线性空间。所以，线性空间的概念是集合与运算两者的结合。

下面列出线性空间中常见基本概念的定义。

1. **零空间** 只含一个元素的线性空间。显然，我们很容易证明，这个元素便是零元素。

2. **线性组合** V 是数域 P 上的线性空间，$\boldsymbol{x}_1,\boldsymbol{x}_2,\cdots,\boldsymbol{x}_r(r\geqslant1)$为线性空间 V 中的一组向量，$k_1,k_2,\cdots,k_r$是数域 P 中的数，向量$\boldsymbol{x}=k_1\boldsymbol{x}_1+k_2\boldsymbol{x}_2+\cdots+k_r\boldsymbol{x}_r$称为向量$\boldsymbol{x}_1,\boldsymbol{x}_2,\cdots,\boldsymbol{x}_r$的一个**线性组合**，也称向量$\boldsymbol{x}$可用向量组$\boldsymbol{x}_1,\boldsymbol{x}_2,\cdots,\boldsymbol{x}_r$**线性表示**。

3. **线性相关** 若$k_1,k_2,\cdots,k_r$不全为零，且使得$k_1\boldsymbol{x}_1+k_2\boldsymbol{x}_2+\cdots+k_r\boldsymbol{x}_r=\boldsymbol{0}$，则称$x_1,x_2,\cdots,x_r$线性相关；否则，称其为**线性无关**。

4. **基（基底）** 向量$\boldsymbol{x}_1,\boldsymbol{x}_2,\cdots,\boldsymbol{x}_n$线性无关，且 V 中的任意向量均可由$\boldsymbol{x}_1,\boldsymbol{x}_2,\cdots,\boldsymbol{x}_n$线性表示，则称$\boldsymbol{x}_1,\boldsymbol{x}_2,\cdots,\boldsymbol{x}_n$为 V 的一组基底，并称$\boldsymbol{x}_1,\boldsymbol{x}_2,\cdots,\boldsymbol{x}_n$为**基向量**。

5．**维数**　线性空间 V 的基向量所含向量的个数 n，记为 $\dim V = n$，称 V 为 n **维线性空间**，记V^n。

（1）零空间的维数是 0。

（2）若把复数域$\mathbb{C}$看成自身的线性空间，数 1 就是一组基，那么它是一维的。

（3）若把$\mathbb{C}$看作实数域，数 $1, i$ 就是一组基，那么它是二维的。

6．**无限维线性空间**　在 V 中可以找到任意多个线性无关向量。

实系数多项式的集合（幂级数为向量）为：

$$P[x]_\infty = \{a_0 + a_1 x + a_2 x^2 + \cdots + a_n x^n + \cdots \mid a_i \in \mathbb{R}\}$$

7．**$\mathbb{R}$的自然基**　$\boldsymbol{\varepsilon}_1 = (1,0,\cdots,0)$, $\boldsymbol{\varepsilon}_2 = (0,1,\cdots,0)$, $\cdots$, $\boldsymbol{\varepsilon}_n = (0,0,\cdots,n)$，它们线性无关，且$\mathbb{R}$中的任意向量都可以由这组基表示。

8．**坐标**　$x_1, x_2, \cdots, x_n$是线性空间V^n的一组基，对任一向量$\boldsymbol{x} \in V^n$，有且仅有一组有序数$a_1, a_2, \cdots, a_n$使$\boldsymbol{x} = a_1 x_1 + a_2 x_2 + \cdots + a_n x_n$，这组有序数称为向量$\boldsymbol{x}$在这组基下的坐标，记$\boldsymbol{x} = (a_1, a_2, \cdots, a_n)$或$\boldsymbol{x} = (a_1, a_2, \cdots, a_n)^{\mathrm{T}}$。

9．**过渡矩阵**　两组基底之间变换的乘积矩阵。

（1）假设$\boldsymbol{e}_1, \boldsymbol{e}_2, \cdots, \boldsymbol{e}_n$及$\boldsymbol{e'}_1, \boldsymbol{e'}_2, \cdots, \boldsymbol{e'}_n$是$V^n$中的两组基，且$(\boldsymbol{e'}_1, \boldsymbol{e'}_2, \cdots, \boldsymbol{e'}_n) = (\boldsymbol{e}_1, \boldsymbol{e}_2, \cdots, \boldsymbol{e}_n)\boldsymbol{C}$，则称$\boldsymbol{C}$为由基$\boldsymbol{e}_1, \boldsymbol{e}_2, \cdots, \boldsymbol{e}_n$变换到基$\boldsymbol{e'}_1, \boldsymbol{e'}_2, \cdots, \boldsymbol{e'}_n$的**过渡矩阵**。

（2）由于$\boldsymbol{e'}_1, \boldsymbol{e'}_2, \cdots, \boldsymbol{e'}_n$线性无关，故过渡矩阵$\boldsymbol{C}$可逆。

10．**坐标变换公式**　不同基底下的坐标之间进行变换的乘积矩阵。

设$\boldsymbol{x} \in V^n$，$\boldsymbol{x}$在前述两组基下的坐标分别为$(x_1, x_2, \cdots, x_n)$、$(x'_1, x'_2, \cdots, x'_n)$，则公式$(x'_1, x'_2, \cdots, x'_n)^{\mathrm{T}} = \boldsymbol{C}^{-1}(x_1, x_2, \cdots, x_n)^{\mathrm{T}}$称为在基变换式下向量的**坐标变换公式**。

11．**线性子空间**　V_1是数域 P 上的线性空间 V 的一个子集，若V_1对已有的加法及数乘运算也构成线性空间，则称其为线性子空间，简称**子空间**，记作$V_1 \subseteq V$。当$V_1 \neq V$时，记作$V_1 \subset V$。

（1）每个线性空间至少有两个子空间，一个是自身，另一个是由零向量构成的

零子空间。以上两个子空间称为**平凡子空间**。其他子空间称为**非平凡子空间**（或**真子空间**）。

（2）因为线性子空间中的线性无关向量不可能比整体空间的更多，所以，任一线性子空间的维数都不会超过整体的维数，即$\dim V_1 \leqslant \dim V$。

（3）设$\boldsymbol{A} \in \mathbb{R}^{m \times n}$，齐次线性方程组$\boldsymbol{Ax} = \boldsymbol{0}$的全部解向量构成$n$维线性空间$\mathbb{R}^n$的一个子空间。这个子空间称为**齐次线性方程组的解空间**，记为$N(\boldsymbol{A})$或$\ker(\boldsymbol{A})$。因为解空间的基就是齐次线性方程组的基础解系，所以$\dim(N(\boldsymbol{A})) = n - \operatorname{rank}(\boldsymbol{A})$。

12．**生成子空间**　$\boldsymbol{x}_1, \boldsymbol{x}_2, \cdots, \boldsymbol{x}_m$是线性空间$V$中的一组向量，则这组向量的线性组合的集合$V_1 = \{k_1\boldsymbol{x}_1 + k_2\boldsymbol{x}_2 + \cdots + k_m\boldsymbol{x}_m\}$是非空的且对$V$的线性运算封闭，这个子空间称为由$\boldsymbol{x}_1, \boldsymbol{x}_2, \cdots, \boldsymbol{x}_m$**生成的子空间**，记为：

$$\operatorname{Span}(\boldsymbol{x}_1, \boldsymbol{x}_2, \cdots, \boldsymbol{x}_m) = \{k_1\boldsymbol{x}_1 + k_2\boldsymbol{x}_2 + \cdots + k_m\boldsymbol{x}_m\}$$

2.2.2 线性算子

前面提到，线性算子是用来研究线性空间之间的关系的。为了了解抽象的线性算子如何在具体的线性空间上发挥作用，本节在线性算子概念的基础上，重点介绍它的特殊情况——线性变换。

2.2.2.1 线性空间上的线性算子

算子是连接矩阵与线性空间的桥梁，是研究线性空间关系的主要工具。

1．**算子**　算子是高数中函数映射概念的推广。

定义　设M与M'为两个集合，对于每个$x \in M$，若根据某种法则$\mathcal{A}$，在M'中有确定的x'与之对应，则称$\mathcal{A}$为M到M'的一个**映射**，或称**算子**，记为$\mathcal{A}: M \to M'$，或者$\mathcal{A}(x) = x'$。

2．**线性算子**

定义　设V与V'为数域P上的两个线性空间，$\mathcal{A}$是V到V'的一个算子，且$\forall \boldsymbol{x}_1$，$\boldsymbol{x}_2 \in V$，$\lambda \in P$有

$$\mathcal{A}(\boldsymbol{x}_1+\boldsymbol{x}_2) = \mathcal{A}(\boldsymbol{x}_1)+\mathcal{A}(\boldsymbol{x}_2)$$

$$\mathcal{A}(\lambda\boldsymbol{x}_1) = \lambda\mathcal{A}(\boldsymbol{x}_1)$$

则称$\mathcal{A}$是由V到V'的**线性算子**（或**线性映射**）。这也是我们通常所说的**线性**的含义。

以下是一些常见的算子。

1．$\mathcal{A}(\boldsymbol{x}) = \boldsymbol{A}\boldsymbol{x}, \boldsymbol{x} \in \mathbb{R}^n$

其中，V为$\mathbb{R}^n$，V'为$\mathbb{R}^m$，$\boldsymbol{A}$是$m \times n$矩阵。显然，此处$\mathcal{A}$是一个线性算子。

2．零算子

它将线性空间V中的每一个向量映射成线性空间V'中的零向量，该算子记作：$\mathcal{O}$。容易验证，它是一个线性算子。

3．数乘算子

任意$k \in P$，数域P上的线性空间V到自身$(V \to V)$的一个算子：$\mathcal{H}(\boldsymbol{x}) = k\boldsymbol{x}, \forall \boldsymbol{x} \in V$，叫作$V$上的由数$k$决定的数乘算子。容易验证，$\mathcal{H}$也是一个线性算子。

4．线性空间$P[x]_n$中，微分算子是一个线性算子$\mathcal{D}\big(f(x)\big) = f'(x)$，$\forall f(x) \in P[x]_n$，$x \in \mathbb{R}$。

5．$\mathcal{A}(\boldsymbol{A}) = \det\boldsymbol{A}$，$\boldsymbol{A} \in \mathbb{R}^{n\times n}$，$\mathcal{A}$是由$\mathbb{R}^{n\times n}$到实数集$\mathbb{R}$的一个算子，但不是线性算子。

2.2.2.2 同构

设$\mathcal{A}$是V到V'的线性算子，而且是“一对一”的，即每个原像映射为唯一像，则称$\mathcal{A}$为V与V'间的一个**同构算子**。

定义 若V与V'之间存在同构算子，则称V与V'是**同构的线性空间**，简称V与V'同构。

同构有如下一些性质：

- 同构的线性空间中，线性相关向量对应于线性相关向量，线性无关向量映射为线性无关向量。

- 数域 P 上两个有限维线性空间同构的充要条件是两个空间的维数相等。
- 数域 P 上的任何 n 维线性空间 V^n 都与特殊的线性空间 $K^n = \{(a_1, a_2, \cdots, a_n) \mid a_i \in P\}$ 同构。

因此，引入同构的概念给研究抽象的线性空间 V^n 带来了极大的便利，即使 V^n 代表不同的线性空间，其元素可能完全不同，但利用同构的关系，都可以将 V^n 中的问题通过基转换到线性空间 K^n 中进行研究。

2.2.2.3 线性算子的表示

前面讲过，线性空间上的向量可以用坐标来表示，那么抽象的线性算子是否也能同具体的数发生联系呢？答案是肯定的。

1. 基像

定义 设 $\boldsymbol{e}_1, \boldsymbol{e}_2, \cdots, \boldsymbol{e}_n$ 是 n 维线性空间 V^n 的一组基，$\mathcal{A}$ 是由 V^n 到 m 维线性空间 V^m 的线性算子，则 $\mathcal{A}(\boldsymbol{e}_1), \mathcal{A}(\boldsymbol{e}_2), \cdots, \mathcal{A}(\boldsymbol{e}_n) \in V^m$ 叫作 V^n 在算子 $\mathcal{A}$ 下的**基像**。

- 设 $\mathcal{A}, \mathcal{B}$ 是由 V^n 到 V^m 的两个线性算子，如果 $\forall \boldsymbol{x} \in V^n, \mathcal{A}(\boldsymbol{x}) = \mathcal{B}(\boldsymbol{x}) \in V^m$，则称线性算子 $\mathcal{B}$ 与 $\mathcal{A}$ **相等**。
- 由 V^n 到 V^m 的线性算子，由基像 $\mathcal{A}(\boldsymbol{e}_1), \mathcal{A}(\boldsymbol{e}_2), \cdots, \mathcal{A}(\boldsymbol{e}_n)$ 唯一确定。也就是说，确定一个线性算子，并不需要把线性空间中的所有向量在线性算子下的像都找出来，而只需要确定其基像，就可以完全确定线性算子。

2. 矩阵表示

定义 设 $\mathcal{A}$ 是 V^m 到 V^n 的一个线性算子，$\boldsymbol{e}_1, \boldsymbol{e}_2, \cdots, \boldsymbol{e}_n$ 为 V^n 的一组基，$\boldsymbol{e'}_1, \boldsymbol{e'}_2, \cdots, \boldsymbol{e'}_n$ 作为 V^m 的一组基（称它们为**基偶**）。由于线性算子 $\mathcal{A}$ 由基像 $\mathcal{A}(\boldsymbol{e}_1), \mathcal{A}(\boldsymbol{e}_2), \cdots, \mathcal{A}(\boldsymbol{e}_n)$ 唯一地确定，且它们属于 V^m，故可令

$$\mathcal{A}(\boldsymbol{e}_1, \boldsymbol{e}_2, \cdots, \boldsymbol{e}_n) = (\boldsymbol{e'}_1, \boldsymbol{e'}_2, \cdots, \boldsymbol{e'}_n)\boldsymbol{A}_{m \times n}$$

矩阵 $\boldsymbol{A}$ 称为线性算子 $\mathcal{A}$ 在基偶 $\{\boldsymbol{e}_1, \boldsymbol{e}_2, \cdots, \boldsymbol{e}_n\}$ 与 $\{\boldsymbol{e'}_1, \boldsymbol{e'}_2, \cdots, \boldsymbol{e'}_n\}$ 下的**矩阵表示**。

若 $\boldsymbol{e}_1, \boldsymbol{e}_2, \cdots, \boldsymbol{e}_n$ 是 n 维线性空间 V^m 的一组基，$\boldsymbol{y}_1, \boldsymbol{y}_2, \cdots, \boldsymbol{y}_n$ 是 m 维线性空间 V^m 中的任意 n 个向量，则存在唯一一个线性算子 $\mathcal{A}$，把 $\boldsymbol{e}_1, \boldsymbol{e}_2, \cdots, \boldsymbol{e}_n$ 映射为 $\boldsymbol{y}_1, \boldsymbol{y}_2, \cdots, \boldsymbol{y}_n$。

2.2.2.4　线性算子的运算

线性算子运算中的一些基本概念如下：

1．$\mathcal{D}(V_1,V_2)$表示同一数域P下从一个线性空间到另一个线性空间的所有线性算子组成的集合。

2．**线性算子的和**　设$\mathcal{A},\mathcal{B}\in\mathcal{D}(V_1,V_2)$，若有$\mathcal{A}+\mathcal{B}(\boldsymbol{x})=\mathcal{A}(\boldsymbol{x})+\mathcal{B}(\boldsymbol{x}),\forall\boldsymbol{x}\in V_1$，则称$\mathcal{A}+\mathcal{B}$为$\mathcal{A}$和$\mathcal{B}$的和。若$\mathcal{A},\mathcal{B}\in\mathcal{D}(V_1,V_2)$，则$\mathcal{A}+\mathcal{B}\in\mathcal{D}(V_1,V_2)$。

3．**线性算子的乘积**　设$\mathcal{A}\in\mathcal{D}(V_1,V_2),\mathcal{B}\in\mathcal{D}(V_2,V_3)$，若有$(\mathcal{B}\mathcal{A})(\boldsymbol{x})=\mathcal{B}(\mathcal{A}(\boldsymbol{x}))$，$\forall\boldsymbol{x}\in V_1$，则称$\mathcal{B}\mathcal{A}$为$\mathcal{A}$与$\mathcal{B}$的**乘积**，显然它是$V_1$到$V_3$的算子。

4．线性算子的和与乘积仍然为线性算子。

在线性代数中，矩阵是表示线性方程组的一种简便形式$\boldsymbol{Ax}=\boldsymbol{b}$，其中$\boldsymbol{b}=(b_1,b_2,\cdots,b_m)^{\mathrm{T}}$。从线性算子的角度来理解，它的解（集）可以看成是在$\mathbb{R}^n$到$\mathbb{R}^m$的线性算子$\mathcal{A}:\boldsymbol{A}\mapsto\boldsymbol{Ax}$下，向量$\boldsymbol{b}\in\mathbb{R}^m$的原像。特别地，齐次线性方程组$\boldsymbol{Ax}=\boldsymbol{0}$的解（集）恰好是线性算子$\mathcal{A}:\boldsymbol{A}\mapsto\boldsymbol{Ax}$为“零点”的原像。

2.2.2.5　线性变换与方阵

当V'与V相等的情况下，有一种特殊的变形算子的变换，这时候有一系列特殊的命名，如下所述。

1．**线性变换**　由V到V的线性算子$\mathcal{A}$叫作V上的线性变换。

2．**恒等变换**　如果$\forall\boldsymbol{x}\in V$，$\mathcal{A}(\boldsymbol{x})=\boldsymbol{x}$，则称$\mathcal{A}$为**恒等变换**或**单位变换**，记为$\mathcal{I}$。与之对应的矩阵为单位矩阵$\boldsymbol{I}$或$\boldsymbol{E}$。

3．**线性变换的和**　线性空间V中的两个线性变换$\mathcal{A}$和$\mathcal{B}$，定义它们的和为$\mathcal{A}+\mathcal{B}$，则

$$(\mathcal{A}+\mathcal{B})\boldsymbol{\xi}\overset{\text{def}}{=}\mathcal{A}\boldsymbol{\xi}+\mathcal{B}\boldsymbol{\xi}，\ \boldsymbol{\xi}\in V$$

（1）线性变换的加法满足交换律和结合律。

（2）线性变换的乘法满足结合律。

（3）线性变换的乘法对加法有左、右分配律。

4．**逆变换** 若$\mathcal{AB}=\mathcal{BA}=\mathcal{I}$，则称$\mathcal{B}$为$\mathcal{A}$的逆变换，记作$\mathcal{A}^{-1}$。

5．如果一个线性变换可逆，则其逆变换也是线性变换。

例 在$n+1$维线性空间$P[x]_n$中，求导运算$\mathcal{D}$是一个线性变换，在$P[x]_n$中分别取两组不同的基（此处是多项式）：

（1）$e_1=1,e_2=x,e_3=x^2,\cdots,e_{n+1}=x^n$

（2）$e'_1=1,e'_2=x,e'_3=\frac{x^2}{2!},\cdots,e'_{n+1}=\frac{x^n}{n!}$

$\mathcal{D}$在两种不同基下的矩阵如下：

$$\boldsymbol{A}=\begin{bmatrix}0&1&0&\cdots&0&0\\0&0&2&\cdots&0&0\\\vdots&\vdots&\vdots&&\vdots&\vdots\\0&0&0&\cdots&0&n\\0&0&0&\cdots&0&0\end{bmatrix}$$

$$\boldsymbol{B}=\begin{bmatrix}0&1&0&\cdots&0&0\\0&0&1&\cdots&0&0\\\vdots&\vdots&\vdots&&\vdots&\vdots\\0&0&0&\cdots&0&1\\0&0&0&\cdots&0&0\end{bmatrix}$$

2.2.2.6 相似矩阵的几何解释

我们知道，同一向量在不同基下的坐标往往不同，而同一线性变换在不同基下的矩阵也不同。那么，同一线性变换在不同基下的矩阵之间有什么关系呢？下面我们从几何上解释矩阵相似的问题。

定理 设线性空间V^n上的线性变换$\mathcal{A}$对于基$\boldsymbol{e}_1,\boldsymbol{e}_2,\cdots,\boldsymbol{e}_n$下的矩阵为$\boldsymbol{A}$，在另一组基$\boldsymbol{e'}_1,\boldsymbol{e'}_2,\cdots,\boldsymbol{e'}_n$下的矩阵为$\boldsymbol{B}$，而且从基$\boldsymbol{e}_1,\boldsymbol{e}_2,\cdots,\boldsymbol{e}_n$到基$\boldsymbol{e'}_1,\boldsymbol{e'}_2,\cdots,\boldsymbol{e'}_n$的过渡矩阵为$\boldsymbol{C}$，则有$\boldsymbol{B}=\boldsymbol{C}^1\boldsymbol{AC}$。

下面列出一些相关的定义、定理以及性质。

1．**相似** 如果$\boldsymbol{A}$与$\boldsymbol{B}$是数域P上的两个n阶矩阵，且可以找到P上的n阶非奇异矩阵$\boldsymbol{C}$，使得$\boldsymbol{B}=\boldsymbol{C}^1\boldsymbol{AC}$，则称$\boldsymbol{A}$与$\boldsymbol{B}$相似，记为$\boldsymbol{A}\sim\boldsymbol{B}$。

因此，我们可以说，线性变换在不同基下的矩阵是相似的；反之，如果两个矩阵相似，那么它们可以称为同一个线性变换在两组不同基下的矩阵。

当已知线性变换在某一组基下的矩阵，要写出其在另一组基下的矩阵时，就可以通过相似原理，先求出基变换的过渡矩阵，然后就很容易计算了。

2. **相抵** 设$\boldsymbol{A}$与$\boldsymbol{B}$都是$m \times n$阶矩阵，如果存在非奇异的m阶方阵$\boldsymbol{D}$和n阶方阵$\boldsymbol{C}$，使得$\boldsymbol{B} = \boldsymbol{DAC}$，则称矩阵$\boldsymbol{A}$与$\boldsymbol{B}$是相抵的，记为$\boldsymbol{A} \simeq \boldsymbol{B}$。

相抵在几何上可以解释为：在两个不同维的线性空间V^n和V^m中，同一个线性算子$\mathcal{A}$在不同的基偶下所对应的矩阵$\boldsymbol{A}$与$\boldsymbol{B}$之间的关系。

也就是说，在线性代数中，对矩阵$\boldsymbol{A}$进行初等行（列）变换，就相当于在$\boldsymbol{A}$的左（右）两边分别乘上一个非奇异的初等运算矩阵，变换后的矩阵和原矩阵是相抵的。

3. **相合** 设$\boldsymbol{A}$与$\boldsymbol{B}$是两个n阶方阵，如果存在非奇异的n阶方阵$\boldsymbol{C}$，使得$\boldsymbol{B} = \boldsymbol{C}^{\mathrm{T}}\boldsymbol{AC}$，则称矩阵$\boldsymbol{A}$与$\boldsymbol{B}$是相合（或合同）的。

在线性代数中用非退化的坐标做线性变换化简一个二次型时，它们所对应的矩阵就是合同关系。

相抵、相似、相合反映了两个矩阵之间的三种内在联系。相似与相合是相抵的特殊情况，当$\boldsymbol{C}^{\mathrm{T}} = \boldsymbol{C}^{-1}$（即$\boldsymbol{C}$为正交阵）时，相似与相合一致。

4. **定理** 设$\boldsymbol{\xi}_1, \boldsymbol{\xi}_2, \cdots, \boldsymbol{\xi}_n$是数域$P$上$n$维线性空间$V$的一组基，在这组基下，每个线性变换对应一个$n$阶矩阵。

（1）线性变换的和对应于矩阵的和。

（2）线性变换的乘积对应于矩阵的乘积。

（3）线性变换与数的积对应于矩阵与数的积。

（4）可逆的线性变换与可逆矩阵对应，且其逆变换对应于逆矩阵。

2.2.2.7 矩阵的逆方阵和秩

对于 n 阶方阵$\boldsymbol{A}$，有如下的一些概念需要掌握。

1．**非奇异** 如果$\det(\boldsymbol{A}) \neq 0$（即$|\boldsymbol{A}| \neq 0$），则称$n$阶方阵$\boldsymbol{A}$为非奇异的或**非退化的**，否则称其为**奇异的**或**退化的**。

2．**可逆** 如果存在 n 阶方阵$\boldsymbol{B}$，使得$\boldsymbol{AB} = \boldsymbol{AB} = \boldsymbol{I}_n$，则称$n$阶方阵$\boldsymbol{A}$为可逆的，$\boldsymbol{B}$为其**逆矩阵**。

逆矩阵是唯一的。

3．**秩** 数域 P 上$n \times m$非零矩阵$\boldsymbol{A}$的所有子式中必有一个阶数最大的非零子式，其阶数称为矩阵$\boldsymbol{A}$的秩，记作**秩**$(\boldsymbol{A})$ 或rank$(\boldsymbol{A})$。零矩阵的秩定义为零。

4．**满秩** 如果$\text{rank}(\boldsymbol{A}) = \min(n, m)$，则称 $n \times m$矩阵$\boldsymbol{A}$为满秩矩阵。

（1）对于数域P上的n阶方阵$\boldsymbol{A}$，当且仅当$\boldsymbol{A}$可逆时$\boldsymbol{A}$为非奇异的。

（2）当且仅当 n 阶方阵$\boldsymbol{A}$满秩时，对于 $\boldsymbol{A}$ 而言，非奇异、可逆、满秩三个概念等价。

（3）n 阶方阵$\boldsymbol{A}$的秩小于n的充要条件为$\det(\boldsymbol{A}) = 0$。

秩的其他性质跟线性代数中的相同，在此不再一一列举。

2.2.2.8 线性变换的特征值问题

线性变换的特征值和特征向量不仅在线性变换和机器学习的研究中具有重要意义，而且在物理、力学和工程技术的研究中也具有实际的意义。

特征值 设$\mathcal{A}$是数域P上线性空间V^n的一个线性变换，如果存在$\lambda \in P$以及非零向量$\boldsymbol{x} \in V^n$，使得$\mathcal{A}(\boldsymbol{x}) = \lambda \boldsymbol{x}$，则称$\lambda$为$\mathcal{A}$的特征值，并称$\boldsymbol{x}$为$\mathcal{A}$的数域（或对应于）特征值$\lambda$的**特征向量**。

- 求特征值和特征向量，统称为**特征值问题**。
- 对$\mathcal{A}$的特征值和特征向量的求解，可以转化成线性代数中关于矩阵的特征值问题。
- 相似矩阵具有相同的特征多项式。
- 相似矩阵具有相同的特征值。

定理 设$\boldsymbol{A} = (a_{ij}) \in \mathbb{R}^{n \times n}$，则

$$|\lambda \boldsymbol{I}-\boldsymbol{A}|=\lambda^n+\sum_{k=1}^{n}(-1)^k b_k \lambda^{n-k}$$

其中，$b_k(k=1,2,\cdots,n)$是$\boldsymbol{A}$的所有 k 阶主子式之和。特别地，有

$$b_1=a_{11}+a_{22}+\cdots+a_{nn}，\ b_n=|\boldsymbol{A}|$$

特征值$\lambda_1,\lambda_2,\cdots,\lambda_n$满足以下两个条件：

（1）$\sum_{i=1}^{n}\lambda_i = \sum_{i=1}^{n}a_{ii}$

式中$\boldsymbol{A}$的主对角线上的元素（即a_{ii}）之和叫作方阵$\boldsymbol{A}$的**迹**，记为$\mathrm{tr}\boldsymbol{A}$。

- $\mathrm{tr}\boldsymbol{A} = \sum_{i=1}^{n}\lambda_i = \sum_{i=1}^{n}a_{ii}$
- n 个特征值之和等于$\boldsymbol{A}$的迹。

（2）$\prod_{i=1}^{n}\lambda_i = (-1)^n c_n = |\boldsymbol{A}|$

n 个特征值的积等于$\boldsymbol{A}$的行列式。

设$\boldsymbol{A}\in\mathbb{C}^{m\times n},\boldsymbol{B}\in\mathbb{C}^{m\times n}$，则$\mathrm{tr}\boldsymbol{AB}=\mathrm{tr}\boldsymbol{BA}$。若$\boldsymbol{A}$、$\boldsymbol{B}$为同阶方阵（即$m=n$），则$\boldsymbol{AB}$与$\boldsymbol{BA}$具有相同的特征值。

下面进一步讨论线性变换$\mathcal{A}$（即矩阵$\boldsymbol{A}$）的特征值及特征向量之间的关系。

1. 设$\lambda_1,\lambda_2,\cdots,\lambda_r$是线性变换$\mathcal{A}$的 r 个互异特征值，$\boldsymbol{x}_1^i,\boldsymbol{x}_2^i,\cdots,\boldsymbol{x}_{s_i}^i$是数域特征值$\lambda_i$的$s_i$个线性无关特征向量$(i=1,2,\cdots,r)$，则$\boldsymbol{x}_1^1,\cdots,\boldsymbol{x}_{s_1}^1,\boldsymbol{x}_1^2,\cdots,\boldsymbol{x}_{s_2}^2,\cdots,\boldsymbol{x}_1^r,\cdots,\boldsymbol{x}_{s_r}^r$线性无关。

2. **可对角化的**　设$\mathcal{A}$是数域P上n维线性空间V^n的一个线性变换，如果V^n中存在一组基，使得$\mathcal{A}$在这一组基下的矩阵为对角阵，则称$\mathcal{A}$是可对角化的。

（1）可对角化的充要条件是$\mathcal{A}$有 n 个线性无关的特征向量。

（2）如果 n 阶方阵$\boldsymbol{A}$与对角矩阵相似，则称矩阵$\boldsymbol{A}$是可对角化的。

$$\boldsymbol{C}^{-1}\boldsymbol{AC}=\boldsymbol{\Lambda}=\begin{bmatrix}\lambda_1 & & & \\ & \lambda_2 & & \\ & & \cdots & \\ & & & \lambda_n\end{bmatrix}=\mathrm{diag}(\lambda_1,\lambda_2,\cdots,\lambda_n)$$

（3）n 阶方阵$\boldsymbol{A}$可对角化的充要条件是$\boldsymbol{A}$有 n 个线性无关的特征向量。

（4）若$\boldsymbol{C}^{-1}\boldsymbol{AC}=\mathrm{diag}(\lambda_1,\lambda_2,\cdots,\lambda_n)$，则$\lambda_1,\lambda_2,\cdots,\lambda_n$是$\boldsymbol{A}$的 n 个特征值，$\boldsymbol{C}$的第 i 个列向量是$\boldsymbol{A}$的属于特征值λ_i的特征向量。

（5）可对角化矩阵$\boldsymbol{C}$不是唯一的，跟$\lambda_1,\lambda_2,\cdots,\lambda_n$的排列顺序有关。

3. **完备的特征向量系** 当 n 阶矩阵$\boldsymbol{A}$有 n 个线性无关的特征向量时，则称矩阵$\boldsymbol{A}$有完备的特征向量系；否则，称$\boldsymbol{A}$为**亏损矩阵**。

显然，根据前面可对角化的充要条件和特征值与特征向量的对应关系，若数域P上n维线性空间V^n上的线性变换$\mathcal{A}$（或矩阵$\boldsymbol{A}$）有 n 个不同的特征值，则线性变换$\mathcal{A}$（或矩阵$\boldsymbol{A}$）是可对角化的。

2.2.2.9 线性空间的不变子空间

定义 设V^n是数域P上的n维线性空间，$\mathcal{A}$是V^n上的线性变换，V_1是V^n的子空间。如果$\forall \boldsymbol{x}\in V_1$，有$\mathcal{A}(\boldsymbol{x})\in V_1$（或$\mathcal{A}\subseteq V_1$），则称$V_1$是关于$\mathcal{A}$的不变子空间。

例如，导数运算$\mathcal{D}$是线性空间$P[x]_n$的一个线性变换，$P[x]_{n-1}$为一切次数不超过$n-1$的多项式的集合形成的线性空间，则$P[x]_{n-1}$是$\mathcal{D}$的不变子空间。

不变子空间还有如下两个重要的概念。

1. **值域** 设$\mathcal{A}$是线性空间V^n上的一个线性变换，V^n中所有向量的像构成的集合称为线性变换$\mathcal{A}$的值域，记为$R(\mathcal{A})$，即

$$R(\mathcal{A})=\{\boldsymbol{y}=\mathcal{A}(\boldsymbol{x})|\ \boldsymbol{x}\in V^n\}$$

2. **核** 所有被$\mathcal{A}$变成零向量的原像构成的集合称为$\mathcal{A}$的核，记为$N(\mathcal{A})$，即

$$\mathrm{N}(\mathcal{A})=\{\boldsymbol{x}\in V^n\ |\ \mathcal{A}(\boldsymbol{x})=0\}$$

$\mathcal{A}$的值域和核都是$\mathcal{A}$的不变子空间。

一般称$R(\mathcal{A})$的维数是线性变换$\mathcal{A}$的**秩**，称$N(\mathcal{A})$的维数是$\mathcal{A}$的**零度**，记作$\mathrm{null}(\mathcal{A})$。因此，有时又称$R(\mathcal{A})$为$\mathcal{A}$的**秩空间**，$N(\mathcal{A})$为$\mathcal{A}$的**核空间**。

2.3 空间

本节介绍一些常用的空间概念。空间是代数和矩阵论的基础，而空间的基础是线性空间，但是在计算机、物理、力学等领域，经常会涉及不同的空间。我们单独用一节的篇幅介绍不同的空间，以便大家在使用模型时对模型的假设空间能有更深刻和直观的认识。

对于线性空间，在 2.2 节中已经有详细的说明，本节就不再赘述。线性空间也是最重要的空间概念之一，是许多其他空间的基础[2]。

2.3.1 内积空间

在解析几何中，我们知道向量的长度和夹角等度量性质都可以通过数量积来表达。向量的一些基本运算如图 2-5 所示。

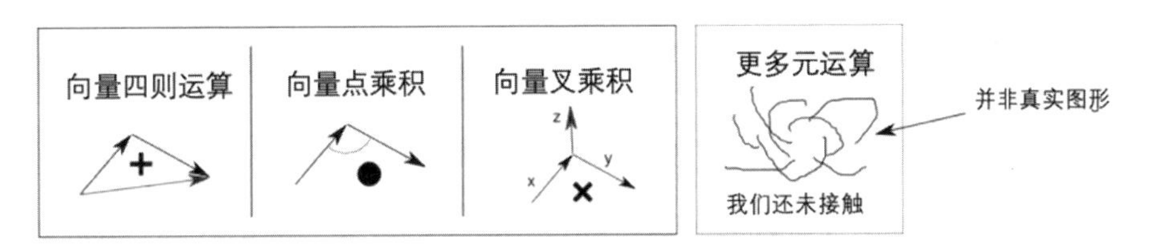

图 2-5　向量的基本运算

1．数量积（scalar product）

数量积也叫点乘积，对于向量来说，数量积是一种降维操作，向量的数量积结果为一个数值。数量积是欧氏空间的标准内积，欧式空间和内积的定义请参见 2.3.2 节。矩阵的内积就是每行与每列向量内积所组成的矩阵。

向量$\boldsymbol{\alpha}$与$\boldsymbol{\beta}$的数量积为：

$$(\boldsymbol{\alpha},\boldsymbol{\beta}) = \boldsymbol{\alpha}\cdot\boldsymbol{\beta} = |\boldsymbol{\alpha}|\cdot|\boldsymbol{\beta}|\cos\theta$$

数量积满足如下性质：

（1）对称性：$(\boldsymbol{\alpha},\boldsymbol{\beta}) = (\boldsymbol{\beta},\boldsymbol{\alpha})$

（2）可加性：$(\boldsymbol{\alpha}_1+\boldsymbol{\alpha}_2,\boldsymbol{\beta})=(\boldsymbol{\alpha}_1,\boldsymbol{\beta})+(\boldsymbol{\alpha}_2,\boldsymbol{\beta})$

（3）齐次性：$(k\boldsymbol{\alpha},\boldsymbol{\beta})=k(\boldsymbol{\alpha},\boldsymbol{\beta})$

（4）非负性：$(\boldsymbol{\alpha},\boldsymbol{\alpha})\geqslant 0$；如果$\boldsymbol{\alpha}=0$，则$(\boldsymbol{\alpha},\boldsymbol{\alpha})=0$

2．外积（outer product）

外积也叫叉乘积。对于向量来说，外积是一种升维操作；对矩阵来说，外积是矩阵的并集运算。

2.3.2 欧几里得空间（Euclid space）

设V是实数域$\mathbb{R}$上的线性空间，对于V中任意两个向量$\boldsymbol{x},\boldsymbol{y}$（可相等），加入某种规则使$\boldsymbol{x}$与$\boldsymbol{y}$对应一个实数，记为$(\boldsymbol{x},\boldsymbol{y})$，满足以下条件：

- $(\boldsymbol{x},\boldsymbol{y})=(\boldsymbol{y},\boldsymbol{x})$
- $(\boldsymbol{x}+\boldsymbol{y},\boldsymbol{z})=(\boldsymbol{x},\boldsymbol{z})+(\boldsymbol{y},\boldsymbol{z})$
- $(k\boldsymbol{x},\boldsymbol{y})=k(\boldsymbol{x},\boldsymbol{y})$
- $(\boldsymbol{x},\boldsymbol{x})\geqslant 0$，而如果$\boldsymbol{x}=0$，则$(\boldsymbol{x},\boldsymbol{x})=0$

则称该实数$(\boldsymbol{x},\boldsymbol{y})$是向量$\boldsymbol{x}$与$\boldsymbol{y}$的**内积**。

定义了内积的实线性空间V就叫作欧几里得空间，简称**欧氏空间**（或**实内积空间**）。

（1）容易验证，在n维向量空间$\mathbb{R}^n$中，任意两个向量的数量积为$\mathbb{R}^n$中的内积，而且这是$\mathbb{R}^n$中最常用的内积定义。因此，$\mathbb{R}^n$是n维欧氏空间。

（2）闭区间$[a,b](b>a)$上的实连续函数的全体按通常意义的加法和数乘运算构成无穷维线性空间$C[a,b]$。对于函数$f(x),g(x)\in C[a,b]$，定义内积$(f,g)=\int_a^b f(x)g(x)\mathrm{d}x$，则$C[a,b]$构成欧氏空间（无穷维的）。

内积有如下基本性质：

- $(\boldsymbol{x},k\boldsymbol{y})=k(\boldsymbol{x},\boldsymbol{y})$
- $(\boldsymbol{x},\boldsymbol{y}+\boldsymbol{z})=(\boldsymbol{x},\boldsymbol{y})+(\boldsymbol{x},\boldsymbol{z})$
- $(\boldsymbol{x},\boldsymbol{0})=(\boldsymbol{0},\boldsymbol{x})$

- $(\sum_{i=1}^{n}\lambda_i\boldsymbol{x}_i,\sum_{j=1}^{m}\mu_j\boldsymbol{y}_j)=\sum_{i=1}^{n}\sum_{j=1}^{m}\lambda_i\mu_j(\boldsymbol{x}_i,\boldsymbol{y}_j)$

欧氏空间中还有以下几个基本概念值得注意。

1．**长度** 非负实数$\sqrt{(\boldsymbol{x},\boldsymbol{x})}$叫作向量$\boldsymbol{x}$的**长度**或**模**，记为$|\boldsymbol{x}|$。长度为 1 的向量叫作**单位向量**。

2．**单位化** 即 $\frac{\boldsymbol{x}}{|\boldsymbol{x}|}$，这是一个单位向量，此过程称为向量$\boldsymbol{x}$的单位化或**规范化**。

3．**柯西–施瓦茨**（Cauchy-Schwarz）**不等式** 即 $|(\boldsymbol{x},\boldsymbol{y})|\leqslant|\boldsymbol{x}|\cdot|\boldsymbol{y}|$，又称柯西-布涅柯夫斯基（Буняковскии）不等式。

柯西-施瓦茨不等式的几何解释是$<\boldsymbol{x},\boldsymbol{y}>$满足$|\cos<\boldsymbol{x},\boldsymbol{y}>|\leqslant 1$。

柯西-施瓦茨不等式有两种形式：

- 在欧氏空间$\mathbb{R}^n$中，内积为数量积，则

$$|\sum_{i=1}^{n}\boldsymbol{x}_i\boldsymbol{y}_i|\leqslant\sqrt{\sum_{i=1}^{n}\boldsymbol{x}_i^2}\sqrt{\sum_{i=1}^{n}\boldsymbol{y}_i^2}$$

- 对于欧氏空间$\mathrm{C}[a,b]$，则

$$|\int_a^b f(x)g(x)\mathrm{d}x|\leqslant\sqrt{\int_a^b f^2(x)\mathrm{d}x}\sqrt{\int_a^b g^2(x)\mathrm{d}x}$$

柯西-施瓦茨不等式有如下推论形式：

- $|\boldsymbol{x}+\boldsymbol{y}|^2\leqslant(|\boldsymbol{x}|+|\boldsymbol{y}|)^2$ ，$|\boldsymbol{x}+\boldsymbol{y}|$ 称为向量$\boldsymbol{x}$与$\boldsymbol{y}$之间的距离。
- $|\boldsymbol{x}-\boldsymbol{y}|\geqslant|\boldsymbol{x}|-|\boldsymbol{y}|$
- $|\boldsymbol{x}-\boldsymbol{z}|\leqslant|\boldsymbol{x}-\boldsymbol{y}|+|\boldsymbol{y}-\boldsymbol{z}|$

4．**度量矩阵**

欧氏空间中向量的内积可以转化成坐标计算问题。

定义 假定$\boldsymbol{e}_1,\boldsymbol{e}_2,\cdots,\boldsymbol{e}_n$是 n 维欧氏空间V^n的基，V^n中任意两个向量$\boldsymbol{x}$、$\boldsymbol{y}$的坐标为$(x_1,x_2,\cdots,x_n)$, $(y_1,y_2,\cdots,y_n)$，则

$$(\boldsymbol{x},\boldsymbol{y})=\left(\sum_{i=1}^{n}x_i\boldsymbol{e}_i,\sum_{j=1}^{n}y_j\boldsymbol{e}_j\right)=\sum_{i,\ j=1}^{n}(\boldsymbol{e}_i,\boldsymbol{e}_j)=\boldsymbol{X}^{\mathrm{T}}\boldsymbol{A}\boldsymbol{Y}$$

其中$a_{ij}=(\boldsymbol{e}_i,\boldsymbol{e}_j)(i,j=1,2,\cdots,n)$, $\boldsymbol{A}_{n\times n}=(a_{ij})_{n\times n}$，$\boldsymbol{X}=(x_1,x_2,\cdots,x_n)^{\mathrm{T}}$，$\boldsymbol{Y}=(y_1,y_2,\cdots,y_n)^{\mathrm{T}}$。

我们把$\boldsymbol{A}\in\mathbb{R}^{n\times n}$叫作基$\boldsymbol{e}_1,\boldsymbol{e}_2,\cdots,\boldsymbol{e}_n$的度量矩阵，又叫作**格拉姆**（Gram）**矩阵**。

度量矩阵具有如下三个性质：

（1）度量矩阵是对称正定矩阵。

（2）两组不同基的度量矩阵是不同的，但它们是相合的。

（3）正交性。

关于正交性的一些概念、定义、定理以及性质如下。

5．正交 设$\boldsymbol{x},\boldsymbol{y}$为欧氏空间的两个向量，如果$(\boldsymbol{x},\boldsymbol{y})=0$，则称$\boldsymbol{x}$与$\boldsymbol{y}$正交，记为$\boldsymbol{x}\perp\boldsymbol{y}$。

若向量$\boldsymbol{x}$与$\boldsymbol{y}$正交，则有$|\boldsymbol{x}+\boldsymbol{y}|^2=|\boldsymbol{x}|^2+|\boldsymbol{y}|^2$，在二维空间中称为**商高定理**。

6．正交向量组 如果欧氏空间中的一组非零向量两两正交，则称其为一个正交向量组。

（1）若$\boldsymbol{x}_1,\boldsymbol{x}_2,\cdots,\boldsymbol{x}_m$是正交向量组，则

$$|\boldsymbol{x}_1+\boldsymbol{x}_2+\cdots+\boldsymbol{x}_m|^2=|\boldsymbol{x}_1|^2+|\boldsymbol{x}_2|^2+\cdots+|\boldsymbol{x}_m|^2$$

（2）正交向量组必定是线性无关的。

7．正交规范化 从一组线性无关向量出发，必然可以构造出一组数量相同并且等价的两两正交的向量，而且每个新向量的长度（模）还可以为 1（即单位向量），这种做法叫作线性无关向量组的正交规范化。

8．施密特正交化方法 指对于一组线性无关向量，先进行正交化，再进行单位化的过程。

（1）设$\boldsymbol{x}_1,\boldsymbol{x}_2,\cdots,\boldsymbol{x}_m$为一组线性无关向量，其正交化递推公式为：

$$
\begin{cases} \boldsymbol{y}'_m = \boldsymbol{x}_m + k_{m1}\boldsymbol{y}'_{m-1} + k_{m2}\boldsymbol{y}'_{m-2} + \cdots + k_{m,m-1}\boldsymbol{y}'_1 \\ k_{mi} = -\dfrac{\left(\boldsymbol{x}_m,\ \boldsymbol{y}'_{m-i}\right)}{\left(\boldsymbol{y}'_{m-i},\ \boldsymbol{y}'_{m-i}\right)},\ i = 1, 2, \cdots, m-1 \end{cases}
$$

（2）规范化的公式为：

$$
\boldsymbol{y}_i = \frac{\boldsymbol{y}'_i}{\|\boldsymbol{y}'_i\|},\ i = 1, 2, \cdots, n
$$

9. **标准正交基** 将解析几何中的直角坐标系的概念推广到 n 维欧氏空间。在欧氏空间V^n中，由 n 个向量构成的正交向量组称为V^n的**正交基**。由单位向量构成的正交基叫作**标准正交基**。

（1）任何n维欧氏空间都有正交基和标准正交基。

（2）一组基为标准正交基的充要条件是它的度量矩阵为单位矩阵。

（3）标准正交基为我们做研究提供了极大的方便。在欧氏空间中，采用标准正交基可以以最简单的形式写出向量的内积；在三维几何空间$\mathbb{R}^3$中，采用笛卡儿坐标系$\boldsymbol{i}, \boldsymbol{j}, \boldsymbol{k}$作为标准正交基。

2.3.3 酉空间

欧氏空间是定义在实线性空间之上的，在实线性空间中定义了内积运算，它与普通线性空间的区别在于空间的完备性。而这里的酉空间，实际上是一个特殊的复线性空间。酉空间与欧氏空间的定义相似，而且有一套平行的理论，这里只是简单地列出相关结论。

设V是复数域C上的线性空间，在V上任意两个向量$\boldsymbol{x}, \boldsymbol{y}$按某一确定法则对应于唯一确定的复数，称此复数为向量 $\boldsymbol{x}$ 与 $\boldsymbol{y}$ 的内积，记为$(\boldsymbol{x}, \boldsymbol{y})$。内积满足以下性质：

- 共轭对称性：$(\boldsymbol{x}, \boldsymbol{y}) = \overline{(\boldsymbol{y}, \boldsymbol{x})}$
- 可加性：$\forall \mathbf{z} \in V$，$(\boldsymbol{x} + \boldsymbol{y}, \boldsymbol{z}) = (\boldsymbol{x}, \boldsymbol{z}) + (\boldsymbol{y}, \boldsymbol{z})$
- 齐次性：$\forall k \in \mathbb{C}$，$(k\boldsymbol{x}, \boldsymbol{y}) = k(\boldsymbol{x}, \boldsymbol{y})$
- 非负性：$(\boldsymbol{x}, \boldsymbol{x}) \geqslant 0$；如果$\boldsymbol{x} = \boldsymbol{0}$，$(\boldsymbol{x}, \boldsymbol{x}) = 0$

定义了内积的复线性空间 V，叫作**酉空间**（或 **U 空间**，或**复内积空间**）。

例如，在n维复向量空间$\mathbb{C}^n$中，对于任意两个向量（假设为行向量），定义其内积为$(\boldsymbol{x},\boldsymbol{y})=\sum_{i=1}^{n}x_i\,\overline{y}_i=\boldsymbol{x}\boldsymbol{y}^{\mathrm{H}}$，其中$\boldsymbol{y}^{\mathrm{H}}$表示$\boldsymbol{y}$的共轭向量，即$\boldsymbol{y}^{\mathrm{H}}=\overline{\boldsymbol{y}}^{\mathrm{T}}$。容易验证，$\mathbb{C}^n$就是一个酉空间，仍旧以$\mathbb{C}^n$表示。

可以看到，欧氏空间和酉空间都是在线性空间中引入了内积（对称性稍有不同），因此酉空间和欧氏空间统称为内积空间，而且只要不涉及数域和对称性的空间性质，两者是相同的。

2.3.4 赋范线性空间

前面已经讲过向量和矩阵范数的概念，在内积空间中可以看到，距离的概念可以通过长度导出，而长度的概念可以由内积导出。但是，$m\times n$矩阵函数构成的线性空间是无限维的，此时内积的概念已经无法使用，要使用范数。

1．赋范线性空间

定义 定义了向量范数$||\cdot||$的线性空间V^n称为赋范线性空间，其中$||\cdot||$泛指任意一种范数。

除了前面讲过的向量范数与矩阵范数，还有一种范数。我们知道线性算子$\mathcal{A}$作用在向量$\boldsymbol{\alpha}$上，在某基偶下有如下对应关系：

$$\mathcal{A}(\boldsymbol{\alpha})\leftrightarrow\boldsymbol{A}x,\ \boldsymbol{A}\in\mathbb{C}^{m\times n},\ x=(x_1,x_2,\cdots,x_n)^{\mathrm{T}}\in\mathbb{C}^n$$

算子范数就是以此为基础的。

2．相容

定义 设$\boldsymbol{A}\in\mathbb{C}^{m\times n},\boldsymbol{x}\in\mathbb{C}^n$，如果取定的向量范数和矩阵范数满足如下不等式：

$$||\boldsymbol{A}\boldsymbol{x}||\leqslant\|\boldsymbol{A}\|\cdot\|\boldsymbol{x}\|$$

则称矩阵范数$||\boldsymbol{A}||$与向量范数$||\boldsymbol{x}||$是相容的。

3．算子范数

定义　设$\boldsymbol{A} \in \mathbb{C}^{m\times n}, \boldsymbol{x} = (x_1, x_2, \cdots, x_n)^{\mathrm{T}} \in \mathbb{C}^n$，且在$\mathbb{C}^n$中已规定了向量的范数（即$\mathbb{C}^n$是$n$维赋范线性空间），定义

$$\|\boldsymbol{A}\| = \sup_{\|\boldsymbol{x}\|\neq 0} \frac{\boldsymbol{Ax}}{\boldsymbol{x}} = \max_{\|\boldsymbol{x}\|=1} \|\boldsymbol{Ax}\|$$

则上式定义了一个与向量范数$||\cdot||$相容的矩阵范数，称为**由向量范数$||\cdot||$诱导的矩阵范数**或算子范数。（这里之所以选择上确界是因为矩阵的非负性导致$\boldsymbol{A}$的范数无法取$\frac{||\boldsymbol{Ax}||}{||\boldsymbol{x}||}$，又因为当$||\boldsymbol{x}|| = \mathbf{1}$时，向量赋范线性空间的单位闭球或单位球面皆为有界闭集，而$||\boldsymbol{Ax}||$为$\boldsymbol{x}$的连续函数，故在单位球或单位球面上取得最大值，此时上确界就在球面上，“sup”可以换成“max”。）

设$\boldsymbol{A} \in \mathbb{C}^{m\times n}$，则：

（1）$||\boldsymbol{A}||_2 = \max_{||\boldsymbol{x}||_2=||\boldsymbol{y}||_2=1} |\boldsymbol{y}^{\mathrm{H}}\boldsymbol{Ax}|, \boldsymbol{x} \in \mathbb{C}^n, \boldsymbol{y} \in \mathbb{C}^m$

（2）$||\mathbf{A}^{\mathrm{H}}||_2 = ||\boldsymbol{A}||_2$

（3）$||\boldsymbol{A}^{\mathrm{H}}\boldsymbol{A}||_2 = ||\boldsymbol{A}||_2^2$

4．谱半径

谱半径的概念在讨论数值代数中的收敛性问题时经常会用到。

定义　设$\boldsymbol{A} \in \mathbb{C}^{m\times n}$，$\lambda_1, \lambda_2, \cdots, \lambda_n$为$\boldsymbol{A}$的特征值，称

$$\rho(\boldsymbol{A}) = \max_i |\lambda_i|$$

为$\boldsymbol{A}$的谱半径。从集合上解释，谱半径就是以原点为圆心，包含$\boldsymbol{A}$的全部特征值的圆半径中最小的一个。谱半径不会超过$\boldsymbol{A}$的任何一种范数。

2.3.5　巴拿赫空间

巴拿赫空间（Banach Space）是一个完备的线性赋范空间，可以用如下表达式来表达其中关系：

$$\text{线性赋范空间} + \text{完备性} \rightarrow \text{巴拿赫空间}$$

讨论到这个空间的概念，其实有些偏近于泛函分析了。巴拿赫空间和后面介绍的希尔伯特空间一样，都是矩阵微积分理论的基础。矩阵微积分也是以极限理论为基础的。

其实到这里，我们才讲到机器学习理论基础的重头戏。在线性代数中，只讨论矩阵的加、减、乘和求逆等代数运算，可是在运筹学和线性系统的可控制性等问题中，我们都要以数学中的极限、级数、微积分等运算为基础来进行分析。比如，在机器学习的应用——图像处理、模式识别或移动通信等领域，常常需要利用特定的线性变换将高维向量压缩成低维向量或将低维向量升级为高维向量，并使误差尽可能小（相当于求以矩阵$\boldsymbol{U}$为自变量的函数）:

$$\min J(\boldsymbol{U}) = \min\|\boldsymbol{U\alpha} - \beta\|，\boldsymbol{U} \in \mathbb{R}^{m\times n}，\boldsymbol{\alpha} \in \mathbb{R}^n，\beta \in \mathbb{R}^m$$

$$s.t.\quad \boldsymbol{U}^{\mathrm{T}}\boldsymbol{U} = \boldsymbol{I} \qquad \left(\text{或 } \boldsymbol{U}\boldsymbol{U}^{\mathrm{T}} = \boldsymbol{I}\right)$$

这正是一个约束最优化问题，我们在后面介绍优化论时会对此类问题的解决方法做说明。而解决此类问题的一个可行的办法就是，求矩阵$J(\boldsymbol{U})$关于未知矩阵$\boldsymbol{U}$的导数。为此，我们先引入序列极限的概念。

1．**向量序列的极限**

设$\boldsymbol{x}^{(k)}, \boldsymbol{x} \in \mathbb{C}^n(k = 1,2,\cdots)$，若$\left\|\boldsymbol{x}^{(k)} - \boldsymbol{x}\right\| \to 0$，$k \to +\infty$，则称向量序列$\left\{\boldsymbol{x}^{(k)}\right\}$**收敛于**向量$\boldsymbol{x}$，或者说向量$\boldsymbol{x}$是向量序列$\left\{\boldsymbol{x}^{(k)}\right\}$当$k \to +\infty$时的**极限**，记为:

$$\lim_{k\to+\infty}(\boldsymbol{x})^{(k)} = \boldsymbol{x}$$

由向量范数之间的等价关系可知，在某一向量范数意义下收敛，在其他向量范数意义下也一定收敛。

2．**矩阵序列的极限**

设有矩阵序列$\left\{\boldsymbol{A}^{(k)}\right\}$，其中$\boldsymbol{A}^{(k)} = \left(a_{ij}^{(k)}\right) \in \mathbb{C}^{n\times n}$，且当$k \to +\infty$时，$a_{ij}^{(k)} \to a_{ij}$，则称$\left\{\boldsymbol{A}^{(k)}\right\}$收敛，并把矩阵$\boldsymbol{A} = (a_{ij})$叫作$\left\{\boldsymbol{A}^{(k)}\right\}$的极限，或称$\left\{\boldsymbol{A}^{(k)}\right\}$收敛于$\boldsymbol{A}$，记为:

$$\lim\nolimits_{k\to+\infty}(\boldsymbol{A})^{(k)} = \boldsymbol{A}\text{或者}\boldsymbol{A}^{(k)} \to \boldsymbol{A}$$

不收敛的矩阵序列称为**发散**的。

巴拿赫空间　若赋范线性空间中任一收敛向量序列的极限均属于此空间，则称此空间为**完备的赋范线性空间**，或称巴拿赫空间。在巴拿赫空间中，柯西收敛原理成立。

3．数量函数对于向量的导数

设$\boldsymbol{x} = (\boldsymbol{x}_1, \boldsymbol{x}_2, \cdots, \boldsymbol{x}_n)^{\mathrm{T}}, f(\boldsymbol{x}) = f(\boldsymbol{x}_1, \boldsymbol{x}_2, \cdots, \boldsymbol{x}_n)$是以向量$\boldsymbol{x}$为自变量的数量函数，即为$n$元函数，规定数量函数$f(\boldsymbol{x})$对于向量$\boldsymbol{x}$的导数为：

$$\frac{\mathrm{d}f}{\mathrm{d}\boldsymbol{x}} = \left(\frac{\partial f}{\partial \boldsymbol{x}_1}, \frac{\partial f}{\partial \boldsymbol{x}_2}, \cdots, \frac{\partial f}{\partial \boldsymbol{x}_n}\right)^{\mathrm{T}}$$

4．矩阵的全微分

设矩阵$\boldsymbol{F} = (f_{ij})_{m\times n}$，则定义矩阵$\boldsymbol{F}$的全微分为 $\mathrm{d}\mathbf{F} = (\mathrm{d}f_{ij})_{m\times n}$。

5．一阶齐次线性微分方程组的解

设

$$\boldsymbol{A} = \begin{bmatrix} a_{11} & a_{12} & \cdots & a_{1n} \\ a_{21} & a_{22} & \cdots & a_{2n} \\ \vdots & \vdots & & \vdots \\ a_{n1} & a_{n2} & \cdots & a_{nn} \end{bmatrix}, \quad \boldsymbol{x}(t) = \begin{bmatrix} x_1(t) \\ x_2(t) \\ \vdots \\ x_n(t) \end{bmatrix}$$

一阶线性常系数微分方程组：

$$\begin{cases} \dfrac{\mathrm{d}\boldsymbol{x}}{\mathrm{d}t} = \boldsymbol{A}\boldsymbol{x}(t) \\ \boldsymbol{x}(0) = \big(x_1(0), x_2(0), \cdots, x_n(0)\big)^{\mathrm{T}} \end{cases}$$

有唯一解$\boldsymbol{x} = e^{\boldsymbol{A}t}\boldsymbol{x}(0)$。

若位置函数$\boldsymbol{X}(t)$不是列向量，而是$n \times m$矩阵：

$$\boldsymbol{X}(t) = \begin{bmatrix} x_{11}(t) & x_{12}(t) & \cdots & x_{1\mathrm{m}}(t) \\ x_{21}(t) & x_{22}(t) & \cdots & x_{2m}(t) \\ \vdots & \vdots & & \vdots \\ x_{n1}(t) & x_{n2}(t) & \cdots & x_{nm}(t) \end{bmatrix}$$

则定解问题为

$$\begin{cases} \dfrac{\mathrm{d}\boldsymbol{X}}{\mathrm{d}t} = \boldsymbol{A}\boldsymbol{x}(t) \\ \boldsymbol{X}(t)|_{t=t_0} = \boldsymbol{X}(t_0) \end{cases}$$

其中，$\boldsymbol{X}(t)$是 t 的可微函数的$n \times m$矩阵，$\boldsymbol{X}(t_0)$是$n \times m$常数矩阵，$\boldsymbol{A}$是给定的 n 阶常数方阵，则其唯一解为：

$$\boldsymbol{X}(t) = \mathrm{e}^{\boldsymbol{A}(t-t_0)}\boldsymbol{X}(t_0)$$

并且$\boldsymbol{X}(t)$的秩与 t 的取值无关。

6．一阶常系数非齐次线性微分方程组的解

$$\begin{cases} \dfrac{\mathrm{d}\boldsymbol{x}}{\mathrm{d}t} = \boldsymbol{A}\boldsymbol{x} + \boldsymbol{f}(t) \\ \boldsymbol{x}|_{t=t_0} = \boldsymbol{x}(t_0) \end{cases}$$

其中$\boldsymbol{f}(t) = (f_1(t), f_2(t), \cdots, f_n(t))^{\mathrm{T}}$是已知向量函数。方程组的解为：

$$\boldsymbol{x} = \mathrm{e}^{\boldsymbol{A}(t-t_0)}\boldsymbol{x}(t_0) + \int_{t_0}^{t} \mathrm{e}^{\boldsymbol{A}(t-\tau)}\boldsymbol{f}(\tau)\,\mathrm{d}\tau$$

7．n 阶常系数微分方程的解

（1）n 阶常系数齐次线性方程的定解问题

原问题：

$$\begin{cases} y^{(n)} + a_1 y^{(n-1)} + a_2 y^{(n-2)} + \cdots + a_n y = 0 \\ \left. y^{(i)}(t) \right|_{t=0} = y_0^{(i)},\ i = 0, 1, \cdots, n-1 \end{cases}$$

令

$$\boldsymbol{x}(t) = \left(x_1(t), x_2(t), \cdots, x_n(t)\right)^{\mathrm{T}}$$

$$\boldsymbol{x}(0) = \left(x_1(0), x_2(0), \cdots, x_n(0)\right)^{\mathrm{T}} = \left(y_0, y_0', \cdots, y_0^{(n-1)}\right)^{\mathrm{T}}$$

$$\boldsymbol{A} = \begin{bmatrix} 0 & 1 & 0 & \cdots & 0 \\ 0 & 0 & 1 & \cdots & 0 \\ \vdots & \vdots & \vdots & \ddots & \vdots \\ 0 & 0 & 0 & \cdots & 1 \\ -a_n & -a_{n-1} & -a_{n-2} & \cdots & -a_1 \end{bmatrix}$$

转化为如下问题：

$$\begin{cases} \dfrac{\mathrm{d}x}{\mathrm{d}t} = \boldsymbol{A}x(t) \\ \boldsymbol{x}(t)|_{t=0} = \boldsymbol{x}(0) \end{cases}$$

解为：

$$\mathbf{y}= (1,0,0,\cdots,0)，\boldsymbol{x}(t) = (1,0,0,\cdots,0)\mathrm{e}^{\boldsymbol{A}t}\boldsymbol{x}(0)$$

（2）n 阶常系数非齐次线性方程的定解问题

原问题：

$$\begin{cases} y^{(n)} + a_1 y^{(n-1)} + a_2 y^{(n-2)} + \cdots + a_n y = f(t) \\ y^{(i)}(t)\big|_{t=0} = y_0^{(i)}，i = 0, 1, \cdots, n-1 \end{cases}$$

令$\boldsymbol{b} = (0, 0, \cdots, 0, 1)^{\mathrm{T}}$，则原问题转化为问题：

$$\begin{cases} \dfrac{\mathrm{d}\boldsymbol{x}}{\mathrm{d}t} = \boldsymbol{A}\boldsymbol{x}(t) + \boldsymbol{b}f(t) \\ \boldsymbol{x}(t)\,|_{t=0} = \boldsymbol{x}(0) \end{cases}$$

解为：

$$\boldsymbol{y}(t) = (1, 0, \cdots, 0)\left(\mathrm{e}^{\boldsymbol{A}t}\boldsymbol{x}^{(0)} + \int_0^t \mathrm{e}^{\boldsymbol{A}(t-\tau)}\,\boldsymbol{b}f(\tau)\mathrm{d}\tau\right)$$

2.3.6 希尔伯特空间

因为有度量的存在，所以我们可以在度量空间、赋范线性空间以及内积空间中引入极限，但抽象空间中的极限与实数上的极限有一个很大的区别，即极限点可能不在原来给定的集合中，所以又引入了完备的概念，完备的内积空间就称为希尔伯特空间（Hilbert Space）。

内积空间 + 完备性 → 希尔伯特空间

希尔伯特空间是这样一个抽象空间，其中：

- 存在向量，可以用来描述量子力学中体系的状态，而且这些向量都必须存在正定的内积，也就是说这些状态的概率为非负数。

- 存在厄米算子，其代表可观测量。
- 存在 UNITARY 操作，其对应的是三维空间中的旋转操作，表征保持状态概率不变的那些操作。

希尔伯特空间是一个含义很广的概念。简单地说，希尔伯特是完备的内积空间（极限运算不能超出度量的范围），欧氏空间是属于希尔伯特空间的。

希尔伯特空间是一个完备的空间，其上所有的柯西列等价于收敛列，因此微积分中的大部分概念都可以无障碍地推广到希尔伯特空间中。图 2-6 展示了不同空间的关系。

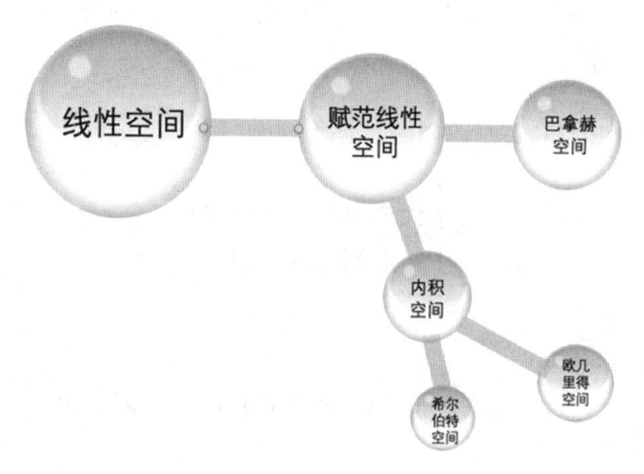

图 2-6 各种空间的关系

2.3.7 核函数

顾名思义，**核函数**的本质是一个函数，更宽泛地说，它是一个映射。为什么要介绍这个概念呢？因为在机器学习中我们经常会对空间进行变换，而核函数是映射关系的内积。映射函数本身仅仅是一种映射关系，并没有增加维度的特性，不过可以利用核函数的特性，构造可以增加维度的核函数，这往往是我们希望的。因此，我们姑且可以认为核函数就是一个可以将空间从低维映射到高维的变换函数。很多方法在这个映射下是可以直接推广到核函数空间的，包括支持向量机（SVM）、逻辑回归（LR）、最小平方法（least square）、降维（dimension reduction）。

要讲核函数，先得从再生核希尔伯特空间（Reproducing Kernel Hilbert Space，RKHS）讲起。一个经典的例子就是信号处理中信号检测的问题：给定一条时间序列，如何知道它不是一个随机游走（random walk）的噪声，而是有特定的模式呢？在这种情景下，RKHS 理论就给出了一个通过观测求解似然比率（likelihood ratio）的假设检验方案，其中的核实际上是某个随机过程 $R(t)$ 在两个不同时间点的相关关系（correlation）。

先讲一个简单的例子。例如欧氏空间$\mathbb{R}^m$，这是一个m维的希尔伯特空间 ，而无穷维希尔伯特空间的例子则是区间$[a,b]$上的连续函数所组成的空间，并且使用如下的内积定义：

$$\langle f_1, f_2 \rangle = \int_a^b f_1(t) f_2(t) \mathrm{d}t$$

这里的 RKHS 就是一个函数空间。在此我们会用到一个很有用的性质，就是维度相同的希尔伯特空间是同构的，也就是说空间的各种结构（包括内积、范数、度量和向量运算等）在做空间转换后都可以保持下来。有了同构的性质，我们就不用去关心 RKHS 中的点到底是什么（有时候，也确实描述不出来高维空间中的点到底是什么），而只需要知道它们的运算性质能够继承下来就可以了。

将映射记为$\phi: \mathcal{X} \to \mathcal{H}$，这里$\mathcal{H}$表示 RKHS，用$f$表示里面的元素；而$\mathcal{X}$是原始特征空间，这里甚至不要求原始空间必须是一个欧氏空间或者向量空间（这也是核方法的优点之一），用$\boldsymbol{x}$表示里面的点。前面说了，我们不用关心$\mathcal{H}$中点的本质是什么，所以我们可以自己定义这些点“是什么”。更确切地说，我们定义$\mathcal{H}$中的点是定义在$\mathcal{X}$上的函数，在一定的条件下[3]，可以找到对应于这个希尔伯特空间的一个（唯一的）再生核函数（Reproducing Kernel）$K: \mathcal{X} \times \mathcal{X} \to \mathbb{R}$（这里只考虑实函数），它满足如下两条性质：

（1）对于任意固定的$\boldsymbol{x}_0 \in \mathcal{X}$，$K(\boldsymbol{x}, \boldsymbol{x}_0)$作为$\boldsymbol{x}$的函数属于我们的函数空间$\mathcal{H}$。

（2）对于任意$\boldsymbol{x} \in \mathcal{X}$和$f(\cdot) \in \mathcal{H}$，有$f(\boldsymbol{x}) = \langle f(\cdot), K(\cdot, \boldsymbol{x}) \rangle$。

其中第 2 条性质就叫作 Reproducing Property，也是“再生核”名字的来源。

有了这个核（kernel）之后，我们可以很自然地把映射ϕ定义为：

$$\phi(\boldsymbol{x}) = K(\cdot, \boldsymbol{x})$$

由于核的再生性质，我们之前用于计算$\mathcal{H}$中内积的核技巧（kernel trick）也自然成立了：

$$\langle \phi(\boldsymbol{x}_1), \phi(\boldsymbol{x}_2) \rangle = \langle K(\cdot, \boldsymbol{x}_1), K(\cdot, \boldsymbol{x}_2) \rangle = K(\boldsymbol{x}_1, \boldsymbol{x}_2)$$

再生核有很多很好的性质，比如正定性（在线性代数里，这样的性质通常称为“半正定”），也就是说，对于任意 $\boldsymbol{x}_1, \cdots, \boldsymbol{x}_n \in \mathcal{X}$ 和 $\xi_1, \cdots, \xi_n \in \mathbb{R}$，都有

$$\sum_{i,j=1}^{n} K(\boldsymbol{x}_i, \boldsymbol{x}_j)\xi_i\xi_j \geqslant 0$$

这个式子很容易证明。按照核函数的再生性质写成刚才的内积形式，然后把系数移到内积里面去，就得到 $\| \sum_{i=1}^{n} \xi_i K(\cdot, \boldsymbol{x}_i) \|^2$ ，根据范数的性质，这个值即为非负数。

2.4 机器学习中的数学结构

本节继续介绍机器学习的三要素：模型、策略和算法。我们首先会介绍一些基本的矩阵和空间等数学知识，这是进行数学建模和算法推理的基础，然后介绍模型中数学结构的原理，因为数学结构是模型的基础。机器学习中的模型，其本质是将现实空间的数据分布和目标映射到抽象的数学空间（其实笔者个人认为现实是抽象的，而数学空间是具体的），然后为空间赋予结构化的信息，并定义空间中信息的传播机制。

2.4.1 线性结构与非线性结构

数学结构中最基础的分类是线性结构与非线性结构，而非线性结构主要是指图的变体、树、网，还有其他各种拓扑结构。下面将分别介绍线性结构和非线性结构。

1. 线性结构

前面我们从数值计算的角度阐述了线性、线性运算、线性空间的概念。在机器学习中，线性的本质是相同的（毕竟机器学习的基础也是数值计算）。不过，这里定

义的线性结构与线性、线性运算、线性空间等概念还是稍有区别的（其实限制更多）。

除了线性运算是线性结构模型之外，一般机器学习中的线性模型或多元回归模型也都被认为是线性结构模型，比如：

$$\boldsymbol{Y} = \boldsymbol{XB} + \boldsymbol{U}$$

这一类模型比较简单，从数学本质上讲，都是通过特征的线性组合来进行预测的结构。

2．非线性结构

图、树、网等复杂结构为非线性结构。比较常见的非线性结构模型有树模型、概率图模型和贝叶斯网络等。

2.4.2 图论基础

我们这里讨论的图，并非微积分、解析几何、几何学中的图，而是一种结构化的信息，是客观世界中某些具体事物间的联系的数学抽象，例如，二元关系的关系图。在图论中我们不考虑点的位置及连线的长短曲直，这些是解析几何中考虑的问题，我们只关心图的哪些点之间有线相连。从信息学的角度来解释，也就是哪些实体之间有信息的相互传播或者互相影响。这种数学抽象就是“图”的概念[4]。

定义三元组$G =< V(G), E(G), \varphi(G) >$，其中：

（1）$V(G) = \{v_1, v_2, \cdots, v_n\}$，$V(G) \neq \Phi$，称为图$G$的节点集合（vertex set）。

（2）$E(G) = \{e_1, e_2, \cdots, e_n\}$是$G$的边集合（edge set），其中$e_i$为$\{v_j, v_t\}$或$< v_j, v_t >$。若$e_i$为$\{v_j, v_t\}$，称$e_i$为以$v_j$和$v_t$为端点（end vertice）的无向边（undirected edge）；若e_i为$< v_j, v_t >$，称e_i为以v_j为起点（origin），v_t为终点（terminus）的有向边（directed edge）。

（3）$\varphi(G): E \to V \times V$ 称为关联函数（incidence function）。

2.4.2.1 常用的概念、定义及性质

图中一些常用的概念、定义以及性质汇总如下：

1．**邻接节点**（adjacent vertex） 关联于同一条边的两个节点。

2．**孤立节点**（isolated vertex） 不与任何节点相连的节点（度数为零的节点）。

3．**邻接边**（adjacent side） 关联同一节点的两条边。

4．**环**（loop） 两个端点相同的边，也称为**自回路**（circuit）。

5．**平行边**（parallel edge） 两节点间方向相同的若干条边，也称为**重边**（multiple edge）。

6．**对称边**（symmetric edge） 两个端点相同但方向相反的两条有向边。

7．**无向图**（undirected graph） 每条边都是无向边的图。

8．**有向图**（directed graph） 每条边都是有向边的图。

9．**混合图**（mixed graph） 同时包含有向边和无向边的图。

10．**对称有向图**（symmetric digraph） 将无向图的每条边用两条具有相同端点的对称边代替后得到的图。

11．**零图**（null graph） 仅有一些孤立节点的图，也称为**空图**（empty graph）。

12．**平凡图**（trivial graph） 只有一个节点，且该节点为孤立节点的图。

13．**多重图**（multigraph） 含有平行边的图。

14．**简单图**（simple graph） 无环且无平行边的图。

15．**完全图**（complete graph） 任意两点之间都有边相连的简单无向图，n 个节点的完全图记为K_n。

16．**完全有向图**（complete digraph） 完全图的对称有向图，记为K_n^*。

17．**阶**（order） 图的节点个数。

18．**基础图**（underlying graph） 有向图去掉边的方向后得到的无向图。

19．**定向图**（oriented graph）为无向图的每条边指定一个方向后得到的有向图。

20．**度数**（degree）　任意图与节点 x 相关联的边数（一个环要计算两次），记作 mathrmdeg(x)或$d(x)$。

21．**入度**（in-degree）　有向图射入节点 x 的边数，记作$\deg^{+}(x)$或$d^{+}(x)$。

22．**出度**（out-degree）　有向图射出节点 x 的边数，记作$\deg^{-}(x)$或$d^{-}(x)$。

23．邻域$G=<V,E>$，$S \subset V$，$S \neq \Phi$，$\forall v \in V$，称$N_s(v)=\{u|u \in S$，且u与v相邻$\}$为 v 在 S 中的邻域。

（1）$N_G(v)$常常简记为$N(v)$。

（2）当 G 为简单图时，$d(v)=|N(v)|$。

24．**K 正则无向图**　无向图的每个节点 x 满足$d(x)=K$。

25. **平衡有向图**（balanced digraph）若有向图中每个节点 x 满足$d^{+}(x)=d^{-}(x)$，则x称为**平衡点**（balanced vertex）。

26．**K 正则有向图**　有向图满足$\Delta^{+}(D)=\Delta^{-}(D)=\delta^{+}(D)=\delta^{-}(D)=K$，其中$\Delta(D)$和$\delta(D)$分别表示最大节点度和最小节点度。

27. **同构的**（isomorphic）如果存在两个简单图$G_1=<V_1,E_1>,G_2=<V_2,E_2>$，节点之间的双射函数$f\colon f(V_1)=V_2$，使得原像中相邻的节点在像中也相邻，我们就说这两个简单图是同构的，记作$G_1 \simeq G_2$，这样的函数f称为**同构函数**。

当两个简单图同构时，两个图的节点之间的相邻关系也保持一一对应。

28. **子母图**　设$G=<V,E>$，$G_1=<V_1,E_1>$，若$V_1 \subseteq V$，$E_1 \subseteq E$，且φ_1是φ在E_1上的限制，则称G_1是G的**子图**（subgraph），记作$G_1 \subseteq G$，并且称G为G_1的**母图**（supergraph）。

（1）若$G_1 \subseteq G$且$G_1 \neq G$（即$V_1 \subset V$或$E_1 \subset E$），则称G_1是G的**真子图**（prope subgraph）。

（2）若$G_1 \subseteq G$且$V_1=V$，则称G_1是G的**生成子图**或**支撑子图**（spanning subgraph）。

（3）设$V_1 \subseteq V$，且$V_1 \neq \Phi$，以V_1为节点，以两端点均在V_1中的全体边为边集的G的

子图，称为V_1的导出子图（induced subgraph），记作$G[V_1]$。

（4）设$E_1 \subseteq E$，且$E_1 \neq \Phi$，以E_1为边集，以E_1中的边关联的全部节点为节点集的G的子图，称为E_1的导出子图（induced subgraph），记作$G[E_1]$。

29. **补图**（complement graph） 设$G = < V, E >$是n阶无向简单图。以V为节点集，以所有能使G成为完全图K_n的添加边组成的集合为边集的图，称为G相对于完全图K_n的补图，简称G的补图，记作$\overline{G}$。

30. **图的运算** 设G_1和G_2都是G的子图，它们可以做如下的运算：

（1）**并**（union）表示仅由G_1和G_2中的所有边组成的图，记为$G_1 \cup G_2$。

（2）**交**（cap）表示仅由G_1和G_2中的公共边组成的图，记为$G_1 \cap G_2$。

（3）**差**（difference） 表示仅由G_1中去掉G_2中的边组成的图，记为$G_1 - G_2$。

（4）**环合**（ring sum）表示在G_1和G_2的并图中去掉G_1和G_2的交图所得到的图，记为$G_1 \oplus G_2$。

$$G_1 \oplus G_2 = (G_1 \cup G_2) - (G_1 \cap G_2) = (G_1 - G_2) \cup (G_2 - G_1)$$

31. **笛卡儿积**（Cartesian product） 设G_1和G_2是两个无向图，G_1和G_2的笛卡儿积为图 G，记为$G = G_1 \times G_2$，如图 2-7 所示。

其中，图G满足：

（1）$V(G) = V(G_1) \times V(G_2)$

（2）当且仅当 $a = c$ 且$\{b, d\} \in E(G_2)$，或者 $b = d$ 且$\{a, c\} \in E(G_1)$ 时，G中的两个节点(a, b)和(c, d)是邻接的。

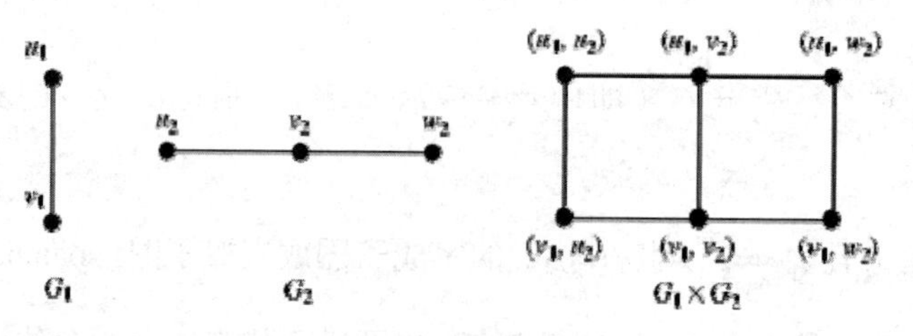

图 2-7 图G_1和G_2的笛卡儿积

2.4.2.2 常用的一些定理和推论

图论中一些常用的定理和推论汇总如下：

1．在每个图中，节点度数的总和等于边数的两倍，即：

$$\sum_{x \in V} \deg(x) = 2|E|$$

2．每个图中，度数为奇数的节点必定是偶数个。

3．在有向图中，所有节点的入度之和等于所有节点的出度之和。

4．当且仅当$\sum_{i=1}^{p} d_i$是偶数时，非负整数序列$(d_1, d_2, \cdots, d_p)$（$d_1 \geqslant d_2 \geqslant \cdots \geqslant d_p$）是图序列，并且对一切整数$k$（$1 \leqslant k \leqslant p-1$），有

$$\sum_{i=1}^{k} d_i \leqslant k(k-1) + \sum_{i=k+1}^{p} \min\{k, \quad d_i\}$$

2.4.2.3 路与连通图

路与连通图的一些基本概念如下：

1．**链**（chain/walk） 设u和v是任意图G的节点，图G的一条u-v链是有限的节点和边的交替序列$u_0 e_1 u_1 e_2 \cdots u_{n-1} e_n u_n (u = u_0, v = u_n)$，其中与边$e_i$（$1 \leqslant i \leqslant n$）相邻的两节点$u_{i-1}$和$u_i$正好是$e_i$的两个端点。

2．数n（链中出现的边数）称为链的**长度**（length）。

3．$u(u_0)$和$v(u_n)$称为链的**端点**（end-vertex），其余的节点称为链的**内部点**（internal vertex）。

4．一条u-v链，当$u \neq v$时，称它为**开**的，否则称它为**闭**的。

5．边互不同的链称为**迹**（trail），内部点互不同的链称为**路**（path）。

（1）在一条链中，节点和边可以重复。

（2）若G是简单图，则G中的链$u_0 e_1 u_1 e_2 \cdots u_{n-1} e_n u_n$还可用节点序列

$u_0u_1\cdots u_{n-1}u_n$表示。

（3）不含边（即长度为0）的链称为**平凡链**。

（4）设W是有向图D中的 u-v 链（迹、路），指定W的方向为从u到v，若W中所有边的方向与此方向一致，则称W为D中从u到v的**有向链**（迹、路）。

6．**回**（circuit） 两个端点相同的迹（即闭迹）。

7．**圈**（cycle） 两个端点相同的路（即闭路），也称作**回路**（circuit）[1]。

8．长度为K、奇数、偶数的回（圈）分别称为**K回（圈）、奇回（圈）、偶回（圈）**。

9．**有向回**（有向圈） 有向闭迹（闭路）。

（1）若简单图G中每个节点的度数至少是k（$k \geqslant 2$），则G中必然含有一个长度至少是$k+1$的圈。

（2）设简单图G中每个节点的度数至少是3，则G含有偶圈。

10．**连通的**（connected）给定无向图$G=<V(G),E(G),\varphi(G)>$，$x,y\in V(G)$，若图G中存在连接x和y的路，称节点x和y是连通的。我们规定，x到其自身总是连通的。

利用连通关系可以确定$V(G)$的一个划分$\{V_1,V_2,\cdots,V_m\}$，使得当且仅当节点x和y属于同一子集V_i时，x和y才是连通的。

11．**连通分支** V_i在G中的导出子图$G[V_1],G[V_2],\cdots,G[V_m]$称为$G$的连通分支或**分支**（component），$m$称为$G$的**连通分支数**（number of components），记作$W(G)=m$。图2-8所示为一个包含3个连通分支的图。

12．**连通图**（connected digraph or graph） 如果无向图G中每一对不同的节点x和y之间都有一条通路（即$W(G)=m$），则称G是连通图，反之称G为**非连通图**（disconnected graph）。

（1）若V_1和V_2是$V(G)$的两个不相交的子集，则记为$[V_1,V_2]=\{e \mid e\in E(G)$，$e$的

1 注意，回（迹）与回路的英文相同，在英文中具体要看是指的回（迹）还是回路。

两个端点分别在V_1和V_2中}。

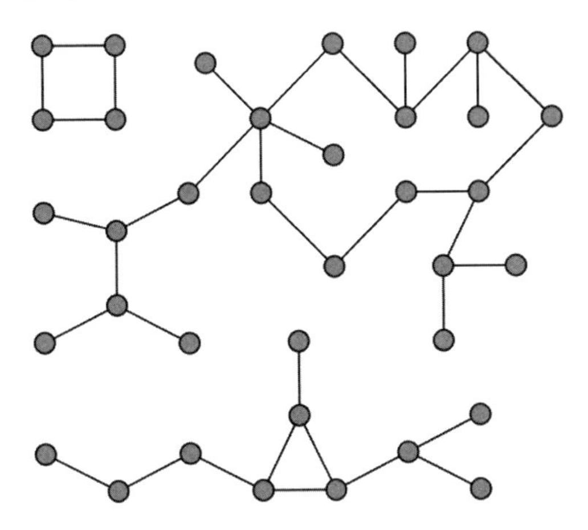

图 2-8　包含 3 个连通分支的图

（2）当且仅当对$V(G)$的每个非空真子集S，$[S,\overline{S}] \neq \Phi(\overline{S} = V - S)$，非平凡图$G$才是连通图。

（3）设G是P阶连通图，则$|E(G)|\geqslant P-1$。

（4）设连通图G至少有两个节点，其边数小于节点数，则 G 至少有一个**悬挂点**（度数为 1 的节点）。

（5）设简单图 G 的节点序列为 $v_1,v_2,\cdots,v_p$，度数依次是 $d(v_1)\leqslant d(v_2)\leqslant\cdots\leqslant d(v_p)$。如果对任意的$j\leqslant p-\Delta(G)-1$，有$d(v_1)\geqslant j$，则 G是连通图。

（6）设 G是P 阶简单图，每个节点的度至少是$[P/2]$，则G 是连通图（$[x]$表示不超过 x 的最大整数）。

13. **可达**　设$D=<V(D),E(D),\varphi(D)>$是有向图，$x,y\in V(D)$，若图D中存在x到y的有向路，则称节点x可达节点y。我们规定，x到其自身总是可达的。

14. **单侧联通的**（unilateral connected）　指有向图的任何一对节点间，至少有一个节点可达另一个节点。

15. **强连通的**（strongly connected）　指有向图的任意一对节点相互可达。

（1）**强连通分支** 利用强连通关系可以确定有向图D的点集$V(D)$的一个划分$\{V_1,V_2,\cdots,V_m\}$，使得当且仅当两个节点属于同一个子集V_i时强连通，称V_i在D中的导出子图$D[V_i]$为D的强连通分支或**强分图**。

（2）D的**强连通分支数**记作$\vec{W}(D)=m$。

（3）**强连通图** 当$\vec{W}(D)=1$时，D为强连通图，否则称为**非强连通图**。

（4）**距离**（distance）有向图中两个节点的有向路的最小长度。

（5）**直径**（diameter）把$D=\max\{d(x,y)\mid\forall x,y\in V(G)\}$称为图$G$的直径。

16．**弱连通的**（weakly connected）若有向图的基础图是连通图，则称其是弱连通的。

2.4.2.4 连通图和二分图

下面汇总列出了与二分图相关的一些概念。

1．**割点**（cut vertex） 如果在图G中去掉一个节点x后，图G的连通分支数增加，即$W(G-x)>W(G)$，则称节点x为G的割点。

2．**割边**（cut edge） 如果在图G中删去一条边e后，图G的连通分支数增加，即$W(G-e)>W(G)$，则称边e为G的割边或桥。

3．**块**（block） 指没有割点的平凡连通图。G中不含割点的极大连通子图称为**图G的块**。

4．**点割**（vertex cut） 如果图G节点集的一个真子集T满足$G-T$不连通或为平凡图，则称T为G的一个点割。

5．**边割**（edge cut） 如果图G的边集的一个真子集S满足$G-S$不连通或为平凡图，则称S为G的一个边割。

6．**点连通度**（vertex connectivity）设G是连通图，称$K(G)=\min\{|T|\mid T\text{是}G\text{的点割}\}$为$G$的点连通度或**连通度**。

7．**边连通度**（edge connectivity）$\lambda(G)=\min\{|S|\mid S\text{是}G\text{的边割}\}$称为$G$的边连通度。

对于一个图G，有$K(G)\leqslant\lambda(G)\leqslant\delta(G)$，其中$\delta(G)$是图$G$的最小节点度。

8. n **连通图**　如果无向图G的连通度$K(G)\geqslant n(n>1)$，则称图G是 n **连通的**或G为 n 连通图。若$\lambda(G)\geqslant n(n>1)$，则称图$G$是 n **边连通的**或G为 n **边连通图**。

（1）设图G是 n 连通的，$\forall x\in V(G)$，$\deg(x)\geqslant n$。

（2）若G是二边连通图，则G有强连通的定向图。

9. **二分图**（bipartite graph）把简单图G的节点集分成两个不相交的非空集合V_1,V_2，使得图G中的每一条边，与其关联的两个节点分别在V_1和V_2中（即 G 里没有连接V_1中的两个节点或V_2中的两个节点的边），则称 G 为**偶图**或二分图，记作$G=<V_1,V_2,E>$，其中V_1和V_2叫作G的二划分。

10. **完全二分图**（complete bipartite graph）　对二分图$G=<V_1,V_2,E>$，若$|V_1|=m,|V_2|=n$，且两个节点之间有一条边，当且仅当一个节点属于V_1而另一个节点属于V_2，则称该图为节点m和n的**完全偶图**或完全二分图，记作$K_{m,n}$。

如果非平凡图 G 中不含长为奇数的圈，则 G 是二分图。

2.4.2.5　图的矩阵表示

有以下几种矩阵表示方法可以描述图的结构和关系。

1. **邻接矩阵**　设$G=<V,E,\varphi>$是任意图，其中$V=\{x_1,x_2,\cdots,x_n\}$，$E=\{e_1,e_2,\cdots,e_m\}$，则n阶方阵$\boldsymbol{A}=(a_{ij})$称为G的邻接矩阵，其中a_{ij}为图G中以x_i为起点，x_j为终点的边的数目。

（1）已知有向图$G=<V,E,\varphi>$，其中$V=\{x_1,x_2,\cdots,x_n\}$，且$\boldsymbol{A}=(a_{ij})$为G的邻接矩阵，则$\boldsymbol{A}^k$中第 i 行 j 列元素$a_{ij}^{(k)}$是图G中从x_i到x_j且长度为 k 的有向链的数目。

上述定理对于无向图同样适用。注意，链不能改成迹或者路。

（2）若 G 是 P 阶简单图，且 G 的邻接矩阵为$\boldsymbol{A}=(a_{ij})_{n\times n}$，则$\boldsymbol{A}^2=(a_{ij})_{n\times n}$，对 G 的每一个节点$v_i(i=1,2,\cdots,p)$，有$d(v_i)=a_{ij}^{(2)}$。

（3）已知P阶（$P\geqslant 3$）图G的邻接矩阵为$\boldsymbol{A}$，P阶方阵$\boldsymbol{R}=\boldsymbol{A}+\boldsymbol{A}^2+\cdots+\boldsymbol{A}^{P-1}$，则

图G连通的充要条件为$\boldsymbol{R}$中的每个元素都不为零。

2．关联矩阵（incidence matrix）

（1）设$D=<V,E,\varphi>$是有向图，且$V=\{x_1,x_2,\cdots,x_n\}$，$E=\{e_1,e_2,\cdots,e_m\}$，则称$n\times m$阶矩阵$\boldsymbol{M}=(m_{ij})$为有向图D的关联矩阵，其中：

$$m_{ij}=\begin{cases}-2 & e_j\text{是闭环且关联于}x_i\\ 1 & \text{在}D\text{中}e_j\text{以}x_i\text{为起点，}e_j\text{不是自环}\\ -1 & \text{在}D\text{中}e_j\text{以}x_i\text{为终点，}e_j\text{不是自环}\\ 0 & e_j\text{与}x_i\text{不关联}\end{cases}$$

（2）设$G=<V,E,\varphi>$是无向图，且$V=\{x_1,x_2,\cdots,x_n\}$，$E=\{e_1,e_2,\cdots,e_m\}$，称$n\times m$阶矩阵$\boldsymbol{M}=(m_{ij})$为无向图G的关联矩阵，其中：

$$m_{ij}=\begin{cases}2 & e_j\text{关联于}x_i\text{，}e_j\text{是自环}\\ 1 & e_j\text{关联于}x_i\text{，}e_j\text{不是自环}\\ 0 & e_j\text{与}x_i\text{不关联}\end{cases}$$

3．可达矩阵 设$G=<V,E>$是无重边有向图，其中$V=\{x_1,x_2,\cdots,x_n\}$，称$n\times n$阶矩阵$\boldsymbol{P}=(P_{ij})$为G的可达矩阵，其中：

$$P_{ij}=\begin{cases}1 & \text{从}x_i\text{到}x_j\text{至少有一条有向链}\\ 0 & \text{从}x_i\text{到}x_j\text{没有有向链}\end{cases}$$

2.4.3 树

早在1857年，英国数学家亚瑟·凯莱（Arthur Cayley）就发现了树。树是一种特殊的图结构，已被广泛应用，特别是在计算机相关领域中。不论是磁盘或数据库文件系统中数据的存储，还是机器学习中的决策树结构，树在其中都扮演着重要的角色。

2.4.3.1 树的基础知识

相信大家已经掌握了树的基础知识，这里简单列出相关概念的定义，至于树的一些特性，此处就不再列出。

1．**树**（tree）无圈连通无向图。树中还有以下两个基本概念：

（1）**叶**（leafage）　指树中度数为 1 的节点。

（2）**分枝点**（branch vertex）　指树中度数大于 1 的节点，也叫作内点。

2．**森林**（forest）　多个树作为连通分支就构成了森林。

3．**有向树**（directed tree）　指有向图，且其基础图是树。

4．**根树**（rooted tree）　指有且仅有一个节点入度为 0，其余节点入度都为 1 的有向树。根树由于其具有层次关系，因此有广泛的应用。根树中特别的基本概念有：

（1）**根**（root）　指入度为 0 的节点。

（2）**叶**　指出度为 0 的节点（即度数为 1 的节点）。

（3）**分枝点**　与基础树中的“分枝点”概念相同，指出度不为 0 的节点，也叫作根树的**内点**。

（4）**层数**（level）　指从根到某一节点的有向路的长度。

（5）**高度**　节点层数的最大值称为根树的高度。

（6）**子树**　指由根树的某个节点及其全部后代节点组成的导出子图（即包含原图节点关联的所有边）。

（7）**有序树**（ordered tree）　指规定了每一层上的节点次序的根树。

（8）**m 叉树**　指每个节点的出度不大于 m，即$\max d^{-}(x) \leqslant 0$，$x \in V(G)$。

（9）**完全 m 叉树**　指每个节点的出度恰好为 m 或零的 m 叉树，即$d^{-}(x) \in \{0, m\}$。

（10）**正则 m 叉树**　指所有树叶层次相同的完全 m 叉树。

5．**离径**　图G的节点v的离径$R(v)$的定义为：

$$R(v) = \max_{u \in V(G)} \{d(v, u)\}$$

6. **半径** 图G的半径$R(G)$定义为：

$$R(G)=\min_{v\in V(G)}\{R(v)\}$$

7. **直径** 图G的直径为$\max\limits_{v\in V(G)}\{R(v)\}$。

8. **中心** 所有满足$R(v)=R(G)$的节点 v 都称作G的中心。

2.4.3.2 支撑树

支撑树就像树的骨架，研究图或树的支撑树，有时可以发现原始图的公共属性。

1. **生成树**（spanning tree） 如果 T 是 G 的一个生成子图而且又是一棵树，则称 T 是图 G 的一棵生成树或**支撑树**。

（1）**树枝**（branch）指生成树T中的边。

（2）**弦**（chord） 指不在生成树 T 中的 G 的边。

（3）G有生成树$\Leftrightarrow$ G为连通图

2. **基本关联矩阵** 设D是无环有向图，且D有n个节点ε条边。在D的关联矩阵$\boldsymbol{M}_{n\times\varepsilon}$中划去任意节点$x$所对应的行，得到一个$(n-1)\times\varepsilon$阶矩阵$\boldsymbol{M}_x$，称$\boldsymbol{M}_x$为 D 的一个基本关联矩阵。

3. **Binet-Cauchy 定理** 已知两个矩阵$\boldsymbol{A}=(a_{ij})_{m\times n}$，$\boldsymbol{B}=(b_{ij})_{n\times m}$，若$m\leqslant n$，则$\det(\boldsymbol{AB})=\sum_i \boldsymbol{A}_i\,\boldsymbol{B}_i$，其中$\boldsymbol{A}_i$和$\boldsymbol{B}_i$都是 m 阶行列式，$\boldsymbol{A}_i$是从$\boldsymbol{A}$中取不同的m列所构成的行列式，$\boldsymbol{B}_i$是从$\boldsymbol{B}$中取相应的m行所构成的行列式。

下面是一个例子。

$$\boldsymbol{A}=\begin{bmatrix}4 & 3 & 2\\ -2 & 4 & 3\end{bmatrix}\qquad \boldsymbol{B}=\begin{bmatrix}5 & 1\\ 0 & 3\\ 4 & 2\end{bmatrix}$$

$$\boldsymbol{AB}=\begin{bmatrix}28 & 17\\ 2 & 16\end{bmatrix}\qquad \det(\boldsymbol{AB})=414$$

$$\det(\boldsymbol{AB})=\begin{vmatrix}4 & 3\\ -2 & 4\end{vmatrix}\begin{vmatrix}5 & 1\\ 0 & 3\end{vmatrix}+\begin{vmatrix}4 & 2\\ -2 & 3\end{vmatrix}\begin{vmatrix}5 & 1\\ 4 & 2\end{vmatrix}+\begin{vmatrix}3 & 2\\ 4 & 3\end{vmatrix}\begin{vmatrix}0 & 3\\ 4 & 2\end{vmatrix}=414$$

4. **利用矩阵求支撑树的个数** 设$\boldsymbol{B}_k$是有向弱连通图D的某个基本关联矩阵，则D

的不同支撑树的数目是$\det(\boldsymbol{B}_k\boldsymbol{B}_k^{\mathrm{T}})$。

5．利用矩阵求支撑根树的个数　有向弱连通图D中以v_k为根的不同支撑树的数目为$\det(\vec{\boldsymbol{B}}_k\vec{\boldsymbol{B}}_k^{\mathrm{T}})$，其中$\vec{\boldsymbol{B}}_k$表示$D$的$v_k$的基本关联矩阵$\boldsymbol{B}$中将全部的“1”元素改为“0”元素之后的矩阵。

2.4.3.3　决策树

决策树（decision tree）是一种根树模型，也是图论在其他领域中应用的具体实现。本节将阐述决策树的原理。对于机器学习而言，模型背后更重要的是机器学习算法。决策树学习是归纳推理的经典算法之一，它是一种逼近离散值函数的方法，对噪声数据有很好的鲁棒性，并且能够学习析取表达式，因此也被广泛应用在风险评估和医疗诊断中。本节介绍 ID3 和 C4.5 算法，它能够搜索一个完整的假设空间，避免了仅搜索受限假设空间所带来的不足。决策树的归纳偏置项是优先选择较小的树。

1．决策树的表示法

将每个实例从根节点排列到叶子节点，叶子节点为实例所属的分类，内点对应了对实例的某个属性（attribute）的测试，后继分支对应该属性的一个可能值。值得注意的是，一棵决策树不一定会包含全部的属性。图 2-9 所示的是根据天气条件决定是否适合打羽毛球的决策树。

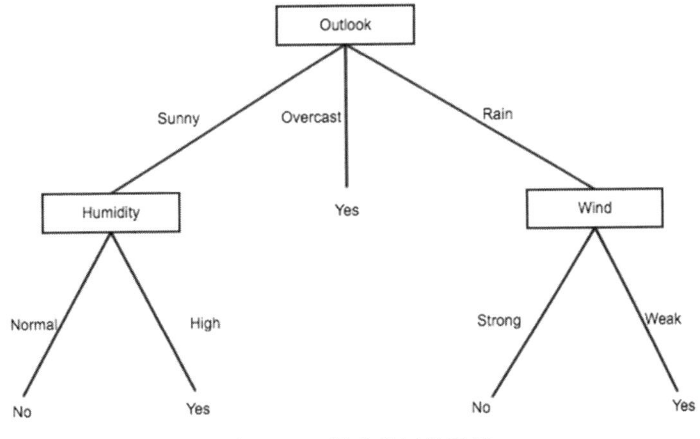

图 2-9　一棵决策树的示例

例如，使用图 2-9 所示的决策树根据天气情况分类“星期六上午是否适合打羽毛球”。假设实例的特征函数如下：

$$< \text{Outlook} = \text{Sunny}, \text{Temperature} = \text{Hot}, \text{Humidity} = \text{High}, \text{Wind} = \text{Strong} >$$

将得到星期六不适宜打球，也就是判断为反例。

通常，决策树代表实例属性值约束的合取的析取式。从树根到树叶的每一条路径对应一组属性测试的合取，树本身对应这些合取的析取式。图 2-9 对应的决策树本身所对应的析取式为：

$$(\text{Outlook} = \text{Sunny} \wedge \text{Humidity} = \text{Normal})$$

$$\vee (\text{Outlook} = \text{Overcast})$$

$$\vee (\text{Outlook} = \text{Rain} \wedge \text{Wind} = \text{Weak})$$

原始的决策树要求属性值域和目标函数值域为离散数值，实际上通过区间预测和一些扩展算法它们可以扩展到实数值。决策树的鲁棒性较强，可支持一些属性缺失的训练，也可以对属性值进行加权，同时决策树允许训练数据集中有一定的噪声。

2. ID3 算法

基本的 ID3 算法通过自顶向下构造决策树来进行学习，这也是大多数决策树学习算法所采用的方式，通过自顶向下贪婪搜索，遍历所有可能的决策树空间。下面我们以一个 ID3 的简化版本——布尔值函数（也就是概念学习）的学习算法为例，说明 ID3 算法的计算过程[5]。

以下是对 ID3 算法的计算步骤的简要说明。

ID3(Examples, Target_attribute, Attributes)

输入：Examples，训练样本集。

Target_attribute，要预测的目标属性。

Attributes，除目标属性外，决策树测试所需要的其他属性列表。

目标：返回一棵能正确分类给定Examples的决策树。

步骤：

```
start
  创建树的Root节点
  若Examples都为正，则返回 label = + 平凡树Root
  若Examples都为负，则返回 label = - 平凡树Root
  若Attributes为空，则返回 label = Examples中最普遍的Target_attribute的平凡树Root
 else
  while 未达到终止条件 do
    A ← Attributes中对Examples分类能力最好的属性[2]
  Root的决策属性← A
 对于A的每个可能值v_i，在Root下加一个新的分支对应测试A = v_i
 令Examples_{v_i}为Examples中满足A属性值为v_i的子集
   若Examples_{v_i}为空，则在这个新分支下增加一个叶子节点
      label = Examples中最普遍的Target_attribute
   否则，在新分支下增加一棵子树
     ID3(Examples_{v_i}, Target_attribute, Attributes − {A})
  end while
  返回Root
 end
```

ID3 是一种自顶向下构建树的贪婪算法，在每个新节点生成时选取能够将样本最好分类（比如，信息熵最大）的属性，重复这个步骤直到能够完美分类或者遍历所有属性。但是贪婪算法对于算法分析而言，有很多地方需要妥协。比如，贪婪算法最大的问题是不进行回溯，这就导致 ID3 学习算法在搜索构建树的过程中，一旦选定某个属性进行测试，就不会再重新考虑该属性。所以，它易受爬山搜索中常见风险的影响，陷入局部最优问题。

2 一般选用信息增益（information gain）或信息增益比（gain ratio）最高的属性。

3．ID3 算法的优缺点

与其他归纳学习算法一样，ID3 算法可以被描述为在一个假设空间内搜索一个拟合训练样例的假设，此时假设空间是所有可能的决策树的集合。ID3 用一种由简至繁的爬山算法遍历所有假设空间，从空树开始，逐步考虑更复杂的假设，目的是搜索到一个能对训练数据正确分类的决策树。在选择决策的过程中，使用的评估函数是信息增益，最大程度地考虑了全体样本所包含的信息。通过观察 ID3 算法搜索空间及其搜索策略，我们可以看到：

- **假设空间的完整性**。ID3 算法的假设空间包含所有的决策树，是关于现有属性的有限离散值函数的一个完整空间。因为每个有限函数都可被表示为某个决策树，所以 ID3 算法规避了搜索不完整假设空间（比如那些只考虑合取假设的方法）的一个主要风险：假设空间可能不包含目标函数。
- **当前决策的假设单一性**。在实际情况中，假设空间内可能有多个符合条件的目标函数。但是，由于 ID3 在遍历决策树空间时，并没有保存和维护与当前训练样例一致的所有假设的合集，而仅考虑单一的假设，所以不能判断还有多少其他决策树与现有训练数据一致。
- **在搜索过程中不进行回溯**。前面讲到，贪婪算法由于不能进行回溯，所以有很多假设和限定，增加了算法的复杂度，同时使算法不可避免地陷入局部最优问题。不过，该问题在一定程度上可以通过剪枝策略来缓解。
- **鲁棒性**。由于每一步都是用当前所有训练集的统计信息（比如信息增益）作为最优性选择的决策指导，所以 ID3 算法降低了标注错误的样本对于目标函数的影响。因此，对 ID3 算法终止条件稍加修改，可以很容易将其扩展到包含噪声的不完全拟合训练数据中。

2.4.4 神经网络

人工神经网络（Artificial Neural Network，ANN），简称神经网络（Neural Network，NN）或类神经网络，在机器学习和认知科学领域，是一种模仿生物神经网络（动物的中枢神经系统，特别是大脑）的结构和功能的数学模型或计算模型，提供了一种普遍且实用的方法从样本中学习目标值为实数、离散值或向量的函数。反向传播（Back Propagation，BP）算法使用最优化方法（如梯度下降法）来调节网络参数以最佳拟合由输入-输出对组成的训练集合。

ANN 适合解决如下类型的问题：

- 实例是由很多“属性-值”对表示的，输入是预定义的向量，向量的每个元素是预定义的相应属性的具体值。
- 目标函数的输出可以是离散值、实数值，或者由若干实数或离散属性组成的向量。
- 训练数据可能包含噪声。
- 可以容忍较长时间的训练过程。
- 支持快速预测。尽管 ANN 的学习时间较长，但是其在预测阶段可以快速求出目标函数值。
- 不需要太多的解释性。神经网络的一个通病就是解释性较差，神经网络学习到的规则很难传达给人类。

神经网络由神经元组成，有两种主要的单元：感知器（perceptron）和线性单元。

2.4.4.1　感知器

感知器（也叫感知机）是以一个实数向量作为输入，计算向量元素的线性组合。如果计算结果大于某个阈值则输出为 1，否则为-1。感知器可以表示为：

$$o(\boldsymbol{x}) = \text{sgn}(\boldsymbol{wx})$$

其中，sgn为符号函数，其定义为：

$$\text{sgn}(y) = \begin{cases} 1 & \text{如果}y > 0 \\ -1 & \text{其他} \end{cases}$$

$\boldsymbol{w}$为权值向量，每一个分量w_i是一个实数常量，称为**权值**（weight），用来决定输入x_i对感知器输出的贡献率，$-w_0$是阈值，$x_0 = 1$为附加的输入元素。

学习一个感知器意味着要确定权值，候选的假设空间H就是所有可能的实数权向量的集合：

$$H = \{\boldsymbol{w} |\ \boldsymbol{w} \in \mathbb{R}^{(n+1)}\}$$

感知器可以看作是 n 维线性空间中的决策超平面，决策超平面方程为$\boldsymbol{wx}=0$。对于超平面一侧的样例，感知器的输出为 1；对于另一侧的样例，输出为-1。当然有些样例可能无法被任何超平面分割，那些可以被完全分割的样例被称为是**线性可分的**（linearly separable）。

感知器可以表示所有的原子布尔函数（primitive boolean function）：与、或、与非（NAND）和或非（NOR）。如果使用两层深度的感知机，就可以表示所有的布尔函数，比如可以表示异或（XOR）。

前文讲述了感知器的数学形式，下面我们讲述感知器的训练方法。感知器的目标是要学习权向量，使得由感知器组成的网络对于给定的训练数据能够给出正确的分类结果。有几种基于这个学习任务的算法，这里我们仅介绍两种：感知器训练法则和增量法则（delta 法则）。

1．感知器训练法则

为了得到可接受的权向量，我们可以从一个随机的权向量开始，反复将其应用到每个训练样例上，只要出现误分类就修改感知器的权值，重复这个过程，直到所有训练样例都能够被正确地分类。关键就在于如何修改权值。对权值的修改既不能过大而导致算法无法收敛，又不能太小而导致陷入局部最优。迭代公式如下：

$$w_i \leftarrow w_i + \Delta w_i$$

$$\Delta w_i = \eta(t-o)x_i$$

其中，输入向量的元素x_i对应权值向量中的权值w_i，t是当前训练样例的目标输出，o是感知器的输出，η是一个正的常数，称为**学习速率**（learning rate）。这里学习速率的作用就是调节每一步调整权值的程度，它通常被设置为一个较小值，或者随着迭代次数的增加而减小。

在训练数据线性可分的条件下，使用充分小的η，经过有限次感知机训练法则的迭代，权向量会收敛，最终得到的神经网络能够正确分类所有训练样例。

2．增量法则

为了克服感知器训练法则在训练样本不可分时无法保证训练过程收敛的不足，

人们设计了一个新的训练法则，称为增量法则（delta rule）。

增量法则的关键是使用**梯度下降**（gradient descent）来搜索可能的权向量的假设空间，以找到最佳拟合训练样例的权向量。这个法则很重要，因为它为**反向传播**算法提供基础，而反向传播算法使多个单元组成的互联网络的学习成为可能。

在学习增量法则之前，你可以先试着理解如何训练一个无阈值的感知机（即没有断点函数——符号函数），也就是一个**线性单元**（linear unit），其输出如下：

$$o(\boldsymbol{x}) = \boldsymbol{w}\boldsymbol{x}$$

为了使函数可以优化迭代，我们先要指定一个度量来衡量训练样例的**训练误差**（training error）。这里使用一个最方便的度量准则：

$$E(\boldsymbol{w}) \stackrel{\text{def}}{=} \frac{1}{2}\sum_{d \in D}(t_d - o_d)^2$$

其中，D是训练样本，d为一个训练样例。在一定条件下，对于给定的训练样本，使E最小化的假设也就是H（假设空间）最可能的假设。同样，我们可以从一个任意的初始权向量开始，然后以很小的步伐反复修改这个向量。

在介绍增量法则的具体形式之前，我们先介绍梯度下降法。

3. 梯度下降法

直观地说，梯度下降法就是每一步都沿着误差曲面最陡峭的下降方向修改权向量，直到达到全局最小误差点，而最陡峭的下降方向就是误差曲面负梯度的方向。这里简要说明如何使用梯度下降法来推导迭代过程。

向量函数E对$\boldsymbol{w}$的每个分量求导而得到的方向，即为E对$\boldsymbol{w}$的梯度（gradient），记作：

$$\nabla E(\boldsymbol{w}) \stackrel{\text{def}}{=} \left[\frac{\partial E}{w_0}, \frac{\partial E}{w_1}, \ldots, \frac{\partial E}{w_n}\right]$$

如果把梯度看成权向量空间中的一个向量，就可以把它解释为使E上升最快的方向，所以负梯度为 E 最陡峭的下降方向。因此梯度下降训练法则可以写为：

$$\boldsymbol{w} \leftarrow \boldsymbol{w} + \Delta\boldsymbol{w}$$

$$\Delta \boldsymbol{w} = -\eta \nabla E(\boldsymbol{w})$$

同样，其中正的常数η为学习速率，决定了梯度下降搜索中的步长。也可以跟在感知器训练法则中一样，使用分量的方式来方便地更新每一个权值：

$$w_i \leftarrow w_i + \Delta w_i$$

$$\Delta w_i = -\eta(t-o)\frac{\partial E}{\partial w_i}$$

$$= -\eta \sum_{d \in D}(t_d - o_d)(-x_{id})$$

其中x_{id}表示训练样例d的一个输入分量x_i。

梯度下降算法

GRANDIENT-DESCENT(training_examples, η)

输入：training_examples为每一个训练样例，形式为偶序$< \boldsymbol{x}, t >$，其中$\boldsymbol{x}$为输入向量，t是目标输出值，η是学习速率（例如 0.05）。

步骤：

start

初始化每个w_i为某个小的随机值

while 未达到终止条件 do

$$\Delta w_i \leftarrow 0$$

for training_examples训练样例的每个序偶$< \boldsymbol{x}, t >$ do

输入实例$\boldsymbol{x}$，计算 o

对线性单元的每个权值w_i，$\Delta w_i \leftarrow \Delta w_i + \eta(t-o)x_i$ （2-1）

对线性单元的每个权值w_i，$w_i \leftarrow w_i + \Delta w_i$ （2-2）

end for

end while

end

梯度下降算法的适用条件为：

- 假设空间包含连续参数化的假设（如一个线性单元的权值）。
- 误差函数对于这些假设参数可微。

梯度下降算法有如下缺点：

- 收敛过程可能较慢。
- 如果误差曲面上有多个局部极小值，不能保证会收敛到全局最小值。

4. 随机梯度下降

为了解决上述问题（但是不能保证完全解决），可使用一个常见的变种：**增量梯度下降**（incremental gradient descent）算法，也叫**随机梯度下降**（stochastic gradient descent）算法。

原始的梯度下降算法是先遍历一遍 D，然后对所有训练样例更新权值的步长求和，最后计算更新的权值。而随机梯度下降算法的思想是，根据每个单独的样例d的误差增量计算权值的更新，得到近似的梯度下降搜索算法。其更新权值的法则为：

$$\Delta w_i = \eta(t-o)x_i \tag{2-3}$$

对于随机梯度下降算法，只需要将（2-2）式删除，并将（2-1）式换成$w_i \leftarrow w_i + \eta(t-o)x_i$和$w_i$，相当于对每个单独的训练样例$d$定义不同的误差函数$E_d(\boldsymbol{w})$：

$$E_d(\boldsymbol{w}) = \frac{1}{2}(t_d - o_d)^2$$

公式(2-3)中的训练法称为**增量法则**(delta rule)，或 **LMS 法则**(least-men-square，最小均方)、**Adaline 法则**、**Windrow-Hoff 法则**。

也就是说，增量法则是增量梯度下降算法中关于权值更新的法则。梯度下降算法解决了样例为非线性可分时算法的收敛问题，而增量梯度下降算法在其基础上更进一步，利用增量法则的随机近似能力来加快搜索过程。

虽然我们在假设中学习非阈值线性单元 $o = \boldsymbol{wx}$ 的权值，但实际上对于阈值化的结果 $o'=\text{sgn}(\boldsymbol{wx})$，如果我们能够训练 o 至完美拟合结果，那么阈值线性单元输出的o'也会拟合它们。

5. 其他可选的训练误差

实际上，感知器方法指的是学习可分超平面这类问题的方法。我们可以从多个角度刻画感知器模型的损失函数。如前文所述，使用方差作为误差函数E，那么我们仅需关注分类是否正确，至于哪种超平面更好，并没有度量。因此，为了搞清楚哪种超平面更好，我们还可以定义感知器的优化目标是所有误分类点到超平面S的总距离。

我们知道，输入空间$\mathbb{R}^n$中的任一点$\boldsymbol{x}$到超平面的距离为：

$$\frac{1}{\|\boldsymbol{w}_{\neg 0}\|}|\boldsymbol{wx}|$$

依照前面所述，$-\boldsymbol{w}_0$为阈值，实际上我们知道$\boldsymbol{w}_0$为超平面的截距，$\boldsymbol{w}_{\neg 0}$为超平面的法向量。

对于误分类点来说其$-t\boldsymbol{wx} > 0$，那么所有误分类点的集合 M 到 S 的总距离为：

$$-\frac{1}{\|\boldsymbol{w}_{\neg 0}\|}\sum_{x_i \in M} t_i\,\boldsymbol{wx}$$

假设这就是我们要优化的目标（实际上$t\boldsymbol{wx}$为样本点与超平面的函数间隔），考虑到批次学习中，在一个批次内的优化目标中$\boldsymbol{w}_{\neg 0}$可以保持不变，因此我们可以得到如下感知器学习的损失函数：

$$L(\boldsymbol{w}) = -\sum_{x_i \in M} t_i\,\boldsymbol{wx}$$

其中M为误分类点的集合。可以看到，此种方式的学习只与误分类点的集合M有关，而前文中全体方差的方式与整个集合D相关。

虽然集合M在每一轮迭代过程中改变，但可以证明损失函数$L(\boldsymbol{w})$是连续可导的，因此，此种误差选择方式仍然能够使用梯度下降学习方法。

实际上，此方式所定义的感知器同样是无阈值的感知器（$o = \boldsymbol{wx}$），它遵循增量法则，我们同样可以使用梯度下降的随机近似方式来学习此感知器。与随机梯度原始的定义相同，我们对每个样本给予不同的超平面和不同的梯度下降方向，根据随机梯度的理论，只要步长足够小，随机梯度下降就能够以任意程度逼近真实梯度的下降。

更进一步地考虑，这样定义的感知器仍有多个分离超平面，是否存在一种方法能更详细地描述分离超平面满足的条件（属性），使其更满足我们分离数据的目的呢？答案是有的，它就是下文将介绍的 SVM（Support Vector Machine，支持向量机）方法。SVM 同样是采用优化加间隔函数（加$||\boldsymbol{w}||$的几何间隔），找到了能够最大化分离样本数据的超平面，同时定义超平面的优化目标为最大化几何间隔，此时这个分离超平面就是唯一确定的。对此方法的直观解释就是，对于靠近超平面的难分类的实例点，该方法有更大的确信度将其分离开来。这样的超平面对于新的实例有更好的泛化能力。

感知器训练法是根据**阈值化**（thresholded）的感知器来输出误差更新权值的，而增量法则是根据输入的**非阈值化**（unthresholded）线性组的误差来更新权值的。感知器经过有限次迭代能收敛到一个理想的训练分类的假设，但条件是训练样例是线性可分的，而无论训练数据是否线性可分，增量法则都可以收敛到最小误差假设。

2.4.4.2 多层网络

前文介绍过感知器仅能表示线性决策面，而通过反向传播算法所学习的多层网络，能够表示高度非线性决策面，因此表征能力更强。图 2-10 所示的网络结构在语音识别任务中能识别“h_d”在上下文中的 10 种元音。

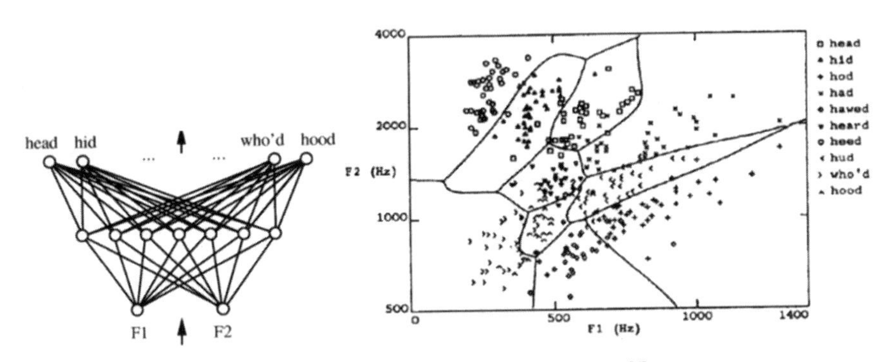

图 2-10 语音识别任务中的网络模型[6]

如何构建神经网络呢？前文中讲到两种单元：感知器单元和线性单元。但是，这两种单元对于多层网络都有明显的缺陷。由于感知器单元是断点函数，因此是不可微的，不适合应用梯度下降法则。对于线性单元，我们虽然推导了梯度下降的学习法则，但是更希望选择能够表征非线性函数的网络。因此，这里我们将介绍神经网络的第三种单元——sigmoid 单元。

sigmoid 单元与感知器类似，只是将断点函数变成指数函数，使得函数可微。而以下函数形式，由于其在数学分析中有很多有益的特性，因此常被用来作为 sigmoid 单元：

$$o = \sigma(\boldsymbol{wx}) \qquad \sigma(y) = \frac{1}{1+\mathrm{e}^{-y}}$$

σ常被称为 sigmoid 函数或者 logistic 函数，它的输出范围为(0,1)，单调递增。由于此函数可以将一个大范围的输入映射到值域(0,1)上，因此也被称为**挤压函数**（squashing function）。sigmoid 函数有一个特性是，其导数很容易用原函数表示：

$$\frac{\mathrm{d}\sigma(y)}{\mathrm{d}y} = \sigma(y)\cdot(1-\sigma(y))$$

也可以使用其他易于计算导数的可微函数替代σ作为 sigmoid 单元，比如正切函数tanh，再比如 sigmoid 函数的变种——使用e^{-ky}代替e^{-y}，k为正的常数，用于决定阈值函数的陡峭性。

构建完神经网络之后需要用什么算法进行求解呢？当前流行的就是梯度反向传播算法。

1. 梯度反向传播

由于多层网络结构中有多个输出单元，因此要重新定义误差函数E，以便对所有的网络输出误差求和：

$$E(\boldsymbol{w}) \stackrel{\text{def}}{=} \frac{1}{2}\sum_{d\in D}\sum_{k\in \text{outputs}}(t_{kd}-o_{kd})^2$$

outputs是所有输出单元的集合，t_{kd}和o_{kd}是训练样例d的第k个输出单元的目标输出值和 sigmoid 单元的输出值。

梯度反向传播算法搜索一个包含全部可能权值的巨大的假设空间。

2. 反向传播算法

我们以包含两层 sigmoid 单元的分层前馈网络为例，使用增量梯度下降的方法来展示反向传播算法。这里的符号跟前文所述一致，并做了以下扩展：

- 网络中的每个节点都被赋予一个序号（例如一个整数），这里“节点”要么是网络输入，要么是网络中某个单元的输出。
- x_{ji}表示节点i到单元j的输入，w_{ji}表示对应的权值。
- δ_n表示与单元 n 相关联的误差项。它的角色与前面讨论的增量法则中的$(t-o)$相似。后面会介绍$\delta_n = -\frac{\partial E}{\partial \mathrm{net}_n}$，其中$\mathrm{net}_n = \sum_{w_n} \boldsymbol{x}_n$。

反向传播算法

BACKPOPAGATION(training_examples, η, n_{in}, n_{out}, n_{hidden})

输入： training_examples中每一个训练样例为序偶$<\boldsymbol{x},\boldsymbol{t}>$的形式。

η是学习速率。

n_{in}是网络输入数量。

n_{hidden}是隐藏单元数。

n_{out}是输出单元数。

从单元i到单元j的输入表示为x_{ji}，相应的权值为w_{ji}。

步骤：

start

创建具有n_{in}个输入，n_{hidden}个隐藏单元，n_{out}个输出单元的网络

将所有网络权值初始化为小的随机值（例如在[−0.05, 0.05]区间内）

while 遇到终止条件之前 do

for 训练样例training_examples中的每一个序偶$<\boldsymbol{x},\boldsymbol{t}>$ do

将输入沿网络前向传播，把实例$\boldsymbol{x}$输入网络，并计算网络中每个单元u的输出o_u

将输入沿网络反向传播，

对于网络中每个输出单元k，计算它的误差项δ_k：

$$\delta_k \leftarrow o_k(1-o_k)(t_k-o_k)$$

对于网络中的每个隐藏单元h，计算它的误差项δ_h：

$$\delta_h \leftarrow o_h(1-o_h)\sum_{k\in \text{outputs}} w_{kh}\delta_k$$

更新每个网络权值$w_{ji} \leftarrow w_{ji} + \Delta w_{ji}$，其中$\Delta w_{ji} = \eta\sigma_j x_{ji}$

end for

end while

3．反向传播算法的推导

我们以图 2-11 所示的一个简单的三层网络为例，对反向传播算法进行说明。

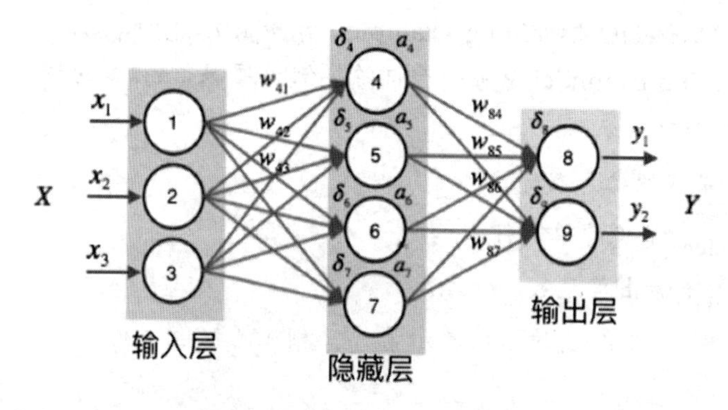

图 2-11　简单的三层网络示例

为了便于叙述，我们定义如下的符号函数。

（1）x_{ji}：单元 j 的第 i 个输入，注意单元 j 为本层唯一的节点，i 的取值集合为上层全部节点（对于全连接层）。

例如，单元 4 的输入集合为$\{x_{41},x_{42},x_{43}\}$，当 j 为输出层节点，即$j\in$ outputs时，$x_{ji}=o_4$。

（2）w_{ji}：与单元 j 的第 i 个输入相关的权值。

（3）net_j：$\sum_i w_{ji}\,x_{ji}$，即单元 j 的第 i 个输入。

（4）o_j：单元 j 计算的输出。

当单元 j 为输出层时，o_j即为o_{dj}即样例阈值输出的第 j 个分量。

（5）t_j：单元 j 的目标输出。

当单元 j 为输出层时，t_j即为t_{dj}，即样例目标输出的第 j 个分量。

（6）σ：sigmoid 函数。

（7）outputs：网络最后一层单元的集合。

（8）$\text{Downstream}(j)$：在单元 j 下层（下游）的单元中，其直接输入（immediate input）中包含单元 j 输出的所有单元的集合。

例如，$\text{Downstream}(4) = \{8,9\}$。

（9）$E_d \stackrel{\text{def}}{=} -\eta \frac{\partial E_d}{\partial w_{ji}}$：训练样例$d$的误差函数。

（10）$\Delta w_{ji} = -\eta \frac{\partial E_d}{\partial w_{ji}}$：根据梯度下降的公式对于每个权值的增加量。

（11）$\frac{\partial E_d}{\partial w_{ji}} = \frac{\partial E_d}{\partial \text{net}_j} \cdot \frac{\partial \text{net}_j}{\partial w_{ji}} = \frac{\partial E_d}{\partial \text{net}_j} x_{ji}$：根据链式法则对权值求偏导。

我们已知对 j 单元上游直接相关的权值进行更新时的偏导公式，那么在实际的网络节点中，如何应用此公式更新权值呢？显然，要区分 j 是输出层单元和 j 为隐藏层（假设有三层网络结构）单元这两种情况。当 j 为输出层单元时，t_j是最终t_d的某个分量；而当 j 为隐藏层单元时，其输出值跟下游$\text{Downstream}(j)$有关。

输出层单元和隐藏层单元稍有不同，前者的目标输出直接为最终输出，因此它们的推导形式也稍有不同，具体表现在偏导的链式法则中对于因变量的影响。我们将分别讲述这两种推导方式。

4．输出单元的权值训练法则

正如w_{ji}仅能通过net_j来影响网络一样，net_j仅能通过o_j影响网络。同样，根据链式法则：

$$\frac{\partial E_d}{\partial net_j} = \frac{\partial E_d}{\partial o_j} \cdot \frac{\partial o_j}{\partial \text{net}_j}$$

$$= \left[\frac{\partial}{\partial o_j} \frac{1}{2} \sum_{k \in \text{outputs}} (t_k - o_k)^2\right] \left[\frac{\partial \sigma(\text{net}_j)}{\partial \text{net}_j}\right]$$

$$= \left[\frac{\partial}{\partial o_j}\frac{1}{2}\left(t_j - o_j\right)^2\right]\left[o_j\left(1 - o_j\right)\right]$$

$$= -\left(t_j - o_j\right)o_j\left(1 - o_j\right)$$

$$\stackrel{\text{def}}{=} \delta_j$$

因此，根据随机梯度下降法则，权值更新值的步长为：

$$\Delta w_{ji} = -\eta\frac{\partial E_d}{\partial w_{ji}} = -\eta\frac{\partial E_d}{\partial \mathrm{net}_j}x_{ji} = \eta\left(t_j - o_j\right)o_j\left(1 - o_j\right)x_{ji} = \eta\delta_j x_{ji}$$

例如，$\delta_8 = y_1(1 - y_1)(t_1 - y_1)s$。

5．隐藏单元的权值训练法则

对于内部单元来说，由于其目标的输出并非最终输出，而我们的误差函数是训练样例的误差，因此需要考虑其目标是如何继续向后传播的，才可以继续推导下去。我们发现，实际上能够对最终结果E_d产生影响的结构是单元 j 的所有直接下游Downstream(j)，这里简记$D(j)$。所以，可以依据链式法则做如下推导：

$$\frac{\partial E_d}{\partial \mathrm{net}_j} = \sum_{k\in D(j)}\frac{\partial E_d}{\partial \mathrm{net}_k}\cdot\frac{\partial \mathrm{net}_k}{\partial \mathrm{net}_j}$$

$$= \sum_{k\in D(j)}\left[-\delta_k\right]\left[\frac{\partial \mathrm{net}_k}{\partial o_j}\cdot\frac{\partial o_j}{\partial \mathrm{net}_j}\right]$$

$$= \sum_{k\in D(j)} -\delta_k\left[w_{kj}\right]\left[o_j\left(1 - o_j\right)\right]$$

$$= o_j\left(1 - o_j\right)\sum_{k\in D(j)}\delta_k w_{kj}$$

$$\stackrel{\text{def}}{=} \delta_j$$

同样，此时权值更新的步长为：

$$\Delta w_{ji} = -\eta\frac{\partial E_d}{\partial w_{ji}} = \eta\left(t_j - o_j\right)o_j\left(1 - o_j\right)x_{ji} = \eta\delta_j x_{ji}$$

与输出单元的权值的更新步长有相同的形式。

例如：

$$\delta_4 = a_4(1 - a_4)(\delta_8 w_{84} + \delta_9 w_{94})$$

值得注意的是，隐藏层δ的权值更新法则适用于任意深度的前馈网络，也可以推广到任何有向无环图：

$$\delta_r = o_r(1 - o_r) \sum_{s \in \text{Downstream}(r)} w_{sr}\delta_s$$

2.4.4.3 反向传播算法的说明

本节对于反向传播算法的特点和表征能力做一些说明。

1．当权值越多时（即参数越多），误差曲面的维数越多，越可能为梯度下降增加更多的“逃逸路线”，使得下降过程能够逃离单个权值的局部极小值。

2．权值越接近 0，网络就越接近于权值的线性函数。仅当权值增长一定时间之后，才能表达高度非线性的网络。

3．以下为一些减缓陷入局部最优的策略：

（1）为梯度增加一个冲量项来平滑。

$$\delta w_{ji}(n) = \eta\delta_j x_{ji} + \alpha\delta w_{ji}(n-1)$$

α为冲量（momentum），作用是减小每次梯度方向的改变程度，用来平衡上一次迭代和本次迭代在某个维度上的方向。

（2）使用随机梯度下降而不是真正的梯度下降。

前面讲过随机梯度相当于为每个样例定义了不同的误差项，对于这些梯度进行平均来近似拟合整个集合的梯度。这些不同样例的误差曲面可以在一定程度上避免陷入局部最小值。

（3）使用随机权值同时训练多个网络。用多个网络的输出进行加权平均。

4．前馈网络的表征能力。

（1）布尔函数

① 两层前馈网络可以表示任意布尔函数。

② 最坏的情况为，隐藏单元的数量随网络输入的数量增加呈指数增长。

（2）连续函数

① 任意有界的连续函数可以被两层网络以任意小的误差（在有限范数下）逼近[7]。

② 连续函数适用的情况为：隐藏层使用 sigmoid 单元、输出层使用（非阈值的）线性单元的网络。

③ 隐藏单元的数量依赖于要逼近的函数。

（3）任意函数

① 任意函数可以被一个有三层单元的网络以任意精度逼近[8]。

② 任意函数适用的情况为：隐藏层使用 sigmoid 单元，输出层使用线性单元，隐藏单元数量不定。

③ 对于上述结论①的简单证明如下：任意函数可以被许多局部化函数的线性组合逼近，这些局部化函数除了某个小范围外其值都为 0。两层的 sigmoid 单元足以产生良好的局部逼近。

5．反向传播算法的假设空间为 n 个网络权值的n维欧氏空间。

（1）这个空间是连续的，因此它与决策树以及其他基于离散表示方法的假设空间不同。

（2）误差关于假设连续参数可微，为假设空间的搜索提供了便利条件。

6．反向传播算法在观测数据中泛化的归纳偏置项可以粗略地描述为在数据点之间的平滑插值（smooth interpolation between data points）。

这是一个粗略的描述，实际上反向传播学习的归纳偏置项依赖于梯度下降搜索和权空间覆盖可表征函数空间方式的相互作用。

2.4.4.4 人工神经网络的一些改进

随着时间的推移，相关学者们不断地挖掘 ANN 的能力，一些常见的可改进 ANN

表现的方面如下（目前深度神经网络结构与其是一脉相承的）：

1．可选的误差函数

（1）为权值增加一个罚项（罚函数）

如同前面在权值更新步长中增加罚项一样，直接为误差增加一个随权向量幅度增长的罚项 ：

$$E(\boldsymbol{w}) \stackrel{\text{def}}{=} \frac{1}{2}\sum_{d\in D}\sum_{k\in \text{outputs}}(t_{kd}-o_{kd})^2+\lambda\sum_{i,j}w_{ji}^2$$

（2）为误差函数增加一项目标函数的斜率（slope）或导数[9]

训练信息中不仅有目标函数，还有目标函数的导数。这种做法可以在字符识别中通过训练导数来强迫网络学习图像中平移不变的字符识别函数[10]：

$$E(\boldsymbol{w}) \stackrel{\text{def}}{=} \frac{1}{2}\sum_{d\in D}\sum_{k\in \text{outputs}}\left[(t_{kd}-o_{kd})^2+\mu\sum_{j\in \text{outputs}}\left(\frac{\partial t_{kd}}{\partial x_d^j}-\frac{\partial o_{kd}}{\partial x_d^j}\right)\right]$$

（3）最小化目标值的交叉熵（cross entropy）

比如目标是一个概率函数，那么很自然，我们可以通过最小化目标输出与计算输出的交叉熵来达到此目的。交叉熵的定义如下：

$$-\sum_{d\in D}t_d\log o_d+(1-t_d)\log(1-o_d)$$

（4）权值共享（weight sharing）

即把不同单元或输入相关联的权值“捆绑在一起”。

可以在共享权值的每个单元分别更新权值，然后取这些权值的平均值，再用这个平均值替代每个需要共享的权值。

2．可选的误差最小化的优化方法

除了梯度下降，还有很多优化方法适用于此种无约束线性最优化的问题，比如线搜索（line search）和共轭梯度（conjugate gradient）法等。

3．可选的网络结构：递归网络

递归网络允许网络中使用某种形式的有向环（directed cycle），可以用来表征时序数据的结构。它可以捕捉到前一时序的结果，因此可以使目标结果对以前的值有依赖性，而这种依赖性在某些任务中可能是必需的。

递归网络有很多变体。对于简单的网络结构，我们可以将其展开成无环的多层结构，使用反向传播算法来训练。

值得注意的是，这里的递归网络也为之后的深度学习递归网络提供了概念支持。

4．动态修改网络结构

（1）从一个不包含隐藏单元的网络开始，根据需要来增加隐藏单元，直到训练误差降到可接受的水平[11]。

（2）从一个复杂网络开始，删减一些无关紧要的连接。

可以通过改变$\boldsymbol{w}$对E的影响（即$\frac{\partial E}{\partial \boldsymbol{w}}$）来衡量连接的显著性（salience）尺度[12]。

2.4.4.5 神经网络发展简史

20 世纪 90 年代中期，Vapnik 等人发明了 SVM（Support Vector Machine，支持向量机）算法[13]，在当时的算力条件下，该算法很快就在若干方面体现出相对于神经网络的优势：无须调参、高效，提供全局最优解。基于以上种种理由，SVM 迅速打败神经网络算法而成为当时的主流机器学习算法。

在神经网络被人摒弃的 10 年中，有几个学者仍然在坚持研究，其中的旗手就是加拿大多伦多大学的 Geoffery Hinton 教授。

2006 年，Hinton 在《科学》和相关期刊上发表论文，首次提出了“深度信念网络”的概念。与传统的训练方式不同，深度信念网络有一个“预训练（pre-training）”过程，可以方便地让神经网络中的权值找到一个接近最优解的值，之后再使用“微调（fine-tuning）”技术来对整个网络进行优化训练。这两个技术的运用大幅减少了训练多层神经网络的时间。Hinton 给多层神经网络相关的学习方法赋予了一个新名字：深度学习[14]。

很快，深度学习在语音识别领域崭露头角。2012 年，深度学习技术在图像识别领域大获成功。Hinton 与他的学生在 ImageNet 竞赛中，用多层卷积神经网络成功地对包含 1000 个类别的 100 万张图像进行训练，取得了分类错误率为 15%的好成绩。这个成绩比第二名高了近 11%，充分证明多层神经网络图像识别效果的优越性。

在这之后，关于多层神经网络的研究与应用不断涌现。图 2-12 展现了神经网络三起三落的发展史。

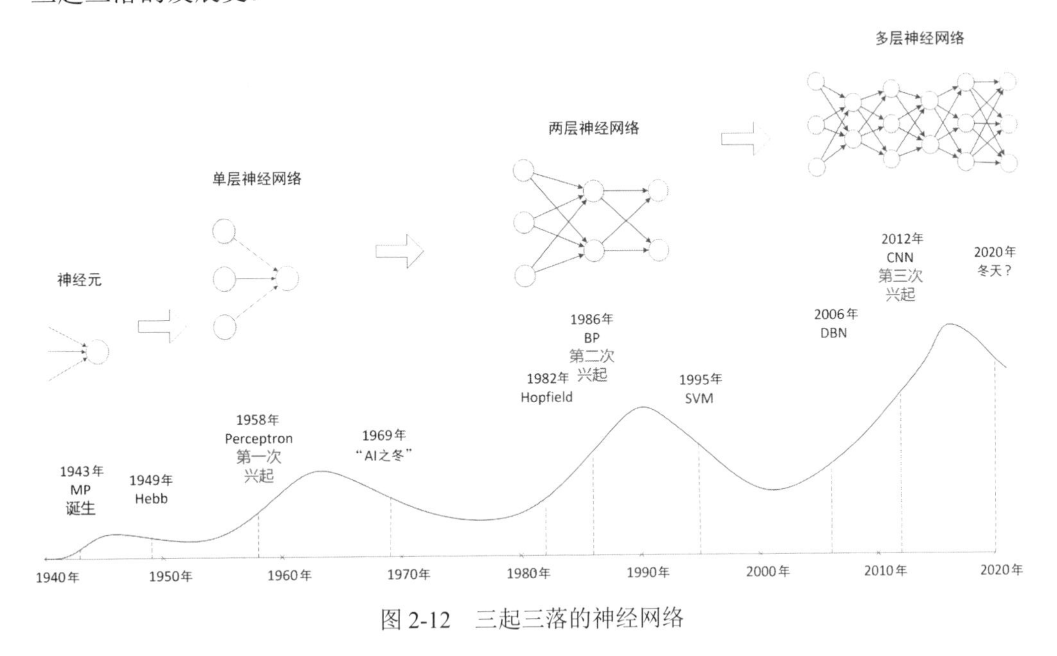

图 2-12　三起三落的神经网络

在单层神经网络中，我们使用的激活函数是 sgn 函数。在两层神经网络中，我们使用得最多的是 sigmoid 函数。而通过一系列的研究，人们发现 ReLU 函数在训练多层神经网络时更容易收敛，并且预测性能更好。因此，目前在深度学习中，最流行的非线性函数是 ReLU 函数。ReLU 函数不是传统的非线性函数，而是分段线性函数。其表达式非常简单，就是 $y = \max(x, 0)$。简而言之，即当 x 大于 0 时，输出就等于输入，而当 x 小于 0 时，输出就保持为 0。这种函数的设计灵感来自于生物神经元对于激励的线性响应，而当低于某个阈值后，生物神经元就不再响应。

在实际使用中，神经网络存在不少问题。尽管在学习过程使用了后向传播算法，但是神经网络的训练仍然耗时太久，而且鞍点问题导致的局部最优解使得神经网络优化起来较为困难。同时，隐藏层的节点数等超参数需要人为设定，这使得神经网络的使用不太方便，工程人员和研究人员对此多有抱怨。

2.4.5 深度网络结构

深度学习的网络结构多数可以直观地表示出来，图 2-13 展示了各种深度网络中的关键结构。

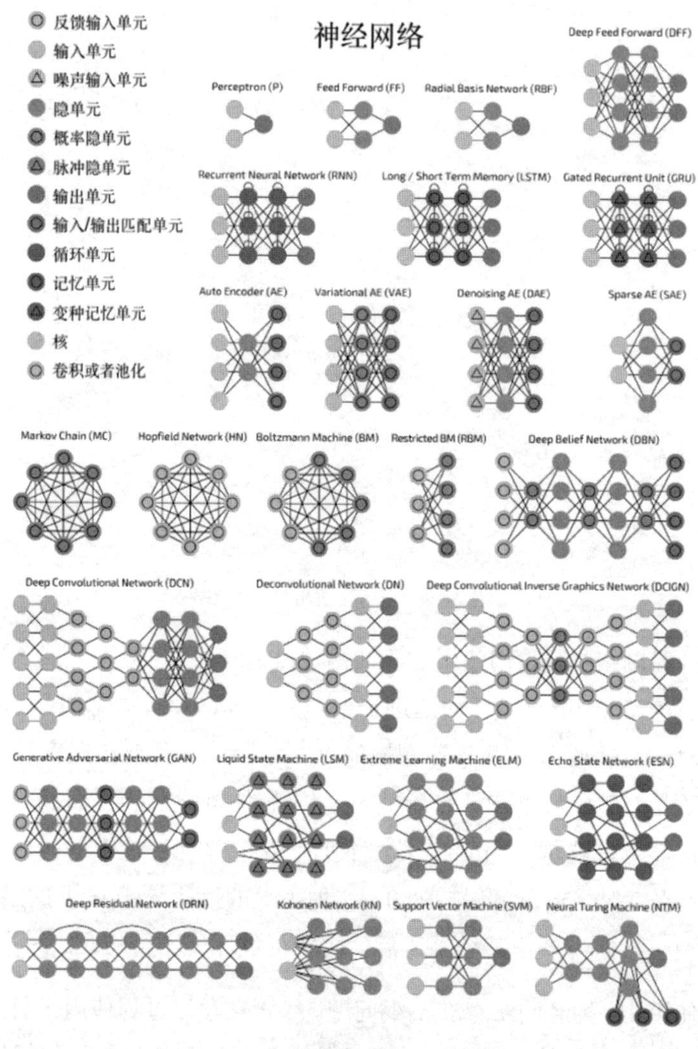

图 2-13 深度网络结构[15]

2.4.5.1　卷积神经网络

卷积神经网络（Convolutional Neural Network，简称 ConvNet 或 CNN）已经在图像识别和分类等领域证明了其能力。CNN 的开山之作是 Yann LeCun 发表的论文[16]，感兴趣的读者可以自行阅读。本节不对 CNN 的构建原理做过多介绍，只对 CNN 中网络层用到的一些基本操作及其含义进行说明，更多原理请参阅后续相关章节。

CNN 中主要的网络结构有卷积层和池化层。卷积层的主要作用是完成图像特征的提取，主要的参数为卷积核的大小和数量；而池化层的主要作用则是降维（下采样），使得图像特征具有一定的平移不变性和旋转不变性，常见的池化方法有最大池化（max-pooling）、均值池化（mean-pooling）和 K-最大池化（k-max-pooling）等。

1. 卷积层

卷积是图像处理（image processing）中的一种基本操作，很容易与图像处理中的滤波操作混淆，所以有必要介绍二者的区别与联系。

滤波操作的主要作用是去除无用的信息，保留有用的信息，可能是低通滤波，也可能是高通滤波。均值滤波是一种典型的滤波操作，例如对原图像矩阵各个区域的元素按顺序与滤波器矩阵$\boldsymbol{W}$相乘，这个矩阵$\boldsymbol{W}$就称为滤波算子。下例中滤波算子的尺寸为3×3，滤波操作的结果如图 2-14 所示。

$$\boldsymbol{W} = \frac{1}{9}\begin{bmatrix} 1 & 1 & 1 \\ 1 & 1 & 1 \\ 1 & 1 & 1 \end{bmatrix}$$

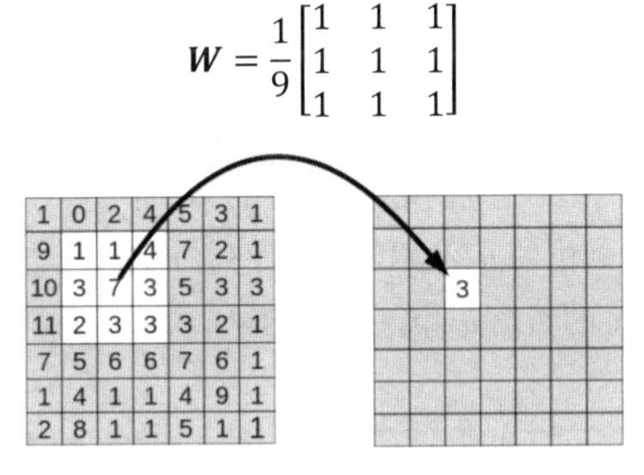

图 2-14　滤波操作示意图

对图像使用不同的滤波器会带来不同的效果，如图 2-15 所示。常见的滤波器有高斯滤波器、拉普拉斯滤波器等。

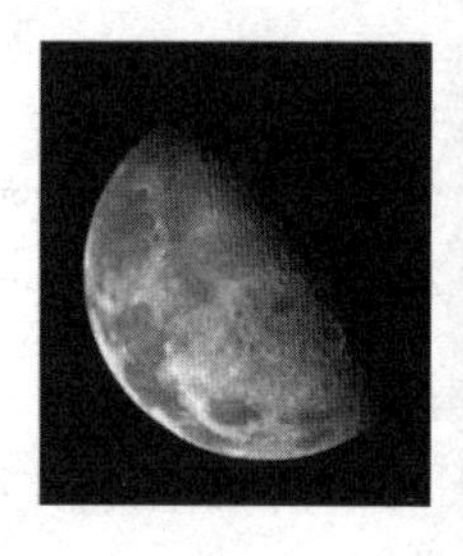  

图 2-15　不同滤波器的处理效果

（从左到右依次是原图、高斯滤波器的处理效果、拉普拉斯滤波器的处理效果）

卷积是从信号处理中扩展出来的概念，与图像处理中的滤波不完全相同，可以把卷积理解为一种特殊形式的滤波操作（对卷积核 180° 旋转后再进行滤波操作）。CNN 中的卷积操作是为了提取图像中的特征。下面分别以一维卷积和二维卷积为例进行介绍。

（1）一维卷积（conv1D）

定义序列y, h, u（在实际使用中，这些序列可以使用向量表示），三者满足如下关系：

$$y(k) = h(k)u(k) = \sum_{i=0}^{N} h(k-i)u(i)$$

其中，k为相应序列的第 k 个元素，超出索引部分的相应元素为 0。

卷积的形式类似于向量内积，卷积核在移动过程中与原始序列的重叠部分相乘以后再相加。以图 2-16 为例（本例来源于网络）来简单解释卷积的过程。定义实例序列 U 和 H（对应于公式中的 u 和 h），其中序列 H 的长度 l_h 为 3，序列 U 的长度 l_u 为 6，二者卷积的结果 y 的长度 $l_y = l_h + l_u - 1 = 3 + 6 - 1 = 8$。

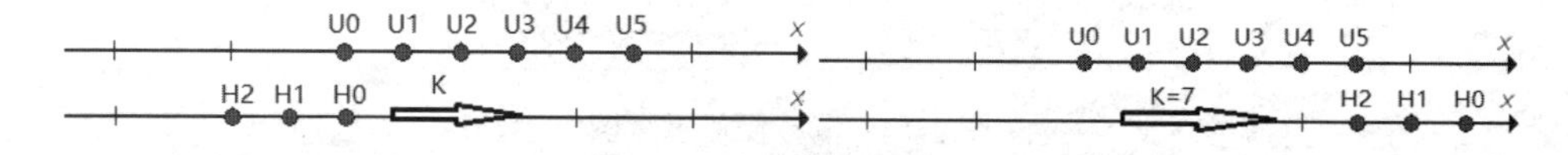

图 2-16　一维卷积过程

我们先将序列 U 按序号从小到大（U0, U1, U2, U3, U4, U5）排在一条直线上，因为公式中 u 的序号 i 是递增的，而将序列 H 按序号从大到小排列（H2, H1, H0），

因为公式中 h 的序号是递减的，再将两个序列的头对齐。当位移 $k=0$ 时，下面的 H 序列不动，将 U 和 H 序列中对应位置的项相乘后相加，得到 $y(0)=\text{H}0\cdot\text{U}0$。当位移 $k=1$ 时，下面的 H 序列移动 1 位，两个序列中对应的项相乘后相加得到 $y(1)=\text{H}1\cdot\text{U}0+\text{H}0\cdot\text{U}1$。H 依此移动，直到 k 达到最大值为止。

（2）二维卷积（conv2D）

我们可以将一维卷积推广到多维卷积，下面以二维卷积为例来讲解。二维卷积的形式一般如下：

$$y(p,q)=\sum_{i=0}^{M}\sum_{j=0}^{N}h(p-i,q-j)\,u(i,j)$$

此时，y,h,u都为双下标序列，也可以使用矩阵形式表示（因为这些不是标准的矩阵操作，所以此处仍旧以函数形式表示）。

在一维卷积中，我们将 u 展开在一维的直线上，对于二维卷积运算，就将 u 展开在二维平面中，左下角为 U(0,0)，右上角为 U(5,5)。同样，将 h 也展开在二维平面中，方向要与 u 相反，左下角为 H(2,2)，右上角为 H(0,0)，如图 2-17 所示。

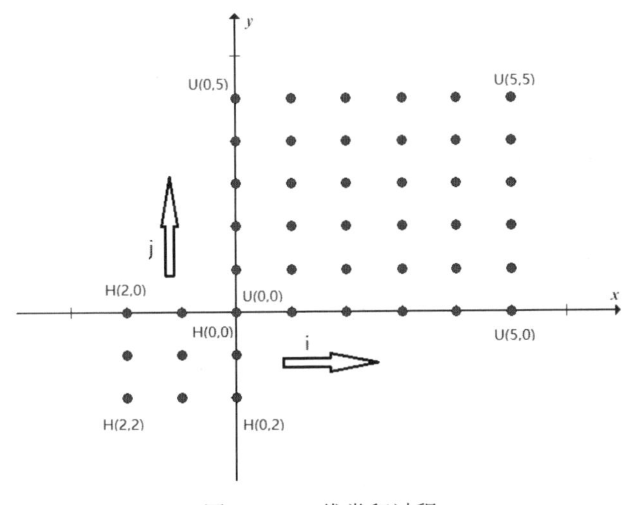

图 2-17　二维卷积过程

二维卷积中 p 和 q 的长度也是由 h 和 u 序列的长度所决定的，即 $l_p=l_{Ux}+l_{Hx}-1$，$l_q=l_{Uy}+l_{Hy}-1$。二维卷积运算就是卷积核 h 在被卷积信号 u 的平面上与其对应项相乘后再求和的运算。

卷积的作用可以类比于人脑在处理视觉信号时激活相应的神经元，我们的目标是让滤波器对于感兴趣的区域有较大的输出，而对其他区域输出则较小。比如，在识别手写字体时，我们根据关注的曲线设计一个滤波器，如图 2-18 所示。

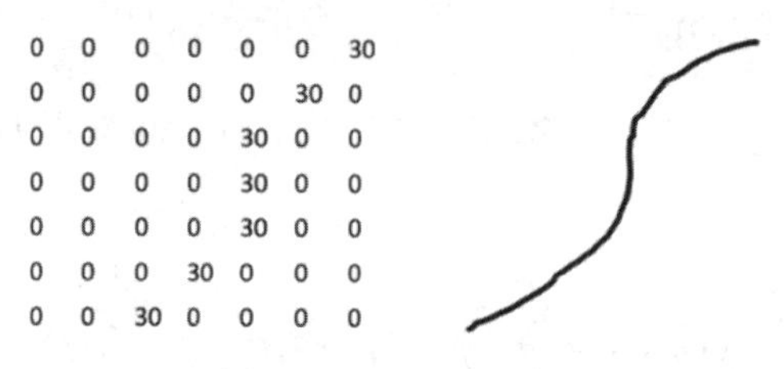

图 2-18 卷积的作用

如果滤波器与图像完全匹配，此时滤波器与图像矩阵相乘，就会得到一个较大的值，如果仅有部分匹配，则会得到一个较小的值。而滤波器与图形覆盖的程度越大，值越大，说明图形越接近我们感兴趣的形状。

我们训练CNN的卷积层，从另外一个角度可以理解为是在训练一系列的滤波器，然后让这些滤波器组对特定的模式有大的响应或者输出值，以达到利用 CNN 实现图像分类或者目标检测等目的。一般在 CNN 中，越靠后的卷积层可以识别的模式越复杂。CNN 中的第一个卷积层可以检测低阶特征，比如边、角、曲线等，而第二个卷积层可以检测低阶特征的组合，比如半圆、四边形等。值得注意的是，实际使用 CNN 时，一般会随机初始化卷积核的值，并不会激活任何特征。也就是说，一开始训练时并不能指定某个卷积核的滤波作用，随着学习过程的不断推进，不同的卷积核会表现出不同的滤波作用，如图 2-19 所示。

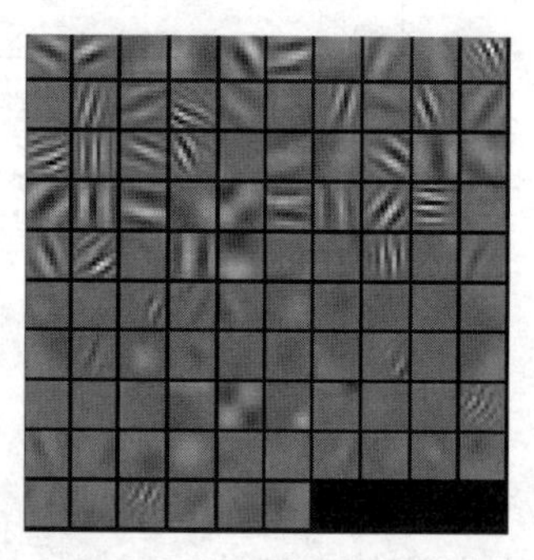

图 2-19 卷积后的特征可视化结果[18]

2．池化层

虽然池化（pooling）操作主要用于 CNN 中，但随着深度神经网络技术的发展，池化相关的技术在其他结构的神经网络中也越来越受关注。CNN 中卷积层的作用是对图像的一个邻域进行卷积得到图像的邻域特征，亚采样层就是使用池化技术将小邻域内的特征点整合而得到新的特征。因此，池化层起到了整合特征的作用。

池化的结果是使特征减少、参数减少，但池化的目的并不仅局限于此。其更重要的作用是保持特征的不变性（旋转、平移、伸缩等），常用的池化操作有均值池化（mean-pooling）、最大池化（max-pooling）、K-最大池化（k-max-pooling）和随机池化（stochastic-pooling）等。

（1）均值池化

均值池化操作的过程是对图像卷积结果中指定邻域内的特征点求平均值。假设池化窗的大小是 2×2，在前向传播的时候，均值池化就是在前面卷积层的输出上依次不重合地取 2×2 的窗口平均，得到的值就是均值池化之后的值。在反向传播的时候，均值池化把一个值分成 4 等份放到前面 2×2 的窗口里，如下所示：

前向传播：$\begin{bmatrix} 1 & 3 \\ 2 & 2 \end{bmatrix} \rightarrow [2]$

反向传播：$[2] \rightarrow \begin{bmatrix} 0.5 & 0.5 \\ 0.5 & 0.5 \end{bmatrix}$

（2）最大池化及 K-最大池化

最大池化操作的过程是取图像卷积结果中指定邻域内特征的最大值（K-最大池化即取 K 个最大值）。

最大池化的过程如图 2-20 所示。左上角的 2×2 矩阵中 6 最大，右上角的 2×2 矩阵中 8 最大，左下角的 2×2 矩阵中 3 最大，右下角的 2×2 矩阵中 4 最大，所以得到图 2-20 中右边的结果。

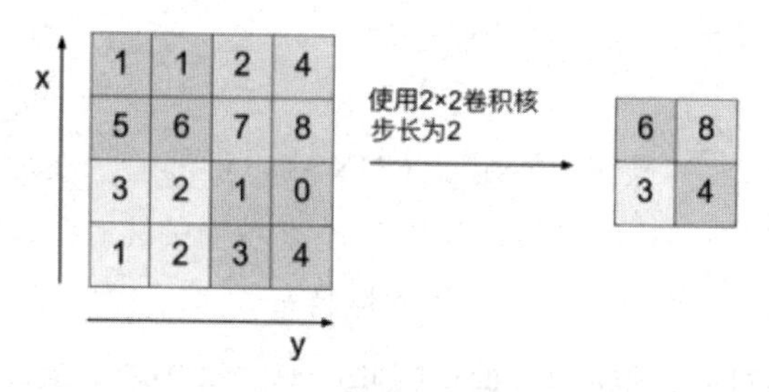

图 2-20 最大池化的过程

前向传播的时候只需取 2×2 窗口中的最大值，后向传播的时候要把当前的值放到之前那个最大值的位置，其他三个位置的值都设置为 0。如下例所示：

前向传播：$\begin{bmatrix}1 & 3\\2 & 2\end{bmatrix} \to [3]$

后向传播：$[3] \to \begin{bmatrix}0 & 3\\0 & 0\end{bmatrix}$

根据相关理论，特征提取的误差主要来自两个方面：邻域的大小受限造成估计值的方差增大，以及卷积层参数误差造成估计均值偏移。一般来说，均值池化能减小第一种误差，更多地保留图像背景信息，最大池化能减小第二种误差，更多地保留纹理信息。K-最大池化则是最大池化的微小改进，旨在保留最大的 K 个特征，从而最大程度地保留纹理信息。

（3）随机池化

随机池化则介于两者之间，对像素点按照其数值大小赋予不同的概率，再按照此概率进行亚采样。这种方法在平均意义上与均值池化近似；在局部意义上则服从最大池化的准则。

随机池化的方法非常简单，只需对特征图（feature map）中的元素按照其概率值的大小随机选择，即值大的元素被选中的概率也大，不像最大池化那样，永远只取那个值最大的元素。

进行池化操作的原因之一是要模仿人的视觉系统对图像进行降维（降采样），用更高层的抽象表示图像特征。这个理念的依据来源于仿生学派，即模仿真正的人脑神经网络的工作方式来构建人工网络。

为什么可以进行池化（pooling）操作呢？是因为图像卷积后的特征有一种“静态性”的属性，这也就意味着在一个图像区域中有用的特征极有可能在另一个区域同样适用。因此，在描述整个图像时，会很自然地想到对不同位置的特征进行聚合统计，均值或者最大值就是一种聚合统计的方法。

做窗口滑动卷积的时候，卷积值就代表了整个窗口的特征。因为滑动的窗口之间有大量重叠区域，得到的卷积值有冗余，进行最大池化或者均值池化就是减少冗余。但是在减少冗余的同时，池化操作也丢掉了局部位置信息，所以图像局部有微小形变时，识别的结果也是一样的。比如，图像上的字母“A”，尽管局部出现微小变化，也能够被识别成“A”。而加上椒盐噪声（就是图像上有很多小噪声点），字母“A”同样能够被识别出来。平移不变性是指，无论目标出现在图像的任何位置，都会被识别出来。值得注意的是，平移不变性并不仅仅是池化带来的，层层的权重共享对其也有帮助。池化操作在一定程度上能够保证特征的平移和失真不变性。

2.4.5.2 RNN

RNN（Recurrent Neural Network）是一种节点定向连接成环的人工神经网络。这种网络的内部状态可以展示动态时序行为。不同于前馈神经网络，RNN 可以利用它内部的记忆来处理任意时序的输入序列，这让它更容易处理未分段的手写字识别、语音识别等问题。因此在介绍 RNN 之前，有必要先简单介绍相关的基础网络结构：前馈神经网络以及循环神经网络。

1. 前馈神经网络

如前文所述，经典前馈神经网络的结构如图 2-21 所示。简单的前馈神经网络由一个输入层、一个隐藏层和一个输出层组成。

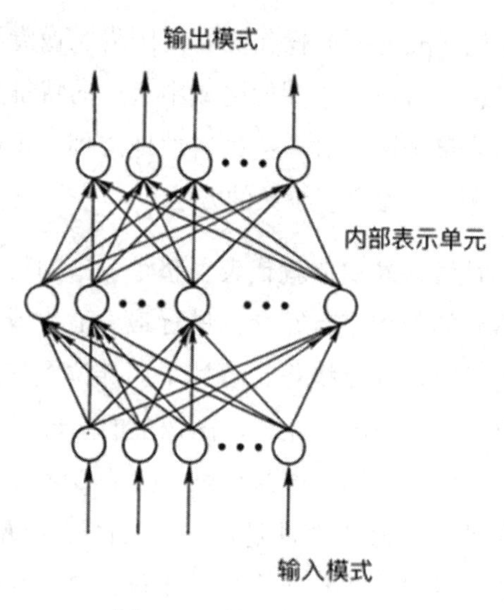

图 2-21　前馈神经网络

2. 循环神经网络

SRN（Simple Recurrent Network，简单循环网络）是由 Elman 于 1990 年最早提出的循环神经网络结构，如图 2-22 所示。

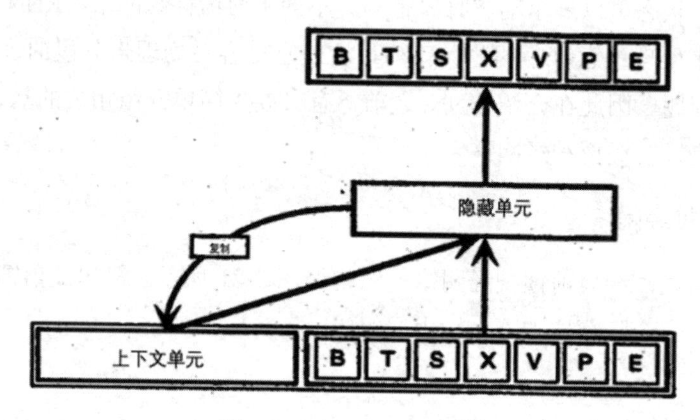

图 2-22　SRN 的结构图[19]

与 SRN 不同的是，RNN 考虑了时序信息，当前时刻的输出不仅和当前时刻的输入有关，还和前面所有时刻的输入有关。RNN 中的信息传播方式如图 2-23 所示。

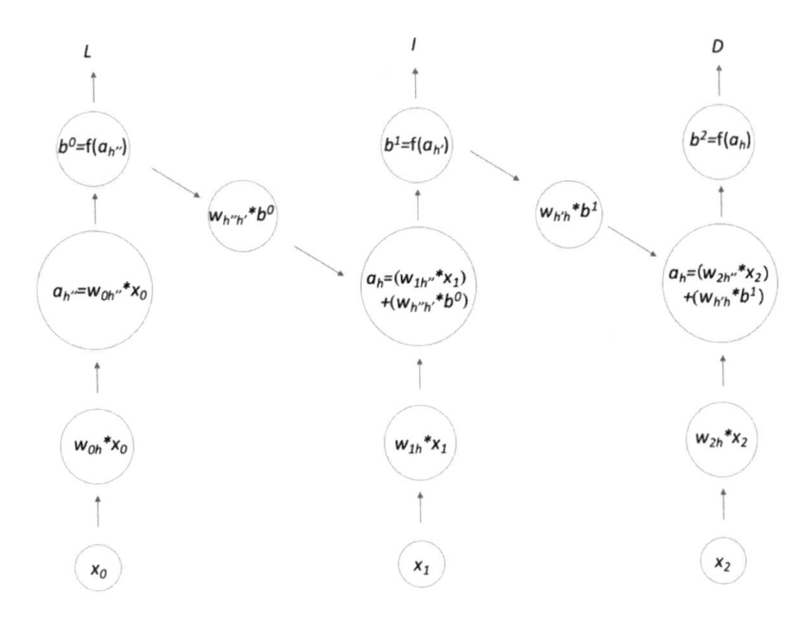

图 2-23　RNN 中的信息传播

$$\boldsymbol{h}_{\mathrm{t}} = \phi(\boldsymbol{W}\boldsymbol{x}_t + \boldsymbol{U}\boldsymbol{x}_{t-1})$$

其中，ϕ是隐藏层的激活函数，$\boldsymbol{h}_0$一般初始化为 0。

我们可以认为 $\boldsymbol{h}_t$ 包含当前时刻及以前的所有记忆。虽然理论上这句话没问题，但是在实际中，由于存在梯度消失与爆炸问题，$\boldsymbol{h}_t$ 只包含了有限步的信息，并不能捕获太久之前的信息。这被称为长期依赖问题。

正如传统神经网络使用后向传播算法进行学习一样，RNN 的训练算法为 BPTT[20]。BPTT（Back Propagation Through Time）算法（简单来说，BPTT 的基本原理和后向传播算法相同）的步骤如下：

（1）前向计算每个神经元的输出值。

（2）反向计算每个神经元的误差项值，它是误差函数 E 对神经元 j 的加权输入的偏导数。

（3）计算每个权重的梯度。

（4）使用随机梯度下降算法更新权重值。

梯度膨胀问题也被称为梯度消失与爆炸问题（vanishing and exploding gradient problem）。类比一下图的路径计算问题，假设要计算图中是否包含一条长度为 t 的路径，我们会反复乘以矩阵 t 次，相当于$\boldsymbol{W}^t$。为了方便解释，我们假设$\boldsymbol{W}$有特征值分解$\boldsymbol{W}=\boldsymbol{V}\text{diag}(\boldsymbol{\lambda})\boldsymbol{V}^{-1}$，容易看出：

$$\boldsymbol{W}^t = (\boldsymbol{V}\text{diag}(\boldsymbol{\lambda})\boldsymbol{V}^{-1})^t = \boldsymbol{V}\text{diag}(\boldsymbol{\lambda})\boldsymbol{V}^{-1}$$

当特征值λ_i不在 1 附近时，如果其值大于 1 则会产生梯度爆炸，如果小于 1 则会产生梯度消失。

经济学中有一个概念叫作复合利率，任何数值只要一直乘以略大于 1 的数，就会增大到难以衡量的地步（经济学中的网络效应和难以避免的社会不平等现象背后正是这一简单的数学真理在起作用）；反之，将一个数反复乘以小于 1 的数，就会有相反的效果。一个赌徒要是每下注 1 美元都输掉 97 美分，那么用不了多久就会倾家荡产。

梯度膨胀会使学习变得不稳定，每个权重就仿佛是谚语中提到那只蝴蝶，所有的蝴蝶一齐扇动翅膀，就会在遥远的地方引发一场飓风。这些权重的梯度增大至饱和，即它们的重要性被设得过高，就会出现梯度膨胀的问题。而梯度膨胀的问题相对比较容易解决，因为可以将其截断或挤压，但是梯度消失则使得我们很难知道朝哪个方向移动参数能够改进代价函数。图 2-24 展示了进行多次 sigmoid 函数计算后发生的梯度消失问题。

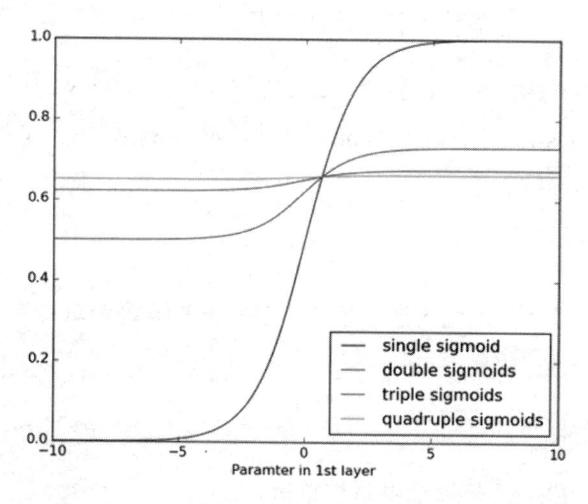

图 2-24　梯度消失问题

3. LSTM（Long Short-Term Memory，长短期记忆）

20世纪90年代，德国学者 Sepp Hochreiter 和 Juergen Schmidhuber 提出了一种循环网络的变体，即 LSTM[21]。

LSTM 引入自循环的巧妙构思，使得梯度可以长时间持续流动。它可保留误差，用于沿时间和层进行反向传递。误差被保持在更为恒定的水平，让循环网络能够进行许多个时间步的学习（超过 1000 个时间步），从而打开了建立远距离因果联系的通道。

LSTM 将信息存放在循环网络正常信息流之外的门控单元中。这些单元可以存储、写入或读取信息，就像计算机内存中的数据一样。单元通过门的开关判定要存储哪些信息，以及何时允许读取、写入或清除信息。但与计算机中的数字式存储器不同的是，这些门是模拟的，包含输出范围全部在 0~1 的 sigmoid 函数的逐元素相乘操作。与数字式存储相比，模拟值的优点是可微分，因此适合反向传播。

图 2-25 展示了 LSTM 的一个单元中的信息传播与计算方式。底部的三个箭头表示信息从多个点流入记忆单元。当前的输入与过去的单元状态不仅被送入记忆单元本身，还被送进单元的三个门，而这些门将决定如何处理输入。

图 2-25 中的黑点即门，分别决定何时允许新输入进入，何时清除当前的单元状态，以及何时让单元状态对当前时间步的网络输出产生影响。S_c是记忆单元的当前状态，而gy^{in}是当前的输入。值得注意的是，每个门都可开可关，而且门在每个时间步都会重新组合开关的状态。记忆单元在每个时间步都可以决定是否遗忘其状态、是否允许写入以及是否允许读取，相应的信息流如图 2-25 所示。

与简单的 SRN 相比较，LSTM 是由输入门、遗忘门、输出门进行调节和过滤而得到结果的。这些门都是由 0 到 1 之间的实数构成的向量。门值向量与对应输入向量做内积计算，而对其进行过滤（即遗忘或保留内积结果）。当门值向量中的某个值接近 0 的时候，对应的信息就会被大大减弱（被忘记）；相反，如果某个值接近 1 的话，对应的信息大部分就会被保留。

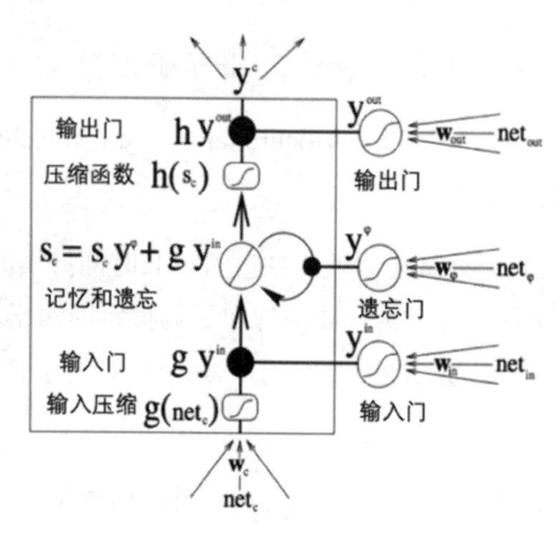

图 2-25 LSTM 中的信息传播与计算方式[22]

应当注意的是，LSTM 的记忆单元在输入转换中给予加法和乘法不同的角色。图 2-26 中的加号其实就是 LSTM 的秘密。虽然看起来异常简单，但是这一重要的改变能帮助 LSTM 在必须进行深度反向传播时维持恒定的误差。LSTM 确定后续单元状态的方式并非将当前状态与新输入相乘，而是将两者相加，这正是 LSTM 的特别之处（当然，遗忘门依旧使用乘法）。

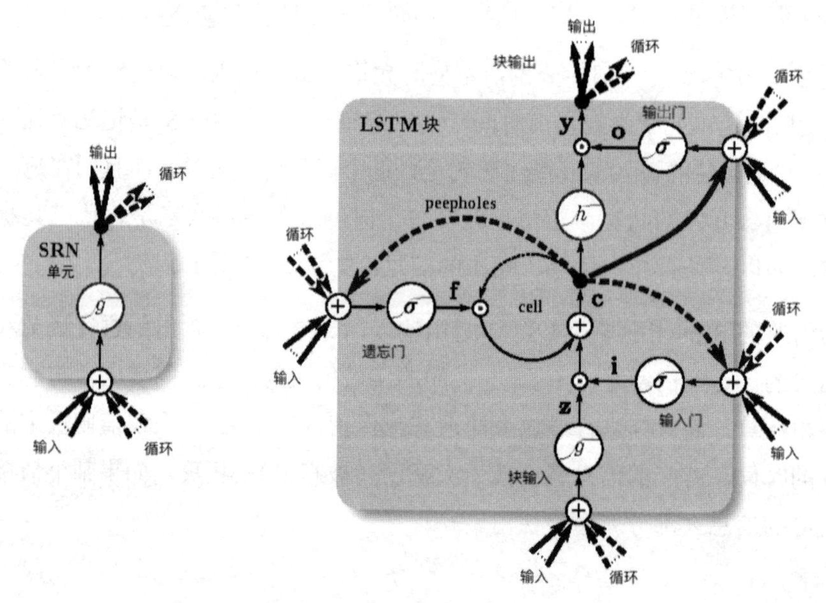

图 2-26 SRN（左图）与 LSTM（右图）的对比

你可能会问，如果 LSTM 的目的是将远距离事件与最终的输出联系起来，为什么要有遗忘门呢？因为有时候遗忘是一件好事。以分析一个文本语料库为例，在到达文档的末尾时，你可能会认为下一个文档与这个文档肯定没有任何联系，所以记忆单元在开始吸收下一个文档的第一项元素前应当先归零，这时候就需要遗忘门。典型的遗忘门结构如图 2-27 所示。

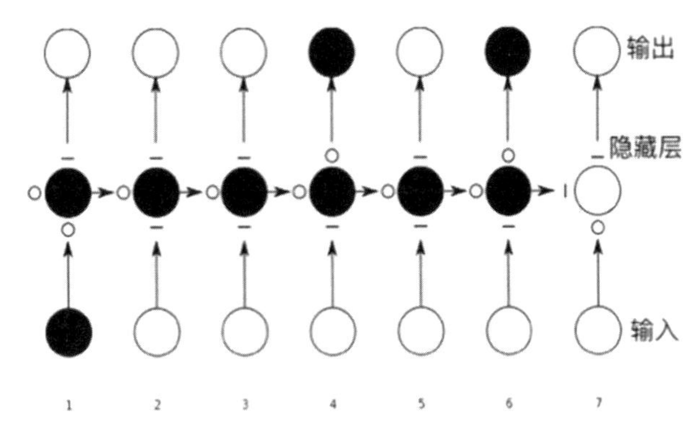

图 2-27　遗忘门

4. 门控循环单元（Gated Recurrent Unit，GRU）

GRU[23]本质上就是一个没有输出门的 LSTM，因此它在每个时间步都会将记忆单元中的所有内容写入整个网络。如图 2-28 所示，左图为 LSTM，右图为 GRU。在左图中，i、f 和 o 分别对应输入门、遗忘门和输出门，c 和$\tilde{c}$表示记忆单元与新的记忆单元内容。右图中 r 和 z 为重置门与更新门，h 和$\tilde{h}$是激活项和候选激活项。

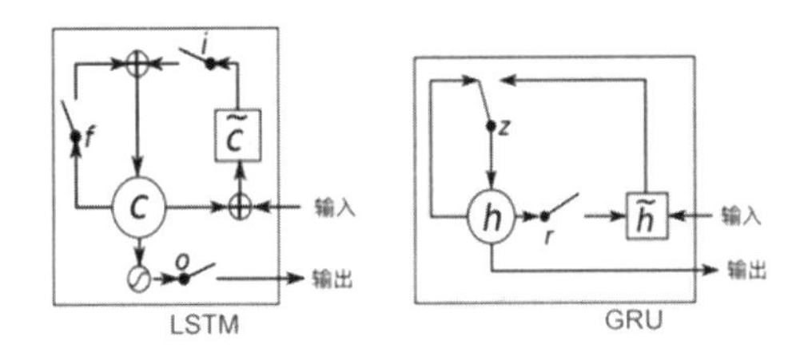

图 2-28　LSTM 与 GRU

GRU 有两个门，即一个重置门（reset gate）和一个更新门（update gate）。直观地讲，重置门决定了如何将新的输入信息与前面的记忆相结合，而更新门定义了前面的记忆保存到当前时间步的量。这两个门控机制的特殊之处在于，它们能够保存长期序列中的信息，而且这些信息不会随时间推移而被清除，或因为与预测不相关而被移除，因此避免了梯度消失问题。如果将重置门设置为 1，更新门设置为 0，那么我们将得到标准的 RNN 模型。使用 GRU 学习长期依赖关系的基本思想和 LSTM 的一致，但二者还是有一些关键区别的：

- GRU 有两个门，重置门与更新门；而 LSTM 有三个门，输入门、遗忘门和输出门。
- GRU 并不会控制并保留内部记忆，仅在计算新时刻的记忆时使用重置门对上一时刻的信息进行控制，而且 GRU 没有 LSTM 中的输出门。
- LSTM 中的输入门与遗忘门对应于 GRU 的更新门，在计算新时刻的记忆时不对上一时刻的信息做任何控制，重置门直接作用于前面的隐藏状态。
- GRU 在计算输出时并不是一个二阶非线性的问题。

2.4.5.3 生成对抗网络

生成对抗网络（Generative Adversarial Network，GAN）同时训练两个神经网络，其中生成模型 *G* 用来训练数据分布，判别模型 *D* 用来判别输入数据是 *G* 生成的数据还是真实数据。模型 *G* 的训练目标就是最大概率地让 *D* 出错（达到一种纳什平衡）。GAN 框架与经典双人博弈游戏中的极大极小算法有异曲同工之处，它们背后的原理都源自博弈论。对于任意的 *G* 和 *D*，该博弈问题只有唯一的解——也就是 *G* 复原了训练数据的分布，而 *D* 判别出错（或正确）的概率为 50%，即无法再做判断，*D* 失去了判别能力，因为 *G* 已经可以生成真实数据的分布。

举一个简单的例子，假设在常见的图片生成任务中，*G* 就是一个新手画家，而 *D* 是一个新手鉴别家。*G* 的目标是尽量画出一幅名画，而 *D* 鉴别 *G* 的画与名画，并把反馈信息告诉 *G*。

学习一个新模型最重要的是研究模型的优化目标，GAN 模型的优化目标为：

$$\min_{G}\max_{D}\mathrm{V}(D,G)=\mathbb{E}_{xP_{\mathrm{data}}(x)}[\log D(x)]+\mathbb{E}_{zP_{z}(z)}\left[\log\left(1-D\big(G(z)\big)\right)\right]$$

从上述公式中可以看到，如果 *G* 和 *D* 是多层感知器，那么对 *G* 和 *D* 就都能够通过后向传播算法来训练，而且训练过程更加直观。实际上 GAN 简单到在每一次的训练或者生成样本中，不需要任何马尔可夫链或者展开近似推理网络。为了学习生成

模型 G 对x的分布函数p_g，定义一个输入噪声的随机变量$p_z(z)$，然后表征一个到数据空间的映射$G(z;\theta_g)$，其中 G 是一个判别函数。

GAN 的灵感来自博弈论中的两人博弈（two-player game），博弈的双方分别为 G 和 D。G 用来捕捉分布，使用服从某一分布的噪声 z 来逼近真实训练数据的分布；判别模型 D 是一个二分类器，用来估计这个样本有多大的概率是来自训练样本而非 G 生成的。

在训练过程中，GAN 会交替地分别固定 G 和 D 来训练另一方，双方都极力优化自己的网络形成竞争对抗并最终达到一个动态的平衡（纳什平衡）。具体为，当输入来自真实数据时，D 判定目标为 1，当输入为生成的数据时，D 判定目标为 0；当固定 D 时，G 尽量使得输出和真实的数据样本一样，并使 D 在判别之后能输出更大的概率值。

2.4.6　小结

本节讲述了机器学习中的结构问题，因为机器学习的基础是一些局部拓扑结构的组合，不同的部位可能会有不同的拓扑条件与定义。本节主要介绍了的非线性结构——图，其中树结构和网络结构都是对图的拓扑结构的拓展。网络也是一种特殊的树结构，从深度信念网络到当下流行的深度神经网络，得益于统计学和优化理论研究的发展，专家和学者们对网络的了解也越来越深入，使我们能够构造出更复杂的网络。因为拓扑理论会自然地出现在数学的每一个分支中，所以本章并没有从纯粹的拓扑理论出发来总结这些结构的变换和学习问题。对于我们而言，通过代数和一些微分及几何知识来理解机器学习模型是很有意义的。

笔者接触深度学习的时间并不长，对很多理论的理解并不够深刻。相对于很多人把深度学习当作黑盒来使用，笔者更倾向于理解其所包含的科学依据。实际上，对于深度学习有效性的说明，有非常多的理论解释，包括拟合泛化、空间划分、大脑皮层的连接等理论。虽然有些深度学习的理论还不完善，其实现也受到当前计算机硬件结构和算力的限制，但是我们不能因噎废食，而应该不断奋勇向前，使用有限的资源设计出更多解决问题的算法。

2.5 统计基础

机器学习的基础之一是统计，统计机器学习也是机器学习研究的热门领域之一。

统计学有两个主要的学派：频率学派和贝叶斯学派，本节主要讲贝叶斯学派。本节参考了《贝叶斯统计》[24]、*Elementary Probability Theory*（《基本概率论》）[25]、*Patten Recognize and Machine Learning*（《模式识别与机器学习》）[26]等书中的内容，对从事机器学习的研究所需要掌握的关键内容进行汇总和解释，并将统计机器学习中的一些方法与统计学中的基础理论进行对应。

这两大学派之间的区别，要从三种信息讲起。最初，统计学家总是倾向于证明“总体符合正态分布”这类总体分布或总体分布族的信息。为了收集样本，了解样本的分布函数，可能会花费巨资，而且用时几年甚至几十年。后来，有了大数定律，人们发现从样本中也能估计总体分布。基于总体信息和样本信息进行统计推断的学科就被称为经典统计学，也就是传统的频率学派。再后来，人们发现了第三种信息——先验信息，它也可以用于统计推断，于是延伸出贝叶斯学派。

贝叶斯学派的基本观点是：任一个未知量θ都可以看作是一个随机变量，应该用一个概率分布描述对θ的未知状况。这个概率分布也就是先验信息。

2.5.1 贝叶斯统计

在经典统计学中，总体X的产生依赖于参数θ的密度函数，记为$p(x;\theta)$或$p_\theta(x)$，它表示在参数空间$\Theta = \{\theta\}$中不同的θ对应不同的分布。可是在贝叶斯统计中，密度函数记为$p(x \mid \theta)$，它表示在随机变量θ给定某个值时，总体指标X的条件分布。

从贝叶斯学派的观点来看，样本$\boldsymbol{x} = (x_1, x_2, \cdots, x_n)$的产生分为两步。第一步，通过先验分布（简称先验）$\pi(\theta)$产生一个样本$\theta'$。先验分布一般都是通过经验或者为了后续的计算方便而假设的。如何根据参数θ的先验信息确定先验分布，是贝叶斯学派在最近几十年的重点研究问题，已经有一大批富有成效的方法，我们在后面会介绍。第二步是从总体分布$p(\boldsymbol{x} \mid \theta')$产生一个样本$\boldsymbol{x} = (x_1, x_2, \cdots, x_n)$。这个样本是具体的，其产生的概率与如下联合概率密度函数（Probability Density Function，PDF）成正比。

$$p(\boldsymbol{x} \mid \theta') = \prod_{i=1}^{n} p(x_i \mid \theta')$$

这个联合概率密度函数综合了总体信息和样本信息，被称为似然函数，记为$L(\theta')$。频率学派和贝叶斯学派都承认似然函数，在有了样本观察值$\boldsymbol{x}=(x_1,x_2,\cdots,x_n)$后，总体和样本所含$\theta$的信息都被包含在似然函数$L(\theta')$之中。两派的区别在于使用似然函数做统计推断时的差异，我们在后面会进行对比说明。

值得注意的是，由于θ'是设想出来的——它是按照先验分布$\pi(\theta)$产生的，因此我们不应该仅仅考虑θ'，而应该综合先验信息，把一切可能的θ都考虑进来。所以，我们考虑$\boldsymbol{x}$和参数θ的联合分布：

$$h(\boldsymbol{x},\theta)= p(\boldsymbol{x} \mid \theta)\pi(\theta)$$

这样就把总体和样本的θ信息，还有先验分布都综合考虑进来了。

下面我们的任务就是对未知的参数θ进行统计推断。假设没有样本信息，我们只能根据先验分布对θ做出推断。在有样本观察值$\boldsymbol{x}=(x_1,x_2\cdots,x_n)$之后，我们应该依据$h(\boldsymbol{x},\theta)$对$\theta$做出判断。因此，需要对$h(\boldsymbol{x},\theta)$ 做如下分解：

$$h(\boldsymbol{x},\theta) = \pi(\theta \mid \boldsymbol{x})m(\boldsymbol{x})$$

其中，$m(\boldsymbol{x})$是$\boldsymbol{x}$的边缘密度函数：

$$m(\boldsymbol{x}) = \int_{\theta} h\,(\boldsymbol{x},\theta)\,\mathrm{d}\theta = \int_{\theta} p\,(\boldsymbol{x}|\theta)\pi(\theta)\,\mathrm{d}\theta$$

它与θ无关，也就是说$m(\boldsymbol{x})$不包含θ的任何信息。因此，能用来对θ做出推断的只有条件分布$\pi(\theta|\boldsymbol{x})$。它的计算公式是：

$$\pi(\theta|\boldsymbol{x}) = \frac{h(\boldsymbol{x},\theta)}{m(\boldsymbol{x})} = \frac{p(\boldsymbol{x}|\theta)\pi(\theta)}{\int_{\theta} p\,(\boldsymbol{x}|\theta)\pi(\theta)\,\mathrm{d}\theta}$$

这就是贝叶斯公式的密度函数形式。在给定样本 $\boldsymbol{x}$ 的条件下，θ的条件分布称为θ的后验分布。它是集中了总体、样本和先验三种信息中有关θ的一切信息，而又排除了一切与θ无关信息之后所得到的结果。故基于后验分布$\pi(\theta|\boldsymbol{x})$对$\theta$进行统计推断更有效也更合理。

当θ是离散随机变量时，先验分布可用先验分布列$\pi(\theta_i)(\,i=1,2,\cdots,n\,)$来表示。

虽然在贝叶斯统计中，我们做了很多的条件限制和假设，但往往最关键的还是对于总体分布的选择。你所选择的总体分布对结果产生的影响远比选择的先验分布产生的影响大得多。

例如，设事件 A 的概率为θ，即$p(A)=\theta$。为了估计θ，做 n 次独立观察，其中事件A出现的次数为X。显然，X服从二项分布$b(n,\theta)$，即：

$$P(X=x|\theta)=\binom{n}{x}\theta^x(1-\theta)^{n-x} \qquad x=0,1,\cdots,n$$

这也是θ的似然函数。假如我们事先对事件 A 没有什么了解，对其发生的概率θ也就无法定量分析。在这种情况下，贝叶斯建议使用区间(0,1)上的均匀分布 $U(0,1)$作为θ的先验分布。贝叶斯的这个建议被后人称为贝叶斯假设。θ的先验分布为：

$$\pi(\theta)=\begin{cases}1 & 0<\theta<1\\ 0 & \text{其他}\end{cases}$$

为了综合抽样信息与先验信息，我们利用贝叶斯公式计算样本X与参数θ的联合分布：

$$h(x,\theta)=\binom{n}{x}\theta^x(1-\theta)^{n-x} \qquad x=0,1,\cdots,n,\ 0<\theta<1$$

由于θ的先验分布是均匀分布，此时函数为特征函数（指示函数），可以看到此时联合分布与似然函数只是在定义域上有区别。

我们再来计算 X 的边缘分布：

$$\begin{aligned} m(x)&=\int_0^1 h\,(x,\theta)\mathrm{d}\theta\\ &=\binom{n}{x}\int_0^1\theta^x\,(1-\theta)^{n-x}\mathrm{d}\theta\\ &=\binom{n}{x}\frac{\Gamma(x+1)\Gamma(n-x+1)}{\Gamma(n+2)}\\ &=\frac{1}{n+1} \qquad x=0,1,\cdots,n\end{aligned}$$

最后可得θ的后验分布为：

$$\pi(\theta|x)=\frac{h(x,\theta)}{m(x)}$$
$$=\frac{\Gamma(n+2)}{\Gamma(x+1)\Gamma(n-x+1)}\theta^{(x+1)-1}(1-\theta)^{(n-x+1)-1}\qquad 0<\theta<1$$

显然，这个分布正是参数为 $x+1$ 和 $n-x+1$ 的贝塔分布，记为$Be(x+1,n-x+1)$。

2.5.2　共轭先验分布

本节讲述一种特殊的先验分布——共轭先验分布。共轭先验分布的好处主要在于代数上的方便性，它可以直接给出后验分布的封闭形式，否则就只能使用较为复杂的数值计算方法了。共轭先验分布也有助于我们获得关于似然函数如何更新先验分布的直观印象。

2.5.2.1　共轭先验分布

定义　设θ是总体分布中的参数（或参数向量），$\pi(\theta)$是θ的先验密度函数，假设由抽样信息算得的后验密度函数与$\pi(\theta)$有相同的函数形式，则称$\pi(\theta)$是θ的（自然）共轭先验分布。

值得注意的是，共轭先验分布是针对某一分布中的参数而言的，如正态均值、正态方差、泊松均值。脱离指定的参数及其所在的分布来谈论共轭先验分布是没有意义的。

例 1　正态均值（方差已知）的共轭先验分布是正态分布。

设$x_1,x_2,\cdots,x_n$是来自正态分布$N(\theta,\delta^2)$的一组样本观察值，其中δ^2已知。此样本的似然函数为：

$$P(\boldsymbol{x}|\theta)=\left(\frac{1}{\sqrt{2\pi}\delta}\right)^n\exp\left\{\frac{1}{2\delta^2}\sum_{i=1}^{n}(x_i-\theta)^2\right\}\qquad -\infty<x_1,x_2,\cdots,x_n<+\infty$$

因为我们要验证正态分布是正态均值的共轭先验分布，所以假设正态均值θ符合正态分布。假设这个正态分布为$N(\mu,\tau^2)$，即

$$\pi(\theta)=\frac{1}{\sqrt{2\pi}\tau}\exp\left\{-\frac{(\theta-\mu)^2}{2\tau^2}\right\}\qquad -\infty<\theta<+\infty$$

其中μ和τ^2是已知的，由此再写出样本$\boldsymbol{x}$与参数θ的联合密度函数为：

$$h(\boldsymbol{x},\theta)=k_1\exp\left\{-\frac{1}{2}\left[\frac{n\theta^2-2n\theta\overline{x}+\sum_{i=1}^{n}x_i^2}{\delta^2}+\frac{\theta^2-2\mu\theta+\mu^2}{\tau^2}\right]\right\}$$

其中$k_1=(2\pi)^{-\frac{n+1}{2}}\tau^{-1}\delta^{-n}$，$\overline{x}=\sum_{i=1}^{n}\frac{x_i}{n}$。我们记

$$\delta_0^2=\frac{\delta^2}{\pi}，A=\frac{1}{\delta_0^2}+\frac{1}{\tau^2}，B=\frac{\overline{x}}{\delta_0^2}+\frac{\mu}{\tau^2}，C=\frac{1}{\delta^2}\sum_{i=1}^{n}x_i^2+\frac{\mu^2}{\tau^2}$$

则有

$$\begin{aligned}h(\boldsymbol{x},\theta)&=k_1\exp\left\{-\tfrac{1}{2}[A\theta^2-2\theta B+C]\right\}\\&=k_2\exp\left\{-\tfrac{(\theta-B/A)^2}{2/A}\right\}\end{aligned}$$

其中$k_2=k_1\exp\left\{-\frac{1}{2}(C-B^2/A)\right\}$。由此计算样本$\boldsymbol{x}$的边缘分布为：

$$m(\boldsymbol{x})=\int_{-\infty}^{\infty}h(\boldsymbol{x},\theta)\mathrm{d}\theta=k_2(\frac{2\pi}{A})^{\frac{1}{2}}$$

上面两式相除，得到θ的后验分布为：

$$\pi(\theta|\boldsymbol{x})=(\frac{2\pi}{A})^{-\frac{1}{2}}\exp\left\{-\frac{(\theta-B/A)^2}{2/A}\right\}$$

可以看出，这正是正态分布$N(\mu_1,\tau_1^2)$，其均值μ_1与方差τ^2分别为：

$$\mu_1=\frac{B}{A}=\frac{\frac{\overline{x}}{\delta_0^2}+\frac{\mu}{\tau^2}}{\frac{1}{\delta_0^2}+\frac{1}{\tau^2}}，\tau_1^2=\frac{1}{A}=\frac{1}{\frac{1}{\delta_0^2}+\frac{1}{\tau^2}}$$

这说明正态均值（方差已知）的共轭先验分布是正态分布。

譬如，设$X\sim N(\theta,2^2)$，$\theta\sim N(10,3^2)$，假设从正态总体X中随机抽取 5 个样本，经计算得到$\overline{x}=12.1$，于是我们可根据上述后验分布公式计算得到$\mu_1=11.93$，$\tau_1^2=(\frac{6}{7})^2$。此时正态均值θ的后验分布为正态分布，且$\theta\sim N(11.93,(\frac{6}{7})^2)$。

1．后验分布的计算

给定样本分布$p(\boldsymbol{x}|\theta)$和先验分布$\pi(\theta)$，可用贝叶斯公式计算θ的后验分布：

$$\pi(\theta|\boldsymbol{x}) = p(\boldsymbol{x}|\theta)\pi(\theta)/m(\boldsymbol{x})$$

由于$m(\boldsymbol{x})$的计算不依赖于θ，可以看作是一个常数项，在计算后验分布中仅起到正则化因子的作用，因此我们可以把贝叶斯公式改写成如下形式：

$$\pi(\theta|\boldsymbol{x}) \propto p(\boldsymbol{x}|\theta)\pi(\theta)$$

其中，"$\propto$"表示两边仅差一个常数因子——一个不依赖于未知参数θ的常数因子。

公式右端虽然不是正常的密度函数，但它是后验分布$\pi(\theta|\boldsymbol{x})$的核。有时要对完整公式进行计算的话，过程稍显烦琐，如果看出后验分布$\pi(\theta|\boldsymbol{x})$的核是某些常见分布的核，不需要计算$m(\boldsymbol{x})$（样本观察值的边缘密度）就可以很快恢复常数因子。这种对后验分布的简化计算在共轭先验分布与非共轭先验分布的场景下都适用。

例如，上一节我们在计算正态均值θ的先验分布$\pi(\theta)$时取另一个正态分布$N(\mu,\tau^2)$。在μ和τ^2已知的情况下，使用这种等价形式，θ的后验分布可以表示为：

$$\begin{aligned}\pi(\theta|\boldsymbol{x}) &\propto p(\boldsymbol{x}|\theta)\pi(\theta)\\ &\propto \exp\left\{-\frac{1}{2}\left[\frac{\sum_{i=1}^{n}(x_i-\theta)^2}{\delta^2}+\frac{(\theta-\mu)^2}{\tau^2}\right]\right\}\\ &\propto \exp\left\{-\frac{1}{2}[A\theta^2-2B\theta]\right\}\\ &\propto \exp\left\{-\frac{A}{2}(\theta-B/A)\right\}\end{aligned}$$

可以看到，我们既略去了$m(\boldsymbol{x})$，又省去了与θ无关的因子，还不用拆解计算步骤。最后的结果显示，后验分布是正态分布（指数为θ的二次函数）。经过转换可得到，其均值为B/A，方差为A^{-1}，与前面的结果一致。

例 2　二项分布中的成功概率θ的共轭先验分布是贝塔分布。

设总体$X\sim b(n,\theta)$，其密度函数中与θ有关的部分（核）为$\theta^x(1-\theta)^{n-x}$。又设θ的先验分布为贝塔分布$Be(\alpha,\beta)$，其核为$\theta^{\alpha-1}(1-\theta)^{\beta-1}$，其中$\alpha$、$\beta$已知，由于其他非核的项相当于常数因子，因此可以得到θ的后验分布：

$$\pi(\theta|x) \propto \theta^{\alpha+x-1}(1-\theta)^{\beta+n+x-1} \quad 0<\theta<1$$

显然，这是贝塔分布$Be(\alpha+x,\beta+n-x)$的核。我们按照贝塔分布的标准形式补充贝塔分布的常数项，故后验密度为：

$$\pi(\theta|x)=\frac{\Gamma(\alpha+\beta+n)}{\Gamma(\alpha+x)\Gamma(\beta+n-x)}\theta^{\alpha+x-1}(1-\theta)^{\beta+n+x-1}\quad 0<\theta<1$$

因此，我们可以得出结论：若先验分布的核与总体分布的核类似，则此先验分布为共轭先验分布。

2．共轭先验分布的优缺点

共轭先验分布有如下两个优点：

- 计算方便。后面我们会看到在机器学习算法中，由于共轭先验分布便于迭代计算，使得一些困难问题的求解成为可能，因此，我们会主动在实现新的模型后，在策略中将共轭先验分布考虑进去，在算法中体现出其优势。
- 后验分布的一些参数的可解释性更强。在做工程时，有时候大家会选择可解释性比较强的方法，不论是在特征、模型还是算法的选择方面。在最严格的欧盟《一般数据保护条例》（General Data Protection Regulation，GDPR）执行以后，对于可解释性的需要也是大家选择此种策略的另一个因素。

例 3　在例 1 中，其后验均值和后验方差可改为：

$$\mu_1=\gamma\overline{x}+(1-\gamma)\mu,\ \ \frac{1}{\tau_1^2}=\frac{1}{\delta_0^2}+\frac{1}{\tau^2}=\frac{n}{\delta^2}+\frac{1}{\tau^2}$$

其中，$\gamma=\delta_0^{-2}/(\delta_0^{-2}+\tau^{-2})$，为方差倒数组成的权值。也就是说：

- 后验均值μ_1是样本均值$\overline{x}$与先验均值μ的加权平均。
- 后验方差τ_1^2的倒数为两个方差倒数的和。
  若样本均值$\overline{x}$的方差$\delta^2/n=\delta_0^2$偏小，则其在后验均值中的份额就大；若δ_0^2较大，则其在后验均值中的份额较小，也即先验均值在后验均值中的份额变大，这表明后验均值在先验均值与样本均值之间采取了折中。
- 对于方差来说，在处理正态分布问题时，倒数发挥了重要作用，称为精度。后验分布的精度是样本均值分布的精度与先验分布的精度之和，增加样本量n或减少先验分布的方差，都有利于提高后验分布的精度。

例 4 在前面的例 2 中，我们也可以改写后验分布$Be(\alpha+x,\beta+n-x)$的均值和方差：

$$
\begin{aligned}
E(\theta|x) &= \frac{\alpha+x}{\alpha+\beta+n} \\
&= \frac{n}{\alpha+\beta+n}\cdot\frac{x}{n}+\frac{\alpha+\beta}{\alpha+\beta+n}\cdot\frac{\alpha}{\alpha+\beta} \\
&= \gamma\cdot\frac{x}{n}+(1-\gamma)\cdot\frac{\alpha}{\alpha+\beta}
\end{aligned}
$$

其中$\gamma=\frac{n}{\alpha+\beta+n}$，$\frac{x}{n}$是样本均值，$\frac{\alpha}{\alpha+\beta}$是先验分布的均值。

$$
\begin{aligned}
\mathrm{Var}(\theta|x) &= \frac{(\alpha+x)(\beta+n-x)}{(\alpha+\beta+n)^2(\alpha+\beta+n+1)} \\
&= \frac{E(\theta|x)[1-E(\theta|x)]}{\alpha+\beta+n+1}
\end{aligned}
$$

同样，后验分布的均值介于样本均值与先验分布的均值（以下简称为“先验均值”）之间。另外，当n与x都较大且x/n接近某个常数θ_0时，有

$$E(\theta|x) \approx \frac{x}{n}$$

$$\mathrm{Var}(\theta|x) \approx \frac{1}{n}\cdot\frac{x}{n}(1-\frac{x}{n})$$

我们可以看到，当样本量增大时，后验分布的均值主要由样本均值决定，而且后验方差越来越小。从图 2-29 所示的后验密度曲线的变化可以看到，随着n与x成比例地增加，后验分布越来越向比率x/n集中，这时候先验信息对后验分布的影响会越来越小。图 2-29 展示的是贝塔分布随 n 和 x 不同取值时曲线的变化。

这也是为什么 LDA 模型与 pLSI 模型在数据量增大的情况下效果会越来越接近的原因，我们在后面会对此进行详细的说明。

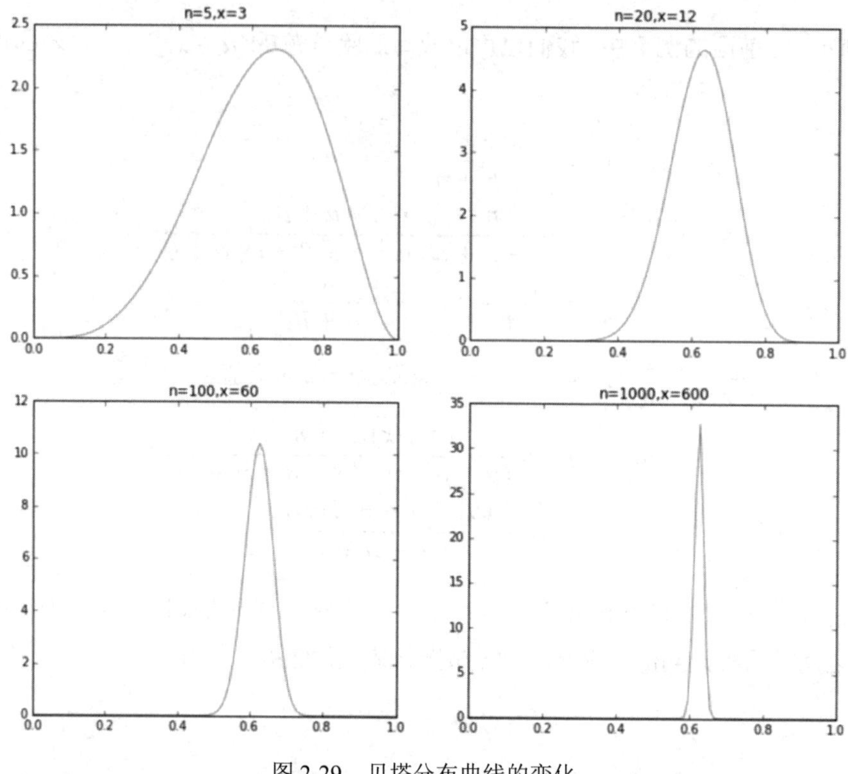

图 2-29 贝塔分布曲线的变化

2.5.2.2 常用的共轭先验分布

表 2-1 列出了一些常用的共轭先验分布。

表 2-1 常用的共轭先验分布

总体分布	参 数	共轭先验分布
二项分布	成功概率	贝塔分布$Be(\alpha,\beta)$
泊松分布	均值	伽马分布$Ga(\alpha,\lambda)$
指数分布	均值的倒数	伽马分布$Ga(\alpha,\lambda)$
正态分布（方差已知）	均值	正态分布$N(\mu,\tau^2)$
正态分布（均值已知）	方差	倒伽马分布$IGa(\alpha,\lambda)$

2.5.2.3 超参数的确定

先验分布中的未知参数称为超参数，有时也被机器学习工程师简称为超参。比如正态均值的共轭先验分布是正态分布$N(\mu,\tau^2)$，它有两个超参数；二项分布的成功概率的共轭先验分布是贝塔分布$Be(\alpha,\beta)$，它也有两个超参数。

一般来说，共轭先验分布通常都含有超参数，而无信息先验分布（如均匀分布$U(0,1)$）一般不含超参数。共轭先验分布是一种有信息的先验分布，所以确定其中所含的超参数时应当充分利用各种先验信息。

这里并不打算对如何确定各种分布的超参数做系统的说明，我们以二项分布中成功概率θ的共轭先验分布——贝塔分布$Be(\alpha,\beta)$为例，来说明如何确认α和β两个超参数。一般有如下方法：

（1）利用先验矩。我们将多个成功概率θ的估计值当作样本，求得先验均值$\overline{\theta}$和先验方差s_θ^2，然后令其分别等于贝塔分布$Be(\alpha,\beta)$的期望与方差。

（2）利用先验分位数。假如根据先验信息可以确定贝塔分布的两个分位数，则可用这两个分位数来确定α和β，如图 2-30 所示，根据图列出贝塔分布的上下四分位数，进而可以确定超参数。

（3）利用先验均值和 p 分位数。

（4）其他方法。假设只有先验均值已知，那么就需要借助其他信息来确定超参数，比如对于先验均值的可信程度等。

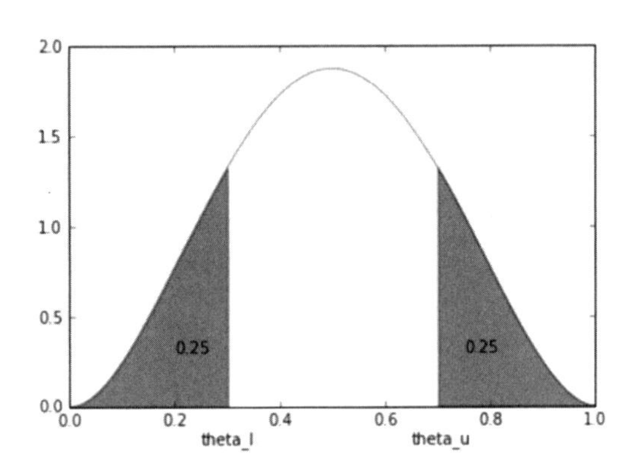

图 2-30　贝塔分布的上下四分位数

2.5.2.4 小结

在贝叶斯统计中，对先验分布的选择应该秉持以合理性为首要原则，而其计算上的方便性则应该放在第二位。比如，当样本均值与先验均值相差较大时，后验分布应该有两个峰才更合理，若使用共轭先验分布（如在正态均值的场合）迫使后验分布只有一个峰，就会掩盖实际情况，引起误用。因此，我们要先考虑先验分布的合理性，再发挥共轭先验分布那些吸引人的长处。值得注意的是，对于正态分布来说，相同的先验分布类一般来说还是足够大的，因此在很多场合中使用正态分布来概括先验信息是合理的。

2.6 策略与算法

策略与算法是机器学习的精髓。在建模时，我们要做的是把问题抽象成函数形式，而策略和算法指的是如何用计算机编程或者用数学的方式来求解这个函数。多数情况下，机器学习的模型函数没有解析解，因此我们需要利用一些凸优化的知识来求得最优解。

2.6.1 凸优化的基本概念

本节介绍机器学习中常用的一些凸优化（convex optimization）算法，其中的定理和定义部分的内容摘自一些教材，请见本章末尾的参考文献[27]~[31]。

实际上，从范数开始，我们就已经涉及了凸优化的基本知识。本节不会对凸集、凸函数的一些基本定理、线性规划的原理、最优性条件、对偶理论以及算法收敛性做详细的介绍，这也不是笔者写本书的初衷。笔者会尽量系统地组织内容，结合某些通用或特定的机器学习算法来介绍凸优化的知识。通过凸优化方法，我们来揭开机器学习的神秘面纱。

在讲凸优化的知识之前，我们需要先回顾一些基本概念，其中的大部分概念相信你在大学阶段应该已经学过，但是，为了保证内容的完整性，在此还是将它们列出来。

2.6.1.1　梯度

函数 f 在$\boldsymbol{x}$处的梯度为 n 维列向量：

$$\nabla f(x) = \left[\frac{\partial f(x)}{\partial x_1}, \frac{\partial f(x)}{\partial x_2}, \dots, \frac{\partial f(x)}{\partial x_n}\right]^{\mathrm{T}}$$

2.6.1.2　海森（Hesse）矩阵

函数 f 在$\boldsymbol{x}$处的海森矩阵为$n \times n$矩阵$\nabla^2 f(\boldsymbol{x})$，其第 i 行第 j 列的元素为：

$$[\nabla^2 f(\boldsymbol{x})]_{ij} = \frac{\partial^2 f(\boldsymbol{x})}{\partial x_i \partial x_j} \qquad 1 \leqslant i, j \leqslant n$$

我们用二次函数来举例说明。二次函数可以写成如下形式：

$$f(\boldsymbol{x}) = \frac{1}{2}\boldsymbol{x}^{\mathrm{T}}\boldsymbol{A}\boldsymbol{x} + \boldsymbol{b}^{\mathrm{T}}\boldsymbol{x} + c$$

其中 $\boldsymbol{A}$ 为 n 阶对称矩阵，$\boldsymbol{b}$ 是 n 维列向量，c 是常数。函数$f(\boldsymbol{x})$在 $\boldsymbol{x}$处的梯度为$\nabla f(\boldsymbol{x}) = \boldsymbol{A}\boldsymbol{x} + \boldsymbol{b}$，海森矩阵为$\nabla^2 f(\boldsymbol{x}) = \boldsymbol{A}$ 。

2.6.1.3　泰勒展开

假设 S 为开集，$S \subset \mathbb{R}^n$，f 为 S 上的连续实函数，其偏导数存在且一阶连续可微，记为$f \in C^1(S)$。给定点$\overline{\boldsymbol{x}} \in S$，则 f 在点$\overline{\boldsymbol{x}}$的一阶泰勒展开式为：

$$f(\boldsymbol{x}) = f(\overline{\boldsymbol{x}}) + \nabla f(\overline{\boldsymbol{x}})^{\mathrm{T}}(x - \overline{\boldsymbol{x}}) + o(||\boldsymbol{x} - \overline{\boldsymbol{x}}||)$$

其中$o(||\boldsymbol{x} - \overline{\boldsymbol{x}}||)$为$||\boldsymbol{x} - \overline{\boldsymbol{x}}|| \to 0$时，关于$||\boldsymbol{x} - \overline{\boldsymbol{x}}||$的高阶无穷小量。

假设开集$S \subset \mathbb{R}^n$，$\forall x \in S$, $\forall i = 1, 2, \cdots, n$ ，$j = 1, 2, \cdots, n$，二阶偏导数$\frac{\partial^2 f(\boldsymbol{x})}{\partial x_i \partial x_j}$存在且连续（即 f 在 S 上二阶连续可微），记为$f \in C^2(S)$。f 在$\overline{\boldsymbol{x}} \in S$点的二阶泰勒展开式为：

$$f(\boldsymbol{x}) = f(\overline{\boldsymbol{x}}) + \nabla f(\overline{\boldsymbol{x}})^{\mathrm{T}}(\boldsymbol{x} - \overline{\boldsymbol{x}}) + \frac{1}{2}(\boldsymbol{x} - \overline{\boldsymbol{x}})^{\mathrm{T}}\nabla^2 f(\overline{\boldsymbol{x}})(\boldsymbol{x} - \overline{\boldsymbol{x}}) + o(||\boldsymbol{x} - \overline{\boldsymbol{x}}||^2)$$

其中，$o(||\boldsymbol{x} - \overline{\boldsymbol{x}}||^2)$为当$||\boldsymbol{x} - \overline{\boldsymbol{x}}||^2 \to 0$时，关于$||\boldsymbol{x} - \overline{\boldsymbol{x}}||^2$的高阶无穷小量。

2.6.1.4 雅可比矩阵

我们已经知道如何对自变量为向量的实值函数进行求导，那么如何对函数值为向量的函数求导呢？这就要用到雅可比（Jacobi）矩阵了。

假设向量值函数为（区别于前面的实值函数）：

$$\boldsymbol{h}(\boldsymbol{x}) = (h_1(\boldsymbol{x}), h_2(\boldsymbol{x}), \cdots, h_m(\boldsymbol{x}))^{\mathrm{T}}$$

其中每个分量$h_i(\boldsymbol{x})$为n元实值函数，假设它对所有i和j存在偏导数$\frac{\partial h_i(\boldsymbol{x})}{\partial x_j}$，则$\boldsymbol{h}$在$\boldsymbol{x}$处的雅可比矩阵为：

$$\begin{bmatrix} \frac{\partial h_1(\boldsymbol{x})}{\partial x_1} & \frac{\partial h_1(\boldsymbol{x})}{\partial x_2} & \cdots & \frac{\partial h_1(\boldsymbol{x})}{\partial x_n} \\ \frac{\partial h_2(\boldsymbol{x})}{\partial x_1} & \frac{\partial h_2(\boldsymbol{x})}{\partial x_2} & \cdots & \frac{\partial h_2(\boldsymbol{x})}{\partial x_n} \\ \vdots & \vdots & & \vdots \\ \frac{\partial h_m(\boldsymbol{x})}{\partial x_1} & \frac{\partial h_m(\boldsymbol{x})}{\partial x_2} & \cdots & \frac{\partial h_m(\boldsymbol{x})}{\partial x_n} \end{bmatrix}$$

该矩阵也即向量值函数$\boldsymbol{h}$在$\boldsymbol{x}$处的导数，记作$\boldsymbol{h}'(\boldsymbol{x})$或$\nabla \boldsymbol{h}(\boldsymbol{x})^{\mathrm{T}}$。其中$\nabla \boldsymbol{h}(\boldsymbol{x}) = (\nabla h_1(\boldsymbol{x}), \nabla h_2(\boldsymbol{x}), \cdots, \nabla h_m(\boldsymbol{x}))$，也就是说每个分向量都是$\nabla$算子。

同样，对复合向量值函数的求导也支持链式法则：

$$\boldsymbol{h}'(\boldsymbol{x}) = \boldsymbol{f}'(\boldsymbol{g}(\boldsymbol{x}))\boldsymbol{g}'(\boldsymbol{x})$$

举个例子，$\boldsymbol{h}(\boldsymbol{x}) = \boldsymbol{f}(\boldsymbol{u}(\boldsymbol{x}))$，其中

$$\boldsymbol{f}(\boldsymbol{u}) = \begin{bmatrix} f_1(\boldsymbol{u}) \\ f_2(\boldsymbol{u}) \end{bmatrix} = \begin{bmatrix} u_1^2 - u_2 \\ u_1 + u_2^2 \end{bmatrix}，\boldsymbol{u}(\boldsymbol{x}) = \begin{bmatrix} u_1(\boldsymbol{x}) \\ u_2(\boldsymbol{x}) \end{bmatrix} = \begin{bmatrix} x_1 + x_3 \\ x_2^2 - x_3 \end{bmatrix}$$

则

$$\begin{aligned} \boldsymbol{h}'(\boldsymbol{x}) &= \boldsymbol{f}'(\boldsymbol{u}(\boldsymbol{x}))\boldsymbol{u}'(\boldsymbol{x}) \\ &= \begin{bmatrix} 2u_1 & -1 \\ 1 & 2u_2 \end{bmatrix} \begin{bmatrix} 1 & 0 & 1 \\ 0 & 2x_2 & -1 \end{bmatrix} = \begin{bmatrix} 2u_1 & -2x_2 & 2u_1 + 1 \\ 1 & 4u_2x_2 & 1 - 2u_2 \end{bmatrix} \\ &= \begin{bmatrix} 2(x_1 + x_3) & -2x_2 & 2(x_1 + x_3) + 1 \\ 1 & 4x_2(x_2^2 - x_3) & 1 - 2(x_2^2 - x_3) \end{bmatrix} \end{aligned}$$

2.6.1.5 凸集

设S为n维欧氏空间$\mathbb{R}^n$中的一个集合，倘若S中任意两点之间的线段仍然属于S，则称S为凸集。用符号表示的话，就是：

$\forall \boldsymbol{x}^{(1)}, \boldsymbol{x}^{(2)} \in S$及每个实数$\lambda \in [0,1]$，有$\lambda \boldsymbol{x}^{(1)} + (1-\lambda)\boldsymbol{x}^{(2)} \in S$，则 S 称为凸集。

如图 2-31 所示，在二维平面中，左侧为凸集，右侧为非凸集。

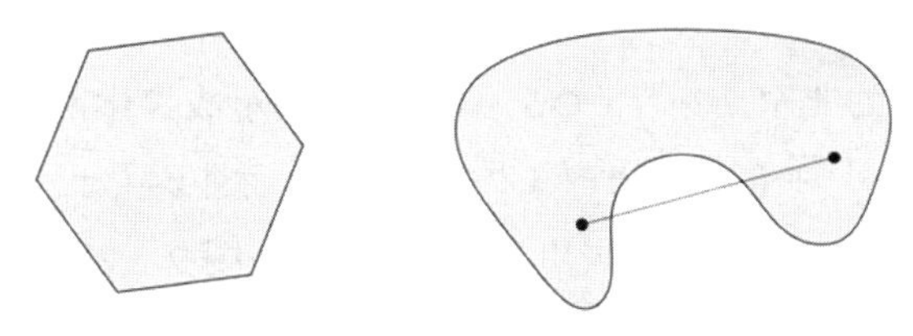

图 2-31 凸集与非凸集示例

下面对凸集中一些常见的概念、定义及定理进行汇总性说明。

1．**超平面**（hyperplane） 定义集合$H = \{\boldsymbol{x} | \boldsymbol{p}^{\mathrm{T}} \boldsymbol{x} = \boldsymbol{\alpha}\}$，$H$称为$\mathbb{R}^{\mathrm{n}}$中的超平面。我们可验证，超平面为凸集。

2．**半空间**（half space） 定义集合$H^- = \{\boldsymbol{x} | \boldsymbol{p}^{\mathrm{T}} \boldsymbol{x} \leqslant \alpha\}$，$H^-$称为半空间。我们可验证，半空间为凸集。

3．**凸锥** 设有集合$C \subset \mathbb{R}^n$，若对于C中的每一点$\boldsymbol{x}$，当λ取任何非负数时，都有$\lambda \boldsymbol{x} \in C$，则称$C$为锥（cone）。若$C$为凸集，则$C$为凸锥。

4．**多面集**（polyhedral） 有限个半空间的交集$\{\boldsymbol{x} \mid \boldsymbol{A}\boldsymbol{x} \leqslant \boldsymbol{b}\}$，称为多面集，其中$\boldsymbol{A}$为$m \times n$矩阵，$\boldsymbol{b}$为$m$维向量。

要深刻理解凸集。半空间、凸锥、多面集都是凸集。其中，多面集是多个半空间的交集，凸锥为一个无界发散的凸集。超平面是对空间的一种非严格的划分方式。

5．**有界集** 指可以被有界区间包含的实数集，也就是被长度有限的区间包含的集合。“有界”和“边界”是不同的概念，后者是指“可看到”的边界，比如孤立的圆是无边界的有界集合，而半平面是无界的，但是有边界。

6．**闭凸集** 闭集是指补集为开集的集合，所以闭凸集就是补集为开集的凸集。

7．**紧凸集**（compact convex set）　紧集指任意拓扑空间中的集合，它们的任何开覆盖都有有限子覆盖。在有限维空间中，一个点集是紧集的充分必要条件是它为有界闭集（无限维空间的有界闭集不一定是紧集）。因此，紧凸集一定属于闭凸集。在有限维空间中，两者相等。

举个例子，实直线 R 中的每个有界闭区间$[a, b]$都是 R 的紧凸集，但实直线 R 不是紧致的。在欧氏空间中，每一个闭球都是紧凸集。

8．**极点**　设 S 为非空凸集，$x \in S$，若x不能表示成 S 中两个不同点的严格图组合，也即如果$\boldsymbol{x} = \lambda \boldsymbol{x}^{(1)} + (1-\lambda)\boldsymbol{x}^{(2)}$（$\lambda \in (0,1)$），而且$\boldsymbol{x}^{(1)}, \boldsymbol{x}^{(2)} \in S$，必然可推导得$\boldsymbol{x} = \boldsymbol{x}^{(1)} = \boldsymbol{x}^{(2)}$，则称$\boldsymbol{x}$是凸集$S$的极点。如图 2-32 与图 2-33 所示，你可以根据极点的定义找到几种不同凸集的极点。

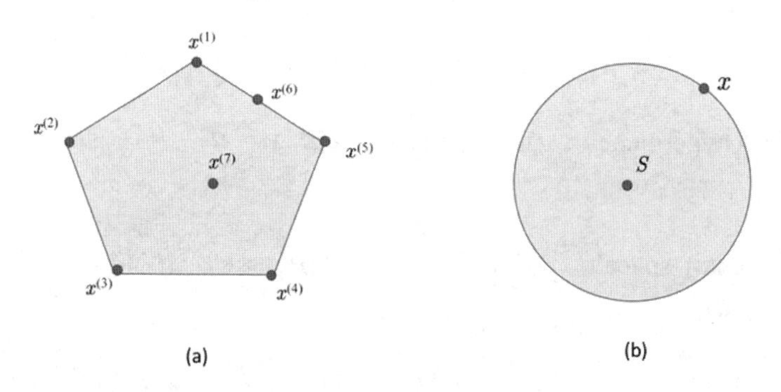

图 2-32　凸集的极点示例

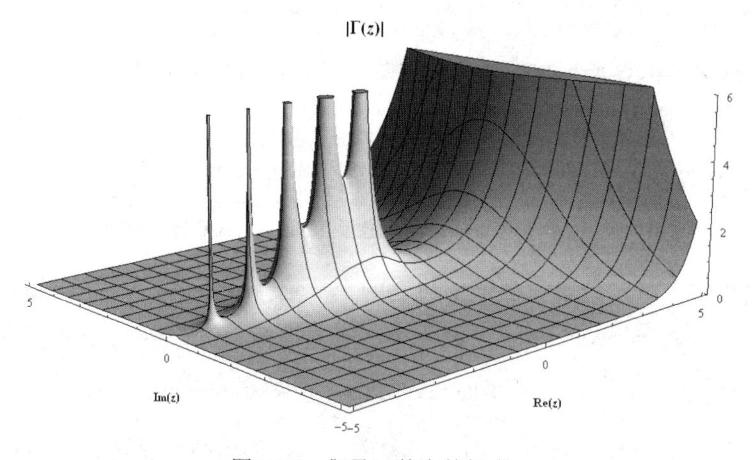

图 2-33　伽马函数中的极点

注意，此处的极点与数值分析和复分析中的极点的定义是不同的。

1．**方向**　设S为$\mathbb{R}^n$中的闭凸集，$\boldsymbol{d}$为非零向量，如果对S中的每一个$\boldsymbol{x}$，都有射线满足

$$\{\boldsymbol{x}+\lambda\boldsymbol{d} \mid \lambda \geqslant 0\} \subset S$$

则称$\boldsymbol{d}$为S的方向。

2．**极方向**　设$\boldsymbol{d}^{(1)}$、$\boldsymbol{d}^{(2)}$是S的两个方向，若对于任何正数λ，有$\boldsymbol{d}^{(1)} \neq \lambda\boldsymbol{d}^{(2)}$，则称$\boldsymbol{d}^{(1)}$和$\boldsymbol{d}^{(2)}$是两个不同的方向。若$S$的方向$\boldsymbol{d}$不能表示成该集合的两个不同方向的线性组合，则称$\boldsymbol{d}$为$S$的极方向 。图 2-34 所示的为二维平面集合中两个不同的极方向。

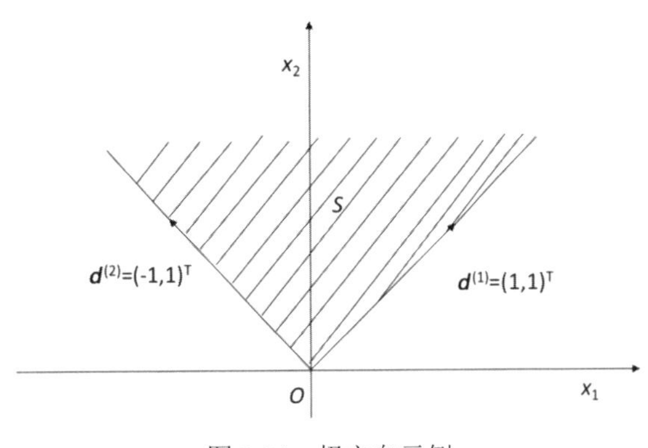

图 2-34　极方向示例

显然，有界集不存在方向，因此也不存在极方向。无界集才有方向的概念。

3．**多面集表示定理**　在引入表示定理之前，我们先给出一个有用的性质。设多面集$S=\{\boldsymbol{x}|\boldsymbol{A}\boldsymbol{x}=\boldsymbol{b},\boldsymbol{x}\geqslant\boldsymbol{0}\}$为非空集合（因为 S 为两个多面集$\{\boldsymbol{x}|\boldsymbol{A}\boldsymbol{x}\geqslant\boldsymbol{b},\boldsymbol{x}\geqslant\boldsymbol{0}\}$和$\{\boldsymbol{x}|\boldsymbol{A}\boldsymbol{x}\leqslant\boldsymbol{b},\boldsymbol{x}\leqslant\boldsymbol{0}$的交集），$\boldsymbol{d}$是非零向量，则$\boldsymbol{d}$为$S$的方向的充要条件是$\boldsymbol{d}\geqslant 0$ 且$\boldsymbol{A}\boldsymbol{d}=\boldsymbol{0}$。

这个性质表明了当线性方程组有非空解时极方向满足的条件，并且极点的个数是有限的（在学习基本可行解的相关知识后读者可自行求解，这里只需要知道结论）。特别的，当$\boldsymbol{A}$非奇异（方阵、满秩、可逆）时，$\boldsymbol{A}^{-1}$存在，此时$\boldsymbol{d}=\boldsymbol{0}$。

设$S=\{\boldsymbol{x} \mid \boldsymbol{A}\boldsymbol{x}=\boldsymbol{b},\boldsymbol{d}\geqslant\boldsymbol{0}\}$为非空多面集，则有：

（1）极点集非空，且存在有限个极点$\boldsymbol{x}^{(1)},\boldsymbol{x}^{(2)},\cdots,\boldsymbol{x}^{(k)}$。

（2）极方向集合为空集的充要条件是 S 有界。若无界，则存在有限个极方向$\boldsymbol{d}^{(1)},\cdots,\boldsymbol{d}^{(l)}$。

（3）$x\in S$的充要条件是：

$$\boldsymbol{x}=\sum_{j=1}^{k}\lambda_j\,\boldsymbol{x}^j+\sum_{j=1}^{l}\mu_j\,\boldsymbol{d}^j$$

$$\sum_{j=1}^{k}\lambda_j=1$$

$$\lambda_j\geqslant 0，\ j=1,2,\cdots,k$$

$$\mu_j\geqslant 0，\ j=1,2,\cdots,l$$

定理的证明请参见文献[32]。

2.6.1.6 凸集分离定理

凸集的一个重要性质就是分离定理，在机器学习和最优化理论中，有很多重要的模型和结论可以用分离定理来证明。

定义 设S_1和S_2是$\mathbb{R}^n$中的两个非空集合，$H=\{\boldsymbol{x}|\boldsymbol{p}^{\mathrm{T}}\boldsymbol{x}=\boldsymbol{\alpha}\}$为超平面。对$\forall\boldsymbol{x}\in S_1$, $\boldsymbol{p}^{\mathrm{T}}\boldsymbol{x}\geqslant\boldsymbol{\alpha}$，$\forall\boldsymbol{x}\in S_2$, $\boldsymbol{p}^{\mathrm{T}}\boldsymbol{x}\leqslant\alpha$，且反之亦然，则称超平面$H$分离集合$S_1$和$S_2$。

一个明显的性质如下，设 S 为$\mathbb{R}^n$中的闭凸集，$\boldsymbol{y}\notin S$，则存在唯一的点$\overline{\boldsymbol{x}}\in S$，使得：

$$||\boldsymbol{y}-\overline{\boldsymbol{x}}||=\inf_{x\in S}||\boldsymbol{y}-\boldsymbol{x}||$$

也就是说，凸集外的一点到凸集的距离的下确界是存在的。我们不妨把一个闭凸集想象成为一个充满了气体的气球（因为它必须是凸的），那么在气球外的点$\boldsymbol{y}$，到气球内的点$\boldsymbol{x}$（包括边界和内部）的距离是不一样的，但在气球上肯定有一个点，它到$\boldsymbol{y}$的距离是所有距离中最小的，这是凸集特有的性质。

由凸集分离定理可以推导出许多有用的定理，在机器学习中最常用的是 Farkas 定理和 Gordan 定理，它们在本质上是相似的。

Farkas 定理 设$\boldsymbol{A}$为$m \times n$矩阵，$\boldsymbol{c}$为n维向量，则$\boldsymbol{Ax} \leqslant 0, \boldsymbol{c}^{\mathrm{T}}\boldsymbol{x} > 0$有解的充要条件是$\boldsymbol{A}^{\mathrm{T}}\boldsymbol{y} = \boldsymbol{c}$，$\boldsymbol{y} \geqslant 0$无解。

Gordan 定理 设$\boldsymbol{A}$为$m \times n$矩阵，那么，$\boldsymbol{Ax} < 0$有解的充要条件是不存在非零向量$\boldsymbol{y} \geqslant 0$，使$\boldsymbol{A}^{\mathrm{T}}\boldsymbol{y} = 0$。

这两个定理比较容易证明，读者可以自己尝试一下。

2.6.1.7 凸函数

设S为$\mathbb{R}^n$中的非空凸集，f是定义在S上的实函数。如果对于$\forall \boldsymbol{x}^{(1)}, \boldsymbol{x}^{(2)} \in S$，$\forall \lambda \in (0,1)$，都有：

$$f(\lambda \boldsymbol{x}^{(1)} + (1 - \lambda \boldsymbol{x}^{(2)})) \leqslant \lambda f(\boldsymbol{x}^{(1)}) + (1 - \lambda) f(\boldsymbol{x}^{(2)})$$

则称f为S上的凸函数。二维平面中的凸函数与凹函数示例如图 2-35 所示。

f是凹函数当且仅当　　　　f是凸函数当且仅当

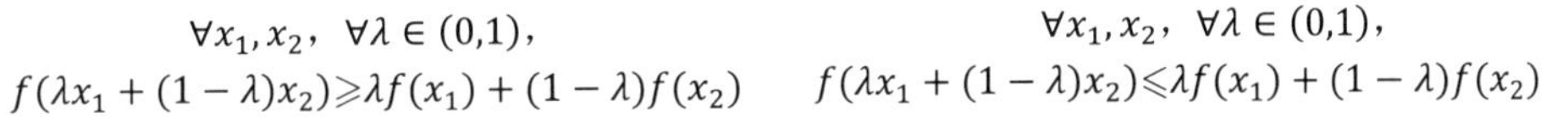

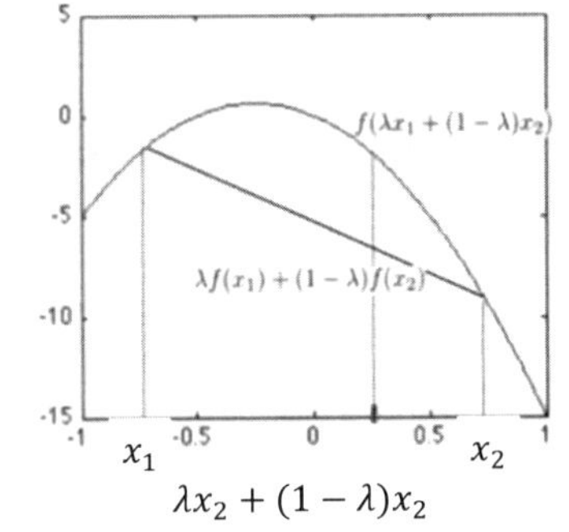

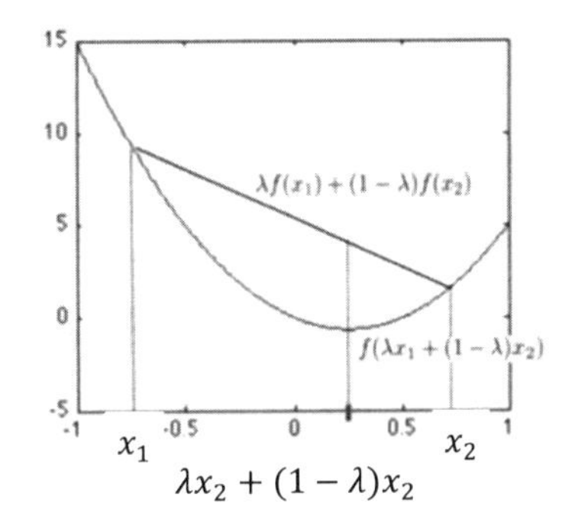

图 2-35 二维平面中的凸函数与凹函数示例

在相同的条件下，若

$$f(\lambda \boldsymbol{x}^{(1)} + (1 - \lambda \boldsymbol{x}^{(2)})) < \lambda f(\boldsymbol{x}^{(1)}) + (1 - \lambda) f(\boldsymbol{x}^{(2)})$$

则称f为S上的严格凸函数。

如果$-f$为S上的凸函数，则称f为S上的凹函数。

凸函数有很多很有用的性质，比如下面的这个。

定理 设S为$\mathbb{R}^n$中的非空凸集，f是定义在S上的凸函数，则f在S上的局部极小点是全局极小点，且极小点的集合为凸集。

2.6.1.8 凸规划

知道了凸函数的定义，我们下面介绍机器学习中的一个常见问题。许多模型构建出来之后（比如 SVM）都会被归结为一个凸规划的问题。

凸规划问题 假设$f(\boldsymbol{x})$是凸函数，$g_i(\boldsymbol{x})$是凹函数，$h_j(\boldsymbol{x})$是线性函数，则如下的极小化问题：

$$\begin{aligned} & \min f(\boldsymbol{x}) \\ s.t. \quad & g_i(\boldsymbol{x})\geqslant 0, \qquad i=1,2,\cdots,m \\ & h_j(\boldsymbol{x})=0, \qquad j=1,2,\cdots,l \end{aligned}$$

可行域为：

$$S=\{\boldsymbol{x}|g_i(\boldsymbol{x})\geqslant 0, \quad i=1,2,\cdots,m; h_j(\boldsymbol{x})=0, \quad j=1,2,\cdots,l\}$$

根据前面的定理，满足$g_i(\boldsymbol{x})\geqslant 0$ 的点集为凸集，而$h_j(\boldsymbol{x})$既是凸函数也是凹函数，因此满足$h_j(\boldsymbol{x})=0$的点集也是凸集。S为$m+l$个凸集的交集，因此也是凸集。

值得注意的是，如果$h_j(\boldsymbol{x})$是非线性的凸函数，则不满足凸规划的定义，而且不满足凸规划问题的性质，因为满足$h_j(\boldsymbol{x})=0$的点集不是凸集，所以不属于凸规划。

2.6.1.9 线性规划

线性规划的标准形式为：

$$\min \sum_{j=1}^{n} c_j x_j$$

$$s.t.\quad \sum_{j=1}^{n} a_{ij}\,x_j = b_j,\quad i = 1,2,\cdots,m$$
$$x_j \leqslant 0,\qquad j = 1,2,\cdots,n$$

用矩阵表示为：

$$\begin{aligned}&\min\ \boldsymbol{cx}\\&s.t.\ \boldsymbol{Ax} = \boldsymbol{b}\\&\boldsymbol{x} \geqslant 0\end{aligned} \tag{2-4}$$

其中$\boldsymbol{A}$是$m \times n$矩阵，$\boldsymbol{c}$是n维行向量，$\boldsymbol{b}$是m维列向量。

用矩阵形式表示机器学习中常见的数学问题，是我们都应该掌握的一项技能，这种表示方式简单清晰。后面的很多证明和定理都是使用矩阵形式表示的，能够省去很多推导时间。当然，对于简单的定理，我们会拆解开，使用每一项来证明，但是对于许多结论仍然使用矩阵形式来表示，显得更加通用和优雅。

我们求解其他线性规划问题时，要先将其转化为标准形式。比如标准形式的变量必须为非负的，如果我们的变量可能为负数，或者有上下界，则可以对变量进行替代和变换。比如，$x_j \leqslant u_j$，可令$x_j' = u_j - x_j$，则$x_j' \geqslant 0$。其他的情形这里不再细说。

假设问题为

$$\begin{aligned}&\min\ \{c_1x_1 + c_2x_2 + \cdots + c_nx_n\}\\ s.t.\quad &a_{11}x_1 + a_{12}x_2 + \cdots + a_{1n}x_n \leqslant b_1\\ &a_{21}x_1 + a_{22}x_2 + \cdots + a_{2n}x_n \leqslant b_2\\ &\cdots\\ &a_{m1}x_1 + a_{m2}x_2 + \cdots + a_{mn}x_n \leqslant b_m\\ &x_1, x_2, \cdots, x_n \geqslant 0\end{aligned}$$

这时，我们引进松弛变量$x_{n+1}, x_{n+2}, \cdots, x_{n+m}$，就可以将其可以转化为如下标准形式：

$$
\begin{aligned}
& \min \{c_1x_1 + c_2x_2 + \cdots + c_nx_n\} \\
s.t. \quad & a_{11}x_1 + a_{12}x_2 + \cdots + a_{1n}x_n + x_{n+1} = b_1 \\
& a_{21}x_1 + a_{22}x_2 + \cdots + a_{2n}x_n + x_{n+2} = b_2 \\
& \cdots \\
& a_{m1}x_1 + a_{m2}x_2 + \cdots + a_{mn}x_n + x_{n+m} = b_m \\
& x_j \geqslant 0, j = 1, 2, \cdots, n+m
\end{aligned}
$$

1. 图解法

简单的线性规划问题，比如二维或者三维空间的线性规划问题可以通过图解法来解决。举一个简单的例子来说明。假设有如下问题：

$$
\begin{aligned}
& \min \{-x_1 - 3x_2\} \\
s.t. \quad & x_1 + x_2 \leqslant 6 \\
& -x_1 + 2x_2 \leqslant 8 \\
& x_1, x_2 \geqslant 0
\end{aligned}
$$

等值线的法向量$\boldsymbol{n} = (-1, -3)^{\mathrm{T}}$，它也是目标函数的梯度，指向目标函数增大的方向。因此，沿着负梯度（$-\boldsymbol{n}$）的方向，目标函数值是减小的。图 2-36 所示为二维平面中线性规划的图解法示例。

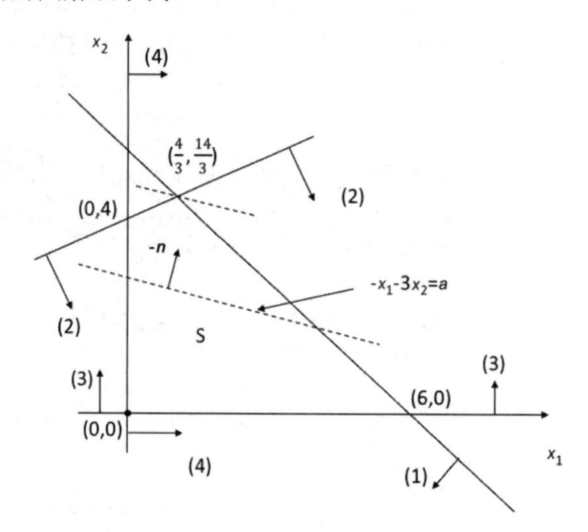

图 2-36　线性规划图解法示例

线性规划的可行域是凸集，如果其存在最优解，则最优解一定能够在某个极点上达到。

线性规划问题（2-4）的可行域非空，则：

（1）线性规划问题（2-4）存在有限最优解的充要条件是所有$\boldsymbol{c}\boldsymbol{d}^{(j)}$为非负数。其中$\boldsymbol{d}^{(j)}$是可行域的极方向。

（2）若线性规划问题（2-4）存在有限最优解，则目标函数的最优值可在某个极点上达到。

2．基本可行解

在线性规划问题（2-4）中，设矩阵$\boldsymbol{A}$的秩为 m。通过线性变换使得$\boldsymbol{A}$的前 m 列满秩，即前 m 列线性无关，$\boldsymbol{A}=[\boldsymbol{B},\boldsymbol{N}]$，因此$\boldsymbol{B}$可逆。为了不失一般性，记

$$\boldsymbol{x}=\begin{bmatrix}\boldsymbol{x}_B\\ \boldsymbol{x}_N\end{bmatrix}$$

其中$\boldsymbol{x}_B$的分量与$\boldsymbol{B}$中的列对应，$\boldsymbol{x}_N$的分量与 $\boldsymbol{N}$ 的列对应。因此，$\boldsymbol{A}\boldsymbol{x}=\boldsymbol{b}$可写为：

$$(\boldsymbol{B},\boldsymbol{N})\begin{bmatrix}\boldsymbol{x}_B\\ \boldsymbol{x}_N\end{bmatrix}=\boldsymbol{b}$$

经变换得：

$$\boldsymbol{x}_B=\boldsymbol{B}^{-1}\boldsymbol{b}-\boldsymbol{B}^{-1}\boldsymbol{N}\boldsymbol{x}_N$$

$\boldsymbol{x}_N$的分量就是线性代数中所谓的自由未知量，它们取不同的值，方程组就会得到不同的解。令$\boldsymbol{x}_N=\boldsymbol{0}$，得到解：

$$\boldsymbol{x}=\begin{bmatrix}\boldsymbol{x}_B\\ \boldsymbol{x}_N\end{bmatrix}=\begin{bmatrix}\boldsymbol{B}^{-1}\boldsymbol{b}\\ \boldsymbol{0}\end{bmatrix}$$

上式称为方程组$\boldsymbol{A}\boldsymbol{x}=\boldsymbol{b}$的一个基本解。$\boldsymbol{B}$称为**基矩阵**，简称为**基**。$\boldsymbol{x}_B$的各分量称为**非基变量**。又若$\boldsymbol{B}^{-1}\boldsymbol{b}\geqslant 0$，则称上式为约束条件$\boldsymbol{A}\boldsymbol{x}=\boldsymbol{b},\boldsymbol{x}\geqslant 0$ 的基本可行解。相应地，称$\boldsymbol{B}$为**可行基矩阵**，$\boldsymbol{x}_{B_1},\boldsymbol{x}_{B_2},\cdots,\boldsymbol{x}_{B_m}$为**一组可行基**。若$\boldsymbol{B}^{-1}\boldsymbol{b}>\boldsymbol{0}$，即基变量的取值均为正数，则称基本可行解是**非退化的**。如果满足$\boldsymbol{B}^{-1}\boldsymbol{b}\geqslant 0$ 且$\boldsymbol{x}$至少有一个分量是 0，则称基本可行解是**退化的基本可行解**。对这些概念是不是觉得很熟悉？是的，这就是线性代数中求基本可行解的一般思路。

我们前面引入了极点和可行解的概念，它们在特定情况下其实是一致的，定理如下：

令$K=\{\boldsymbol{x}|\boldsymbol{A}\boldsymbol{x}=\boldsymbol{b},\ \boldsymbol{x}\geqslant 0\}$，$\boldsymbol{A}$为$m\times n$矩阵，$\boldsymbol{A}$ 的秩为 m，则 K 的极点集与$\boldsymbol{A}\boldsymbol{x}=\boldsymbol{b}$，$\boldsymbol{x}\geqslant 0$ 的基本可行解集等价。

2.6.1.10 单纯形方法

前面介绍了线性规划问题和可行解的概念，对这类问题求解，最著名的莫过于单纯形方法。

前面已经说明，若线性规划（标准形式）有最优解，则必定存在最优基本可行解。因此，求解线性规划问题可以归纳为寻找最优基本可行解的问题。单纯形方法的基本思想就是从一个基本可行解出发，求一个更优的目标函数值的基本可行解；不断地改进基本可行解，力图使其达到最优基本可行解。

$$\begin{aligned} & \min\{f \overset{\text{def}}{=} \boldsymbol{c}\boldsymbol{x}\} \\ s.t.\quad & \boldsymbol{A}\boldsymbol{x}=\boldsymbol{b}, \\ & \boldsymbol{x}\geqslant \boldsymbol{0} \end{aligned}$$

其中$\boldsymbol{A}$为$m\times n$矩阵，秩为m，$\boldsymbol{c}$为n维行向量，$\boldsymbol{x}$为n维列向量，$\boldsymbol{b}\geqslant 0$ 且为m维列向量。

记$\boldsymbol{A}=(\boldsymbol{p}_1,\boldsymbol{p}_2,\cdots,\boldsymbol{p}_n)$，将$\boldsymbol{A}$分解成$(\boldsymbol{B},\boldsymbol{N})$（$\boldsymbol{A}$在分解过程中可能经过行列调换），使其中$\boldsymbol{B}$为基矩阵，$\boldsymbol{N}$是非基矩阵。设$\boldsymbol{x}^{(0)}=\begin{bmatrix}\boldsymbol{B}^{-1}\boldsymbol{b}\\ \boldsymbol{0}\end{bmatrix}$为一个基本可行解，则$\boldsymbol{x}^{(0)}$处的目标函数值为：

$$f_0=\boldsymbol{c}\boldsymbol{x}^{(0)}=(\boldsymbol{c}_B,\boldsymbol{c}_N)\begin{bmatrix}\boldsymbol{B}^{-1}\boldsymbol{b}\\ \boldsymbol{0}\end{bmatrix}=\boldsymbol{c}_B\boldsymbol{B}^{-1}\boldsymbol{b}$$

其中$\boldsymbol{c}_B$是$\boldsymbol{c}$中与基变量对应的分量组成的 m 维行向量。$\boldsymbol{c}_N$是$\boldsymbol{c}$中与非基变量对应的分量组成的$n-m$维行向量。

那么，如何从这个基本可行解$\boldsymbol{x}^{(0)}$出发，求得一个改进的基本可行解呢？设$\boldsymbol{x}=\begin{bmatrix}\boldsymbol{x}_B\\ \boldsymbol{x}_N\end{bmatrix}$是任意的可行解，则由$\boldsymbol{A}\boldsymbol{x}=\boldsymbol{b}$得$\boldsymbol{x}_B=\boldsymbol{B}^{-1}\boldsymbol{b}-\boldsymbol{B}^{-1}\boldsymbol{N}\boldsymbol{x}_N$，点$\boldsymbol{x}$处的目标函数值为：

$$
\begin{aligned}
f &= \boldsymbol{cx} = (\boldsymbol{c}_B, \boldsymbol{c}_N)\begin{bmatrix}\boldsymbol{x}_B\\ \boldsymbol{x}_N\end{bmatrix} \\
&= \boldsymbol{c}_B\boldsymbol{x}_B + \boldsymbol{c}_N\boldsymbol{x}_N \\
&= \boldsymbol{c}_B(\boldsymbol{B}^{-1}\boldsymbol{b} - \boldsymbol{B}^{-1}\boldsymbol{N}\boldsymbol{x}_N) + \boldsymbol{c}_N\boldsymbol{x}_N \\
&= \boldsymbol{c}_B\boldsymbol{B}^{-1}\boldsymbol{b} - (\boldsymbol{c}_B\boldsymbol{B}^{-1}\boldsymbol{N} - \boldsymbol{c}_N)\boldsymbol{x}_N \\
&= f_0 - \sum_{j\in R}(\boldsymbol{c}_B\boldsymbol{B}^{-1}\boldsymbol{p}_j - c_j)x_j \\
&= f_0 - \sum_{j\in R}(z_j - c_j)x_j
\end{aligned}
$$

其中，R 是非基变量的下标集，$z_j = \boldsymbol{c}_B\boldsymbol{B}^{-1}\boldsymbol{p}_j$。因此，选取适当的自由未知量$x_j(j \in R)$就有可能使得$\sum_{j\in R}(z_j - c_j)x_j > 0$，得到使目标函数值减小的新的基本可行解。

为了达到我们的目的，可以使原来$n-m$个为 0 的非基变量中的一个增大（假设为x_k），即取正值。那么如何选择下标k呢？根据目标函数，当$x_j(j \in R)$取值不变时，$z_j - c_j$（为正数）越大，目标函数的值下降得越多。因此，选择x_k，使得：

$$z_k - c_k = \max_{j\in R}\{z_j - c_j\}$$

这里假设$z_k - c_k > 0$，x_k由 0 变成正数后，得到方程组$\boldsymbol{Ax} = \boldsymbol{b}$的解：

$$\boldsymbol{x}_B = \boldsymbol{B}^{-1}\boldsymbol{b} - \boldsymbol{B}^{-1}\boldsymbol{p}_k x_k = \overline{\boldsymbol{b}} - \boldsymbol{y}_k x_k$$

下面以极小化问题为例，给出单纯形算法的计算步骤。

单纯形算法

假设首先给定的初始基本可行解为$\boldsymbol{B}$，依次执行以下步骤：

（1）解$\boldsymbol{Bx}_B = \boldsymbol{b}$，求得$\boldsymbol{x}_B = \boldsymbol{B}^{-1}\boldsymbol{b} = \overline{\boldsymbol{b}}$，令$\boldsymbol{x}_N = \boldsymbol{0}$，计算目标函数值$f = \boldsymbol{c}_B\boldsymbol{x}_B$。

（2）求单纯形乘子$\boldsymbol{w}$，解$\boldsymbol{wB} = \boldsymbol{c}_B$，得到$\boldsymbol{w} = \boldsymbol{c}_B\boldsymbol{B}^{-1}$。对于所有非基变量，计算判别数$z_j - c_j = \boldsymbol{wp}_j - c_j$。令

$$z_k - c_k = \max_{j\in R}\{z_j - c_j\}$$

若$z_k - c_k \leqslant 0$，则对于所有非基变量$z_j - c_j \leqslant 0$，对应基变量的判别数总是零，因此停止计算，现行的基本可行解就是最优解；否则，执行下一个步骤。

（3）解$\boldsymbol{By}_k = \boldsymbol{p}_k$，得到$\boldsymbol{y}_k = \boldsymbol{B}^{-1}\boldsymbol{p}_k$，若$\boldsymbol{y}_k \leqslant 0$，即$\boldsymbol{y}_k$的每个分量均为非正数，

则不存在有限最优解；否则，执行步骤（4）。

（4）确定下标 r，使

$$\frac{\overline{b}_r}{y_{rk}} = \min\{\frac{\overline{b}_i}{y_{ik}} |y_{ik}|\} > 0$$

x_{B_r}为**离基变量**，x_k为**进基变量**。用$\boldsymbol{p}_k$替换$\boldsymbol{p}_{B_r}$，得到新的基矩阵$\boldsymbol{B}$，返回步骤（1）。

对于极大化问题，可给出完全类似的步骤，只是确定进基变量变为：

$$z_k - c_k = \min_{j \in R}\{z_j - c_j\}$$

单纯形是解决线性规划问题的一个简单而有效的方法，后人对它又做了各种改进，比如分解成子规划问题等（这里不再介绍，有兴趣的读者可以在凸优化相关的书籍中找到答案）。

2.6.2 对偶原理

对偶规划源于对策论中的零和对策，从线性规划问题推广到非线性规划问题。本节讲述的对偶问题，是包括组合优化问题在内的优化理论研究的重要工具。

原问题与其对偶问题之间是相辅相成、辩证统一的，它们可以相互转换。之所以使用对偶问题，是因为有些原问题由于其形式不易求解，而利用其对偶问题容易找到原问题的一个下界。一般构造出来的对偶问题，可行域结构更加简单，问题规模更小，更容易求得原问题的最优解。

2.6.2.1 对偶问题

线性规划的对偶问题一般有三种形式。

1．对称形式的对偶

原问题：

$$\begin{aligned} \min\quad & \boldsymbol{cx} \\ s.t.\quad & \boldsymbol{Ax} \geqslant \boldsymbol{b} \\ & \boldsymbol{x} \geqslant \boldsymbol{0} \end{aligned} \tag{2-5}$$

对偶问题：

$$\begin{aligned} \max\quad & \boldsymbol{wb} \\ s.t.\quad & \boldsymbol{wA} \leqslant \boldsymbol{c} \\ & \boldsymbol{w} \geqslant \boldsymbol{0} \end{aligned} \tag{2-6}$$

其中 $\boldsymbol{A} = (\boldsymbol{p}_1, \boldsymbol{p}_2, \cdots, \boldsymbol{p}_n)$ 是 $m \times n$ 矩阵，$\boldsymbol{b} = (b_1, b_2, \cdots, b_m)^{\mathrm{T}}$ 是 m 维列向量，$\boldsymbol{c} = (c_1, c_2, \cdots, c_n)$是 n 维行向量。$\boldsymbol{x} = (x_1, x_2, \cdots, x_n)^{\mathrm{T}}$是由原问题的变量组成的$n$维列向量，$\boldsymbol{w} = (w_1, w_2, \cdots, w_m)$是由对偶问题的变量组成的 m 维行向量。

原问题中约束条件$\boldsymbol{A}_i\boldsymbol{x} \geqslant b_i$的个数，恰好等于对偶变量的个数；原问题中变量的个数，恰好等于对偶问题中约束条件$\boldsymbol{wp}_j \geqslant c_i$的个数。

2. 非对称形式的对偶

原问题：

$$\begin{aligned} & \min \boldsymbol{cx} \\ s.t.\quad & \boldsymbol{Ax} = \boldsymbol{b} \\ & \boldsymbol{x} \geqslant \boldsymbol{0} \end{aligned}$$

的等价问题为（这也是为什么说此种形式是凸多面集的原因）：

$$\begin{aligned} & \min \boldsymbol{cx} \\ s.t.\quad & \boldsymbol{Ax} \geqslant \boldsymbol{b}, \\ & -\boldsymbol{Ax} \geqslant -\boldsymbol{b}, \\ & \boldsymbol{x} \geqslant \boldsymbol{0} \end{aligned}$$

即：

$$\begin{aligned} & \min \boldsymbol{cx} \\ s.t.\quad & \begin{bmatrix} \boldsymbol{A} \\ -\boldsymbol{A} \end{bmatrix} \boldsymbol{x} \geqslant \begin{bmatrix} \boldsymbol{b} \\ -\boldsymbol{b} \end{bmatrix}, \\ & \boldsymbol{x} \geqslant \boldsymbol{0} \end{aligned}$$

按照对称形式对偶问题的定义，该问题的对偶问题为：

$$\begin{aligned} \max\quad & \{\boldsymbol{ub} - \boldsymbol{vb}\} \\ s.t.\quad & \boldsymbol{uA} - \boldsymbol{vA} \leqslant \boldsymbol{c}, \\ & \boldsymbol{u}, \boldsymbol{v} \geqslant \boldsymbol{0} \end{aligned}$$

另外$\boldsymbol{w}=\boldsymbol{u}-\boldsymbol{v}$，显然$\boldsymbol{w}$没有非负数的限制，因此得到：

$$\begin{array}{ll}\max & \boldsymbol{wb} \\ s.t. & \boldsymbol{wA} \leqslant \boldsymbol{c}\end{array}$$

与对称形式的对偶不同，非对称形式的对偶原问题中有 m 个等式约束，而且其对偶问题的 m 个变量无正负数的限制，因此称为**非对称对偶**。

3．一般情形的对偶

在实际情况中，很多线性规划问题会包含各种约束条件。

原问题：

$$\begin{array}{ll} & \min\ \boldsymbol{cx} \\ s.t. & \boldsymbol{A}_1\boldsymbol{x} \geqslant \boldsymbol{b}_1, \\ & \boldsymbol{A}_2\boldsymbol{x} = \boldsymbol{b}_2, \\ & \boldsymbol{A}_3\boldsymbol{x} \leqslant \boldsymbol{b}_3, \\ & \boldsymbol{x} \geqslant \boldsymbol{0}\end{array}$$

等价问题：

$$\begin{array}{ll} & \min\ \boldsymbol{cx} \\ s.t. & \boldsymbol{A}_1\boldsymbol{x} - \boldsymbol{x}_s = \boldsymbol{b}_1, \\ & \boldsymbol{A}_2\boldsymbol{x} = \boldsymbol{b}_2, \\ & \boldsymbol{A}_3\boldsymbol{x} + \boldsymbol{x}_t = \boldsymbol{b}_3, \\ & \boldsymbol{x}, \boldsymbol{x}_s, \boldsymbol{x}_t \geqslant \boldsymbol{0}\end{array}$$

$\boldsymbol{x}_s$是由m_1个松弛变量组成的m_1维列向量，$\boldsymbol{x}_t$是由m_3个松弛变量组成的m_3维列向量，即：

$$\begin{array}{ll}\min & \{\boldsymbol{cx} + 0 \cdot \boldsymbol{x}_s + 0 \cdot \boldsymbol{x}_t\} \\ s.t. & \begin{bmatrix}\boldsymbol{A}_1 & -\boldsymbol{I}_{m_1} & 0 \\ \boldsymbol{A}_2 & 0 & 0 \\ \boldsymbol{A}_3 & 0 & -\boldsymbol{I}_{m_3}\end{bmatrix}\begin{bmatrix}\boldsymbol{x} \\ \boldsymbol{x}_s \\ \boldsymbol{x}_t\end{bmatrix} = \begin{bmatrix}\boldsymbol{b}_1 \\ \boldsymbol{b}_2 \\ \boldsymbol{b}_3\end{bmatrix} \\ & \boldsymbol{x}, \boldsymbol{x}_s, \boldsymbol{x}_t \geqslant \boldsymbol{0}\end{array}$$

按照非对称形式对偶问题的定义，对偶问题为：

$$
\begin{aligned}
\max \quad & \{\boldsymbol{w}_1\boldsymbol{b}_1+\boldsymbol{w}_2\boldsymbol{b}_2+\boldsymbol{w}_3\boldsymbol{b}_3\} \\
s.t. \quad & (\boldsymbol{x},\boldsymbol{x}_s,\boldsymbol{x}_t)\begin{bmatrix}\boldsymbol{A}_1 & -\boldsymbol{I}_{m_1} & 0 \\ \boldsymbol{A}_2 & 0 & 0 \\ \boldsymbol{A}_3 & 0 & -\boldsymbol{I}_{m_3}\end{bmatrix}\leqslant[\boldsymbol{c},0,0]
\end{aligned}
$$

即：

$$
\begin{aligned}
\max \quad & \{\boldsymbol{w}_1\boldsymbol{b}_1+\boldsymbol{w}_2\boldsymbol{b}_2+\boldsymbol{w}_3\boldsymbol{b}_3\} \\
s.t. \quad & \boldsymbol{w}_1\boldsymbol{A}_1+\boldsymbol{w}_2\boldsymbol{A}_2+\boldsymbol{w}_3\boldsymbol{A}_3\leqslant\boldsymbol{c} \\
& \boldsymbol{w}_1\geqslant\boldsymbol{0}, \\
& \boldsymbol{w}_3\leqslant\boldsymbol{0},
\end{aligned}
$$

也就是说，原问题中的约束$\boldsymbol{A}_1\boldsymbol{x}\geqslant\boldsymbol{b}_1$所对应的对偶变量$\boldsymbol{w}_1$有非负数的限制，$\boldsymbol{A}_2\boldsymbol{x}=\boldsymbol{b}_2$所对应的对偶变量$\boldsymbol{w}_2$无正负数的限制，$\boldsymbol{A}_3\boldsymbol{x}\leqslant\boldsymbol{b}_3$所对应的对偶变量$\boldsymbol{w}_3$有非正数的限制。

原问题与对偶问题是相对的，由于原问题的对偶问题也是线性规划问题，因此它们也有对偶问题，而且很容易证明它们的对偶问题就是原问题。通过上述步骤和过程可以看到，三种不同的对偶问题本质相同（我们都转换成了对称对偶的问题），因此可以相互转换。

2.6.2.2　对偶定理

由于几种对偶形式可相互转换，因此，下面针对对称对偶问题的定理同样适用于其他形式的对偶问题。

定理　设$\boldsymbol{x}^{(0)}$和$\boldsymbol{w}^{(0)}$分别是（2-5）和（2-6）的可行解，则$\boldsymbol{c}\boldsymbol{x}^{(0)}\geqslant\boldsymbol{w}^{(0)}\boldsymbol{b}$。

这个定理比较容易证明，这里不再给出证明的过程。该定理表明，对于对偶问题中的两个问题，每个问题的任意一个可行解的目标函数值都给出了另一个问题的目标函数值的界。其中，极小化问题给出极大化问题的目标函数值的上界；极大化问题给出了极小化问题的目标函数值的下界。

下面是一些定理和推论，我们这里以对称对偶问题（2-5）和（2-6）进行说明，它们同样适用于其他形式的对偶问题。

推论 1　若$\boldsymbol{x}^{(0)}$和$\boldsymbol{w}^{(0)}$分别是原问题和对偶问题的可行解，且$\boldsymbol{c}\boldsymbol{x}^{(0)}=\boldsymbol{w}^{(0)}\boldsymbol{b}$，则

$\boldsymbol{x}^{(0)}$和$\boldsymbol{w}^{(0)}$是最优解。

推论 2　原问题与对偶问题有解的充要条件是它们同时有可行解。

推论 3　若原问题的目标函数值在可行域上无下界，则对偶问题无可行解；反之，若对偶问题的目标函数值在可行域上无上界，则原问题无可行解。

定理　设原问题和对偶问题中有一个存在最优解，则另一个也存在最优解，且两个问题的目标函数的最优值相同。

推论　若原问题存在一个对应基$\boldsymbol{B}$的最优基本可行解，则单纯形乘子$\boldsymbol{w} = \boldsymbol{c}\boldsymbol{B}^{-1}$是对偶问题的一个最优解。

互补松弛定理　设$\boldsymbol{x}^{(0)}$和$\boldsymbol{w}^{(0)}$分别是原问题和对偶问题的可行解，那么$\boldsymbol{x}^{(0)}$和$\boldsymbol{w}^{(0)}$都是最优解的充要条件是，对所有 i 和 j，下列关系成立：

（1）若$x_j^{(0)} > 0$，则$\boldsymbol{x}^{(0)}\boldsymbol{p}_j = c_j$。

（2）若$\boldsymbol{x}^{(0)}\boldsymbol{p}_j < c_j$，则$x_j^{(0)} = 0$。

（3）若$w_i^{(0)} > 0$，则$\boldsymbol{A}_i\boldsymbol{x}^{(0)} = b_i$。

（4）若$\boldsymbol{A}_i\boldsymbol{x}^{(0)} > b_i$，则$w_i^{(0)} = 0$。

其中$\boldsymbol{p}_j$是$\boldsymbol{A}$的第j列，$\boldsymbol{A}_i$是$\boldsymbol{A}$的第 i 行。

非对称形式的对偶规划问题由于其约束条件为等式，而对偶变量无正负数的限制，因此松弛定理有相应的变化，在此不再赘述。重要的是，松弛互补定理使得在求规划问题时，通过一个问题的最优解来求另一个问题的最优解成为可能。

1. 对偶单纯形法

考虑非对称形式的线性规划问题：

$$\begin{aligned} & \min \boldsymbol{cx} \\ s.t.\quad & \boldsymbol{Ax} = \boldsymbol{b} \\ & \boldsymbol{x} \geqslant \boldsymbol{0} \end{aligned} \tag{2-7}$$

前面求解此问题时需要引入人工变量，而利用对偶性质，我们不引入人工变量也能求解，这个方法就是对偶单纯形法。为解释此种方法，首先介绍**对偶可行的基**

本解。

定义　设$\boldsymbol{x}^{(0)}$是（2-7）的一个基本解，它对应的矩阵为$\boldsymbol{B}$，记作$\boldsymbol{w}=\boldsymbol{c}_{\boldsymbol{B}}\boldsymbol{B}^{-1}$，若$\boldsymbol{w}$是（2-7）式的对偶问题的可行解，即对任意$j$，$\boldsymbol{w}\boldsymbol{p}_j-c_j\leqslant 0$，则称$\boldsymbol{x}^{(0)}$为原问题的对偶可行的基本解。

显然，对偶可行的基本解不一定是原问题的可行解。当对偶可行的基本解是原问题的可行解时，若判别数均小于或等于零，则其为原问题的最优解。

看过基本可行解的定义形式，相信你已经知道为什么要引入此基本解。**对偶单纯形法**的基本思想是，从原问题的一个对偶可行的基本解出发，求改进的对偶可行的基本解，当得到的对偶可行的基本解是原问题的可行解时，就得到了最优解。

对偶单纯形法

计算步骤如下：

（1）给定一个初始的对偶可行的基本解，设相应的基为$\boldsymbol{B}$。

（2）若$\overline{\boldsymbol{b}}=\boldsymbol{B}^{-1}\boldsymbol{b}\geqslant 0$，则停止计算，现行对偶可行的基本解就是最优解。否则，令$\overline{b_r}=\min_i\overline{b_i}<0$。

（3）若对于所有j，$y_{rj}\geqslant 0$，则停止计算，原问题无可行解。否则，令$\frac{z_k-c_k}{y_{rk}}=\min_j\frac{z_j-c_j}{y_{rj}}|y_{rj}|<0$。

（4）以y_{rk}为主元进行主元消去，返回步骤（2）。

2. 原始-对偶算法

原始-对偶算法不同于原始的单纯形法，也不同于对偶算法，它是从对偶问题的一个可行解开始，同时计算原问题和对偶问题，试图求出原问题的满足互不松弛条件的可行解，也就是最优解。

仍旧以非对称条件下的线性规划问题为例，原问题为：

$$\begin{aligned} &\min \boldsymbol{cx} \\ s.t.\ &\boldsymbol{Ax}=\boldsymbol{b}, \\ &\boldsymbol{x}\geqslant\boldsymbol{0} \end{aligned} \tag{2-8}$$

对偶问题：

$$\begin{aligned} & \max \boldsymbol{wb} \\ s.t.\quad & \boldsymbol{wA} \leqslant \boldsymbol{c} \end{aligned} \tag{2-9}$$

$\boldsymbol{A} = (\boldsymbol{p}_1, \boldsymbol{p}_2, \cdots, \boldsymbol{p}_n)$是$m \times n$的矩阵。

原始-对偶问题求解

计算步骤如下：

（1）给定对偶问题（2-9）的一个可行解$\boldsymbol{w}$，使得对于所有j，$\boldsymbol{wp}_j - c_j \leqslant 0$ 成立。

（2）构造限定原始问题，令$Q = \{j | \boldsymbol{wp}_j - c_j = 0\}$，求解问题：

$$\begin{aligned} & \min \boldsymbol{e}^{\mathrm{T}} \boldsymbol{y} \\ s.t.\quad & \sum_{j \in Q} \boldsymbol{p}_j x_j + \boldsymbol{y} = \boldsymbol{b}, \\ & x_j \geqslant 0, j \in Q \\ & \boldsymbol{y} \geqslant \boldsymbol{0} \end{aligned}$$

若待解决最优值$Z_0 = 0$，则停止迭代，得到原问题最优解。否则，执行步骤（3）。

（3）设上述问题达到最优解时，单纯形乘子是v，若对所有 j 都有 $\boldsymbol{vp}_j \leqslant 0$，则停止计算，原问题无可行解。否则，执行步骤（4）。

（4）令$\theta = \min\{\frac{-(\boldsymbol{wp}_j - c_j)}{\boldsymbol{vp}_j} | \boldsymbol{vp}_j|\} > 0$，$\boldsymbol{w} := \boldsymbol{w} + \theta \boldsymbol{v}$，返回步骤（3）。

2.6.2.3 非线性规划中的对偶理论

对于约束非线性规划问题，我们也可以将原问题转换成对偶问题，即拉格朗日（Lagrange）对偶。

原问题（非线性规划问题）：

$$\begin{aligned} & \min f(\boldsymbol{x}) \\ s.t.\quad & g_i(\boldsymbol{x}) \geqslant 0, i = 1, 2, \cdots, m \\ & h_j(\boldsymbol{x}) = 0, j = 1, 2, \cdots, l \\ & \boldsymbol{x} \in D \end{aligned}$$

这里的约束条件分两种，一种是等式和不等式约束，另一种是集合约束的形式

（例如$x \in D$）。如果只有前一种约束，则认为$D = \mathbb{R}^n$。

对偶问题：

$$\begin{aligned} & \max \theta(\boldsymbol{w}, \boldsymbol{v}) \\ s.t. \quad & \boldsymbol{w} \geqslant \mathbf{0} \end{aligned}$$

其中目标函数的定义如下：

$$\theta(\boldsymbol{w}, \boldsymbol{v}) = \inf\left\{f(\boldsymbol{x}) - \sum_{i=1}^{m} w_i\, g_i(\boldsymbol{x}) - \sum_{j=1}^{l} v_j\, h_j(\boldsymbol{x}) | \boldsymbol{x} \in D\right\}$$

当上式不存在有限下界时，假设 $\theta(\boldsymbol{w}, \boldsymbol{v}) = -\infty$，则$\theta(\boldsymbol{w}, \boldsymbol{v})$称为**拉格朗日对偶函数**。建立对偶问题时，要注意集合D的选择，它将影响计算和修正对偶函数θ时的工作量。

2.6.2.4　一般线性规划问题的算法

为了更好地利用计算机的性能，数学家们提出了很多关于线性规划问题的算法。最早是 1979 年数学家 П.Г.Хациян 提出的椭球算法，这是一个多项式时间的解法，时间复杂度为$O(n^6L^2)$，n 为输入的维数，L 是输入的长度。后来出现了更有效的多项式时间的解法，比如 Karmarkar 算法，时间复杂度为$O(n^{3.5}L^2)$，还有一些其他的算法，比如内点法、路径跟踪法等。这里主要介绍路径跟踪法。

1. KKT（Karush-Kuhn-Tucker）条件

考虑线性规划问题：

$$\begin{aligned} & \min \boldsymbol{c}^{\mathrm{T}} \boldsymbol{x} \\ s.t. \quad & \boldsymbol{A}\boldsymbol{x} = \boldsymbol{b} \\ & \boldsymbol{x} \geqslant \mathbf{0} \end{aligned}$$

对偶问题：

$$\begin{aligned} & \max \boldsymbol{b}^{\mathrm{T}} \boldsymbol{y} \\ s.t. \quad & \boldsymbol{A}^{\mathrm{T}} \boldsymbol{y} + \boldsymbol{w} = \boldsymbol{c} \\ & \boldsymbol{w} \geqslant \mathbf{0} \end{aligned}$$

其中$\boldsymbol{c}$和$\boldsymbol{x}$是n维列向量，$\boldsymbol{b}$和$\boldsymbol{y}$是m维列向量，$\boldsymbol{A}$是$m \times n$矩阵，秩为m。可行域分别记

作：

$$S_p = \{x|Ax = b, x \geqslant 0\},\ \ S_D = \left\{\begin{pmatrix} y \\ w \end{pmatrix} | A^{\mathrm{T}} y + w = c, w \geqslant 0\right\}$$

可行域内部分别记作：

$$S_p = \{x|Ax = b, x > 0\},\ \ S_D = \left\{\begin{pmatrix} y \\ w \end{pmatrix} | A^{\mathrm{T}} y + w = c, w > 0)\right\}$$

根据线性规划互补松弛的性质，x, y, w为最优解的充要条件是：

$$\begin{cases} Ax = b, x \geqslant 0 \\ A^{\mathrm{T}} y + w = c, w \geqslant 0 \\ XWe = 0 \end{cases}$$

其中$X = \mathrm{diag}(x_1, x_2, \cdots, x_n)$，$x_j$是$x$的第$j$个分量，$W = \mathrm{diag}(w_1, w_2, \cdots, w_n)$，$w_i$是$w$的第$i$个分量。这组条件称为 Karush-Kuhn-Tucker 条件。现将条件$XWe = 0$换作$XWe = \mu e$，e是分量全为 1 的n维列向量，实参数$\mu > 0$，得到松弛 KKT 条件：

$$\begin{gathered} Ax = b, x \geqslant 0 \\ A^{\mathrm{T}} y + w = c, w \geqslant 0 \\ XWe = \mu e \end{gathered}$$

定理 假设原问题的可行域有界且内部s_p^+非空，则对于每个正数μ，松弛 KKT 条件存在唯一解。（这里不进行证明。）

2．原始-对偶中心路径

定义原始-对偶可行集：

$$S = \{(x, y, w)|Ax = b,\ A^{\mathrm{T}} y + w = c,\ (x, w) \geqslant 0\}$$

可行集内部：

$$S^+ = \{(x, y, w)|Ax = b,\ A^{\mathrm{T}} y + w = c, (x, w) > 0\}$$

由上述定理知，若S^+非空，则对于每个$\mu > 0$，KKT 条件存在唯一解$(x(\mu), y(\mu), w(\mu))$。一般把点集$\{x(\mu), y(\mu), w(\mu)|\mu > 0\}$称为原始-对偶中心路径。

定理 在中心路径上，当μ减小时，原问题的目标值单调减小且趋于最优值，对偶问题的目标值单调增加且趋于最优值，对于每个中心路径参数μ，对偶间隙为

$c^{\mathrm{T}}\boldsymbol{x}(\mu) - \boldsymbol{b}^{\mathrm{T}}\boldsymbol{y}(\mu) = n\mu$。

这个定理说明在中心路径上，当μ趋于 0 时，对偶间隙趋于 0。

原始-对偶中心路径算法

计算步骤如下：

（1）给定初始点$(\boldsymbol{x}^{(1)}, \boldsymbol{y}^{(1)}, \boldsymbol{w}^{(1)})$，其中$\boldsymbol{x}^{(1)} > \boldsymbol{0}, \boldsymbol{w}^{(1)} > \boldsymbol{0}$，取小于且接近 1 的数$\rho$，要求$\varepsilon > 0$，正数$M < \infty$，置$k := 1$。

（2）计算$\boldsymbol{\rho} = \boldsymbol{b} - \boldsymbol{A}\boldsymbol{x}^{(k)}$，$\boldsymbol{\sigma} = \boldsymbol{c} - \boldsymbol{A}^{\mathrm{T}}y^{(k)} - \boldsymbol{w}^{(k)}$，$\gamma = \boldsymbol{x}^{(k)\mathrm{T}}\boldsymbol{w}^{(k)}$，$\mu = \delta\frac{\gamma}{n}$，其中$\delta$是小于 1 的正数，通常取$\delta = \frac{1}{10}$。

（3）若$||\boldsymbol{\rho}||_1 < \varepsilon$，$||\boldsymbol{\sigma}||_1 < \varepsilon$，$\gamma < \varepsilon$同时成立，则停止计算，得到最优解$(\boldsymbol{x}^{(k)}, \boldsymbol{y}^{(k)}, \boldsymbol{w}^{(k)})$，若$||\boldsymbol{x}^{(k)}||_\infty > M$或$||\boldsymbol{y}^{(k)}||_\infty > M$，则停止计算，原问题或对偶问题无界，否则进行下一步。

（4）解方程$\begin{bmatrix} \boldsymbol{A} & \boldsymbol{0} & \boldsymbol{0} \\ \boldsymbol{0} & \boldsymbol{A}^{\mathrm{T}} & \boldsymbol{I} \\ \boldsymbol{W} & \boldsymbol{0} & \boldsymbol{X} \end{bmatrix}\begin{bmatrix} \Delta\boldsymbol{x}^{(k)} \\ \Delta\boldsymbol{y}^{(k)} \\ \Delta\boldsymbol{w}^{(k)} \end{bmatrix} = \begin{bmatrix} \boldsymbol{\rho} \\ \boldsymbol{\sigma} \\ \mu\boldsymbol{e} - \boldsymbol{X}\boldsymbol{W}\boldsymbol{e} \end{bmatrix}$，其中$\boldsymbol{X} = \mathrm{diag}(x_1^{(k)}, x_2^{(k)}, \ldots, x_n^{(k)})$，$\boldsymbol{W} = \mathrm{diag}(w_1^{(k)}, w_2^{(k)}, \ldots, w_n^{(k)})$，得解$(\Delta\boldsymbol{x}^{(k)}, \Delta\boldsymbol{y}^{(k)}, \Delta\boldsymbol{w}^{(k)})$。

（5）令$\boldsymbol{x}^{(k+1)} = \boldsymbol{x}^{(k)} + \lambda\Delta\boldsymbol{x}^{(k)}$，$\boldsymbol{y}^{(k+1)} = \boldsymbol{y}^{(k)} + \lambda\Delta\boldsymbol{y}^{(k)}$，$\boldsymbol{w}^{(k+1)} = \boldsymbol{w}^{(k)} + \lambda\Delta\boldsymbol{w}^{(k)}$，置 k:=k+1，转到步骤（2）。

2.6.3 非线性规划问题的解决方法

从这一节开始，我们介绍非线性规划问题的解决方法。我们并不会列出非线性规划问题所包含的性质以及证明过程，而是列出一些常用的非线性规划问题的解决方法。对于非线性规划问题中无约束极值问题的最优性条件的一些性质、算法的映射和收敛定理，限于篇幅和本书的目的，这里不做详细的解释，有兴趣的读者可以自行学习。

2.6.3.1 算法收敛性

评价算法优劣的标准之一，就是**收敛速率**。当然，收敛程度也是机器学习重要的评价指标。

设序列$\gamma^{(k)}$收敛于γ^*，定义满足

$$0 \leqslant \overline{\lim_{k\to\infty}} \frac{||\gamma^{(k+1)} - \gamma^*||}{||\gamma^{(k)} - \gamma^*||^p} = \beta < \infty$$

的非负数p的上确界为序列$\gamma^{(k)}$的**收敛级**。

若序列的收敛级为p，就称序列是 p **级数收敛**。

若在定义式中，$p = 1$ 且$\beta < 1$，则称序列是**以收敛比β线性收敛的**。

若在定义式中，$p > 1$，或$p = 1$ 且$\beta = 1$，则称**序列是超线性收敛的**。

2.6.3.2 一维搜索

许多迭代下降算法有一个共同点，就是得到$\boldsymbol{x}^{(k)}$后，按照某种规则确定一个方向$\boldsymbol{d}^{(k)}$，在此方向所在的直线或射线上寻求目标函数的极小点，而得到后继点$\boldsymbol{x}^{(\boldsymbol{k}+1)}$，重复以上步骤，直到求得问题的最优解。这里所谓的求目标函数在直线上的极小点的过程，就称为**一维搜索**，或**线搜索**。

一维搜索可归结为单变量函数的极小化问题。设目标函数为$f(\boldsymbol{x})$，经过点$\boldsymbol{x}^{(k)}$沿方向$\boldsymbol{d}^{(k)}$的直线可用点集来表示，记作：

$$L = \{\boldsymbol{x}|\boldsymbol{x} = \boldsymbol{x}^{(k)} + \lambda \boldsymbol{d}^{(k)}, -\infty < \lambda < \infty\}$$

求$f(\boldsymbol{x})$在直线 L 上的极小点就转化为求一元函数 $\varphi(\lambda) = f(\boldsymbol{x}^{(k)} + \lambda \boldsymbol{d}^{(k)})$ 的极小点。

如果$\varphi(\lambda)$的极小点为λ_k，通常称λ_k为沿方向$\boldsymbol{d}^{(k)}$的**步长因子**，简称**步长**，那么函数$\varphi(\lambda)$在直线 L 上的极小点就是$\boldsymbol{x}^{(k+1)} = \boldsymbol{x}^{(k)} + \lambda_k \boldsymbol{d}^{(k)}$。

一维搜索大体上有两类方法：

（1）试探法。通过某种方式找到试探点，然后用一系列试探点来确定极小点。

（2）函数逼近法（插值法）。通过某种简单的函数曲线逼近原函数曲线，求逼近函数的极小点，以此估计目标函数的极小点。

这两类方法一般只能求得极小点的近似值。在一维搜索中，直线 L 上可能会存在多个极小点，此时可以采用不同的策略选择一个极小点或一个最小点，只要该点

的函数值不超过点$\boldsymbol{x}^{(k)}$的目标函数值即可。

黄金分割法（0.618法）和Fabonacci法比较适合解决单峰问题。

单峰问题 设f是定义在闭区间$[a,b]$上的一元实函数，$\overline{x}$是f在$[a,b]$上的极小点，并且

（1）对任意的$x^{(1)}, x^{(2)} \in [a,b], x^{(1)} < x^{(2)}$

（2）当$x^{(2)} \leqslant \overline{x}$时，$f(x^{(1)}) > f(x^{(2)})$；当$\overline{x} \leqslant x^{(1)}$时，$f(x^{(2)}) > f(x^{(1)})$

则称f是在闭区间$[a,b]$上的单峰函数。

由于在现实中单峰问题比较少，我们就不做过多的介绍。这里重点介绍大家在大学阶段都学过的函数逼近法。

2.6.3.3 函数逼近法

顾名思义，“函数逼近”就是使用一个近似函数来逼近原函数，近似函数有上下确界或极限等良好的性质，容易计算原函数极点的估计值。在大学本科阶段，我们学过的方法有：使用泰勒展开的牛顿法，利用切、割线原理的割线法，以及插值法（比如二次插值的抛物线法、三次差值法和有理数插值法）。这些方法其实可以随意使用，一般认为两点的三次插值会比二次插值的收敛级更大，收敛速度更快，但是用编程实现有理数稍显复杂。当然，还有许多其他形式的插值法，比如三次样条插值、球面插值、分段线性插值等，这里不做介绍。我们掌握其中的原理以后，也能构造自己的插值方法。

1. 牛顿法

基本思想 在极小点附近用二阶泰勒多项式近似目标函数$f(x)$，进而求出极小点的估计值。

问题：$\min f(x), x \in \mathbb{R}^1$

令 $\varphi(x) = f(x^{(k)}) + f'(x^{(k)})(x - x^{(k)}) + \frac{1}{2} f''(x^{(k)})(x - x^{(k)})^2$，又令 $\varphi'(x) = f'(x^{(k)}) + f''(x^{(k)})(x - x^{(k)}) = 0$，得到$\varphi(x)$的驻点，记作$x^{(k+1)}$，则

$$x^{(k+1)} = x^{(k)} - \frac{f'(x^{(k)})}{f''(x^{(k)})}$$

解释 在点$x^{(k)}$附近，$f(x) \approx \varphi(x)$，因此可用函数$\varphi(x)$的极小点作为目标函数$f(x)$的极小点的估计。如果$x^{(k)}$是$f(x)$的极小点的一个估计，那么利用驻点公式可以得到极小点的进一步估计。这样，利用迭代公式就可以得到一个序列$x^{(k)}$。

可以证明，在一定条件下（比如，原函数连续三阶可导，且极点处的一阶导数为 0，二阶导数不为 0，初始点接近极点。还有其他各种条件和情况，请参考相关教材），这个序列收敛于问题的最优解，并且是二级收敛。

2. 割线法

基本思想 用割线逼近目标函数的导函数的曲线。图 2-37 所示为在二维平面中使用割线法逼近目标函数的导数。

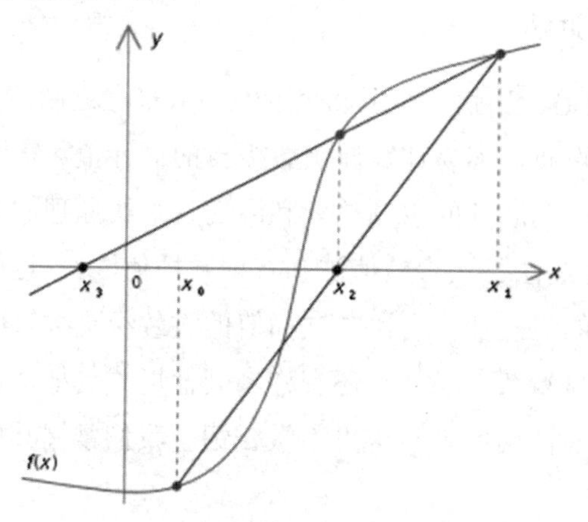

图 2-37 二维平面的割线法示例

$y = f'(x)$把割线的零点作为目标函数的驻点的估计。

设在点$x^{(k)}$和$x^{(k-1)}$处的导数分别为$f'(x^{(k)})$和$f'(x^{(k-1)})$。令

$$\varphi(x) = f'(x^{(k)}) + \frac{f'(x^{(k)}) - f'(x^{(k-1)})}{x^{(k)} - x^{(k-1)}}(x - x^{(k)}) = 0$$

解得

$$x^{(k+1)}=x^{(k)}-\frac{x^{(k)}-x^{(k-1)}}{f'(x^{(k)})-f'(x^{(k-1)})}f'(x^{(k)})$$

用此式进行迭代，得到序列$x^{(k)}$。可以证明，在一定条件下，这个序列收敛于真实解。

3．抛物线法

基本思想　在极小点附近，用二次三项式$\varphi(x)$逼近目标函数$f(x)$，令$\varphi(x)$与$f(x)$在三点$x^{(1)}<x^{(2)}<x^{(3)}$处有相同的函数值，并假设 $f(x^{(1)})>f(x^{(2)}),f(x^{(2)})<f(x^{(3)})$ 。

令 $\varphi(x)=a+bx+cx^2$ ，又令

$$\varphi(x^{(1)})=a+bx^{(1)}+c{x^{(1)}}^2=f(x^{(1)})\varphi(x^{(2)})=a+bx^{(2)}+c{x^{(2)}}^2=f(x^{(2)})\varphi(x^{(3)})=a+bx^{(3)}+c{x^{(3)}}^2=f(x^{(3)})$$

解方程组，求二次逼近函数$\varphi(x)$的系数b和c。为了方便求解，记

$$B_1=\left({x^{(2)}}^2-{x^{(3)}}^2\right)f\left(x^{(1)}\right)$$

$$B_2=({x^{(3)}}^2-{x^{(1)}}^2)f(x^{(2)})$$

$$B_3=\left({x^{(1)}}^2-{x^{(2)}}^2\right)f\left(x^{(3)}\right)$$

$$C_1=({x^{(2)}}^2-{x^{(3)}}^2)f(x^{(1)})$$

$$C_2=\left(x^{(3)}-x^{(1)}\right)f\left(x^{(2)}\right)$$

$$C_3=(x^{(1)}-x^{(2)})f(x^{(3)})$$

$$D=(x^{(1)}-x^{(2)})(x^{(2)}-x^{(3)})(x^{(3)}-x^{(1)})$$

得到：

$$b=\frac{B_1+B_2+B_3}{D}$$

$$c=\frac{C_1+C_2+C_3}{D}$$

为了求$\varphi(x)$的极小点，令$\varphi'(x)=b+2cx=0$，解得$x=-\frac{b}{2c}$。把$\varphi(x)$的驻点x记作$\overline{x}^{(k)}$，则

$$\overline{x}^{(k)} = \frac{B_1 + B_2 + B_3}{2(C_1 + C_2 + C_3)}$$

上面的式子就是迭代式，$\overline{x}^{(k)}$作为$f(x)$的一个极小点估计，再从$x^{(1)}, x^{(2)}, x^{(3)}, \overline{x}^{(k)}$中选择目标函数的最小点及其左右两点，给予相应的上标，带入上式，求出极小点的新的估计值$\overline{x}^{(k+1)}$，最终得到点列$\{\overline{x}^{(k)}\}$。在一定条件下，这个点列收敛于问题的解。在实际使用中，可以为目标函数的下降量或点的位移量设置阈值，来控制迭代次数。

2.6.4 无约束问题的最优化方法

无约束问题的求解算法一般分为两类，一种是使用导数的最优化方法，另一种不必计算导数，称为**直接方法**。这里我们主要介绍使用导数的最优化方法。

一般来讲，无约束问题的求解是通过一系列一维搜索来完成的，因此，如何选择搜索方向是求解无约束问题的核心，不同的搜索方向就形成了不同的最优化方法。

2.6.4.1 最快速下降法

最快速下降法（Steepest Descent）在机器学习中又称梯度法，是一个求解无约束问题函数最小化的一阶迭代优化算法。为了使用梯度下降找到函数的局部最小值，需要不断地计算函数在当前点的负梯度值。相反，如果要计算局部最大值，就不断地使参数成比例累加当前点的正梯度值，这也就是梯度上升（gradient ascent）。

考虑原始无约束问题：

$$\min f(x), x \in \mathbb{R}^n$$

其中，函数$f(x)$具有一阶连续偏导数。最快速下降法的核心为选择**最快速的下降方向**。

如果使用欧氏向量度量，最快速的下降方向为**负梯度的方向**，即：

$$\overline{\boldsymbol{d}} = -\frac{\nabla f(x)}{||\nabla f(x)||}$$

如果使用其他度量方式，比如，$\boldsymbol{A}$为正定矩阵，在向量$\boldsymbol{d}$的$\boldsymbol{A}$范数$||\boldsymbol{d}||_A =$

$(\boldsymbol{d}^{\mathrm{T}}\boldsymbol{A}\boldsymbol{d})^{\frac{1}{2}}\leqslant 1$的限制下，极小化$\nabla f(\boldsymbol{x})^{\mathrm{T}}\boldsymbol{d}$，最终得到最快速的下降方向为：

$$\boldsymbol{d}=\frac{-\boldsymbol{A}^{-1}\nabla f(\boldsymbol{x})}{(\nabla f(\boldsymbol{x})^{\mathrm{T}}\boldsymbol{A}^{-1}\nabla f(\boldsymbol{x}))^{\frac{1}{2}}}$$

由于在$\boldsymbol{A}$度量下的最快速下降方向没有多少实际的应用，因此如无特别说明，本书后文所谓的最快速下降法均指在欧氏度量意义下的最快速下降法。

最快速下降法的迭代公式如下：

$$\boldsymbol{x}^{(k+1)}=\boldsymbol{x}^{(k)}+\lambda_k\boldsymbol{d}^{(k)}$$

其中，$\boldsymbol{d}^{(k)}=-\nabla f\left(\boldsymbol{x}^{(k)}\right)$，$\lambda_k$是从$\boldsymbol{x}^{(k)}$出发沿方向$\boldsymbol{d}^{(k)}$进行一维搜索的步长，即满足：

$$f(\boldsymbol{x}^{(k)}+\lambda_k\boldsymbol{d}^{(k)})=\min_{\lambda\geqslant 0}f(\boldsymbol{x}^{(k)}+\lambda\boldsymbol{d}^{(k)})$$

最快速下降算法

计算步骤如下：

（1）给定初始点$\boldsymbol{x}^{(1)}\in\mathbb{R}^n$，允许误差$\epsilon>0$，置$k=1$。

（2）计算搜索方向$\boldsymbol{d}^{(k)}=-\nabla f(\boldsymbol{x}^{(k)})$。

（3）若$||\boldsymbol{d}^{(k)}||\leqslant\epsilon$，则停止计算；否则，从$\boldsymbol{x}^{(k)}$出发，沿$\boldsymbol{d}^{(k)}$进行一维搜索，求$\lambda_k$，使

$$f(\boldsymbol{x}^{(k)}+\lambda_k\boldsymbol{d}^{(k)})=\min_{\lambda\geqslant 0}f(\boldsymbol{x}^{(k)}+\lambda\boldsymbol{d}^{(k)})$$

（4）令$\boldsymbol{x}^{(k+1)}=\boldsymbol{x}^{(k)}+\lambda_k\boldsymbol{d}^{(k)}$，置$k:=k+1$，执行步骤（2）。

最快速下降法在一定条件下是收敛的。比如$f(x)$为连续可微的实函数，解集合$\Omega=\{\overline{\boldsymbol{x}}|\nabla f(\overline{\boldsymbol{x}})=0\}$，序列$\{\boldsymbol{x}^{(k)}\}$包含于某个紧集，则序列$\{\boldsymbol{x}^{(k)}\}$的每个聚点$\hat{\boldsymbol{x}}\in\Omega$。

最快速下降法存在**锯齿现象**，尤其当海森矩阵$\nabla^2 f(\overline{\boldsymbol{x}})$的条件数较大时，锯齿现象尤为严重，在此不多做解释。图 2-38 所示为在最快速下降过程中遇到的锯齿现象。

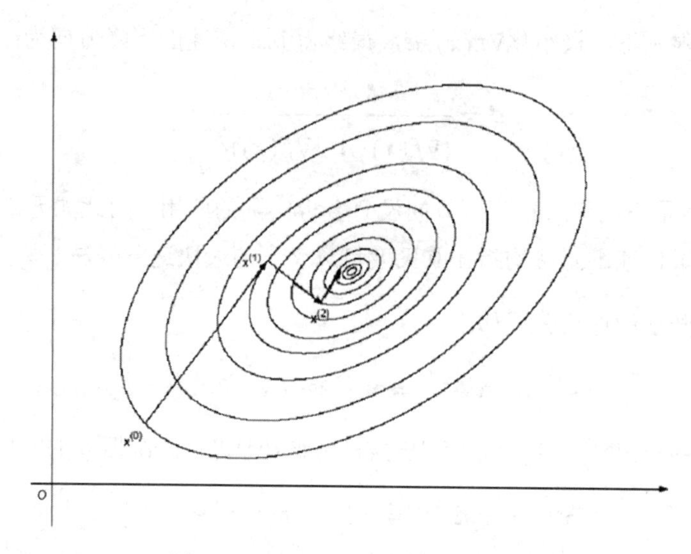

图 2-38 最快速下降法中的锯齿现象

2.6.4.2 牛顿法

前面我们介绍了牛顿法，这里将它推广开，给出求解一般无约束问题的牛顿法。

设$f(\boldsymbol{x})$是二次可微实函数，$\boldsymbol{x} \in \mathbb{R}^n$。又设$\boldsymbol{x}^{(k)}$是$f(\boldsymbol{x})$的极小点的一个估计值，将$f(\boldsymbol{x})$在$\boldsymbol{x}^{(k)}$处进行泰勒级数展开，取二阶近似，得

$$f(\boldsymbol{x}) \approx \phi(\boldsymbol{x}) = f(\boldsymbol{x}^{(k)}) + \nabla f(\boldsymbol{x}^{(k)})^{\mathrm{T}}(\boldsymbol{x} - \boldsymbol{x}^{(k)}) + \frac{1}{2}(\boldsymbol{x} - \boldsymbol{x}^{(k)})^{\mathrm{T}}\nabla^2 f(\boldsymbol{x}^{(k)})(\boldsymbol{x} - \boldsymbol{x}^{(k)})$$

其中$\nabla^2 f(\boldsymbol{x}^{(k)})$是$f(\boldsymbol{x})$在$\boldsymbol{x}^{(k)}$处的海森矩阵。为了求$\phi(\boldsymbol{x})$的平稳点，令$\nabla\phi(\boldsymbol{x}) = 0$，即：

$$\nabla f(\boldsymbol{x}^{(k)}) + \nabla^2 f(\boldsymbol{x}^{(k)})(\boldsymbol{x} - \boldsymbol{x}^{(k)}) = 0$$

设$\nabla^2 f(\mathbf{x}^{(k)})$可逆，由上式可得牛顿法的迭代公式为：

$$\boldsymbol{x}^{(k+1)} = \boldsymbol{x}^{(k)} - \nabla^2 f(\boldsymbol{x}^{(k)})^{-1}\nabla f(\boldsymbol{x}^{(k)})$$

其中$\nabla^2 f(\boldsymbol{x}^{(k)})^{-1}$是海森矩阵$\nabla^2 f(\boldsymbol{x}^{(k)})$的逆矩阵。同样，在适当的条件下，产生的序列$\{\boldsymbol{x}^{(k)}\}$收敛。

例 设$f(\boldsymbol{x})$二阶连续可微，$\boldsymbol{x} \in \mathbb{R}^n$，$\overline{\boldsymbol{x}}$满足$\nabla f(\overline{\boldsymbol{x}}) = 0$，且$\nabla^2 f((\overline{\boldsymbol{x}})^{-1}$存在。又设初始点$\boldsymbol{x}^{(1)}$充分接近$\overline{\boldsymbol{x}}$，使得存在$k_1, k_2 > 0$，满足$k_1 k_2 < 1$且对每一个 $\boldsymbol{x} \in X = \{\boldsymbol{x} \mid$

$||\boldsymbol{x}-\overline{\boldsymbol{x}}|| \leqslant ||\boldsymbol{x}^{(1)}-\overline{\boldsymbol{x}}||\}$有

$$||\nabla^2 f(\boldsymbol{x})|| \leqslant k_1$$

$$\frac{\nabla f(\overline{\boldsymbol{x}})-\nabla f(\boldsymbol{x})-\nabla^2 f(\boldsymbol{x})(\overline{\boldsymbol{x}}-\boldsymbol{x})}{\overline{\boldsymbol{x}}-\boldsymbol{x}} \leqslant k_2$$

则牛顿法产生的序列收敛于$\overline{\boldsymbol{x}}$。

2.6.4.3　阻尼牛顿法

阻尼牛顿法与原始牛顿法的区别在于增加了沿牛顿方向的一维搜索，迭代公式为：

$$\boldsymbol{x}^{(k+1)}=\boldsymbol{x}^{(k)}+\lambda_k \boldsymbol{d}^{(k)}$$

其中，$\boldsymbol{d}^{(k)}=-\nabla^2 f(\boldsymbol{x}^{(k)})^{-1}\nabla f(\boldsymbol{x}^{(k)})$为牛顿方向，$\lambda_k$是由一维搜索得到的步长，即满足

$$f(\boldsymbol{x}^{(k)}+\lambda_k \boldsymbol{d}^{(k)})=\min_\lambda f(\boldsymbol{x}^{(k)}+\lambda \boldsymbol{d}^{(k)})$$

阻尼牛顿算法

计算步骤如下：

（1）给定初始点$\boldsymbol{x}^{(1)}$，允许误差$\varepsilon>0$，置$k=1$。

（2）计算$\nabla f\left(\boldsymbol{x}^{(k)}\right)$，$\nabla^2 f(\boldsymbol{x}^{(k)})^{-1}$。

（3）若$||\nabla f(\mathbf{x}^{(k)})|| \leqslant \varepsilon$，则停止迭代；否则，令$\boldsymbol{d}^{(k)}=-\nabla^2 f(\boldsymbol{x}^{(k)})^{-1}\nabla f(\boldsymbol{x}^{(k)})$。

（4）从$\boldsymbol{x}^{(k)}$出发，沿方向$\boldsymbol{d}^{(k)}$做一维搜索：

$$\min_\lambda f(\boldsymbol{x}^{(k)}+\lambda \boldsymbol{x}^{(k)})=f(\boldsymbol{x}^{(k)}+\lambda_k \boldsymbol{x}^{(k)})$$

令$\boldsymbol{x}^{(k+1)}=\boldsymbol{x}^{(k)}+\lambda_k \boldsymbol{x}^{(k)}$。

（5）置 $k:=k+1$，转入步骤（2）。

由于阻尼牛顿法含有一维搜索，因此每次迭代时目标函数的值一定不会增加。可以证明，阻尼牛顿法在适当条件下具有全局收敛性，且为二级收敛。

2.6.4.4 共轭梯度法

共轭梯度法（conjugate gradient method）是求解系数矩阵为对称正定矩阵的线性方程组数值解的方法，下面对它做简单的介绍。

1．共轭方向

设$\boldsymbol{A}$是$n \times n$对称正定矩阵，若$\mathbb{R}^n$中的两个方向$\boldsymbol{d}^{(1)}$和$\boldsymbol{d}^{(2)}$满足 ${\boldsymbol{d}^{(1)}}^{\mathrm{T}}\boldsymbol{A}\boldsymbol{d}^{(2)} = 0$，则称这两个方向**关于$\boldsymbol{A}$共轭**，或称它们**关于$\boldsymbol{A}$正交**。

同样，若$\boldsymbol{d}^{(1)}, \boldsymbol{d}^{(2)}, \cdots, \boldsymbol{d}^{(k)}$是$\mathbb{R}^n$中的 k 个方向，它们两两关于$\boldsymbol{A}$共轭，即满足${\mathbf{d}^{(i)}}^{\mathrm{T}}\mathbf{A}\mathbf{d}^{(j)} = 0$，$i \neq j(i, j = 1, 2, \cdots, k)$，则称这组方向是**$\mathbf{A}$共轭的**，或称它们为**$\mathbf{A}$的$k$个共轭方向**。

根据上述定义可以发现，假设$\boldsymbol{A}$为单位矩阵，则两个方向关于$\boldsymbol{A}$共轭等价于两个方向正交。因此，共轭是正交概念的推广。实际上，如果$\boldsymbol{A}$是一般的对称正定矩阵，$\boldsymbol{d}^{(i)}$和$\boldsymbol{d}^{(j)}$关于$\boldsymbol{A}$共轭，也就是方向$\boldsymbol{d}^{(i)}$与方向$\boldsymbol{A}\boldsymbol{d}^{(j)}$正交。

2．共轭梯度法

Fletcher-Reeves 共轭梯度法，简称 FR 共轭梯度法或 FR 法，其基本思想是把共轭性与最快速下降法结合，利用已知点的梯度构造一组共轭方向，并沿这组方向进行搜索，求目标函数的极小点。根据共轭方向的基本性质，这种方法具有二次终止性（对于二次凸函数，若沿一组非零共轭方向搜索，经过有限步迭代必达极小点）。

极小化二次凸函数的 FR 共轭梯度法

问题：$\min f(\boldsymbol{x}) \overset{\text{def}}{=} \frac{1}{2}\boldsymbol{x}^{\mathrm{T}}\boldsymbol{A}\boldsymbol{x} + \boldsymbol{b}^{\mathrm{T}}\boldsymbol{x} + c$，其中$\boldsymbol{x} \in \mathbb{R}^n$，$\boldsymbol{A}$是对称正定矩阵，$c$是常数。

（1）给定初始点$\boldsymbol{x}^{(1)}$，置$k = 1$。

（2）计算$\boldsymbol{g}_k = \nabla f(\boldsymbol{x}^{(k)})$，若$||\boldsymbol{g}_k|| = 0$则停止计算，得点$\overline{\boldsymbol{x}} = \boldsymbol{x}^{(k)}$；否则，执行步骤（3）。

（3）构造搜索方向，令 $\boldsymbol{d}^{(k)} = -\boldsymbol{g}_k + \beta_{k-1}\boldsymbol{d}^{(k-1)}$，当$k = 1$时，$\beta_{k-1} = 0$；当$k > 1$时，$\beta_{k-1} = \frac{||\boldsymbol{g}_k||^2}{||\boldsymbol{g}_{k-1}||^2}$。

（4）令$\boldsymbol{x}^{(k+1)} = \boldsymbol{x}^{(k)} + \lambda_k \boldsymbol{d}^{(k)}$ ，其中$\lambda_k = -\frac{\boldsymbol{g}_k^{\mathrm{T}}\boldsymbol{d}^{(k)}}{{\boldsymbol{g}_k}^{\mathrm{T}}\boldsymbol{A}\,\boldsymbol{d}^{(k)}}$。

（5）若$k=n$，则停止计算，得点$\overline{\boldsymbol{x}}=\boldsymbol{x}^{(k+1)}$；否则，$k:=k+1$，返回步骤（2）。

3．一般函数的 FR 共轭梯度法

对于任意函数$f(\boldsymbol{x})$的极小化问题，这种共轭梯度法与用于二次凸函数的共轭梯度法的不同之处主要在于，使用一维搜索的方式选择步长和用海森矩阵替代$\boldsymbol{A}$。不过显然，用这种方法求任意函数的极小点，一般在有限步中无法完成。一种方案是直接延续，即使用前面极小化二次凸函数搜索方向的迭代式；另一种是把 n 步作为一轮，每搜索一轮之后再取一次最快速的下降方向，开始下一轮。后一种策略称为“重新开始”或“重置”。每 n 次作为一轮后重新开始一轮最快速下降的共轭梯度法也被叫作**传统共轭梯度法**。

一般函数的 FR 共轭梯度法

步骤如下：

（1）给定初始点$\boldsymbol{x}^{(1)}$，允许误差$\varepsilon>0$，置$\boldsymbol{y}^{(1)}=\boldsymbol{x}^{(1)}$，$\boldsymbol{d}^{(1)}=-\nabla f\left(\boldsymbol{y}^{(1)}\right)$，$k=j=1$。

（2）若$||\nabla f(\boldsymbol{y}^{(j)})||<\varepsilon$，则停止计算；否则，进行一维搜索求$\lambda_j$，使其满足$f(\boldsymbol{y}^{(j)}+\lambda_j\boldsymbol{d}^{(j)})=\min_{\lambda\geqslant 0}f(\boldsymbol{y}^{(j)}+\lambda\boldsymbol{d}^{(j)})$，并令 $\boldsymbol{y}^{(j+1)}=\boldsymbol{y}^{(j)}+\lambda_j\boldsymbol{d}^{(j)}$。

（3）若$j<n$，则执行步骤（4）；否则，执行步骤（5）。

（4）令$\boldsymbol{d}^{(j+1)}=-\nabla f(\boldsymbol{y}^{(j+1)})+\beta_j\boldsymbol{d}^{(j)}$，其中$\beta_j=\frac{||\nabla f(\boldsymbol{y}^{(j+1)})||^2}{||\boldsymbol{y}^{(j)}||^2}$，置$j:=j+1$，转步骤（2）。

（5）令$\boldsymbol{x}^{(k+1)}=\boldsymbol{y}^{(n+1)}$，$\boldsymbol{y}^{(1)}=\boldsymbol{x}^{(k+1)}$，$\boldsymbol{d}^{(1)}=-\nabla f(\boldsymbol{y}^{(1)})$，置$j=1,k:=k+1$，转步骤（2）。

对于因子β_j的计算公式，除了步骤（4）的方法（与二次凸函数 FR 共轭梯度法中的步骤（3）相同），还有如下几种常见形式，由上向下分别是 PRP（Polak、Ribiere 和 Polyak）共轭梯度法、由 Sorenson 和 Wolfe 提出的共轭梯度法，以及 Daniel 提出的共轭梯度法：

$$\beta_j = \frac{\boldsymbol{g}_{j+1}^{\mathrm{T}}(\boldsymbol{g}_{j+1} - \boldsymbol{g}_j)}{\boldsymbol{g}_j^{\mathrm{T}}\boldsymbol{g}_j}$$

$$\beta_j = \frac{\boldsymbol{g}_{j+1}^{\mathrm{T}}(\boldsymbol{g}_{j+1} - \boldsymbol{g}_j)}{\boldsymbol{d}^{(j)^{\mathrm{T}}}(\boldsymbol{g}_{j+1} - \boldsymbol{g}_j)}$$

$$\beta_j = \frac{\boldsymbol{d}^{(j)^{\mathrm{T}}}\nabla^2 f(\boldsymbol{x}^{(j+1)})\boldsymbol{g}_{j+1}}{\boldsymbol{d}^{(j)^{\mathrm{T}}}\nabla^2 f(\boldsymbol{x}^{(j+1)})\boldsymbol{d}^{(j)}}$$

如果极小化正定二次函数，当初始搜索方向取负梯度时，上述的 4 个（包括 FR 共轭梯度法的β_j计算公式）计算β_j的公式等价。对于一般函数，有人认为 PRP 共轭梯度法优于 FR 共轭梯度法，也有人认为差别不大。至于具体选用哪一种方法，大家可以自行决定。

2.6.4.5 拟牛顿法

前面我们介绍了一般无约束问题的牛顿法和带一维搜索的阻尼牛顿法。牛顿法的优点是收敛快，但是它需要计算二阶偏导数，而且要求目标函数的海森矩阵正定。拟牛顿法（Quasi-Newton）克服了上述缺点，它的基本思想是使用不包含二阶导数的矩阵来近似海森矩阵的逆矩阵。由于构造近似矩阵的方法不同，因此拟牛顿法也有不同方法。

1. 拟牛顿条件

首先，在牛顿法中，记

$$\boldsymbol{p}^{(k)} = \boldsymbol{x}^{(k+1)} - \boldsymbol{x}^{(k)}$$

$$\boldsymbol{q}^{(k)} = \nabla f(\boldsymbol{x}^{(k+1)}) - \nabla f(\boldsymbol{x}^{(k)})$$

根据函数在点$\boldsymbol{x}^{(k+1)}$的泰勒级数二阶展开式，带入$\boldsymbol{x}^{(k)}$点，可求得：

$$\boldsymbol{q}^{(k)} \approx \nabla^2 f(\boldsymbol{x}^{(k+1)})\boldsymbol{p}^{(k)}$$

又假设海森矩阵$\nabla^2 f(\boldsymbol{x}^{(k+1)})$可逆，则 $\boldsymbol{p}^{(k)} \approx \nabla^2 f(\boldsymbol{x}^{(k+1)})^{-1}\boldsymbol{q}^{(k)}$。

因此，我们用下式来估算海森矩阵的逆：

$$\boldsymbol{p}^{(k)} = \boldsymbol{H}_{(k+1)}\boldsymbol{q}^{(k)}$$

上述条件称为**拟牛顿条件**，因此我们的目标就是找到使用不包含二阶导数的矩阵$\boldsymbol{H}$来替代海森矩阵的逆。

2. 校正矩阵

当$\nabla^2 f(\boldsymbol{x}^{(k)})^{-1}$是 n 阶对称正定矩阵时，满足拟牛顿条件的矩阵$\boldsymbol{H}_k$也应是 n 阶正定矩阵。构造这样的近似矩阵的一般策略是，$\boldsymbol{H}_1$取任意的 n 阶对称正定矩阵，通常选 n 阶单位阵$\boldsymbol{I}$，然后通过修正$\boldsymbol{H}_k$给出$\boldsymbol{H}_{k+1}$。

令$\boldsymbol{H}_{k+1}=\boldsymbol{H}_k+\Delta\boldsymbol{H}_k$，其中$\Delta\mathbf{H}_k$称为**校正矩阵**。

2.6.4.6 DFP 算法

大名鼎鼎的DFP方法最早由Davidon最早提出，后经过Fletcher和Powell改进，又被称作**变尺度法**。在这种方法中，定义校正矩阵为：

$$\Delta\boldsymbol{H}_k=\frac{\boldsymbol{p}^{(k)}\boldsymbol{p}^{(k)^{\mathrm{T}}}}{\boldsymbol{p}^{(k)^{\mathrm{T}}}\boldsymbol{q}^{(k)}}-\frac{\boldsymbol{H}_k\boldsymbol{q}^{(k)}\boldsymbol{q}^{(k)^{\mathrm{T}}}\boldsymbol{H}_k}{\boldsymbol{q}^{(k)^{\mathrm{T}}}\boldsymbol{H}_k\boldsymbol{q}^{(k)}}$$

这样得到的迭代矩阵：

$$\boldsymbol{H}_{k+1}=\boldsymbol{H}_k+\frac{\boldsymbol{p}^{(k)}\boldsymbol{p}^{(k)^{\mathrm{T}}}}{\boldsymbol{p}^{(k)^{\mathrm{T}}}\boldsymbol{q}^{(k)}}-\frac{\boldsymbol{H}_k\boldsymbol{q}^{(k)}\boldsymbol{q}^{(k)^{\mathrm{T}}}\boldsymbol{H}_k}{\boldsymbol{q}^{(k)^{\mathrm{T}}}\boldsymbol{H}_k\boldsymbol{q}^{(k)}}$$

满足拟牛顿条件，此公式称为**DFP 公式**。

DFP 算法

步骤如下所述：

（1）给定初始点$\boldsymbol{x}^{(1)}\in\mathbb{R}^n$，允许误差$\varepsilon>0$。

（2）置$\boldsymbol{H}_1=\boldsymbol{I}_n$（$n$ 阶单位矩阵），计算在$\boldsymbol{x}^{(1)}$处的梯度 $\boldsymbol{g}_1=\nabla f(\boldsymbol{x}^{(1)})$，置$k=1$。

（3）令$\boldsymbol{d}^{(k)}=-\boldsymbol{H}_k\boldsymbol{g}_k$。

（4）从$\boldsymbol{x}^{(k)}$出发，沿方向$\boldsymbol{d}^{(k)}$搜索，求步长λ_k，使它满足 $f\left(\boldsymbol{x}^{(k)}+\lambda_k\boldsymbol{d}^{(k)}\right)=\min_{\lambda\geqslant 0}f(\boldsymbol{x}^{(k)}+\lambda\boldsymbol{d}^{(k)})$，令 $\boldsymbol{x}^{(k+1)}=\boldsymbol{x}^{(k)}+\lambda_k\boldsymbol{d}^{(k)}$。

（5）若$||\nabla f(\mathbf{x}^{(k+1)})||\leqslant\varepsilon$，则停止迭代，得点$\overline{\boldsymbol{x}}=\boldsymbol{x}^{(k+1)}$；否则，执行步骤（6）。

（6）若$k=n$，则令$\boldsymbol{x}^{(1)}=\boldsymbol{x}^{(k+1)}$，返回步骤（2）；否则，执行步骤（7）。

（7）令$\boldsymbol{g}_{k+1}=\nabla f(\boldsymbol{x}^{(k+1)})$，$\boldsymbol{p}^{(k)}=\boldsymbol{x}^{(k+1)}-\boldsymbol{x}^{(k)}$，$\boldsymbol{q}^{(k)}=\boldsymbol{g}_{k+1}-\boldsymbol{g}_k$，利用DFP公式计算$\boldsymbol{H}^{(k+1)}$，置$k:=k+1$，返回步骤（3）。

若$\boldsymbol{g}_i\neq 0(i=1,2,\cdots,n)$，则$\boldsymbol{H}_i(i=1,2,\cdots,n)$均为对称正定矩阵，即具有正定性，因此搜索方向$\boldsymbol{d}^{(k)}=-\boldsymbol{H}_k\boldsymbol{g}_k$均为梯度下降方向。

2.6.4.7 BFGS

通过拟牛顿条件，我们得到DFP公式；同样，我们还可以用另一种不含二阶导数的矩阵$\boldsymbol{B}_{k+1}$来近似海森矩阵$\nabla^2 f(\boldsymbol{x}^{(k+1)})$，从而得到另一种形式的拟牛顿条件$\boldsymbol{q}^{(k)}=\boldsymbol{B}^{(k+1)}\boldsymbol{p}^{(k)}$。

参考前面的拟牛顿公式，我们只是在推导拟牛顿公式的上一步用$\boldsymbol{B}^{(k+1)}$代替了$\nabla^2 f(\boldsymbol{x}^{(k+1)})$，所以通过$\boldsymbol{B}$和$\boldsymbol{H}$的替代关系，很容易带入$\boldsymbol{H}_{k+1}$的迭代公式（注意，$\boldsymbol{p}$和$\boldsymbol{q}$进行了互换），从而得到$\boldsymbol{B}^{(k)}$的递推公式：

$$\boldsymbol{B}_{k+1}=\boldsymbol{B}_k+\frac{\boldsymbol{q}^{(k)}\boldsymbol{q}^{(k)\mathrm{T}}}{\boldsymbol{q}^{(k)\mathrm{T}}\boldsymbol{p}^{(k)}}-\frac{\boldsymbol{H}_k\boldsymbol{p}^{(k)}\boldsymbol{p}^{(k)\mathrm{T}}\boldsymbol{H}_k}{\boldsymbol{p}^{(k)\mathrm{T}}\boldsymbol{B}_k\boldsymbol{p}^{(k)}}$$

这个公式称为**关于矩阵$\boldsymbol{B}$的BFGS修正公式**，或**DFP公式的对偶形式**。

显然，如果$\boldsymbol{B}$可逆，那么$\boldsymbol{B}^{-1}=\boldsymbol{H}$，这样我们就可以从$\boldsymbol{B}$的BFGS修正公式出发，利用Sherman-Morrison公式求得关于$\boldsymbol{H}$的BFGS公式：

$$\boldsymbol{H}_{k+1}^{\mathrm{BFGS}}=\boldsymbol{H}_k+(1+\frac{\boldsymbol{q}^{(k)\mathrm{T}}\boldsymbol{H}_k\boldsymbol{q}^{(k)}}{\boldsymbol{p}^{(k)\mathrm{T}}\boldsymbol{q}^{(k)}})\frac{\boldsymbol{p}^{(k)}\boldsymbol{p}^{(k)\mathrm{T}}}{\boldsymbol{p}^{(k)\mathrm{T}}\boldsymbol{p}^{(k)}}-\frac{\boldsymbol{p}^{(k)}\boldsymbol{p}^{(k)\mathrm{T}}\boldsymbol{H}_k+\boldsymbol{H}_k\boldsymbol{q}^{(k)}\boldsymbol{q}^{(k)\mathrm{T}}}{\boldsymbol{p}^{(k)\mathrm{T}}\boldsymbol{p}^{(k)}}$$

此公式由Broyden、Fletcher、Goldfard和Shanno于1970年提出，经验表明它比DFP公式的效果还要好，因此得到广泛应用。对于使用MATLAB的读者，不妨自行编程实现该方法，以便获得更深刻的理解。

实际上，DFP和BFGS都满足秩2校正，因此它们的线性组合仍然可以作为新的迭代方程。具有如下形式的修正公式的方法被称作Broyden族 ：

$$\boldsymbol{H}_{k+1}^{\phi}=(1-\phi)\boldsymbol{H}_{k+1}^{\mathrm{DFP}}+\phi\boldsymbol{H}_{k+1}^{\mathrm{BFGS}}$$

可知，DFP和BFGS都属于Broyden族。实际上还有一个包含3个参数的族，

Huang 族，Broyden 族也为 Huang 族的子族，在此不多介绍。

2.6.4.8 局部最优

我们先简单回顾一下与局部最优相关的几个概念。

1. **极值点** 是指局部最大值或最小值，也就是一阶导数为零的点，即$f'(x) = 0$。

2. **驻点** 一阶导数存在且二阶导数为零的点，即$f''(x) = 0$。

3. **拐点** 是指凹凸变化的点。

4. **鞍点**（saddle point）

（1）鞍点和局部极小值相同的是，在该点处的梯度等于零；不同的地方在于，在鞍点附近海森矩阵有正的和负的特征值，是不定的，而在局部极小值附近的海森矩阵是正定的。

（2）给定一个驻点，判断其是否为鞍点的一个简单的准则是，对于一个二元实值函数 $F(x, y)$，计算在该点的海森矩阵，如果其是不定的，则该驻点为鞍点。图 2-39 所示的点为函数$f(x, y) = x^2 - y^2$的鞍点（图中的黑实心点）。

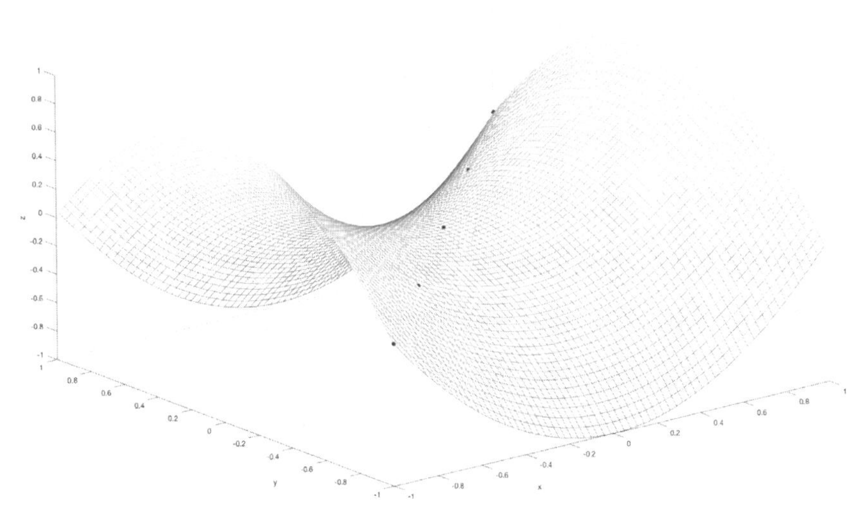

图 2-39 函数$f(x, y) = x^2 - y^2$的鞍点

很多基于梯度的算法的相关研究都会提到一个问题，即陷入**局部最优**，比较著名的是 Ackley 函数[33]，如图 2-40 所示。局部最优问题指的是基于梯度的算法一旦陷入某个局部极值，就很难跳出来。假设在高维条件下可以将优化目标函数的图像表示出来，我们需要求解的是一个全局的极值，但是如果限定一些区间，函数本身可能有多个局部的山谷或者山峰。由于优化函数的超参下降的幅度只与梯度的方向和步长有关，所以很容易陷入局部的极小值（local minima），最后得到的是局部最优解而不是全局最优解。这种假设虽然直观且以问题在三维空间中能够表示为前提，但是在处理高维空间问题时却没有太多相关依据。

$$f(x) = 20 + e - 20e^{-\frac{1}{5}\sqrt{\frac{1}{n}\sum_{i=1}^{n} x_i^2} - e^{\frac{1}{n}\sum_{i=1}^{n}\cos(2\pi x_i)}}$$

Dimensions:	n
Domain:	$-32.768 \leq x_i \leq 32.768$
Global Optimum:	$f(x) = 0.0$ at $x = (0.0, 0.0, \ldots, 0.0)$
Operator:	AckleyEvaluator
Charts:	

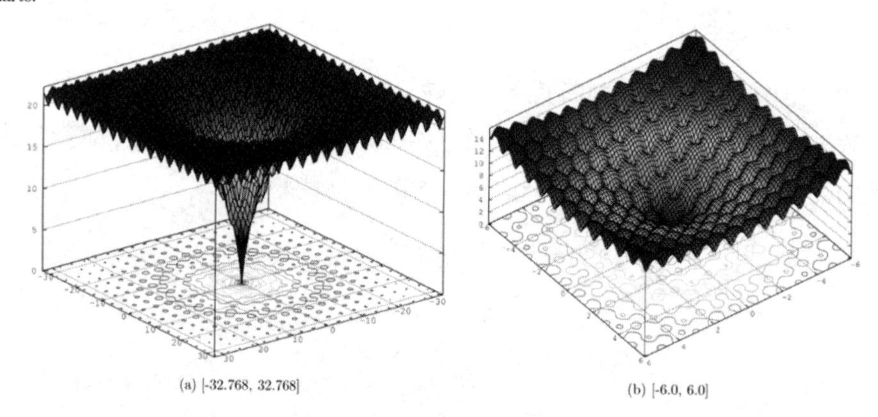

图 2-40 Ackley 函数图[34]

不过，有学者对于局部最优解持不同的看法，笔者也在很大程度上赞同这种说法。蒙特利尔大学和 MIT 的相关研究者们对此进行了研究[35]。图 2-41 所示为在不同类型鞍点处不同的优化方法。（a）图为经典的鞍面结构$5x^2 - y^2$，（b）图为猴鞍面结构$x^3 - 3xy^2$。图中灰色圆点表示起始点，SFN 表示作者提供的是 Saddle Free Newton 方法（大体思想是对误差函数进行一阶近似，然后用一阶和二阶泰勒展开的误差来约束住信赖域的边界）。

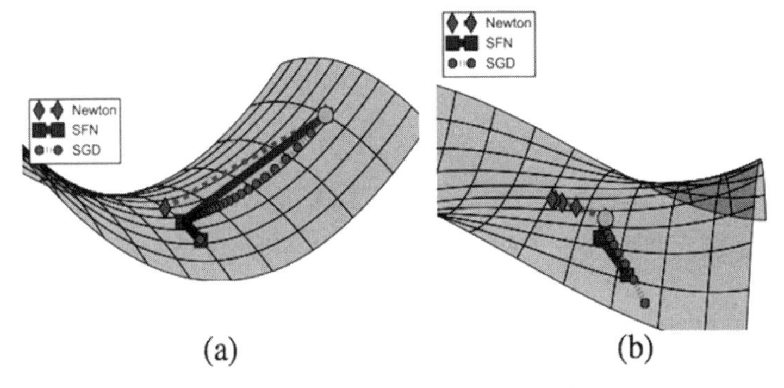

图 2-41 鞍点附近的优化问题[36]

他们把对两种鞍面优化方法的研究进行扩展，通过在统计物理、随机矩阵论以及神经网络方面的研究与分析，认为在高维空间的非凸优化会存在鞍点扩散问题，并且与低维空间的直观印象不同，高维空间优化问题中没有这么多的局部极值。并且他们认为高维非凸优化问题之所以难求解，是因为存在大量的鞍点（梯度为 0 并且海森矩阵的特征值有正有负）而不是因为存在局部极值。

本节是全书的理论基础，介绍了从事机器学习工作必知的一些图论、概率论、优化论等知识，让大家对于机器学习涉及的知识背景有大概的了解。当然，如果希望自己能够更好地改良模型，使之适用于所遇到的问题，仅仅了解这些知识是不够的，还应该更深入地了解理论的背景，补充相关的数学知识。只有具备扎实的理论功底，才能在机器学习应用行业中游刃有余。

2.7 机器学习算法应用的经验

本节将汇总笔者和其他机器学习工程师的经验，意在抛砖引玉，提出一些问题的解决思路，同时为解决常见且棘手的工程性难题提供一些参考。

2.7.1 如何定义机器学习目标

面对任何机器学习目标（target），作为一名机器学习工程师，我们都应当思考以下三个问题。

- 要解决的问题是什么？
- 为什么要解决这个问题？
- 怎样解决这个问题？

熟练的机器学习工程师一般会习惯性地思考这三个问题，将它们列出来并明确地回答，这对于梳理思路和个人成长都有很大的帮助。

2.7.1.1 要解决的问题是什么

接到一个新问题，首先我们需要定义它。这里总结了几个定义问题的策略。

1. 非正式的语言描述

向朋友或者同事描述这个问题，语言尽量简洁，并且详尽描述（这两点并不冲突）。我们可以从他人那里得到不同的视角和建议，并且这些信息可能填补了我们某一块领域知识的空白。

举个例子，我们可以这样描述一个问题：

我需要建立一个模型来识别哪些 URL 可能包含 Web 攻击，我暂时只能获取 URL、IP 地址和设备信息。

---

2. 公式化的描述

举个例子，假设我们要描述一个典型的算法问题——字符串编辑问题。问题的具体描述为：找出字符串间的编辑距离，即一个字符串 s1 最少经过多少步操作变成字符串 s2。可用的操作有三种：添加一个字符、删除一个字符、修改一个字符。

下面我们使用公式和符号来重新描述该问题，因为算法有特定的评价准则，也有五个主要的特征（有穷性、确切性、输入、输出、可行性），而这里我们讲的是通用的解决问题的思路，所以这个问题的公式化描述如下：

- 任务（T）：把一个字符串 s1 经过最少的操作变成字符串 s2。
- 操作（O）：添加一个字符、删除一个字符、修改一个字符。

- 评估（P）：空间复杂度 $O(T)$、时间复杂度$\Omega(T)$。

再举一个例子，我们要解决的问题为：针对电商平台上的交易，如何判定购物的用户是否为刷单用户？

问题本身的语言描述很简单，所以需要有更详细的公式化描述。

- 任务（T）：对购物用户分类，判断其是否为刷单用户。
- 经验（E）：需要获取用户是否为刷单用户的标注结果，例如哪些是刷单工作室的用户。
- 评估（P）：评估对购物用户分类的准确率、召回率，以及如何进一步提升模型的效果。

3．运用假设

创造一系列针对问题的假设，这样做有益于扩展解决问题的思路，我们也会因此受到启发进而想到更多对于解决问题有益的信息。特别是，如果假设的角度比较新颖，会带来更多解决问题的新思路。

对于上面的电商平台识别刷单用户的问题，我们做如下假设：

- 用户购买的特定商品可能与刷单有关。
- 特定行为模式的用户可能与刷单有关。
- 用户购买的商品数量可能与刷单有关。
- 行为较少的用户可能比行为多的用户更难以分类。

4．相似问题

如果有其他问题，特别是一些经典的问题，与我们现在需要解决的问题相似或者相关，也可以把它们列出来，因为这些问题都有一些特定的解决方案或者经验性解决方法，我们可以从中获得灵感和思路，并找出针对自己的问题的解决方案。例如，电商中经典的推荐系统、点击率预估、广告收入等问题，都或许与刷单问题存在某些关联。

2.7.1.2　为什么要解决这个问题

定义问题以后，我们就需要从以下几个角度（但不局限于它们）深入思考问题的价值。

1．动机

首先需要思考解决这个问题的动机，即为什么要解决该问题以及解决该问题能带来什么价值。

例如，你或许想通过解决这个问题而积累更多机器学习方面的经验。如果这是你的目标，你就并不一定要选择最熟悉和方便的解决方法，而是可以试着选择那些自己不熟悉却又感兴趣的新方法来解决该问题，以此锻炼自己的技能。没有哪个企业不喜欢员工一直保持对新技术的追求与敏感性。但是你需做好详细的工作列表，在解决业务问题的同时兼顾自身技能的成长，你需要平衡两者的需求，持续在工作中找到乐趣。

2．收益

考虑解决业务问题后你能获得哪些收益。收益可以分为两种，一是解决业务问题本身所带来的价值，二是对于自身技能成长的帮助。首先，我们需要明确解决该问题能带来哪些业务上的价值。这些价值可以是为公司创造收益，节省开支，或者对于其他部门、其他人群甚至对社会产生价值。其次，考虑一下如果对自身成长有益，那么你从解决问题的过程中能学到什么，能提升哪些方面的技能。

3．应用

在解决问题之后，需要考虑如何最大化产生的收益。

你要知道如何应用该解决方案，以及如何管理解决方案的生命周期。例如项目的目标是开发一个管理工具，那么工具开发完成后，其推广、维护和优化工作都需要持续地跟进。如果是一个业务项目的解决方案，那么该解决方案上线后，如何使用，如何迭代与优化，如何推广到更多应用场景，如何产出更多的应用价值，都需要进行周全的思考。

如果解决该问题有利于我们在企业中的持续成长，还可以考虑制作一份报告及说明文档（比如，发布到企业的 Wiki 站点）详细说明该项目的解决方案，让更多的同事了解它。

2.7.1.3　如何解决这个问题

完成前两步的评估之后，就需要着手制定问题的解决方案。

解决问题时需要以实际数据作为支撑，因此要尽可能全面地列出相关数据。然后，基于一些算法原型和数据实验，列出现有的解决方案。对于一个新项目，在这个过程中可以最大程度地利用跨领域知识，并且你可以专注于解决项目本身的需求，以此最大程度地规避项目风险，确定最可行的解决方案。最后，收集并解决所有的细节问题，以便对最初的问题定义持续迭代，使之更加明晰，项目的可控性也就更强，直至得到问题的解决方案。

综上所述，要得到一个业务问题的解决方案，要经过以下步骤。

- 定义目标问题。从非正式的语言描述到公式化地定义问题，列出所有假设条件和相似问题。
- 列出解决问题的动机、收益以及应用场景。
- 深入理解问题，进行周全的思考，制定解决方案。

2.7.2　如何从数据中获取最有价值的信息

面对海量数据，如何从其中获取最有价值的信息呢？本节介绍如何通过明确问题、获取数据、研究数据、缩减样本、特征选择和特征工程等几个步骤，从数据中获取最有价值的信息。

2.7.2.1　明确问题

要明确问题的定义，可从以下几个方面出发：

- 问题的输入是什么？
- 问题的输出是什么？
- 问题的类型是什么？它是分类问题、聚类问题还是回归问题？
- 是否可以用更多或者更少的数据作为模型的输入？
- 是否可以通过预测其他目标来代替当前预测目标？
- 这个问题是否可以转化为其他类型的问题，比如回归、分类、序列预测等？

如果能从更多维度进行发散性思考，我们就能更深刻地理解该问题。在这个阶段，我们需要充分挖掘之前的项目经验、相关论文和该领域内问题的经典解决方案。

2.7.2.2 获取数据

针对一个具体的问题，相关数据越多越好，因为实际情况中极有可能会出现数据量不足，或者不容易提取到有效数据等问题（后面会讲解如何采样）。可以按照如下几个维度分割数据集：训练数据、预测数据、调优数据和验证数据。如果是一个新项目，一开始不清楚什么样的数据有用，就尽量详尽地把所有数据列出来。

2.7.2.3 研究数据

通过对数据的统计、分析以及可视化，从更多的角度来研究数据，包括但不限于查看和分析原始数据、查看和分析统计数据，以及通过数据可视化更深入地分析数据。一般来说，这个过程也叫作数据分析（Data Analysis，DA）。

依据笔者的经验，在数据分析上多投入精力，对于算法的选型以及对于问题本身的理解都有很大的帮助。

比如，对于一些分类问题，虽然现在有大数据算法，但我们使用传统的统计学知识，对于变量相关性进行分析，对于 p 值检验进行分析等，都有助于我们理解问题和抽取特征。

特别地，我们可以使用一些可视化工具（如 Tableau 等）将分析结果展示给专业人士，请他们做进一步的分析和指导，领域专家的建议能为我们的建模过程提供很大的帮助。

2.7.2.4 缩减样本

前面提到对于分析问题而言，相关数据越多越好。但是，对于解决问题来说，如果能够用更少、更优质的数据使相关模型达到相同的效果，对于问题的理解和模型的训练及迭代和优化都有益。具体做法包括：设计实验来验证模型随数据规模的变化，使用统计方法分析模型对数据规模的敏感程度。

当然，有些模型可以视情形而定。比如，对于多数非线性模型，特别是很多深度模型，显然是数据分布越完整，预测的准确率会越高。虽然机器学习的本质是学习数据的分布以及按照训练数据的分布假设来预测未知数据，但是缩减样本对于缩减数据规模、提高特征的有效性和模型效果的进一步提升，都有较大的帮助。

2.7.2.5 特征选择

刚开始接触问题时，你可能无法判定绝大多数的特征对于你的模型是否有较好的影响，那么可以通过预估、从其他专家的经验甚至可以从特征选择工具中找到依据。

前面说到可以使用传统统计方法来分析一些简单模型，比如线性模型中的变量相关性问题。对于多数机器学习模型而言，模型的解释能力毕竟有限，有些模型会自动对变量间的相关性进行学习，比如树模型与图模型，所以所有的分析方法都是猜测法。真正要达到更好的效果，就必须不断地尝试性地增加或缩减特征，转化提取特征的方式。

对于特征选择而言，也有一些经验性方法。比如，分析一个问题中哪些特征可能会有用。首先，对于模型要有深刻的理解，尤其是对特征信息在模型结构中的传播以及扩散方式了然于胸；其次，将原始问题抽象成模型所需要的形式；最后，对于一个适合用某特定模型解决的问题，我们还需要对问题所属领域的背景知识有深刻的理解。

比如，笔者所在的技术团队内有人希望对用户购买商品后是否会退货进行预测。这个项目本身确实很少有电商平台做，而且项目所解决的也非商品推荐这样的经典问题。我们可以进行如下分析：排除那些刷单的用户，考察用户是否会退货，实际上也就是考查该商品是否达到了用户的心理预期。再看推荐系统，其本质是商品是否符合用户的购买欲望的问题。它们之间是否有关联？

如果找到了这一层关系，就可以从 CTR 预估或者排序算法这些经典问题中复用一些有用的特征，进而使用这些特征来解决问题。再仔细分析，二者之间其实是有一定关联的，用户的购买行为分为三个阶段：购前、购中、购后。排序主要用于购前行为的分析；推荐和 CTR 预估则要分析购中用户行为，同时也会结合考虑其购前行为；而退货或退款，就要对用户的购后行为进行分析。用户想购物（有类目或者不限于类目）的需求是购前就存在的，用户对具体商品下单的行为是在购中发生的，用户是否会退货，在其购后行为中会有体现。因此，用户在购后阶段对于商品的心理预期，其实与其购前的预期、购中的冲动消费及 CTR 的效果都有关系。很多的特征都可以复用，而且对于购后的问题，我们甚至可以将购前、购中、购后的特征进行对比处理。

我们继续对购后的数据进行分析：用户是否想购买此类型商品，商品的质量、款式、尺寸是否达到用户预期，用户是想直接购买还是想货比三家，用户是冲动消费还是有计划的消费等，用户这些与商品相关联的行为，可以用于预测其对买到的商品是否满意、满意的程度、退货概率、是否会嫌退货麻烦，等等。所以，抽取特征时也应该选择这种有代表性的特征。

比如，我们对比商品的价格与用户购买的商品的平均价格。这个特征为什么有效呢？因为除非商品达到其预期，用户才会购买远超过或远低于其平均消费金额的商品。特别是直播场景下，你会发现之前平均消费金额很低的用户，愿意花更高的价格来购买直播商品，这一定程度上是因为用户对商品有了立体的了解之后认为其超过自己的心理预期。用户的购买频率、退货频率，是否通过直播渠道购买商品，是否是刷单用户等，都从侧面说明用户是否为冲动消费型。而将用户的行为与商品关联，可以说明此次消费是有计划的还是冲动消费。

通过上面的例子，我们可以粗略了解如何基于对业务的理解进行特征选择。

2.7.2.6 特征工程

数据的准备，也就是数据预处理，是特征工程的基础。常见的数据预处理方式有：数据归一化、数据标准化、缺失值处理，还有一些让特征稳定的方法，比如分桶序列化。数据预处理主要是挖掘一些单特征的不同视角，以便更好地探索未知结构和对算法学习有用的信息。

构建一套高效的特征工程对于算法工程师来说也是很有必要的。它可以有效解决两类问题：一是新人不用想破脑袋挖掘一些有效的已知特征；二是多数时候特征的融合与转换是一件费时费力的事情。一套完善的特征工程可大幅提高做这些必要的重复工作的效率。例如，有时候我们有所需要的全部数据，但是有些特征对于机器学习问题来说过于稀疏，那么它们转化为随机变量后也不会达到很好的效果。例如时间、交易和描述等特征，这时候就需要进行特征融合（如交叉）和转换（如离散化、序列化等）。

我们以电商平台的交易作弊问题举例说明。如果我们已经有很多不同视角下的离线或者实时特征，那么算法人员只需选取相应特征并进行高层次的特征组合，就能够构建模型所需的更有效的特征。这个时候，有一套通用、有科学依据的特征工程，我们就能够很方便地尝试和操作这些组合。对于识别作弊交易来说，可以从如下维度构建特征工程：商家维度的特征、商品维度的特征、用户维度的特征、统计类型特征和属性类型特征。

一个完善的特征工程还会带来附加价值，比如特征的可解释性。很多时候我们无法通过模型本身来解释效果，但是通过在特征维度拆分模型，使用科学的手段分析特征在特定模型中的作用，我们可以获得更多的可解释性。2018 年 5 月 25 日，《欧盟一般数据保护条例》（General Data Protection Regulation，GDPR）取代了执行 20 余年之久的《欧盟个人资料保护指令》，开始在欧盟全面执行。在一些人工智能学者看来，GDPR 的主要条款将摧毁大量数据的价值，而其有关“解释权（right to explanation）”的内容则会让迄今为止出现的大量深度学习应用成为非法应用。但是通过特征工程这种基础设施提供的解释性，我们能够在更大程度上解释那些机器学习模型效果产生的原因，对每种特征的提取有更加规范的流程，使得模型的构建符合相关解释权的要求。

通过对特征工程的建设，我们能够把原始数据、融合后的数据或统计后的数据直接提供给算法，而无须每个算法人员不断地重复编写代码或者思考如何使用某些特征。对于算法人员来说，这也是一个非常有益的事情，甚至大大提升了建模效率。

2.7.2.7 更进一步

更进一步的数据挖掘和数据分析，总是能够进一步提升模型的效果。当你收集了更多的数据时，就有可能有更多的视角。

通过头脑风暴或其他各种方式，你会经常感受到峰回路转和茅塞顿开。这种更进一步的方式虽然简单却很有效，如果你想不断地提升准确率之类的指标，只要不断迭代和优化模型，甚至亡羊补牢（修复之前的漏洞），都将会得到更多有益的信息。

2.7.3 评估模型的表现

在训练集上训练完模型后，除了可以得到模型在测试集上的评价指标（P、R、MSE、F1 等）之外，如何判定该结果在线上表现的优劣呢？

2.7.3.1 模型是相对的

每一个预测模型都是唯一的，它和特定的数据集、所选择的建模工具和调参的技巧都有关系。由于我们的问题之前没有被他人解决过，因此无法得知哪一种模型应用哪些技巧是最合适的。但是，你个人可以根据已有的领域背景知识来判断有哪些技能会比较适用于模型。特别是算法模型，前文提到过并没有不好的模型，只有不当的使用方式。当然，即使是最有经验的机器学习工程师，对于同一个问题的不同建模方式也不会评估得面面俱到。

所以，面对新的问题，最好的方式就是针对同一数据集，使用几种不同的模型来对比效果。通过对比多个模型的效果，我们才可以确定模型更适用于解决哪种问题。因此在解决一个问题时，选择相对适合的模型只是第一步，真正重要的是针对问题和数据本身、针对解决方案来选择模型。

在选择模型时，尽量选择相关性较小的模型。这里的“相关性”，既指问题的相关性（比如分类、聚类、回归等），又指模型策略的相似性（比如后验最大、信息熵最大等）。

对于一个具体问题，如果我们不确定它是一个分类问题、聚类问题、标注问题还是回归问题，可能使用各种角度来公式化描述问题后，归纳出几种不同的问题类别，最终也能达到我们的目的。仍然以反作弊交易为例，不一定要将其限制为二分类问题，我们可以使用图模型来挖掘作弊团伙，可以针对已构造好的随机过程进行标注或归纳，甚至在某些角度还能使用回归方法。所以，我们可以针对不同的角度和解决方案来建模，不同问题的模型的相关性会较低。

再比如，有一些模型，如 LSI（潜语义分析）和 LDA（潜狄利克雷分布），实质上是同一类型的模型，而且优化的目标都是似然或后验最大，也都是概率图模型，这种模型笔者认为是**同构**的，可以只选取一种。而比如树模型，多数会使用熵值最大往下传播，而且模型本身的结构差别较大。概率图模型和树模型可以通过不同的策略来解决相同的问题。

2.7.3.2 基线模型

由于机器学习模型效果的优劣都是相对而言的，所以很有必要建立一个稳固的基线模型（baseline model）。要选择一个简单且解释性较强的预测模型，用它的结果作为可接受的最低标准，也为其他模型的评估提供基准。

一般而言，可以选择三种简单的基线模型：

- 对于回归问题，把平均值作为基线模型。
- 对于分类问题，把众数作为基线模型。
- 对于单变量时序问题，把输入作为基线模型。

如果模型没有达到基线模型的效果，或者有错误，则说明该模型不适于待解决的问题。

2.7.3.3 明确最好值

每个不同的问题都有最好值（最优解是函数所能达到的最好值，但是函数对于问题本身的描述有限，即使能达到函数理论上的最优解，也不一定会获得最好值）。比如，对于分类问题，最好值就是精确率达到 100%；对于回归问题，最好值就是误差为 0。

这些最好值是无法达到的上（下）界，所有预测结果都会有误差。误差可能由很多地方引入：不完整的采样数据、噪声和模型算法的随机性等。

虽然无法达到最好值，但我们可以知道度量标准的最佳表现是什么样子。有时候，需要对数据集进行研究才能发现最好值。有了基线值和最好值，对于模型效果的评估就又前进了一步。

2.7.3.4 发现模型的限制

一旦有了基线模型，就可以不断提升预测模型的表现，实际上这也是机器学习中最困难的部分。前面提到了一些选择模型的方法，这里给出更详细的两种策略。

- **高起点**。选择同类问题的同构模型中按经验来说表现最好的那一个，或者最复杂的那一个。比如，对于树模型，就选择随机森林或者 GDBT；对于文本聚类，在 LSI 和 LDA 之中就选择 LDA；其他相似的聚类方法，在 K-Means、PCA 和 DBN 中就选择 DBN。然后，再次评估模型在该问题上的表现，并将其先作为近似的基线模型，找出能够达到近似表现的相对简单的模型。
- **穷举遍历**。将能够想到的所有解决方法都尝试和对比一遍，选择相对基线模型来说表现最好的那一个模型。

“高起点”策略较快，并且能够遵循奥卡姆剃刀原则选择最简单的结果。由于最后的选择会更倾向于简单的模型，因此预测效率和可解释性也会更好一些。“穷举遍历”策略的整个过程执行起来较慢，但是容易选出最优模型，特别是在那些对准确率要求较高的情形下。这里的“穷举遍历”并非绝对的穷举，我们可以使用一种叫作“突击检查”的方法，即选择一些评测网站或者比赛网站（如 Kaggle）中排名前列（Top *N*）的方法。

你用到的所有方法都可以衍生出一系列的指标来与基线指标做比较，这样你就会知道好的结果和差的结果的大体范围，以此指导后续的建模。总结而言，基线模型为评估其他模型的表现提供了基准，所有预测模型都无法得到完美的结果，机器学习的真正工作是从所有可能的模型空间中找到表现最好的模型。

2.7.4 测试效果远差于预期怎么办

当测试效果远差于预期时，机器学习工程师会非常沮丧。我们经常会遇到这样的情况，模型在训练集和测试集上效果都不错，但是一到线上验证时，结果就惨不忍睹。下面列出一些可能出现的问题，帮助你找出模型表现差的原因，以避免此类问题，并提供遇到此类问题时可以采取的解决方案。

2.7.4.1　模型评估

首先，你需要有一个测试工具定义如何评测数据并与候选模型进行比较。流行的做法是将数据分割成两部分：一部分用来适应和调优模型，另一部分用来将调优好的模型应用到采样外的数据上客观地评估效果。这也就是之前提过的训练数据（训练集）和测试数据（测试集）。

然后，将模型应用到训练集上重复采样，进行交叉验证，也可以进一步分割测试集来调优模型的超参。

2.7.4.2　模型表现不如预期

由于我们是在训练集上进行模型调优的，不可避免会使采样数据与模型的表现之间产生关联。但是如果模型在训练集与测试集上的差别过大怎么办呢？

你需要回答以下三个问题：

- 你更相信哪一个分数？
- 还能使用测试集做对比吗？
- 模型的调优过程是无效的吗？

接下来再分析可能的原因，以及思考补救措施。

2.7.4.3　可能的原因和补救措施

有许多原因可能导致模型的表现不符合预期，我们的终极目标是利用测试工具来了解哪个模型在哪种参数配置下的表现是最好的。一般来说，有以下三个主要的原因。

1. 模型过拟合

最常见的原因是模型对训练数据产生了过拟合。例如，在调优一个模型时，由于超参和数据视角等一系列因素，模型在训练集上有良好的表现，但是在测试集上表现极差，这极有可能是因为产生了过拟合。

当然，引起过拟合的原因是多种多样的。除了超参和数据视角，还要考虑数据规模、重复数据、特征规模、特征相关性等因素。使用 k 折交叉验证、使用分开的数据集来调优模型等做法在一定程度上能避免这类问题，但是模型仍然可能在训练集上是过拟合的。为了诊断你的模型是否过拟合，可以在测试集上也进行 k 折交叉验证，或者对训练集进行预测，同时使用一份新的测试集进行测试。

如果测试结果证明你的模型已经过拟合，那么可以通过下面的方法来尝试解决：检查你的训练集，重新选一份训练集，或者使用一种更平滑的方法重新分割你的训练集和测试集。

建议你对所得到的结果存疑，特别是那些花了太长时间来调优的。过拟合或许是模型结果存在差异的终极原因，但并非要攻克的首要难点。

2．采样数据不具代表性

有可能你选择的训练集和测试集数据在所属领域中并不具有代表性，或者采样数据较少，又或者没有有效地覆盖所有观测值（比如，虽然样本总数很多，但是并不具有代表性，或者相似分布的样本过大）。

可以从如下角度来检查采样导致的模型效果较差的原因：对比交叉验证数据的方差和测试集上的方差。另外，你可以看到训练模型和测试模型得分的差异，还可以查看训练集和测试集中每个变量的方差、均值、标准差的统计对比。

补救措施一般是寻找一份更大、更具代表性的样本。切分数据的时候更严格，不同类的变量在切分的样本中的均值和方差尽量与真实全体的均值和方差保持一致。

笔者所见过的过拟合，大多数都是因为测试工具的不健壮性引起的，当然前提是解决问题所采用的思路都是科学的。

3．算法的随机性

模型在训练集与测试集上的表现存在差异，还有一种原因是算法的随机特性。

许多机器学习算法包含随机特性，比如神经网络初始化权重、LDA 初始化超参、训练数据的重排还有随机梯度下降等。这也就意味着，即使对于相同数据进行重复评测，也有可能得到不同的结果。

4. 健壮的测试工具

其实上述几点都可以用来验证一个测试工具的设计是否健壮。也就是说，尽量对以下几点进行敏感性分析可以避免一些问题：训练集的划分、交叉验证的折数和验证模型表现。

对于这几个问题的分析方法，大家可以查找相关的论文来学习。终极目的是：

- 获得训练集与测试集变量的方差、均值都接近的数据。
- 训练集和数据集的分布相同，最终得分也相近。

有了测试工具，你就能更准确、客观地分析问题的原因以及自己期望的结果。特别是对于风控人员来说，测试工具对模型的解释性和科学性都有极大的帮助。最后，如果你相信已有的健壮的测试工具，那么就可以尽量晚地介入测试数据，你可以先在模型上进行调参等优化操作，然后对最终选择的模型再使用测试数据来评估其优劣。

2.8 本章小结

机器学习其实是一个很宽泛的概念，所有利用计算机对数据建模来解决的问题，笔者个人觉得都可以被称为机器学习。如果要明确地定义机器学习，笔者认为就是在大数据条件下解决传统数学模型无法遍历全部解析空间的新型建模方法。

只有基于对业务的深刻理解，机器学习才能够发挥最大的应用价值。笔者有个朋友曾经想利用机器学习来解决经济学中的行为分析问题，但是他对于计算机的理论知识并不十分了解，而且对于机器学习的假设空间和能解决的问题有些怀疑，最后并没有取得较好的效果。举个例子，如果你学习了很多贝叶斯网络的理论、图论、优化论和随机过程等知识，而且对这些理论全部透彻地掌握，但是并不知道如何使用它们来解决实际问题，而其实已经有利用这几种理论所构建的机器学习模型，你就不需要再重新思考一个模型结构，此时机器学习能够极大地缩短在算法和决策上所花的时间。

机器学习模型使我们不需要重复造轮子，其中有些理论有宽泛的定义，留给我们很大的发挥空间。工业界不断遇到新问题，这些问题会倒逼理论更新，而理论的发展使工业界能解决的问题也越来越多。学术界和工业界的工作实际是相辅相成的，对工业界来说，只有能解决实际问题的研究在当下或未来才有更多价值；对学术界来说，并不一定要死追热点，因为未来的热点很有可能是当下的冷门，当前大热的深度学习在几十年前已经存在，也曾经是一个冷门研究方向。

理论知识是我们寻找解决问题的工具和方法的基础。就算是冷门知识，我们利用其解决的问题一定要是在未来也有价值的问题，也就是痛点问题。只有这样，一旦某项冷门知识在热门领域的应用有了突破，才有可能带动社会进步。

参考资料

[1] 方保镕, 周继东, 李医民. 矩阵论[M]. 2 版. 北京: 清华大学出版社, 2013.

[2] 张跃辉. 矩阵理论与应用[M]. 北京: 科学出版社, 2011.

[3] ARONSZAJN N. Theory of reproducing kernels[J]. Transactions of the American mathematical society, 1950, 68(3): 337-404.

[4] 殷剑宏, 吴开亚. 图论及其算法[M]. 合肥: 中国科技大学出版社, 2003.

[5] MITCHELL M T. 机器学习[M]. 曾华军, 张银奎译. 北京: 机械工业出版社, 2003.

[6] HUANG W Y, LIPPMANN R P. Neural net and traditional classifiers[C]//Neural information processing systems. 1988: 387-396.

[7] CYBENKO G. Approximation by superpositions of a sigmoidal function[J]. Mathematics of control, signals and systems, 1989, 2(4): 303-314.

[8] CYBENKO G, ALLEN T G. Parallel algorithms for classification and clustering[C]//Advanced Algorithms and Architectures for Signal Processing II. International Society for Optics and Photonics, 1988, 826: 126-133.

[9] MITCHELL T M, THRUN S B. Explanation-based neural network learning for robot control[C]//Advances in neural information processing systems. 1993: 287-294.

[10] LABRIE F, SUGIMOTO Y, LUU-THE V, et al. Structure of human type II 5

alpha-reductase gene[J]. Endocrinology, 1992, 131(3): 1571-1573.

[11] FAHLMAN S E, LEBIERE C. The cascade-correlation learning architecture[C]//Advances in neural information processing systems. 1990: 524-532.

[12] LECUN Y, BOSER B E, DENKER J S, et al. Handwritten digit recognition with a back-propagation network[C]//Advances in neural information processing systems. 1990: 396-404.

[13] CORTES C, VAPNIK V. Support-vector networks[J]. Machine learning, 1995, 20(3): 273-297.

[14] GOODFELLOW I, BENGIO Y, COURVILLE A. 深度学习[M]. 赵申剑, 黎彧君, 符天凡, 李凯译. 北京: 人民邮电出版社, 2017.

[15] http://www.asimovinstitute.org/neural-network-zoo/

[16] LECUN Y, BOTTOU L, BENGIO Y, et al. Gradient-based learning applied to document recognition[J]. Proceedings of the IEEE, 1998, 86(11): 2278-2324.

[17] http://blog.sina.com.cn/s/blog_7445c2940102wmrp.html

[18] ZEILER M D, FERGUS R. Visualizing and understanding convolutional networks[C]//European conference on computer vision. Springer, Cham, 2014: 818-833.

[19] ELMAN J L. Finding structure in time[J]. Cognitive science, 1990, 14(2): 179-211.

[20] WERBOS P J. Backpropagation through time: what it does and how to do it[J]. Proceedings of the IEEE, 1990, 78(10): 1550-1560.

[21] HOCHREITER S, SCHMIDHUBER J. Long short-term memory[J]. Neural computation, 1997, 9(8): 1735-1780.

[22] https://deeplearning4j.org/

[23] CHUNG J, GULCEHRE C, CHO K H, et al. Empirical evaluation of gated recurrent neural networks on sequence modeling[J]. arXiv preprint arXiv: 1412.3555, 2014.

[24] 茆诗松, 汤银才. 贝叶斯统计[M]. 2 版. 北京: 中国统计出版社, 2012.

[25] CHUNG K L, AITSAHLIA F. Elementary probability theory[M]. 4 版, 北京: 世界图书出版公司, 2010.

[26] BISHOP C M. Pattern recognition and machine learning[M]. Berlin: Springer, 2007.

[27] 陈宝林. 最优化理论与算法[M]. 2 版. 北京: 清华大学出版社, 2005.

[28] CHONG E K P, Żak S H. 最优化导论[M]. 4 版. 孙志强, 白圣建, 郑永斌, 刘伟译. 4 版. 北京: 电子工业出版社, 2015.

[29] 王宜举, 修乃华. 非线性最优化理论与方法[M]. 2 版. 北京: 科学出版社, 2016.

[30] 徐树方, 高立, 张平文. 数值线性代数[M]. 2 版. 北京: 北京大学出版社, 2013.

[31] BOYD S, VANDENBERGHE L. 凸优化[M]. 王书宁, 许鋆, 黄晓霖译. 北京: 清华大学出版社, 2013.

[32] BAZARAA M S, JARVIS J J, SHERALI H D. Linear programming and network flows[M]. New York: John Wiley & Sons, 2011.

[33] ACKLEY D H. A connectionist machine for genetic hillclimbing[M]. Boston MA: Kluwer Academic Publishers, 1987.

[34] https://www.sfu.ca/~ssurjano/ackley.html

[35] DAUPHIN Y N, PASCANU R, GULCEHRE C, et al. Identifying and attacking the saddle point problem in high-dimensional non-convex optimization[C]//Advances in neural information processing systems. 2014: 2933-2941.

[36] HERTZ J, KROGH A, PALMER R G. Introduction to the theory of neural computation[M]. New York: Addison-Wesley/Addison Wesley Longman, 1991.

第3章 模型

机器学习的目的是让机器能学习一个从输入到输出的映射，如果输入空间和输出空间符合线性空间理论，对这种映射的求解就是求解线性算子的过程。对某一个具体模型而言，就是在从输入空间到输出空间的映射集合（即假设空间）中，找到一个最优的映射函数。本章从基本的机器学习模型的概念出发，选出几个解决不同类型问题的典型模型作为例子，讲述其内部机制与数学原理。

3.1 节介绍机器学习中的一些基本概念。这些基本概念可以在 *Pattern Recognition and Machine Learning* 之类的书籍[1]中看到，都是常用的概念，因此为了使本书的阐述清晰、简洁，书中尽量以条目的形式列出它们。3.2 节讲述机器学习模型的评价指标，这是评价一个模型最终表现的依据。3.3 和 3.4 节重点讲述几种分类与回归问题的典型算法，并举一反三，为大家在选取分类与回归问题算法时提供一些决策依据。在 3.5 节中，我们将降维问题单独列出来讲解。由于机器学习中经常遇到维度膨胀、特征空间或假设空间过大的问题，通过一些降维策略，我们可以在尽量保留原始信息的前提下达到压缩信息的目的。3.6 节讲解集成学习的原理。集成学习是提升模型效果的终极撒手锏，也是多数比赛和业界建模过程的最后一步操作。

3.1 基本概念

为了解释清楚机器学习模型，我们先简单介绍机器学习的一些常用基本概念。这些概念在不同的书中描述可能稍有不同，但意思是一样的。

1. **数据集**（data set）：一系列记录的集合。

2．**样本**（sample）：在数据集中按照一定的规则抽取的子集。将按照规则抽取的数据集的子集作为模型训练时的样本，称为**训练样本**（training sample）**或训练集**。

3．**属性**（attribute）**或特征**（feature）：反映事件或对象在某方面的表现或性质。

4．**实例**（instance）：数据集中的每一条记录是关于一个事件或对象的描述，称为实例或样本，通常由**特征向量**（feature vector）表示。

5．**特征空间**（feature space）：所有特征向量存在的空间。

（1）属性空间、样本空间、输入空间和输出空间，这些都可以是不同的空间。

（2）特征空间是由样本属性通过变换得到的随机变量构成的。

6．**模型**（model）：从输入空间到输出空间的映射。

7．**假设空间**（hypothesis space）：模型映射的集合。假设空间意味着学习范围。

8．**输入空间**（input space）：模型中的输入所属的空间。

9．**输出空间**（output space）：模型中的输出所属的空间。

（1）输入空间和输出空间是由数据集本身和模型的定义所决定的。

（2）通常情况下，输入空间和输出空间都为线性空间。经过特殊定义的结构，可以将线性空间转换为其他类型的空间，以符合不同模型的定义需求。详情查看第2章中关于空间的定义。

10．**分类**（classification）：模型的输出变量为有限个离散值。

11．**回归**（regression）：模型的输出变量为连续（值）变量。

12．**标注**（tagging）：由一个序列变成另一个序列，即模型的输入和输出变量均为序列。

13．**聚类**（clustering）：事先不知道类别标签，需要按照一定原则将输入数据分为若干组。

14．**有监督学习**（supervised learning）：训练数据拥有标记信息。

15．**无监督学习**（unsupervised learning）：训练数据无标记信息。聚类问题往往属于无监督学习。

16. **半监督学习**（semi-supervised learning）：在训练数据中，少量的数据有标记，大多数无标记信息。

17. **强化学习**（reinforcement learning）：通过输入状态、（状态之间转移的）动作、奖惩（机制），来达到最好的预期效果。

与有监督学习相比，强化学习更专注于在线的动态规划，需要在事实（证据）和待探索（未知）信息之间找到平衡。

18. **泛化能力**（generalization）：模型在新样本（未知类别标记的样本）中的表现，模型适用于新样本的能力称为泛化能力。

19. **归纳**（induction）：由特殊到一般的泛化过程。

20. **演绎**（deduction）：由一般到特殊的特化（specialization）过程。

21. **误差**（error）、**方差**（variance）与**偏差**（bias）：在标准的科学实验定义中，误差是指测量结果偏离真值的程度。在机器学习中我们常说的误差，为泛化误差（generalization error）[3]，就是模型在未知数据集上的表现（performance），通常我们用在训练集和测试集上的损失函数（loss）来表示这个误差。这个 loss 实际上由两部分组成：偏差和方差。

$$误差 = 偏差 + 方差$$

（1）**方差**：机器学习中的方差与统计论中的方差定义形式一致，也记为 var(x)。

$$\mathrm{var}(x)=\mathrm{E}_D[(f(x;D)-f(x)]^2$$

其中，$f(x)$为数学期望，$f(x) = E_D[f(x;D)]$。

（2）**期望**：离散型变量的期望公式为$E(X) = \sum_i^\infty x_i\, p_i$，连续型变量的期望公式为$E(X) = \int_{-\infty}^{\infty} x\, f(x)\mathrm{d}x$。

3 关于泛化误差的理解，可以参考 www.algorithmdog.com 上的文章《从选拔赛说起——泛化误差分析》。

（3）**偏差**：期望输出与真实标记之间的差为偏差。

$$\text{bias}^2 = (f(x) - y)^2$$

图 3-1 展示了偏差与方差之间的关系。

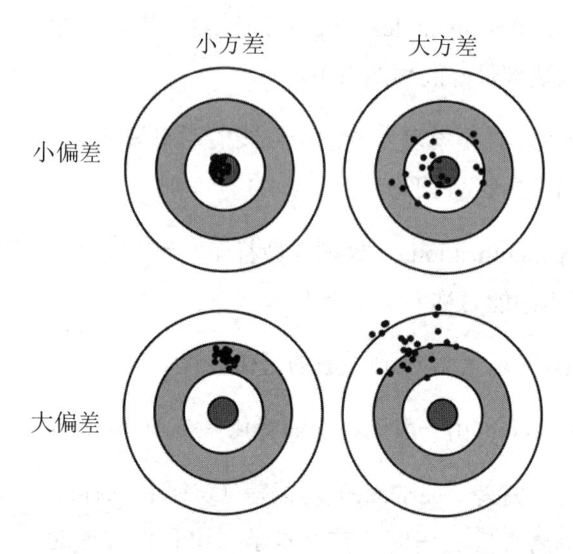

图 3-1　偏差与方差的关系[2]

设计机器学习模型时，应该从优化偏差和方差来着手[3]。模型训练之初，偏差总是很大，随着训练时长增加，偏差逐渐趋近于准确值，并且方差也不断地减小而趋于稳定。比如我们使用最小二乘法来优化方差，而一些 Lasso 方法或者 SVM 中增加了罚项实际上也是出于方差稳定性的考虑。

3.2　模型评价指标

在分类任务中，我们习惯基于错误率来评价分类器的能力。错误率指的是在所有测试样例中被错误分类的样例比例。但是，采用这样的度量方法难以看出样例是如何被错误分类的。在机器学习中，有一个普遍适用的称为混淆矩阵（confusion matrix）的工具，它可以帮助我们更好地了解分类中的错误。

3.2.1 混淆矩阵

假设在一所的房子周围可能发现三种类型的动物，现在要预测这三种动物中的哪一种或几种可能出现，那么这个问题的混淆矩阵就如表 3-1 所示。

表 3-1 3×3 混淆矩阵示例

真实值 \ 预测值	狗	猫	鼠
狗	24	2	5
猫	2	27	0
鼠	4	2	30

利用混淆矩阵可以充分理解分类中的错误。如果混淆矩阵中非对角线元素均为 0，就会得到一个近乎完美的分类器。

3.2.2 分类问题的基础指标

统计学最早应用于医学，而医学中有很多病例按照通俗意义上的“好”和“坏”被分为阳性和阴性，这些说法扩展到机器学习中，就有如下定义（此处以二分类为例进行说明，如表 3-2 所示）。

表 3-2 2×2 混淆矩阵

		真实类别		总体
		P	N	
预测类别	P'	真阳性（TP）	假阳性（FP）	P'
	N'	假阴性（FN）	真阴性（TN）	N'
总体		P	N	

1. **阳性**：指我们认为预测目标为感兴趣的类别（并不能以“好”或“坏”来说明）。比如，在反作弊风控中，我们需要预测的是作弊行为。对于模型来说，如果预测目标为作弊行为，即表明其是阳性的。

2. **阴性**：指预测目标并非我们感兴趣的类别，比如，在反作弊风控中的正常用户。

3．**正类与负类**：指阳性与阴性，在机器学习中，阳性和阴性一般用正类和负类来表示。

4．**Positive**：表示阳性。我们把真实类别为阳性表示为 P，预测类别为阳性表示为 P'[4]。

5．**Negative**：表示阴性。我们把真实类别为阴性表示为 N，预测类别为阴性表示为 N'。

值得注意的是，阳性与阴性、正类与负类并不区分是模型预测的还是真实类别（一般以标注为参考）。有些教材中可能对于 P 和 N 有不同的定义（与 P'和 N'的定义正好对调），我们这里按照常见标准定义[5]，真实类别为阳性的表示为 P，真实类别为阴性的表示为 N。

6．**True（T）**：表示预测正确。简单地说，就是真实类别与预测类别相同。以二分类为例，即真实类别为阳性，预测类别也为阳性（TP，即真阳），以及真实类别为阴性，预测类别也为阴性（TN，即真阴）。

7．**False（F）**：表示预测错误。简单地说，就是真实类别与预测类别相反。以二分类为例，真阳性被预测为阴性（FN），真阴性被预测为阳性（FP）。在统计学的假设检验中，FP 为第一型错误（即拒绝零假设），FN 为第二型错误（即接受零假设）。

8．**正确率（Precision）**：指的是在对感兴趣类别的预测分类中，分类器预测正确的概率。根据正确率的概念，感兴趣的类别为预测目标，即阳性，正确率也就是预测为阳性（P'）的目标被正确分类的概率。正确率也叫**精确率、查准率**，等于真阳样本数量占所有被预测为阳性的样本数量的比率，即：

$$\text{正确率} = \frac{\mathrm{TP}}{\mathrm{TP}+\mathrm{FP}} = \frac{\mathrm{TP}}{P'}$$

但是正确率只能衡量分类器对于被预测为阳性样本的正确比率，并不能刻画分类器对于整体样本预测的效果，因为少了关键的一点，就是被预测为阳性的样本占

4　因此，我们也用 *P* 表示样本中阳性样本的数量，用 *P'*代表样本中预测为阳性的样本数量。下文中的 *N*、*N'*、TP、TN、FP、FN 也有类似的用法。后文不再特别解释。

5　参考 https://zh.wikipedia.org/wiki/ROC%E6%9B%B2%E7%BA%BF。

真正为阳性的比率，这里我们就引出下面的概念。

9．**召回率**（Recall）：也叫**真阳性率**（True Positive Rate，TPR，真正类率）、**灵敏度/敏感性**（Sensitivity）、**查全率**。通过这些名字也可知，召回率等于真阳样本数量占所有真实为阳性样本数量的比率。

$$召回率 = 灵敏度 = \mathrm{TPR} = \frac{\mathrm{TP}}{\mathrm{TP} + \mathrm{FN}} = \frac{\mathrm{TP}}{P}$$

公式分母的值跟分类器无关，因此召回率刻画的是分类器在整体数据中的表现。

10．**F-Measure（F-Score）**

有时正确率和召回率会出现矛盾的情形，因此为了综合考虑两者，我们使用F-Measure，又称 F-Score（F 得分，F 分数）。在介绍 F-Measure 之前，我们先介绍F_β。F_β是用来度量当赋予正确率和召回率同样的β倍重要性之后获得的检索效能[6]。它是基于 C. J. van Rijsbergen 的检索效能的度量：

$$E = 1 - \left(\frac{\alpha}{\text{Precision}} + \frac{1-\alpha}{\text{Recall}}\right)^{-1}$$

而$F_\beta = 1 - E$，$\alpha = \frac{1}{1+\beta^2}$。因此可得：

$$F_\beta = (1+\beta^2) \cdot \frac{\text{Precision} \cdot \text{Recall}}{(\beta^2 \cdot \text{Precision}) + \text{Recall}}$$

而且

$$F_\alpha = \frac{\text{Precision} \cdot \text{Recall}}{(1-\alpha)\text{Precision} + \alpha \cdot \text{Recall}}$$

从另一个角度看，F_α相当于正确率和召回率的加权平均，即：

$$\frac{1}{F_\alpha} = \alpha \cdot \frac{1}{\text{Precision}} + (1-\alpha)\frac{1}{\text{Recall}}$$

当$\alpha = 0.5$时，即为 F_1-Score：

$$\mathrm{F1} = 2 \cdot \frac{\text{Precision} \cdot \text{Recall}}{\text{Precision} + \text{Recall}}$$

6　https://en.wikipedia.org/wiki/Evaluation_measures_(information_retrieval)。

F_1-Score 是正确率和召回率的调合平均，当其值取 1 时，表示模型的正确率和召回率最好；当其值为 0 时，表示模型效果比较差。

11．准确率（Accuracy）

有些特定的场景下，我们不仅关注样本为阳性情况，也关注样本为阴性的情况。如果你想知道模型全局的准确率，就需要综合考虑阳性和阴性的准确程度，此时就有准确率的概念，即模型预测结果与标注结果相匹配的概率：

$$\text{准确率} = \frac{\mathrm{TP}+\mathrm{TN}}{\mathrm{TP}+\mathrm{TN}+\mathrm{FP}+\mathrm{FN}} = \frac{T}{A}$$

其中 A 代表全部样本的数量。

此种场景适合那些正负样本数量差别不是非常大的情形。

12．真阴性率（True Negative Rate，TNR）

同样，对于非感兴趣类别的预测，有阴性的召回率，这个指标叫作真阴性率（真负类率），也叫**特异度（Specificity）**。在实际应用中，准确率和召回率都是指阳性的度量指标。真阴性率为样本被正确预测为阴性占真实为阴性的样本的比率。

$$\text{特异度} = \mathrm{TNR} = \frac{\mathrm{TN}}{\mathrm{FP}+\mathrm{TN}} = \frac{\mathrm{TN}}{N}$$

13．假阴性率（False Negative Rate，FNR）

伪（假）负类率，也叫漏诊率（=1-灵敏度）

$$\mathrm{FNR} = \frac{\mathrm{FN}}{\mathrm{TP}+\mathrm{FN}} = \frac{\mathrm{FN}}{P}$$

14．假阳性率（False Positive Rate，FPR）

伪（假）正类率，即误诊率（= 1-特异度）

$$\mathrm{FPR} = \frac{\mathrm{FP}}{\mathrm{FP}+\mathrm{TN}} = \frac{\mathrm{FP}}{N}$$

15．阳性似然比

$$阳性似然比 = \frac{真阳性率}{假阳性率} = \frac{灵敏度}{1-特异度}$$

16. 阴性似然比

$$阴性似然比 = \frac{假阴性率}{真阴性率} = \frac{1-灵敏度}{特异度}$$

17. **Youden 指数**

$$\text{Youden 指数} = 灵敏度 + 特异度 - 1 = 真阳性率 - 假阳性率$$

在实际使用过程中，需要针对问题本身的性质来考虑更加偏重于使用哪种模型评价指标。那些不能忍受模型预测结果有太大误差的模型需要侧重较高的精确率，其本质是宁缺毋滥，可以接受有些阳性样本没有被召回，但是一旦认为样本是阳性，就需要有极高的正确性。比如在医学检测中，一般认为有病毒或者器质发生异变则为阳性，而一切正常则为阴性。机器学习作为一种辅助治疗决策的手段，如果准确率较高，就能有更大的信任度，减少专家的复检投入。

而对于要多捕获疑似有问题的感兴趣类别的模型，则侧重较高的召回率，即疏而不漏，甚至可以接受较多的误判，但是宁可误判，也不允许有漏网之鱼。比如在某个场景的贷款项目中，我们投入极多的金钱或者人力进行复检，而不放过任何可能存在隐性阳性（作弊）的可能。

在机器学习中，我们一般对阳性类别感兴趣，因此正确率和召回率是最重要的两个指标。

3.2.3 ROC 曲线与 AUC

ROC 曲线（Receiver Operating Characteristic curve，接受者操作特征曲线），又称感受性曲线（sensitivity curve），它和 AUC（Area Under Curve，曲线下面积，通常指 ROC 的曲线下面积）一起常常被用来评价一个二值分类器（binary classifier）的优劣。

1. ROC 曲线

ROC 曲线是反映敏感性（真阳性率、召回率）和特异性（真阴性率、特异度）

连续变量的综合指标，其横坐标为假阳性率（FPR=1−特异度），纵坐标为真阳性率（TPR），但它并不是刻画真阳性率与假阳性率的函数的曲线，只是表明二者关系的曲线。图 3-2 所示的就是一条 ROC 曲线。

在二分类模型中，这种真阳性率与假阳性率的对应关系跟所选定的阈值息息相关。选取不同的阈值，就可以得到不同的二元组(FPR, TPR)，将这些二元组作为坐标展示在平面上，并用平滑曲线连接，就可以画出在不同阈值下假阳性率与真阳性率的关系图。

随着阈值的减小，越来越多的实例被划分为正类，但是这些正类中也掺杂着真正的负实例，即 TPR 和 FPR 会同时增大。如图 3-3 所示，（a）图中实线为 ROC，线上每个点都对应一个阈值。

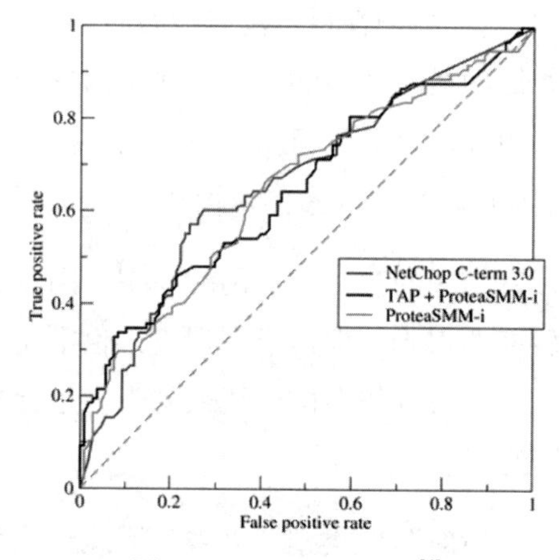

图 3-2　ROC 曲线示例[4]

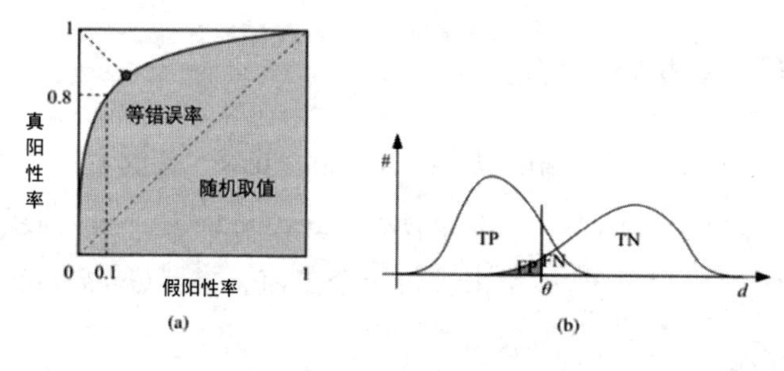

图 3-3　ROC 曲线的变化

一般情况下，ROC 曲线总是在直线$y = x$的上方。理想情况下，TPR 应该接近 1，FPR 应该接近 0。对于一个分类器，每个阈值下会有一个 TPR 和 FPR。很明显，从图 3-3 的（a）图可以看出，当阈值最大时，TPR = FPR = 0，对应于原点；阈值最小时，TNR = FNR = 0，对应于右上角的点(1,1)。

随着阈值增加，TP 和 FP 都增加。

- 横轴为假阳性率：即 1–真阴性率，也可称为 1–特异度，假阳性率越大，预测为正类的样本中实际为负类的越多。
- 纵轴为真阳性率：敏感性，也可理解为真正类覆盖率，TPR 越大，预测为正类的样本中实际为正类的越多。
- 理想目标：TPR=1，FPR=0，即图中(0,1)点，故 ROC 曲线越靠近(0,1)点，越偏离 45° 对角线越好，敏感性、特异度越大效果越好。

因此，ROC 曲线能够直观展示不同阈值下模型表现的好坏，同时为阈值的选取提供指导性建议。但是，如果我们想要量化分类器的好坏，就需要用到 AUC，即 ROC 的曲线下面积。

2. AUC

很显然，AUC 越大，当纵坐标 TPR 的值靠近 1 的时候，FPR 越靠近 0，此时分类器的效果越好。AUC 一般有两种计算方式：梯形法和 ROC AUCH 法，它们类似于积分的逼近方法，都以逼近法求 AUC 的近似值。

从 ROC 曲线图上可以直观地理解，AUC 越大，分类器效果越好，因为其形状接近于理想目标，即 TPR 接近 1 的时候，FPR 接近 0。根据 Fawcett 所述，AUC 的值为分类器将一个随机挑选的正样本排在负样本前面的概率。从另一个角度理解，也就是说，可以将 AUC 看作我们模型的置信度。

3.2.4　基尼系数

基尼系数（Gini coefficient），通常被用来判断收入分配的公平程度。它是指绝对公平线（line of equality）和洛伦茨曲线（Lorenz Curve）围成的面积与绝对公平线以下的面积之比（如图 3-4 所示），即：

$$基尼系数 = \frac{A}{A+B}$$

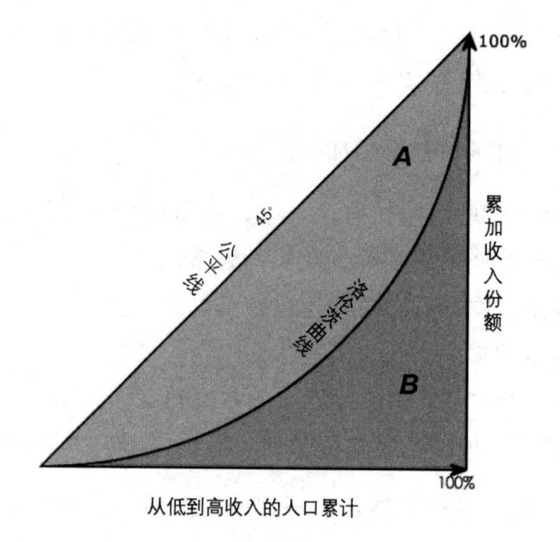

图 3-4 基尼系数的定义

当基尼系数被用于评估分类模型的预测效果时，是指 ROC 曲线和中线（45° 斜线）围成的面积与中线之上面积的比率，如图 3-5 所示。

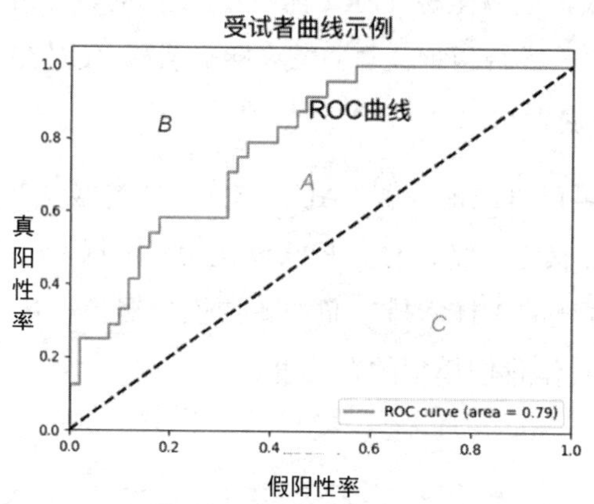

图 3-5 利用 ROC 曲线计算基尼系数

因此，基尼系数与 AUC 可以互相转换：

$$基尼系数 = \frac{A}{A + B} = \frac{\text{AUC} - C}{A} = \frac{\text{AUC} - 0.5}{0.5} = 2\text{AUC} - 1$$

3.2.5 回归问题的评价指标

对于回归问题，一般以检查方差为主。

1. **平均绝对误差**（Mean Absolute Error，MAE），即 $L1$ 范数损失（$L1$-norm loss）：

$$\frac{1}{N}\sum_{i=1}^{N}|y_i-\hat{y}_i|$$

2. **平均平方误差**（Mean Squared Error，MSE），即 $L2$ 范数损失（$L2$-norm loss）：

$$\frac{1}{N}\sum_{i=1}^{N}(y_i-\hat{y}_i)^2$$

3. logistics loss，简称对数损失（log loss），即交叉熵损失（cross-entropy loss）：

$$L(y,p) = -\log\Pr(y|p) = -(y\log(p) + (1-y)\log(1-p))$$

4. **一致性评价**，一般是指皮尔逊（Pearson）相关系数法，参见 2.1.2.7 节。

3.2.6 交叉验证

交叉验证（Cross Validation，CV）是用来验证模型优劣的一种统计分析方法。基本思想就是将原始数据集（dataset）分成训练集（train set）和验证集（validation set）。模型在训练集上进行学习，然后我们用验证集来评估模型的效果。下面介绍三种交叉验证策略。

1. Hold-Out 方法（Hold-Out Method）

将原始数据随机分成训练集和验证集，最后将模型在验证集上的评测指标作为 Hold-Out 方法下模型的性能指标。这种方法严格来说并不能算是交叉验证，因为没有达到交叉验证的目的，随机分组会使得模型最终的评估效果受分组的影响较大，所以此方法得到的结果并不具有说服力。但是它并非不能使用，在一定条件下（比如效果显而易见的情形），仍然具有使用价值。

2. K-折交叉验证（K-fold Cross Validation，K-CV）

将原始数据分成 K 组（$K>2$，一般是均分），然后每个子数据集分别作为一次验证集，其余 K–1 组作为训练集，进行学习和验证。这种方式会得到 K 个模型，使用

K 个模型的评价指标的平均值作为 K-CV 下模型的性能指标。K-CV 策略可以有效避免过拟合和欠拟合问题，而且结果具有说服力，因此也是用得最多的一种方法。

3．留一交叉验证（Leave-One-Out Cross Validation，LOO-CV）

其实这种策略类似于 K-CV，只不过将 *K* 换成了样本数量 *N*。也就是每个样本单独验证，其余 *N*–1 个样本作为训练集。这样我们就会得到 *N* 个模型，将 *N* 个模型的评价指标的均值作为 LOO-CV 策略下模型的性能。由于 LOO-CV 策略中每个回合几乎所有的样本都用于训练，因此模型的结果最接近原始样本的分布；而且实验过程中没有随机因素影响实验数据，确保了实验过程的可复现性。这样的结果准确可靠，并且可复用，很容易让人信服。

但是 LOO-CV 策略有一个很明显的缺点使得很少有人用它，就是学习成本较高。试想要产生 *N* 个模型，这在数据量较大的情况下基本不可能，而且其 ROI（Return on Investment，投入回报比）并不太高。不过，我们可以通过一些并行化的方法来提高模型训练的速度。

在某些情况下，如果不是为了验证任务（target）的可解性，或者此次实验采用的方法并非任务中最重要的一环，笔者会选择 Hold-Out 方法。选择这种做法，首先需要有对任务的绝对自信和对业务的深入了解，并且确信建模过程中并没有任何错误发生。其次，在工业界我们不仅要验证建模的过程，更要验证模型在真实情况下（即模型上线后）的表现。所以，不管你选择哪种交叉验证策略，最后还是要看模型在真实场景下的表现，这就牵扯到另一个数据集——测试集。

有时候我们会混用“验证集”和“测试集”这两个词，因为此时测试集充当了验证集的角色，而验证集充当了测试集最终校验效果的角色。不过，我们只要保证前两份训练时使用的数据是从数据集中分别抽取的不同集合，而第三份数据抽取自未知的数据，或者直接在灰度测试中采用线上数据，进而由人工校验效果即可。

相对于交叉验证，采用 bootstrap 的提升方法误差会更小。有时候在高维空间中，我们容易错误地使用交叉验证。比如，遗传算法（Evolutionary Algorithms，EA）和分类器都是实验室中常用的两种方法。前面讲过，只有训练集才可用于构建模型，所以只有训练集的辨识率才可以用在适应性函数（fitness function）中。而遗传算法是在训练模型的过程中调整模型最佳参数的方法，所以只有在遗传算法结束演化后，模型的参数已经固定，才可以使用测试数据。因此，遗传算法与 K–CV 可以搭配使用。正确的使用方法是，在 K-CV 中每次进行训练时，都在 K–1 组数据中进行一次遗传算法的演化（在该次训练中，将训练集套用到遗传算法的适应性函数计算中），而遗传算法的辨识率是每次测试集的辨识率的平均值。

3.3　回归算法

3.3.1　最小二乘法

线性回归算法用于模拟线性模型，最简单的线性模型是最小化观察值与模型预测值之间的平方和，即：

$$\min_{\boldsymbol{w}}\|\boldsymbol{X}\boldsymbol{w}-\boldsymbol{y}\|_2^2$$

其中$\boldsymbol{w}$为学习的参数，$\boldsymbol{X}$为特征值，$\boldsymbol{y}$为标注或观测的结果，采用这种类似的优化目标的优化方法称为最小二乘法（ordinary least squares）。

线性回归依赖于特征项之间的独立性，如果项之间有相关性或者$\boldsymbol{X}$的列之间有相似的线性依赖，那么$\boldsymbol{X}^{\mathrm{T}}\boldsymbol{X}$矩阵就近似于奇异矩阵（列不满秩），会导致结果对于观测值的随机误差非常敏感，产生巨大的方差。举个例子来说，如果数据是从实验中采样的，就很有可能会产生这种多重线性相关性问题。

为了更好地理解最小二乘法，下面我们从几何投影的角度来讲解。

1. 三维空间向量在二维平面的投影

先简单回顾一下相关知识，三维空间向量在二维平面的投影。由于高维空间可以用矩阵表示，因此我们可以方便地从三维空间扩展到高维空间的情形（后面会讲到）。

如图 3-6 所示，在三维空间中给定一个向量 $\boldsymbol{u}$，以及由向量 $\boldsymbol{v}_1$、$\boldsymbol{v}_2$ 构成的二维平面。向量 $\boldsymbol{p}$ 为 $\boldsymbol{u}$ 到这个平面的投影，它是 $\boldsymbol{v}_1$ 与 $\boldsymbol{v}_2$ 的线性组合，即：

$$\boldsymbol{p} = c_1 \boldsymbol{v}_1 + c_2 \boldsymbol{v}_2 \tag{3-1}$$

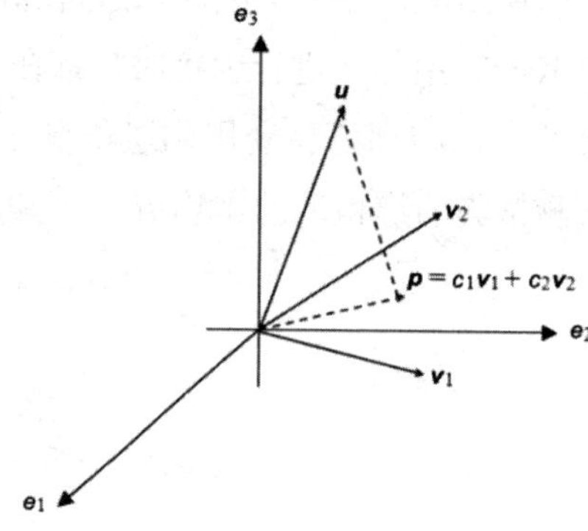

图 3-6　三维空间中的向量投影

对（3-1）式的求解很简单，列出公式：

$$\begin{cases}(\boldsymbol{u}-\boldsymbol{p})^{\mathrm{T}}\boldsymbol{v}_1 = 0 \\ (\boldsymbol{u}-\boldsymbol{p})^{\mathrm{T}}\boldsymbol{v}_2 = 0\end{cases} \tag{3-2}$$

为了与高维空间有统一的形式，我们令 $\boldsymbol{V} = [\ \boldsymbol{v}_1\ ,\ \boldsymbol{v}_2\ ]$，这样（3-2）式就变为 $(\boldsymbol{u}-\boldsymbol{p})^{\mathrm{T}}\boldsymbol{V} = 0$，再带入（3-1）式中并转置，就得到$\boldsymbol{V}^{\mathrm{T}}(\boldsymbol{u}-\boldsymbol{V}\boldsymbol{c}) = 0$，这里的 $\boldsymbol{c}$ 表示 $[c_1, c_2]^{\mathrm{T}}$。最终得到系数 $\boldsymbol{c}$ 的表达式为：

$$\boldsymbol{c} = (\boldsymbol{V}^{\mathrm{T}}\boldsymbol{V})^{-1}\boldsymbol{V}^{\mathrm{T}}\boldsymbol{u}$$

这样，我们就得到一个高维空间的统一形式。

2. 最小二乘法

回顾一下相关知识，在简单的二维空间中，假设我们有 n 个样本，$\{(x_i, y_i), i = 1,2,\cdots,n\}$，如何在这个空间用一个多项式来模拟它，同时获得较好的效果呢？首先要定义什么是比较好的效果。如图 3-7 所示，我们先画一条直线来近似拟合。

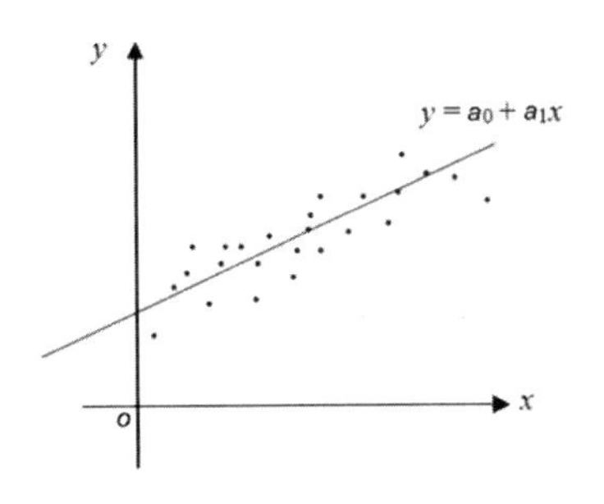

图 3-7　最小二乘直线拟合

在二维空间中，一条直线的表达式就是$y = a_0 + a_1 x$。我们定义每个点的误差为：

$$e_i \stackrel{\text{def}}{=} y_i - a_0 - a_1 x_i$$

注意，这里我们用了定义符号。之所以定义误差，是因为以后你会发现可以定义不同形式的误差，从而获得不同样式的模型 （比如在 SVM 中，我们定义误差形式为点到超平面的距离，此时我们会使用其他非最小二乘的方法来得到这个超平面）。那么，如何判断这条直线模拟（回归）的效果？我们定义最小化误差的平方和，也就是下面这个函数：

$$S = \sum e_i^2 = \sum (y_i - a_0 - a_1 x_i)^2 \tag{3-3}$$

它其实就是机器学习中的损失函数。这是一个简单的求极值的函数优化问题，可以求得a_0和a_1。同样，为了扩展到高维空间，我们将答案写成如下的矩阵形式 ：

$$\begin{bmatrix} a_0 \\ a_1 \end{bmatrix} = \begin{bmatrix} n & \sum x_i \\ \sum x_i & \sum x_i^2 \end{bmatrix} = \begin{bmatrix} \sum y_i \\ \sum x_i y_i \end{bmatrix} \tag{3-4}$$

在高维空间，如果使用微积分计算会非常复杂，但是我们可以通过一些矩阵操作来快速写出表达式。通过这种矩阵操作，我们能够看到最小二乘法的空间变换方式，从几何层面直观地理解损失函数求解的过程。

用矩阵形式重写损失函数（3-3），其实就是（3-5）式所示向量的二范数：

$$\begin{bmatrix} y_1 \\ \vdots \\ y_n \end{bmatrix} - \left(a_0 \begin{bmatrix} 1 \\ \vdots \\ 1 \end{bmatrix} + a_1 \begin{bmatrix} x_1 \\ \vdots \\ x_n \end{bmatrix} \right) \tag{3-5}$$

我们把误差的平方和看作该向量长度的平方有什么好处呢？首先，求误差平方和的最小值，等同于求向量长度的最小值。那么，向量的长度代表什么含义？（3-5）式的圆括号中是两个向量$[1, 1, \dots, 1]^{\mathrm{T}}$和$[x_1, x_2, \dots, x_n]^{\mathrm{T}}$的线性组合。如果类比到二维空间，它们也就是两个向量构成的二维子空间（一个平面）。所以（3-5）式代表的向量的长度就是向量$[y_1, y_2, \dots, y_n]^{\mathrm{T}}$到这个二维子空间上任意一点的距离。我们的优化目标就是使这个距离最短，即找到投影的距离（因为投影距离最短）。

因此，在三维空间中，我们求的是向量到平面的投影距离。在高维空间中，就是求高维向量到高维面的投影距离（这种说法只是为了帮助大家理解）。

接下来，对于这个简单的例子如何计算呢？就是利用公式（3-2）和图 3-6。把 $\boldsymbol{u}$ 替换成$\boldsymbol{y} = [y_1, y_2, \dots, y_n]^{\mathrm{T}}$，把 $\boldsymbol{v}_1$ 和 $\boldsymbol{v}_2$ 分别替换成$[1, 1, \dots, 1]^{\mathrm{T}}$和$[x_1, x_2, \dots, x_n]^{\mathrm{T}}$，线性组合的系数$c_1$、$c_2$即$a_0$、$a_1$，得到：

$$
\begin{aligned}
\begin{bmatrix} a_0 \\ a_1 \end{bmatrix} &= (\boldsymbol{V}^{\mathrm{T}}\boldsymbol{V})^{-1}\boldsymbol{V}^{\mathrm{T}}\boldsymbol{u} \\
&= \left(\begin{bmatrix} 1 & \cdots & 1 \\ x_1 & \cdots & x_n \end{bmatrix} \begin{bmatrix} 1 & x_1 \\ \vdots & \vdots \\ 1 & x_n \end{bmatrix} \right)^{-1} \left(\begin{bmatrix} 1 & \cdots & 1 \\ x_1 & \cdots & x_n \end{bmatrix} \begin{bmatrix} y_1 \\ \vdots \\ y_n \end{bmatrix} \right)^{-1} \\
&= \begin{bmatrix} n & \sum x_i \\ \sum x_i & \sum x_i^2 \end{bmatrix}^{-1} \begin{bmatrix} \sum y_i \\ \sum x_i y_i \end{bmatrix}
\end{aligned}
$$

这样就很容易应用到更高阶的多项式中。

在推导过程中，我们并没有使用微积分知识来构造齐次线性常微分方程组求解析解，只用到了简单的几何投影概念。总结一下，最小二乘法的几何意义是高维空间中的一个向量（由 $\boldsymbol{y}$ 的数据量决定）在低维子空间（由 $\boldsymbol{x}$ 的数据和 $\boldsymbol{x}$ 的多项式的次数决定）的投影。因为投影导致维度减少（可以理解为包含的信息变少了），所以我们可以使用简单的多项式来匹配一堆可能蕴含复杂关系的数据。

类似的算法还有傅里叶级数。傅里叶级数同样可以理解为空间投影，区别在于它是在同一维度的变换，并不会删减太多信息，只是表达式变得简单优雅，利于计算而已。

3.3.2　脊回归

脊（岭）回归（Rige Regression）是在最小二乘法的基础上增加罚项（penalty term，一般使用正则项），来限制系数的大小。其优化目标为：

$$\min_{w}\ \{\|X_w - y\|_2^2 + \alpha\|w\|_2^2\}$$

其中$\|w\|_2$为 $L2$ 正则项（$L2$ 范数，见 2.1.1.1 节）。在损失函数（即优化目标）中加入惩罚项，我们在求解参数的过程中就能控制系数的大小；通过设置缩减系数（惩罚系数），使得影响较小的特征的系数衰减到 0，只保留重要的特征。

常用的缩减系数方法除了脊回归（使用 $L2$ 正则化操作），还有 Lasso（使用 $L1$ 正则化操作）。脊回归的时间复杂度与传统最小二乘法的相同，均为$O(np^2)$，其中 shape(X) = (n, p)。α参数可以通过留一交叉验证方法来调整。

3.3.3　Lasso 回归线性模型

Lasso 回归（Lasso Regression）线性模型的优化目标为：

$$\min_{w}\ \{\frac{1}{2n_{\text{samples}}}\|Xw - y\|_2^2 + \alpha\|w\|_1\}$$

其中，$\|w\|_1$为正则项。Lasso 回归线性模型可以估计稀疏系数，对于一些条件独立的问题，在参数值较少的场景下，可以快速降低方差。因此，Lasso 回归线性模型和其变种非常适用于稀疏采样的场景。在一些特定的条件下，甚至可以恢复一些特定的非零权重值。

3.3.4　多任务 Lasso

多任务（目标）Lasso 可以解决复回归问题（multiple regression，也叫多变量回归），多任务 Lasso 包含了一个混合的 $L1$、$L2$ 先验作为正则化因子。其目标函数是：

$$\min_{w}\ \{\frac{1}{2n_{\text{samples}}}\|XW - Y\|_2^2 + \alpha\|W\|_{21}\}$$

其中

$$\|\boldsymbol{W}\|_{21}=\sum_{i}\sqrt{\sum_{j}w_{ij}^{2}}$$

3.3.5 *L*1、*L*2 正则杂谈

$L1$ 正则会比 $L2$ 正则更容易获得稀疏解，$L2$ 正则对于大数的惩罚力度相对更大，因此求出的解更加均匀。

我们可以假设所要求解的原函数是一个简单的凸函数，则增加了 $L1$ 和 $L2$ 正则项的目标函数就是两个不同限制条件的凸优化问题。以二维欧氏空间为例，假设原函数是图 3-8 中的圆束，则限制项 $L1$ 正则和 $L2$ 正则分别对应正方形中心区域和圆形中心区域。目标函数的最优解在两个函数的切点位置。很明显，可以看出使用 $L1$ 正则项的优化问题得到的解比使用 $L2$ 正则项的更稀疏。

从另一个角度来看，当超参极小时，$L1$ 正则的衰减会更大，这也是使用 $L1$ 正则项更容易得到稀疏解的原因。当然读者可以以一些优化问题为例，通过绘制损失变化曲线，来观察在不同迭代下 $L2$ 与 $L1$ 正则项（罚项）的具体表现。

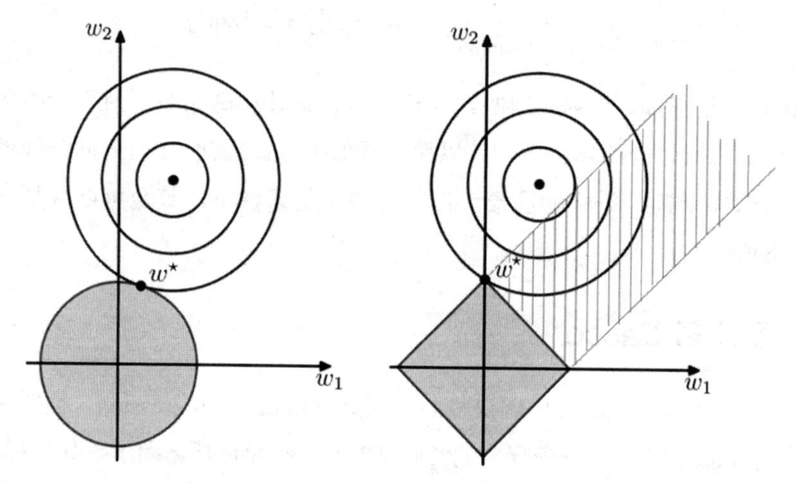

图 3-8 *L*1、*L*2 不同正则项的优化函数

3.4 分类算法

本节介绍一些典型的分类算法。其中，逻辑回归（Logistic Regression，LR）算法的具体介绍请见后面的 10.3.1.1 节。

3.4.1 CART 算法

CART 算法（Classification And Regression Tree，分类与回归树），由 Breiman 等人在 1984 首次提出[5]，既可以用于分类问题，也可以用于回归问题。CART 算法由特征选择、树的生成与剪枝组成。它也是后来的提升树（如 XGBoost）算法的基础。

CART 算法的目标是计算目标值 Y 的概率分布，它假设决策树（分类与回归树）是二叉树，其内部节点根据特征值的“是”或“否”来划分分支。下面分别介绍回归树与分类树，它们各自使用平方误差最小化准则与基尼指数最小化准则来选择特征，生成决策树[6]。

3.4.1.1 回归树

CART 算法中解决回归问题的树模型为使用最小二乘法来计算误差的最小二乘回归树。下面介绍最小二乘回归树算法的流程。

最小二乘回归树算法

输入：训练数据集 D，特征空间的特征值为离散值或连续值。

输出：回归树 $f(x)$。

划分：输入空间被划分为 M 个单元$R_1, R_2, \cdots, R_M$，单元相应的输出值为c_m 。

V：特征值所在的集合。

初始划分：初始区域只有一个，为整个输入空间。

递归：在输入空间中，递归地将每个区域划分为两个子区域，并确定每个子区域上的输出值，也就是区域不断分裂，数量不断增加。

对当前区域，做以下操作：

（1）寻找最优区域划分点(j, s)。不断遍历 j 和扫描切分点 s，求使目标函数值最

小的最优切分变量 j 与切分点 s（$s \in \boldsymbol{V}(x_j)$）：

$$\arg\min_{j,s}\left[\min_{c_1}\sum_{x_i\in R_1(j,s)}(y_i-c_1)^2+\min_{c_2}\sum_{x_i\in R_2(j,s)}(y_i-c_2)^2\right]$$

$$R_1(j,s)=\left\{x\middle|\min x^{(j)}\leqslant s\right\}$$

$$R_2(j,s)\ =\left\{x\middle|\min x^{(j)}>s\right\}$$

（2）用步骤（1）中选定的(j,s)来划分当前区域，并更新相应的输出值：

$$R_1(j,s)=\left\{x\middle|\min x^{(j)}\leqslant s\right\},\ R_2(j,s)\ =\left\{x\middle|\min x^{(j)}>s\right\}$$

$$\hat{c}_m=\frac{1}{N_m}\sum_{x_i\in R_m(j,s)}y_i\ ,\ x\in R_m(m=1,2)$$

（3）使用宽度优先的方式，继续对当前区域划分的两个子区域调用步骤（1）与（2），直到满足停止条件。

（4）将输入空间划分为 M 个区域$R_1,R_2,\cdots,R_M$，生成决策树：

$$f(x)=\sum_{m=1}^{M}\hat{c}_m I\qquad(x\in R_m)$$

3.4.1.2 分类树

在讲分类树之前，我们先介绍一种可以用来量化信息增益大小的指数——基尼指数（Gini index）。前面讲了基尼系数，是经济学中的定义，而基尼指数是指基尼系数的百分比表示，此处是基尼指数在信息论中的应用。与使用最小二乘法计算误差不同，分类树的分支决策由基尼指数来确定。

在分类问题中，假定有 K 个类，样本点属于第 k 类的概率为p_k，则概率分布的基尼指数定义为：

$$\text{Gini}(p)=\sum k=1^k p_k(1-p_k)=1-\sum k=1^k p_k^2$$

可知在二分类问题中，假设样本属于其中一个类的概率为 p，则概率分布的基尼指数为：

$$\mathrm{Gini}(p) = 2p(1-p)$$

对于给定的样本集合 D，其基尼指数可由统计计算得：

$$\mathrm{Gini}(D)= 1$$

分类树算法

输入：训练数据集 D。假设特征空间的特征值为离散值，特征向量 feature=$(A_1, A_2, \cdots, A_n)$。

输出：CART 决策树。

根节点：根节点包含的训练数据为$D_0 = D$。

根据训练数据集，从根节点开始，递归地对每个节点进行以下操作：

（1）假设节点 t 当前包含的训练数据为D_t，计算当前节点所有特征取全部可能值的基尼指数：

$$\arg\min_{i,c} \mathrm{Gini}(D_t, A_i)$$

$$c \in V(D_t, A_i)$$

（2）根据序对(i, c)划分当前节点，按照A_i是否等于c将D_t划分为D_1、D_2两个部分。

（3）对两个子节点递归调用步骤（1）和（2），直到满足停止条件。

（4）生成 CART 决策树。

CART 剪枝算法[7]

输入：CART 算法生成的决策树，假设为T_0。

输出：最优决策树T_α。

误差：$C(T)$，训练数据的预测误差。

比如，误差为基尼指数：

$$C(T) = \sum_{t=1}^{|T|} N_t H_t(T) = -\sum_{t=1}^{|T|}\sum_{k=1}^{K} N_{tk} \log\frac{N_{tk}}{N_t}$$

其中，$|T|$为树T的叶子节点个数。

我们每次对内部节点t进行模拟剪枝，则：

- 剪枝前的状态：假设有$|T_t|$个叶子节点，预测误差为$C_\alpha(T_t) = C(T_t) + \alpha|T_t|$。
- 剪枝后的状态：因为只有一个节点且为叶子节点，所以预测误差为$C_\alpha(t) = C(t) + \alpha$。

其中，T为任意子树，参数α为非负实数，用来权衡训练数据的拟合程度和模型的规模（树的复杂程度）。很显然，没有罚项的目标函数倾向于得到尽可能小的基尼指数，但此种情形下树的复杂程度会增加。

（1）假设$k = 0$，$T = T_0$，$\alpha = +\infty$。

（2）迭代执行下列操作，直到达到终止条件。

① 自下而上对内部节点 t 进行如下操作：若$g(t) = \alpha$，则进行剪枝，并通过多数表决来决定变成叶子节点的 t 的类别，得到树T。

② 更新$k = k + 1, \alpha_k = \alpha, T_k = T$。

③ 若T为只包含根节点的平凡图，终止迭代。

（3）采用交叉验证的方式，在子树序列$\{T_0, T_1, \cdots, T_n\}$中选取最优子树$T_\alpha$。

3.4.2 支持向量机

支持向量机（Support Vector Machine，SVM）是一种线性分类器，其基本原理是使特征空间中分类的间隔最大。值得一提的是，这里的“线性分类”是指真正意义上的近似于用一条线可以分开不同的类别。

支持向量机中有几个特别的概念：间隔、核技巧以及合页损失函数。理解了这几个概念，也就算是理解支持向量机了。限于篇幅，本书并不展开讲它们，请读者自行查阅相关书籍。

支持向量机区别于感知机的主要特征源自间隔最大化。非线性情况下的 SVM 分类器得益于它的核技巧，这是一种在代数中遗传下来的数学变换的技巧。支持向量机的学习过程就是一个求解凸二次规划（convex quadratic programming）的过程，它等价于正则化的合页损失函数最小化。

罚项（也叫罚函数）是在机器学习中增加模型泛化能力的一种常用技巧，有时增加罚项会使函数的意义及其解释、推导过程都产生变化。现在的优化理论对于罚函数的研究已经比较成熟。一般情况下罚函数将约束最优化函数的违反度纳入目标函数，而在很多情况下，罚函数并非在目标函数中有意加入的，而是在问题的解释与模型的构造发生变化的情况下自然而然引入的。

在推导中你就会发现，加入了罚函数的目标函数与在原来的问题解释方式之下所构造的函数有着异曲同工之妙，因此有时加入了罚项的损失函数最小化也被称为结构风险最小化。对于一些损失函数，可以尝试通过显示地构造一些罚函数来构造新的模型，但是要遵循罚函数的可解释性，以及后续的学习可以方便地进行下去的原则。比如，在约束优化问题 SQP（序列二次规划问题[8]）方法中，利用罚函数作为价值函数来决定是否接受试探点；在非线性最小二乘法中引入罚函数，将其变成 LM[9] 方法。

除此之外，当前很多机器学习方法中使用正则项代替罚项的含义，正则即意味着规律、规范，其本质是相同的，主要是为了降低模型的复杂度/规模。一般情况下，加入正则项会使得参数长度减小（在数学中称为 shrinkage），损失函数的无偏估计减小，从能够达到减少过拟合，增加泛化的效果。

支持向量机大体可分为线性可分支持向量机（Linear Support Vector Machine in linearly separatable case）、线性支持向量机（Linear Support Vector Machine）及非线性支持向量机（Non-Linear Support Vector Machine）。这三种分类也基本体现了支持向量机的发展历程——由简至繁，简单的支持向量机模型就是复杂模型在特殊情形下的形式。

三种支持向量机的区别主要是间隔函数的变化。线性可分支持向量机主要解决硬间隔最大化（hard margin maximization）问题，而硬间隔最大化又要求训练数据是线性可分的，我们可以将训练数据其类比为平面上的点集，硬间隔最大化也就是能够用一条直线将这些点划分开的情形。而如果无法使用一条直线划分，比如有一些噪声点在分离超平面（这个超平面在二维空间下就是一条直线）附近，甚至越过了超平面，我们就无法用一条直线进行绝对意义上的划分，但可以找到一个近似最好的划分，那么我们就说训练数据是近线性可分的。这时候我们的学习目标也是间隔最大，但是这时的间隔将变为软间隔（soft margin），也就是软间隔支持向量机，即线性支持向量机。

前面所说的都是训练数据可分的情况，如果训练数据不可分，怎么办？这时核技巧就发挥作用了。核技巧实际上是一种代数上的非线性变换。我们知道，代数上的非线性变换可以使得空间或域发生变换，而这里需要找到一种可以将线性不可分的空间或域转化为至少近线性可分的空间或域的方法（真实的变换是欧氏空间到希尔伯特空间的非线性变换，使其具有更广泛的内积运算与完备性），这样我们就可以把问题变换为软间隔最大化的问题。

关于支持向量机的具体建模方法和学习过程的SMO算法，请参见后面的10.3.1.2节。

3.5 降维

本节不以机器学习所解决的目标来划分结构，而是独立讲述关于降维的知识。其实这样安排是有意义的，因为维度灾难是机器学习中的一个重灾区。

机器学习工程师会遇到各种各样的数据体量过大的问题。有些问题是特征稀疏、维度过大，有些问题是原始数据信息过多。还有一些情形是工程师希望通过一定的技术，按照一定策略，从海量数据中抽取最有效的信息。

通常情况下，可以从两个角度来做降维。一种是进行空间映射，找到一种有效的从高维空间到低维空间映射的方法。根据前面讲述的数学知识，这种空间变换方法的本质是找到一种算子。降维技术以PCA、LDA（Linear Discriminant Analysis）、Autoencoding等为代表。其中，PCA主要是从特征的协方差角度寻找比较好的映射方式；LDA则更多地考虑了标注，即希望映射后不同类别之间数据点的距离更大，同一类别的数据点更紧凑。

另一类是基于流形学习（Manifold Learning）的方法，其目的是找到高维空间样本的低维描述。它假设在高维空间中数据会呈现一种有规律的低维流形排列，但是这种规律排列不能直接通过高维空间的欧氏距离来衡量。这一类方法以LLE（Locally

Linear Embedding，局部线性嵌入）、LTSA（Local Tangent Space Alignment，局部切空间对齐）、Isomap（Isometric Feature Mapping，等距映射）等为代表。如图 3-9 所示，使用 LLE 来进行空间变换，实际的距离由展开后的距离决定。

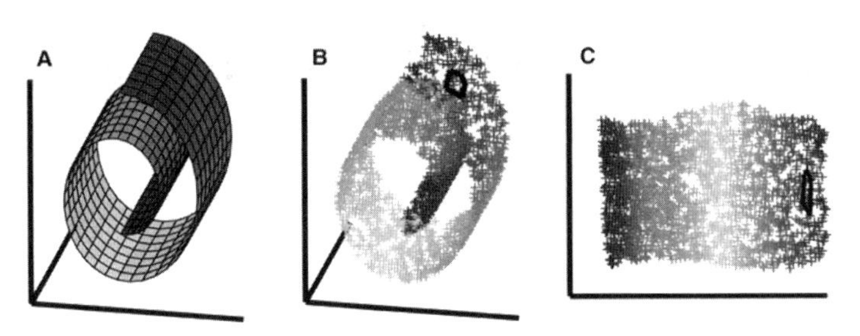

图 3-9　用 LLE 来做空间变换[10]

3.5.1　贝叶斯网络

贝叶斯网络是概率图模型的基础，也是一些深度学习方法和降维模型的基础，我们在此进行简单的介绍。贝叶斯网络，又称贝叶斯网、贝叶斯信念网络或信念网络，或有向无环图模型，它是一种概率图模型，于 1985 年由 Judea Pearl 首先提出[11]。贝叶斯网络是一种模拟人类推理过程中因果关系的不确定性处理模型，其网络拓扑结构是一个有向无环图，用来表述一组变量的联合概率分布。

朴素贝叶斯模型假定所有变量在给定目标变量值下是条件独立的，这种假设显著降低了目标函数学习的计算复杂度，但是在许多情形下，这种假设过于严格而限制了模型的适用范围。（正因为如此，朴素贝叶斯的工程实现也有很多技巧，因为观测值的概率可以通过统计产生，并且存在很多约分项。）

贝叶斯网络描述的是一组变量所遵从的概率分布，它通过一组条件概率来指定一组条件独立性假设，可以用来表述变量的一个子集上的条件独立性假设。

1. 联合空间（joint space）

变量集合Y的联合空间$\mathrm{JS}(Y)$为：

$$\mathrm{JS}(Y) \stackrel{\mathrm{def}}{=} V(Y_1) \times V(Y_2) \times \cdots \times V(Y_n)$$

其中，$Y_1, Y_2, \cdots, Y_n$ 为随机变量，$Y_i \in V(Y_i)$。

联合空间中的每一项对应变量元组$< Y_1,Y_2,\cdots,Y_n >$的一个可能赋值。

2．联合概率分布

联合概率分布为在此联合空间上的概率分布。联合概率分布指定了元组$< Y_1,Y_2,\cdots,Y_n >$的每个可能的变量约束的概率。贝叶斯网络对一组变量描述了联合概率分布。

3.5.1.1 条件独立性

假设X、Y、Z为3个离散型随机变量，当给定Z值时，X的概率分布独立于Y，称X在给定Z时**条件独立**于Y，即：

$$\forall x_i,y_j,z_k，P(X=x_i\,|Y=y_j,Z=z_k\,)=P(X=x_i|Z=z_k)$$

通常简写为：$P(X|Y,Z)=P(X|Z)$。

这个关于条件独立性的定义可扩展到变量集合。若

$$P\left(X_1,X_2,\cdots,X_l\middle|Y_1,Y_2,\cdots,Y_m,\ Z_1,Z_2,\cdots,Z_n\right)=P(X_1,X_2,\cdots,X_l|Z_1,Z_2,\cdots,Z_n)$$

则称变量集合$\{X_1,X_2,\cdots,X_l\}$在给定变量集合$\{Z_1,Z_2,\cdots,Z_n\}$时条件独立于变量集合$\{Y_1,Y_2,\cdots,Y_m\}$。

注意，此定义与朴素贝叶斯的条件独立性的关系。朴素贝叶斯假定给定目标值V时，属性A_1条件独立于属性A_2，而此处只要求在另一个变量（假设为A_3）下条件独立，因此更加宽松。我们只需要在网络中构造相邻节点的条件独立关系，而不要求所有随机变量在同一空间内都条件独立。

3.5.1.2 贝叶斯网络结构

贝叶斯网络是一个有向无环图，通过指定一组条件独立性假设以及一组局部条件概率集合来表示联合概率分布。

下面列出一些基本概念。

1．**后继**：如果从随机变量Y到X存在一条有向路径，称X是Y的后继。

2．**前驱**：同时，Y是X的前驱。

3．**直接前驱**：在有向无环图中，有邻接边直接相连的前驱为直接前驱或**立即前驱**，即父节点，用$\text{Parents}(X)$表示。

网络中的每个节点表示联合空间中的变量，每个变量需要两种类型的信息。

- **网络弧**：表示断言“此变量在给定其直接前驱时条件独立于其非后继”。
- 每一个变量都有一个**条件概率表**，描述该变量在给定其直接前驱时的概率分布。

网络节点中的元组$< Y_1, Y_2, \cdots, Y_n >$在给定值$(y_1, y_2, \cdots, y_n)$下的联合概率为：

$$P(y_1, y_2, \cdots, y_n) \prod_{i=1} P(y_i | \text{Parents}(Y_i))$$

$P(y_i | \text{Parents}(Y_i))$即为节点$Y_i$关联的条件概率表中的值。

图 3-10 中左边的网络表示一组条件独立性假设。确切地说，每个节点在给定其父节点时，都条件独立于其非后代节点。每个节点关联一个条件概率表，它指定了该变量在给定其父节点时的条件分布。右边的图列出了Campfire节点的条件概率表，其中 C、S、B 分别代表Campfire（篝火）、Storm（暴风雨）和BusTourGroup（汽车旅行）。

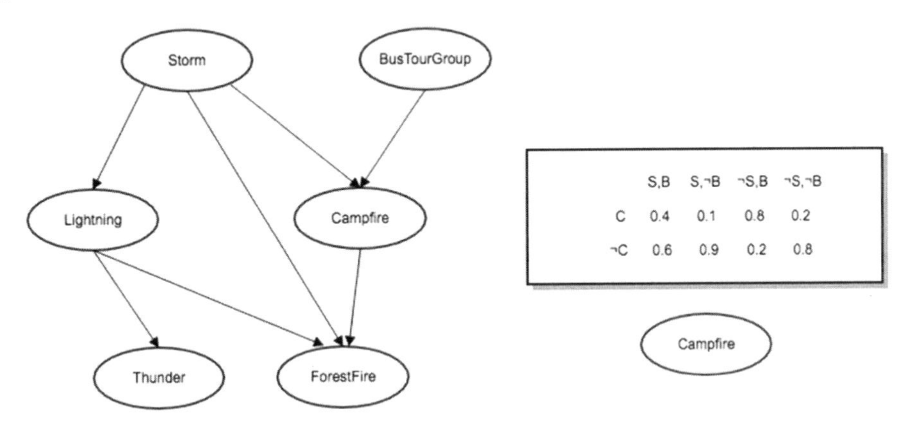

	S,B	S,¬B	¬S,B	¬S,¬B
C	0.4	0.1	0.8	0.2
¬C	0.6	0.9	0.2	0.8

图 3-10　贝叶斯网络的一组条件独立假设

以Campfire为例，图 3-10 左边的网络表示的条件独立性假设为如下断言：

Campfire在给定其父节点（Storm和BusTourGroup）时条件独立于其所有非后继节点（Lightning和Thunder）。这意味着一旦我们知道了变量Storm和BusTourGroup的具体值，变量Lightning和Thunder就不会提供更多有关Campfire的信息。图 3-9 的右图显示了与变量Campfire联系的条件概率表。表中左上方第一个数据表示了以下断言：

$$P(Campfire=True|Storm=True, BusTourGroup=True) = 0.4$$

所有变量的局部条件概率表以及由贝叶斯网络描述的一组条件独立假设，代表了整个网络的联合概率分布。

贝叶斯网络一个吸引人的特性在于，它以一种直观的结构表示因果关系。比如 Lightning 导致 Thunder，用条件独立性的术语，可表述为在给定 Lightning 值的条件下，Thunder 条件独立于网络中的其他变量。

3.5.1.3 概率推理

贝叶斯网络可用于在给定其他变量观察值的条件下推导出某些目标变量的值。当然，由于节点都为随机变量，一般不会赋予一个唯一值，所以推理的目标为变量的概率分布。贝叶斯网络通常用于在已知某些变量的值或分布的条件下计算网络中另一部分变量的概率分布。

对任意贝叶斯网络的概率的确切推理是一个 NP 问题，由 Cooper 于 1990 年提出[12]。当前已有很多方法可以在贝叶斯网络中进行概率推理，包括确切的推理方法以及牺牲精度换取效率的近似方法。例如，1996 年由 Pradham Dagum 提出使用 Monte Carlo 方法[13]，通过对未观察到的变量随机采样来进行概率推理。

如何设计有效的算法从训练数据中学习贝叶斯网络是一个很大的问题。下面分别介绍在网络结构已知或部分可知这两种情形下如何学习。

1．网络结构已知的学习

网络结构已知的学习包含如下两种：

- 网络的结构可以预先给出，或可由训练数据推理得到。
- 部分随机变量可以直接从某个训练样例中观察到。

当网络结构已知且变量可从训练数据中完全获得时，学习条件概率表就比较简单，只需要根据贝叶斯理论来估计表中的概率项。

若网络结构已知，但只有部分随机变量可以通过观察获得，在学习时就会变得困难得多。这种问题在某种程度上类似于在人工神经网络中学习隐藏单元的权值，其中输入和输出节点值由训练样例的观察值给出。根据此种类比，Russell 等人于 1995 年提出了一个简单的梯度上升过程以学习条件概率表中的项[14]。这一过程搜索一个假设空间，其中包含条件概率表中所有可能的项。在梯度上升中的优化目标为，最大化给定假设h下观察到的训练数据D的概率$P(D|h)$（简记为$P_h(D)$），相当于对条件概率表项进行极大似然搜索。

贝叶斯网络梯度上升训练算法

步骤如下：

（1）通过$\ln P_h(D)$的梯度来使$P_h(D)$最大化，此梯度是定义贝叶斯网的条件概率表的参数。

（2）赋值w_{ijk}：$w_{ijk} \stackrel{\text{def}}{=} P_h(y_{ij} \mid u_{ik})$。$P_h(y_{ij} \mid u_{ik})$表示父节点$U_i$取值为$u_{ik}$时，网络节点随机变量$Y_i$值为$y_{ij}$的概率，即$w_{ijk}$表示节点$Y_i$条件概率表的一个表项。例如，$w_{ijk}$为图 3-10 中条件概率表右上角的表项，$Y_i$为变量Campfire，$U_i$是其父节点的元组$< \text{Storm}, \text{BusTourGroup} >$，$y_{ij} = \text{True}$，并且$u_{ik} =< \text{False}, \text{False} >$。

（3）对每个w_{ijk}，$\ln P_h(D)$的梯度为：

$$\frac{\partial \ln P_h(D)}{\partial w_{ijk}} = \sum_{d \in D} \frac{P\left(Y_i = y_{ij},\ U_i = u_{ik}|d\right)}{w_{ijk}}$$

例如，计算图 3-10 中右表左上角项的$\ln P(D|h)$的导数，需要对 D 中每个训练样例 d 计算$P(\text{Campfire} = \text{True}, \text{Storm} = \text{False}, \text{BusTourGroup} = \text{False} \mid d)$。

当训练样例 d 中无法观察到这些变量时，可以通过标准的贝叶斯网络从 d 中观察到的变量推导得出这些概率。

贝叶斯网络梯度上升算法中一些必要的推导过程如下所述。

问题：求所有 i、j、k 的导数集合$\frac{\partial \ln P_h(D)}{\partial w_{ijk}}$。

假定在数据集 D 中各样例 d 都是独立抽取的，此导数为：

$$\begin{aligned}\frac{\partial \ln P_h(D)}{\partial w_{ijk}} &= \frac{\partial}{\partial w_{ijk}} \ln \prod_{d \in D} P_h(d) \\ &= \sum_{d \in D} \frac{\partial \ln P_h(d)}{\partial w_{ijk}} \\ &= \sum_{d \in D} \frac{1}{P_h(d)} \cdot \frac{\partial P_h(d)}{\partial w_{ijk}}\end{aligned}$$

引入变量Y_i和$U_i = \text{Parents}(Y_i)$的所有可能的值$y_{ij'}$、$u_{ik'}$，对离散型随机变量的求导式进行展开：

$$\begin{aligned}\frac{\partial \ln P_h(d)}{\partial w_{ijk}} &= \sum_{d \in D} \frac{1}{P_h(d)} \cdot \frac{\partial}{\partial w_{ijk}} \sum_{j',k'} P_h\left(d|y_{ij'}, u_{ik'}\right) P_h\left(y_{ij'}, u_{ik'}\right) \\ &= \sum_{d \in D} \frac{1}{P_h(d)} \cdot \frac{\partial}{\partial w_{ijk}} \sum_{j',k'} P_h\left(d|y_{ij'}, u_{ik'}\right) P_h\left(y_{ij'}|u_{ik'}\right) P_h(u_{ik'})\end{aligned}$$

由于只有当$j' = j$和$i' = i$时的相关项跟w_{ijk}有关，因此：

$$\begin{aligned}\frac{\partial \ln P_h(d)}{\partial w_{ijk}} &= \sum_{d \in D} \frac{1}{P_h(d)} \cdot \frac{\partial}{\partial w_{ijk}} P_h\left(d|y_{ij}, u_{ik}\right) P_h\left(y_{ij}|u_{ik'}\right) P_h(u_{ik}) \\ &= \sum_{d \in D} \frac{1}{P_h(d)} \cdot \frac{\partial}{\partial w_{ijk}} P_h(d|y_{ij}, u_{ik}) w_{ijk} P_h(u_{ik}) \\ &= \sum_{d \in D} \frac{1}{P_h(d)} P_h(d|y_{ij}, u_{ik}) P_h(u_{ik}) \\ &= \sum_{d \in D} \frac{1}{P_h(d)} \cdot \frac{P_h\left(y_{ij}, u_{ik}|d\right) P_h(d)}{P_h\left(y_{ij}, u_{ik}\right)} P_h(u_{ik}) \\ &= \sum_{d \in D} \frac{P_h\left(y_{ij}, u_{ik}|d\right) P_h(u_{ik})}{P_h\left(y_{ij}, u_{ik}\right)}\end{aligned}$$

$$= \sum_{d \in D} \frac{P_h(y_{ij}, u_{ik} | d)}{P_h(y_{ij} | u_{ik})}$$

$$= \sum_{d \in D} \frac{P_h(y_{ij}, u_{ik} | d)}{w_{ijk}}$$

这样，我们就推导出了梯度公式。

对于权值迭代，我们还需要考虑另一个问题，就是使权值w_{ijk}在更新时位于区间[0,1]，因此对所有i和k的取值，$\sum_j w_{ijk}$为 1。权值上升的权值迭代公式为：

$$w_{ijk} \leftarrow w_{ijk} + \eta \sum_{d \in D} \frac{P_h(y_{ij}, u_{ik} | d)}{w_{ijk}}$$

$$w_{ijk} \leftarrow \frac{w_{ijk}}{\sum_j w_{ijk}} \quad \forall i, k$$

与第 2 章 2.4.4 节介绍的 ANN 算法一样，η为小的正值，为学习率。

如 Russell 所述，这一过程最终收敛到贝叶斯网络中条件概率的一个局部极大似然假设。与其他基于梯度的方法一样，梯度上升算法只能保证找到局部最优解。另一个可替代梯度上升的算法是 EM 算法，但是它只能找到局部最大可能解。

2. 网络结构未知的学习

当网络结构未知时，学习贝叶斯网络也很困难。Cooper 与 Herskovits 在 1992 年提出了一种贝叶斯评分尺度（Bayesian scoring metric）[15]，可以从不同的网络中选择。当变量数据完全可观测时，他们还提出一个 K2 启发式搜索算法用于学习网络结构。

还有一种基于约束的学习贝叶斯网络结构的方法，是由 Spirtes 等人于 1993 年提出的[16]。该方法从数据中推导出独立和相关关系，然后用这些关系来构造贝叶斯网络。

3.5.2　主成分分析

主成分分析（Principal Component Analysis，PCA）方法广泛应用在降维、有损数据压缩、特征抽取和数据可视化等方面。PCA 首先是由 K.皮尔森（Karl Pearson）

对非随机变量引入的[17]，而后 H.霍特林将此方法推广到随机向量的情形[18]。它的原理比较简单，学过 SVD（Singular Value Decomposition，奇异值分解）的人都知道，我们可以通过选取奇异值的最大的 K 个值，保证数据的平方和具有有效的还原效果。PCA 正是基于 SVD 的这个思想。

第 2 章中介绍过基，在相同维度向量空间中对值进行投影相当于变换坐标空间，即变换基底，而奇异值最大的那几个值对应的是特征向量中对数据变化程度影响最大的基。

如图 3-11 所示，假设对二维向量进行空间变换，全部的 x_n 个点向 $\boldsymbol{u}_1$ 向量投影。

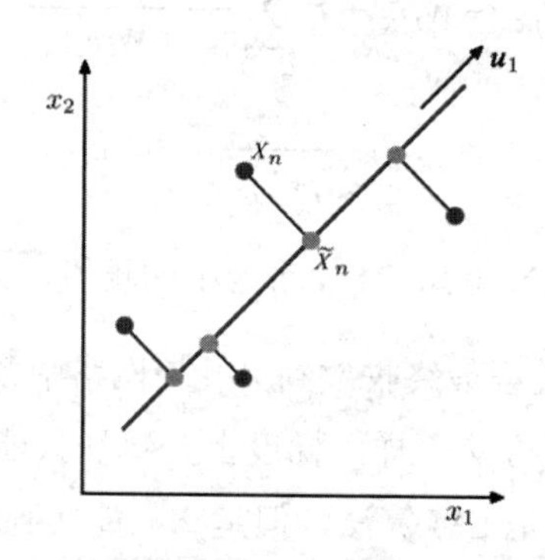

图 3-11　二维空间中 x_n 个点向 $\boldsymbol{u}_1$ 向量投影

PCA 的降维结果 $\boldsymbol{X}_{\mathrm{PCA}}$ 可由 SVD 获得。具体来说，首先对 $\boldsymbol{X}$ 做 SVD 分解：

$$\boldsymbol{X} = \boldsymbol{U} \sum \boldsymbol{V}^{\mathrm{T}}$$

其中

$$\boldsymbol{\Sigma} = \begin{bmatrix} \delta_1 & & \\ & \ddots & \\ & & \delta_d \end{bmatrix}$$

$\boldsymbol{\Sigma}$ 为对角矩阵，其中每一个元素都为奇异值，并且 $\forall i, j$，有 $\delta_i > \delta_j$，$i < j$。

PCA 之后的 $\boldsymbol{X}$ 保留了奇异值最大的 k 个方向的投影，有

$$\boldsymbol{X}_{\mathrm{PCA}} = \boldsymbol{U}_k \boldsymbol{\Sigma}_k = \boldsymbol{U}_k \begin{bmatrix} \delta_1 & & \\ & \ddots & \\ & & \delta_k \end{bmatrix}$$

最终可得：

$$
\begin{aligned}
\boldsymbol{y}_{\mathrm{PCA}} = \boldsymbol{X}_{\mathrm{PCA}}\boldsymbol{w}_{\mathrm{PCA}} &= \boldsymbol{X}_{\mathrm{PCA}}\left(\boldsymbol{X}_{\mathrm{PCA}}^{\mathrm{T}}\boldsymbol{X}_{\mathrm{PCA}}\right)^{-1}\boldsymbol{X}_{\mathrm{PCA}}^{\mathrm{T}}\boldsymbol{y} = \boldsymbol{U}_k\boldsymbol{U}_k^{\mathrm{T}}\boldsymbol{y} \\
&= \boldsymbol{U}\begin{bmatrix} 1 & & & & & \\ & \ddots & & & & \\ & & 1 & & & \\ & & & 0 & & \\ & & & & \ddots & \\ & & & & & 0 \end{bmatrix}\boldsymbol{U}^{\mathrm{T}}\boldsymbol{y} \\
&= \left(\sum_{j=1}^{k}\boldsymbol{u}_j \cdot 1 \cdot \boldsymbol{u}_j^{\mathrm{T}} + \sum_{j=k+1}^{d}\boldsymbol{u}_j \cdot 0 \cdot \boldsymbol{u}_j^{\mathrm{T}}\right)\boldsymbol{y} \\
&= \sum_{j=1}^{k}\boldsymbol{u}_j\,\boldsymbol{u}_j^{\mathrm{T}}\boldsymbol{y}
\end{aligned}
$$

在实际中，任何存在这种降维形式的计算过程都可以使用此种方法。

PCA 算法

计算步骤如下：

（1）对 m 个样本构建样本矩阵 $\boldsymbol{X}$。

（2）计算 $\boldsymbol{X}$ 的协防差矩阵 $\boldsymbol{\Sigma}$，以及 $\boldsymbol{\Sigma}$ 的特征向量和特征多项式。

（3）如果最后要得到 k 维数据，就选择特征值按大小排序的前 k 个特征值对应的特征向量，组成一个矩阵 Ureduce。用这 k 个特征向量作为基底，将原来的 n 维数据投影到 k 维上，即：

$$
\boldsymbol{z} = \mathrm{Ureduce} \cdot \boldsymbol{x}
$$

这就是在计算每一维的投影，$\boldsymbol{z}$ 是 $k\times 1$ 维，$\boldsymbol{x}$ 是样本中的某个样例。

如果在图像领域应用 PCA 时，应该对每张图像单独做归一化处理，即每个像素点减去图像亮度均值。

3.6 主题模型 LDA

LDA（Latent Dirichlet Allocation）是主题模型中一个经典的模型，它由 David M. Blei、Andrew Y. Ng 和 Michael I. Jordan 第一次提出[19]，它从 pLSI（Probabilistic Latent Semantic Indexing）出发，探究 pLSI 的不足，运用了分层模型（Hierarchical Model）——参数经验贝叶斯模型（Parametric Empirical Bayes Model）的方法进行建模。与 LSI 和 pLSI 相似，LDA 也用了“bag of words（词袋）”假设，结合了 de Finetti 提出的可交换随机变量在无限混合模型中的表示理论[20]，来找到可使文章和单词都变得可交换的方法。

LDA 模型涉及贝叶斯理论、Dirichlet 分布、多项分布、图模型、变分推断、EM 算法、吉布斯采样等知识。另外，它也可以用作降维。

3.6.1 马尔可夫链蒙特卡罗法

马尔可夫链蒙特卡罗法（Markov Chain Monte Carlo，MCMC）是由 Metropolis 命名的[21]，源于美国著名赌场的名字，它起源于统计模拟（或随机模拟）方法，研究的是统计学中的一个重要问题。随机模拟最早是在 20 世纪 40 年代的美国曼哈顿计划中开始使用的，被乌拉姆、冯·诺依曼等科学家用于原子弹的中子连锁反应计算中。而最早的类似 MCMC 的方法可以追溯到 18 世纪布冯计算 π 的投针实验。

由于用 MCMC 方法在解决各类数值计算问题时一般会模拟随机变量或随机过程的实现，而随机数的生成代价很高，即使到现在，随机数的生成也是很多计算机算法中的重要问题，所以 MCMC 计算问题一般需要解决如何生成好的随机数的问题。值得一提的是，现在很多时候可以利用均匀分布的随机数方法来产生随机数。

MCMC 又称统计试验方法，是采用统计抽样理论近似地求解问题的方法。简单来说，就是先建立能够描述问题的近似概率模型，然后利用模型与问题的相似性将概率模型的某些特征（比如随机事件的概率或随机变量的平均值）与数学分析问题的解答（如积分、微分方程的解等）联系起来，再利用数学上的解求出这些特征的统计估计值作为原问题的近似解。

MCMC 方法的理论基础是概率论中很寻常的定理——大数定律，因此它的应用范围从原则上来讲几乎没有什么限制。MCMC 方法被广泛应用在多个领域，比如核物理中描述质点运动的迁移运动方程、大型系统的可靠性分析、地震波的模拟、高维数学问题求解、多元统计分析等，它对计算机应用的发展也起到了重要作用。

简单举一个例子，比如求积分$I = \int_0^1 f(x)\mathrm{d}x$。其中，$x \in [0,1]$时，$0 \leqslant f(x) \leqslant 1$。这个积分值等于$y = f(x)$、$x$ 轴、y 轴和 $x = 1$ 围成的区域面积。设想不断地在 x 轴、y 轴、$x = 1$ 和 $y = 1$ 围成的区域内随机地产生点，如果产生的数据足够多，那么根据大数定律，我们就可以用在落在积分区域面积内点的个数和落在外面的点的个数来求得该积分的近似值。

MCMC 一般有两种计算方法，一种是频率法，另一种平均值法。频率法就是将 n 次采样作为 n 次伯努利试验，也就是表示成功次数的随机变量服从二项分布。平均值法是利用随机变量的平均值来计算积分，若X_i是某一区间上均匀分布的独立随机变量，那么$\{f(X_i)\}$也是独立同分布的随机变量。两种方法都可以列出最终的方差与期望的表达式，当然，也可以计算置信度、置信区间以及 n（即采样次数）的取值。

3.6.2 贝叶斯网络与生成模型

贝叶斯网络是由代表随机变量的节点和代表条件概率分布的边组成的有向无环图，是一种概率图模型。而图模型是无向图（马尔可夫随机域）和混合模型的综合应用，通过假定独立性来减弱远距离节点的影响来简化参数的传播过程。贝叶斯网络是一种特殊的图模型。

图 3-12 所示的是 LDA 模型的贝叶斯网络图结构。贝叶斯网络中有一些专有名词，下面列出它们的简单定义。

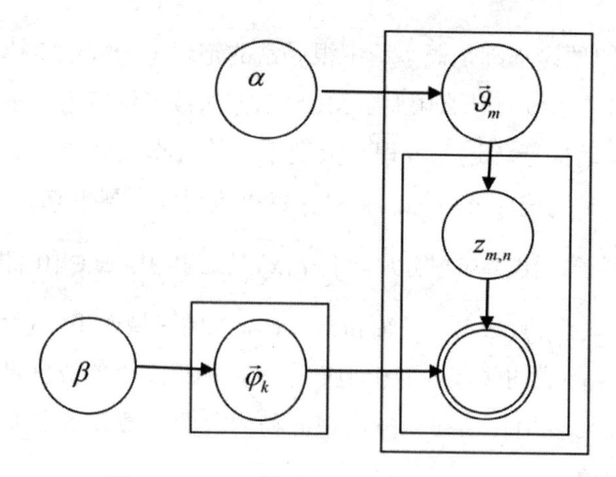

图 3-12　LDA 模型的贝叶斯网络图结构

1．**父节点**：边的起始节点。

2．**子节点**：终止节点。

3．**证据节点**：观察值所代表的节点。

4．**隐节点**：隐变量所代表的节点。

5．**板**：包含父节点或子节点的重复节点结构。

贝叶斯网络能够有效地表示拓扑图中随机变量的独立结构。这种拓扑结构的一个重要属性就是条件独立性。贝叶斯网络中有两种条件独立性的规则。一种是马尔可夫覆盖（Markov blanket），另一种就是非后代（non-descendant）节点的集合。简单地说，马尔可夫覆盖独立规则讲述的是一个节点 A 与其他任何节点 B 在 A 的马尔可夫覆盖[7]条件下是相互独立的。非后代规则讲的就是一个节点 A 与它的任意非后代节点集合[8]在 A 的父节点条件下相互独立。通过所谓的贝叶斯球（Bayes ball）[22]，我们可以以有无路径的简单方式找到条件独立的状态，也能找到节点条件下的 d-划分（d-separate）。

贝叶斯网络中一个更强的独立性关系是可交换性。正是此种性质，使得之后计

7　马尔可夫覆盖是指此节点的父节点、子节点和子节点的父节点等三种节点组成的集合。

8　非后代节点集合指的是拓扑序中不是该节点的父节点的所有祖先节点。

算模型和学习成为可能。这种可交换性在自然语言处理中与词袋模式对应。这个重要的理论由 de Finetti 提出，它也是很多学习算法的基础。简单来说，就是无限的可交换的随机变量的联合分布等价于独立同分布随机变量的采样结果：

$$p(x\{x_m\}_{m=1}^{M}) = \prod_{m=1}^{M} p\,(x_m|\theta)$$

贝叶斯网络的一个优势就是能够直观地描述生成模型（特别是，观察值是如何由随机变量生成的，以及它们在网络中的传播过程）。

3.6.2.1　从一元模型到贝叶斯混合模型

前面介绍了背景知识，那么到底要如何对文本进行建模呢？我们以简单的一元模型建模为切入点来介绍文本建模的方式。其实这个一元模型与普通的贝叶斯模型没有太多不同，只是在贝叶斯全概率中增加了后验概率的学习，因此增加了先验概率的假设。

假设数据集合是由一个多项式随机变量 W 生成的 N 个独立同分布（independent and identically distributed，i.i.d.）产生的，这里可以把它想象为我们的文本数据中的单词的集合，它是从一个大小为 V 的词典集中生成的 N 个单词。那么，我们可以写出下面这样的采样方式的似然函数：

$$L(\boldsymbol{p}|w) = p(W|\boldsymbol{p}) = \prod_{t=1}^{V} p_t^{n^{(t)}}$$

$$\sum_{t=1}^{V} n^{(t)} = N$$

$$\sum_{t=1}^{V} p_t = 1$$

其中$n^{(t)}$是单词 t 出现的次数，而$\boldsymbol{p}$就是 t 作为一个单词w在文本中出现的概率向量。这就是一元（unigram）文本概率模型。值得一提的是，这里的文本是训练数据中全部的文档，并没有独立文档的概念。而且这里使用概率向量是为了更简单地表示多项分布的概率公式，这也是更复杂模型的基础。

如何用这种模型进行学习，或者说如何计算后验概率呢？这时共轭先验就发挥作用了。我们在前面认为似然函数是符合多项分布的，而多项分布的共轭先验是狄利克雷分布（Dirichlet），这里就假设参数向量$\boldsymbol{p}$就是符合狄利克雷分布的，即$\boldsymbol{p} \sim \mathrm{Dir}(\boldsymbol{p}|\boldsymbol{\alpha})$。

我们类比 Beta-Bernoulli 共轭分布的后验概率化简步骤，就可得到：

$$\begin{aligned} p(\boldsymbol{p}|W,\boldsymbol{\alpha}) &= \frac{p(\boldsymbol{p}|\boldsymbol{\alpha})\prod_{n=1}^{N} p\,(w_n|\boldsymbol{p})}{\int_{\boldsymbol{p}} p\,(\boldsymbol{p}|\boldsymbol{\alpha})\prod_{n=1}^{N} p\,(w_n|\boldsymbol{p})\mathrm{d}\boldsymbol{p}} \\ &= \frac{\frac{\boldsymbol{p}^{\alpha_t-1}}{\Delta(\boldsymbol{\alpha})}\prod_{t=1}^{V} p_t^{n^{(t)}}}{Z} \\ &= \mathrm{Dir}(\boldsymbol{p}|\boldsymbol{\alpha}+\boldsymbol{n}) \end{aligned}$$

这里的 Z 是狄利克雷分布的归一化项。上式中有两个向量$\boldsymbol{n}$和$\boldsymbol{\alpha}$，这种狄利克雷的伪计数作用类似于波利亚罐（Polya urn），会自然而然地使类别聚集，也就是聚类的思想。伪计数也叫作超参（hyperparameter）。

我们可以参照如下方法看它的化简过程。这里的积分符号其实用的是一种分段积分的简化模式。对于 Beta-Bernoulli 分布的归一化项，由于只有 p 这个单变量（与 p 独立同分布的 $q = (1-p)$，也就是说 q 是可以使用 p 来表示的），所以我们对于 p 从 0 到 1 积分就是完整的积分形式。当然，可以对 p 和 q 分开积分，也就是：

$$\begin{aligned} &\int_0^x f\,(p,q)\mathrm{d}p + \int_x^1 f\,(p,q)\mathrm{d}q \\ =\;& \int_0^x g\,(p)\mathrm{d}p - \int_x^1 - g(p)\mathrm{d}p \\ =\;& \int_0^1 g\,(p)\mathrm{d}p \end{aligned}$$

实际上，这也是 K 维空间中的 k−1 维单纯形在 K=1 条件下的特例。直接用先验概率而不是一元统计信息对文本进行建模的结果如下：

$$
\begin{aligned}
P(W|\boldsymbol{\alpha}) &= \int_{\boldsymbol{p}\in P} p\,(\boldsymbol{p}|\boldsymbol{\alpha})p(W|\boldsymbol{p})\mathrm{d}^V\boldsymbol{p}\ s.t. \sum_k p_k = 1 \\
&= \int_{\boldsymbol{p}\in P} \mathrm{Dir}\,(\boldsymbol{p}|\boldsymbol{\alpha}) \prod_{n=1}^{V} \mathrm{Mult}\,(W = w_n|\boldsymbol{p}, 1)\mathrm{d}^V\boldsymbol{p} \\
&= \frac{1}{\Delta(\boldsymbol{\alpha})} \int_{\boldsymbol{p}\in P} \prod_{n=1}^{V} p_v^{n^{(v)}+\alpha_v-1}\,\mathrm{d}^V\boldsymbol{p}\ |\mathrm{Dirichlet}\int \\
&= \frac{\Delta(\boldsymbol{n}+\boldsymbol{\alpha})}{\Delta(\boldsymbol{\alpha})}
\end{aligned}
$$

这其实也就是边缘分布的简化形式，也是 LDA 的基础，上面这个分布就叫作狄利克雷-多项分布或波利亚分布。

前面说到，LDA 是一种生成模型，那么生成模型是什么样的形式？我们先来看在狄利克雷-多项分布中一元模型的生成模型：

$$\boldsymbol{p} \sim \mathrm{Dir}(\boldsymbol{p}|\boldsymbol{\alpha})$$

$$\boldsymbol{w} \sim \mathrm{Mult}(\boldsymbol{w}|\boldsymbol{p})$$

这意味着 $\boldsymbol{p}$ 与 w 取自不同的分布，贝叶斯推断试图用不同的生成模型和生成参数来表示所有隐藏的变量。

3.6.2.2 LDA 模型的构造

LDA（Latent Dirichlet Allocation）模型是由 Blei 等人提出的，实际上将 LDA 应用在文本问题中就是所谓的 LSA（Latent Semantic Analysis，隐语义分析）模型。LSA 的概念首先由 Deerwester 提出，原本是想用一种文本中共现单词结构的方法来还原这种隐藏主题的结构。这种隐藏主题的表示可以解决一些一义多词（synonymy）和一词多义（ploysemy）问题。而 LDA 的发展又与 PLSA（Probabilistic Latent Semantic Analysis）有关，实际上 PLSA 正是 LDA 中采取先验分布为一维狄利克雷分布 Dir(1) 的最大似然或最大后验全贝叶斯估计的情形。因此，在训练数据量很大的情况下，先验对于后验的影响会变得更小，此时 LSA 与 PLSA 的模型表现效果就会更加接近。

LDA 是一种混合模型，也就是一些分布的凸组合[9]。在 LDA 中，单词 w 是由主题 z 的凸组合生成的：

$$\mathrm{p}(w=t)=\sum_k p(w=t|z=k)p(z=k),\ \sum_k p(z=k)=1$$

这个公式中各项的含义可以参考一元模型的建模公式。其中，混合成分是单词的多项分布 $p(t|k)$，而混合比例是主题的概率 $p(k)$。这样，我们就知道 LDA 模型的学习只需要分成两步：

（1）找到对于每个主题 k 的单词的分布 $p(t|z=k)=\boldsymbol{\varphi}_k$。

（2）找到对于每个文档 m 的主题分布 $p(z|d=m)=\boldsymbol{\theta}_m$。

也就是说，LDA 模型需要学习的两个参数集就是$\boldsymbol{\Phi}=\{\boldsymbol{\varphi}_k\}_{k=1}^{K}$和$\boldsymbol{\Theta}=\{\boldsymbol{\theta}_m\}_{m=1}^{M}$，分别代表单词（主题-单词概率）矩阵和文档（文档-主题概率）矩阵。参照图 3-11 可以知道，与一元模型不同，LDA 模型是分为两部分的，而且两部分都是混合模型。我们对于每个文档生成主题概率向量$\boldsymbol{\theta}_m$，然后对于每个主题再生成一个单词概率向量$\boldsymbol{\varphi}_k$。这里，每个单词的主题是由针对每个文档的混合比例来生成的；然后，再使用相应主题中相关的单词概率$\boldsymbol{\varphi}_k$来生成一个单词。

首先，展开前面的 LDA 混合模型的单词概率公式：

$$p(w_{m,n}=t\mid\boldsymbol{\theta}_m,\boldsymbol{\Phi})=\sum_{k=1}^{K}p(w_{m,n}=t\mid\boldsymbol{\varphi}_k)p(z_{m,n}=k\mid\boldsymbol{\theta}_m)$$

$$=\overbrace{\prod_{n=1}^{N_m}\underbrace{p(w_{m,n}\mid\boldsymbol{\varphi}_{z_{m,n}})}_{\text{单词面板}}p(z_{m,n}\mid\boldsymbol{\theta}_m)p(\boldsymbol{\theta}_m\mid\boldsymbol{\alpha})}^{\text{文档面板}}\underbrace{p(\boldsymbol{\Phi}\mid\boldsymbol{\beta})}_{\text{主题面板}}$$

从以上式子中可以看到单词面板、文档面板与主题面板的关系，由此可以得到构造 LDA 生成模型的步骤。

9　凸组合指的是组合的权重比例系数之和为 1，其实也就是一种有约束条件的线性组合。

主题面板：

对所有主题

for k: 1 to K do

　　采样混合部分，主体符合 Dir 分布，$\boldsymbol{\varphi}_k \sim \text{Dir}(\boldsymbol{\beta})$

end for

文档面板：

对所有文档

for m: 1 to M do

　　采样混合分布$\boldsymbol{\theta}_m \sim \text{Dir}(\boldsymbol{\alpha})$

　　采样文档长度$\boldsymbol{N}_m \sim \text{Poiss}(\xi)$

end for

单词面板：

对所有文档 m 中的单词

for n: 1 to $N_m$do

　　根据多项分布采样主体$z_{m,n} \sim \text{Mult}(\boldsymbol{\theta}_m)$

　　根据多项分布采样单词$w_{m,n} \sim \text{Mult}(\boldsymbol{\varphi}_{z_{m,n}})$

　　当到达其他终止条件时结束循环

end for

上面就是构造 LDA 生成模型的过程。我们可以看到，在主题面板中，是对每一个主题（topic）的单词分布（即模型的混合部分）进行采样，这个步骤是脱离文档主题的分布采样和每篇文档单词的采样的。而紧接着就是对于模型的混合概率（混合系数）即每个文档的主题部分进行采样。有了这两部分的采样结果，我们就可以根据单词和主题所符合的多项分布生成它们的随机变量所取的值，也就是 index 指示器。

前面讲了很多估计方法，这里就要派上用场了。不管是最大似然、最大后验还是贝叶斯估计，我们都必须知道似然函数的表示形式。我们构造了复杂的共轭先验函数，自然是用贝叶斯方法进行估计。而贝叶斯估计中的一个难点就是归一化项（证据、边缘似然）的表示，我们列出此处边缘似然的表达式，即似然函数对于分布$\boldsymbol{\theta}_m$和Φ进行积分。同样，针对一个文档的生成概率为：

$$p(\boldsymbol{w}_m|\boldsymbol{\alpha},\boldsymbol{\beta}) = \iint (\boldsymbol{\theta}_m|\boldsymbol{\alpha}) \cdot p(\Phi|\boldsymbol{\beta}) \cdot \prod_{n=1}^{N_m} \sum_{z_{m,n}} p\,(w_{m,n}|\boldsymbol{\varphi}_{z_{m,n}}) p(z_{m,n}|\boldsymbol{\theta}_m) \mathrm{d}\Phi \mathrm{d}\boldsymbol{\theta}_m$$

在一元模型中，我们只需要对于 p 进行狄利克雷积分，而这里需要做的是二重积分。这是由于在 LDA 的贝叶斯网络中，两个参数是独立的。在上述公式中，我们还对一篇文档的主题的混合$z_{m,n}$进行了展开（这也是由混合模型所决定的）。

3.6.3 学习方法在 LDA 中的应用

LDA 常见的两种学习方法为：变分 EM（Variation EM）和吉布斯采样（Gibbs Sampling）[23]。

变分 EM 是指将原始 EM 算法应用于变分贝叶斯（Variation Bayesian，VB）中。简单地讲，原始 EM 中的 E 步是求解隐变量的后验概率，也就是计算相应的充分统计量，而 M 步就是优化参数的变分分布。变分贝叶斯用到了指数分布族的一些性质，比如最大熵，而均值参数空间具有凸性，对此空间中的任意内部点，最小指数族都能找到相应的分布满足一些性质。E 和 M 这两者可以看作一组共轭函数之间的最大熵与极大似然的共轭对偶关系，因为是在指数分布族上找最优分布，所以称为变分法。

本节主要介绍吉布斯采样的学习方法。

3.6.3.1 吉布斯采样

吉布斯采样源于 MCMC 的采样算法，在马尔可夫链中，如果一个非周期的马尔可夫链具有满足细致平稳条件的平稳分布，那么就可以依据此平稳分布来进行

MCMC 采样。细致平稳分布的条件如下：

$$\forall\, i,j,\ \pi(i)\boldsymbol{P}_{ij}=\pi(j)\boldsymbol{P}_{ji}$$

其中 $\boldsymbol{P}$ 为转移矩阵，π 为平稳分布。对于不满足细致平稳分布条件的转移矩阵，我们可以通过构造参数来使其满足条件：

$$p(i)q(i,j)\alpha(i,j)=p(j)q(j,i)\alpha(j,i)$$

取 $\alpha(i,j)=p(j)q(j,i)\alpha(j,i)=p(i)q(i,j)$ （3-6）

这样就可以将 $q\alpha$ 所得的矩阵 $\boldsymbol{Q}'$ 作为新的转移矩阵，此时 $\boldsymbol{Q}'$ 的平稳分布就是 $p(x)$。而 α 就可以作为转移接受率，即在此状态条件下是否转到下一个条件，也就模拟了符合分布 p 的采样过程。由于接受率较低导致采样周期过长，我们发现在细致平稳条件公式的两边同时乘以相同的系数，扩大 α 倍，并不会打破细致平稳条件，因此可以适当增加接受率 α，将（3-6）式中值较大的那一侧的接受率提高到 1，就会提高转移接受率。这也是 MCMC 采样的升级版本，Metropolis-Hastings 采样算法[24]。

但在实际情况中，即使使用 Metropolis-Hastings 采样算法，由于接受率的存在，效率仍旧很低，是否可以找到一个转移矩阵，其接受率总是为 1 呢？这就是吉布斯采样的思想。吉布斯采样利用空间状态转移中自然满足的一个细致平稳条件来完成采样过程：

$$\boldsymbol{x}=(x_1,x_2,\cdots,x_n)$$
$$p(\boldsymbol{x}_{\neg i},x_i=a)p(x_i=a|\boldsymbol{x}_{\neg i})=p(x_i|x_i=b)p(x_i=b|\boldsymbol{x}_{\neg i})$$

这里的 $\boldsymbol{x}$ 是一个高维向量，转移矩阵 $\boldsymbol{Q}$ 为 $p(x_i|\boldsymbol{x}_{\neg i})\stackrel{\text{def}}{=}p(x_i|x_1,\cdots,x_{i-1},x_{i+1},\cdots,x_n)$。于是我们看到吉布斯采样的过程如下所述：

（1）随机初始化 n 维随机变量 $\boldsymbol{x}$。

（2）对 t 从 0 到 T，变量每一维的所有可能取值，进行如下的循环采样：

$$x_1^{t+1}\ p(x_1\mid x_2^t,x_3^t,\cdots,x_n^t)$$

$$x_2^{t+1}\ p(x_2\mid x_1^{t+1},x_3^t,\cdots,x_n^t)$$

$$\cdots$$

$$x_i^{t+1}\ p(x_i \mid x_1^{t+1},\cdots,x_{i-1}^{t+1},x_{i+1}^{t},\cdots,x_n^{t})$$

$$\cdots$$

$$x_n^{t+1}\ p(x_n \mid x_1^{t+1},x_2^{t+1},\cdots,x_{n-1}^{t+1})$$

吉布斯采样是要找到一个单变量条件（也叫全条件），使我们能够利用其他维度的当前状态在马尔可夫链中改变此单变量的当前状态。而对于含有隐变量的情形，也有如下相应的定义：

$$p(\boldsymbol{z}_i|\boldsymbol{z}_{\neg i},\boldsymbol{x})=\frac{p(\boldsymbol{z},\boldsymbol{x})}{p(\boldsymbol{z}_{\neg i},\boldsymbol{x})}=\frac{p(\boldsymbol{z},\boldsymbol{x})}{\int_Z p\,(\boldsymbol{z},\boldsymbol{x})\mathrm{d}z_i}$$

当然，这里的维度 i 是随机选择或者按照排列数选择的，Liu 把这两种选择方式分别叫作随机扫描和系统化扫描[25]。

我们知道，在统计学中这里的积分符号对于离散型变量也适用，相当于累加操作。当样本足够多的时候，有如下近似的表示形式：

$$p(\boldsymbol{z}|\boldsymbol{x})\approx\frac{1}{R}\sum_{r=1}^{R}\delta\,(\boldsymbol{z}-\tilde{\boldsymbol{z}}_r)$$

其中$r\in[1,R]$，δ函数指的是 Kroneker delta，即：

$$\delta(u)=\begin{cases}1 & u=0\\0 & \text{其他}\end{cases}$$

关于 LDA 中吉布斯采样的应用方法，后面会有详细的说明。

LDA 之所以采用狄利克雷分布，是为了和多项分布共轭以便进行计算。其实这只是提供了一种计算的可行性，如果没有相应的数学计算方法的支持，我们仍旧无法求解这种多参数的目标函数。对于学习 LDA 的计算方法，无论是差分推断（Variational Inference）还是吉布斯采样，其实都是在共轭的条件下使用的计算方法。

相关主题模型（Correlated Topic Model，CTM）[26]中的先验分布使用的是 Logistic Normal Distribution（正态分布），不是狄利克雷分布，没有共轭做保证。实际上，这个模型依然是扩展自 LDA 中狄利克雷和多项分布的共轭性，因为如果先验分布不是正态分布，就无法计算目标函数。还有一些像狄利克雷过程（Dirichlet Process）和中餐馆过程（Chinese Restaurant Process）等使用更高阶的方法，也会为计算带来相应的可行性。

3.6.3.2　Alias 方法

由于在吉布斯采样中，对于每个主题的采样，时间复杂度为$O(K)$，即使使用二分搜索，时间复杂度仍然还有$O(\log K)$，如果能够降低时间复杂度，对于模型效率来说是一个极大提升。Alias 方法是一种有效提升离散分布随机变量采样效率的方法，它可以将以此采样的摊还时间复杂度降为 $O(1)$，并且有严格的证明。这里简述其原理（具体细节请参考博客[27]）。

我们用一个例子简单说明 Alias 方法。假设要采样的样本概率分布为：$[\frac{1}{2},\frac{1}{3},\frac{1}{12},\frac{1}{12}]$。

1．初始概率分布如图 3-13 所示，类别数目 K=4。

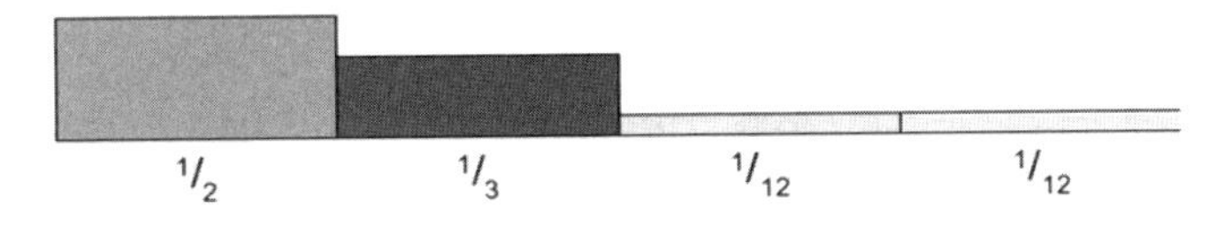

图 3-13　初始概率分布（以不同颜色表示不同的类别）

2．将每个类别的概率乘以 $K = 4$，使得总和为 4（见图 3-14），这样我们可以把新得到的类别分为两类：大于 1 的（第一列与第二列）和小于 1 的（第三列与第四列）。

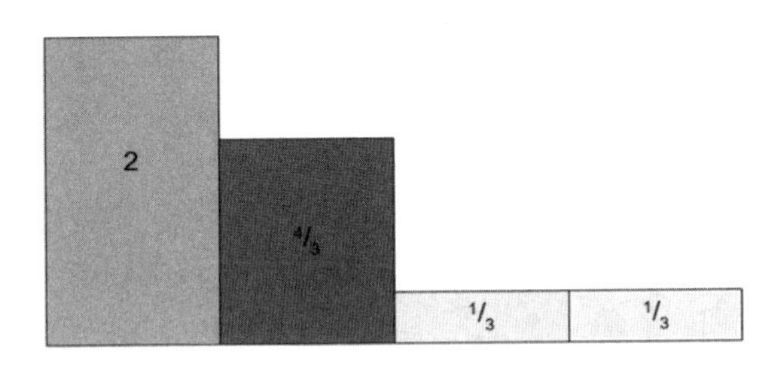

图 3-14　概率分布乘以 K（本例中 $K = 4$）

3．通过切割拼凑，使得每一列的和都为 1，但是每一列中，最多只能是两种类型的拼凑，也就是保证每一列最多存在两种颜色。

（1）将第一列拿出$\frac{2}{3}$给最后一列，使其变为 1，如图 3-15 所示（黑色表示空缺）。

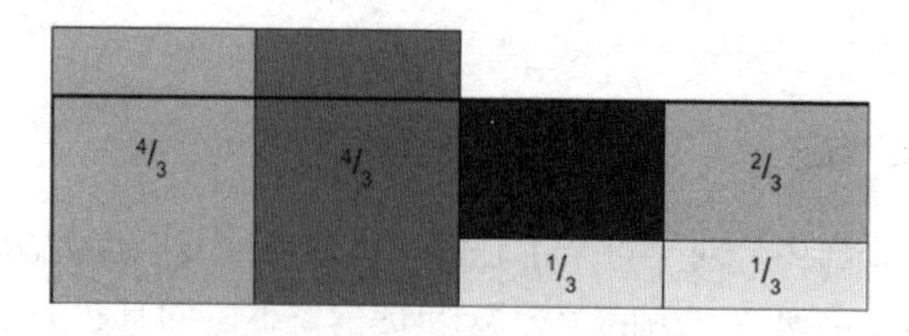

图 3-15 概率分布拼凑（步骤一）

（2）将第一列拿出$\frac{2}{3}$给第三列，使之变为 1，如图 3-16 所示。

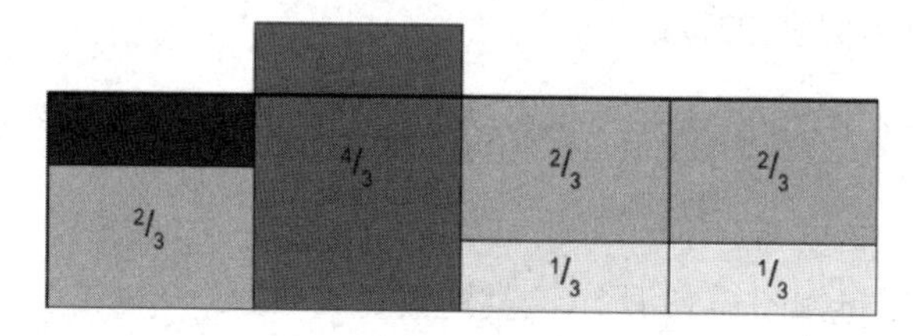

图 3-16 概率分布拼凑（步骤二）

（3）将第二列分给第一列$\frac{1}{3}$。至此，每一列都是 1，并且每一列最多有两种类型，其中下面的那一层表示原类型的概率，上面的一层表示另一种类型的概率。如果只有一种类型，比如第二列，那么第二层就是 None，如图 3-17 所示。

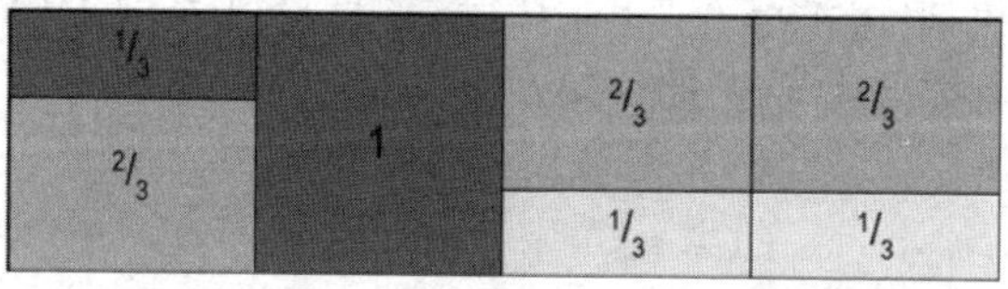

图 3-17 概率分布拼凑（步骤三）

4．我们得到如下两个数组。

（1）Prob 表：落在原类型中的概率向量（Prob）。该数组表示每一列第一层的概率，即$\text{Prob}=[\frac{2}{3},1,\frac{1}{3},\frac{1}{3}]$。

（2）Alias 表：代表每一列第二层的类型，这里是用类别的下标表示的。Alias =[2, None, 1, 1]，最终结果如图 3-18 所示。

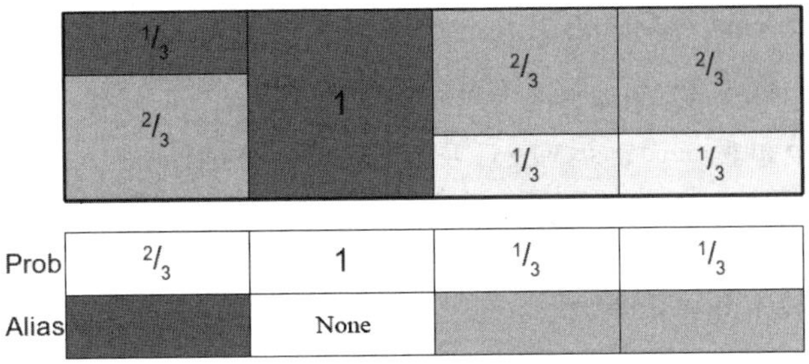

Prob	$^2/_3$	1	$^1/_3$	$^1/_3$
Alias		None		

图 3-18 Alias 表

5．采样。

随机产生整数$k \in [1,4]$，再随机产生一个小数$c \in [0,1]$。若$\mathrm{Prob}[k] > c$，则采样结果就是 k；反之，则为$\mathrm{Alias}[k]$。

Alias 方法

计算步骤如下：

初始化：

初始化 Alias 和 Prob 两个数组，每个大小为 n

初始化一个平衡二叉搜索树 T

将每个概率 i 初始化为 $n{\cdot}p_i$，插入树 T

for j:1 to $n-1$ do

查找并删除 T 中最小值 p_l

查找并且删除 T 中最大值 p_g

置 Prob[l]=p_l

置 Alias[l]=p_g

置 $p_g := p_g - (1 - p_l)$

将 p_g 加入 T

end for

让 i 作为最后的剩余概率，权值为 1

置 Prob[i]=1。

生成：

从一个公平的 n 面筛子生成一个值，叫作 i 面

按照正面概率 Prob[i]来投掷一个有偏置的硬币

如果硬币出现正面，返回 i；否则，返回 Alias[i]

3.6.3.3 LDA 的学习算法

LDA 中一些变量的初始化流程

所有技术变量$n_m^{(k)}, n_m, n_k^{(t)}, n_k$初始化为 0

对每个文档, for m:=1 to M do

  对每个单词, for k:=1 to N_m do

    进行每个单词的主题采样： $z_{m,n} = k\ \mathrm{Mult}(1/K)$

    递增单个 doc-top 计数： $n_m^{(k)} + 1$

    递增 doc-top 总计数： $n_m + 1$

    递增单个 top-term 计数： $n_k^{(t)} + 1$

    递增 top-term 总计数： $n_k + 1$

  end for

end for

定义表 3-2 所示的一些变量和结构来完成吉布斯采样的过程。根据对称狄利克雷分布的性质（参看 2.2.1 节），由于伪计数的向量分量一致性，此处的 alpha 与 beta 可以只取单个值。表 3-2 定义了如下计数变量。

表 3-2 LDA 中一些变量的含义

变 量	维 度	含 义
Theta	$M \times K$	文档主题分布的计数
Phi	$V \times K$	主题单词分布的计数的转置
alpha	1	与主题的单词多项分布共轭的狄利克雷分布的参数
beta	1	与主题的单词多项分布共轭的狄利克雷分布的参数
Ntw	K	每个主题包含单词的计数

对参数及变量进行初始化的实际代码如下：

```
void init() {
    Phi = new int[K][V];
    Theta = new int[D][K];
    Ntw = new int[K];
    for (int m = 0; m < D; m++)
        for (int n = 0; n < K; n++) {
            int z = (int) (Math.random() * K);
            Z[m][n] = z;
            Phi[z][Doc[m][n]]++;
            Theta[m][z]++;
            Ntw[z]++;
        }
}
```

若要通过吉布斯采样法来进行采样，就需要将目标分布函数构造成符合吉布斯采样的形式，即找到一个单变量变化的条件（也叫全条件）。我们的目标函数是$p(\boldsymbol{z}|\boldsymbol{w})$，因此可以使用前述的公式$p(z_i|\boldsymbol{z}_{\neg i},\boldsymbol{w})$来模拟此目标函数。所以，要先找到LDA的联合分布概率函数，也就是需要进行吉布斯采样的目标函数：

$$
\begin{aligned}
p(\boldsymbol{w},\boldsymbol{z}|\boldsymbol{\alpha},\boldsymbol{\beta}) &= p(\boldsymbol{w}|\boldsymbol{z},\boldsymbol{\beta})p(\boldsymbol{z}|\boldsymbol{\alpha}) \\
&= \int p(\boldsymbol{w}|\boldsymbol{z},\boldsymbol{\Phi})\,p(\boldsymbol{\Phi},\boldsymbol{\beta})\mathrm{d}\boldsymbol{\Phi}\cdot\int p(\boldsymbol{z}|\boldsymbol{\Phi})\,p(\boldsymbol{\Phi}|\boldsymbol{\alpha})\mathrm{d}\boldsymbol{\Theta} \\
&= \int\prod_{i=1}^{W}p(w_i|z_i)\mathrm{Dir}(\boldsymbol{\beta})\,\mathrm{d}\boldsymbol{\Phi}\cdot\int\prod_{i=1}^{W}p(z_i|d_i)\mathrm{Dir}(\boldsymbol{\alpha})\,\mathrm{d}\boldsymbol{\Theta} \\
&= \int\prod_{k=1}^{K}\prod_{t=1}^{V}\Phi_{k,t}^{n_k^{(t)}}\frac{\prod_{t=1}^{V}\Phi_{z,t}^{\beta_t-1}}{\Delta(\boldsymbol{\beta})}\mathrm{d}\boldsymbol{\Phi}_z\cdot\int\prod_{m=1}^{M}\prod_{k=1}^{K}\theta_{m,k}^{n_m^{(k)}}\frac{\prod_{k=1}^{K}\Phi_{m,k}^{\alpha_k-1}}{\Delta(\boldsymbol{\alpha})}\mathrm{d}\boldsymbol{\theta}_m \\
&= \int\prod_{k=1}^{K}\frac{1}{\Delta(\boldsymbol{\beta})}\prod_{t=1}^{V}\Phi_{k,t}n_k^{(t)+\beta_{(t)}-1}\mathrm{d}\boldsymbol{\Phi}_z\cdot\int\prod_{m=1}^{M}\frac{1}{\Delta(\boldsymbol{\alpha})}\prod_{k=1}^{K}\theta_{m,k}n_m^{(k)+\alpha_k-1}\mathrm{d}\boldsymbol{\theta}_m \\
&= \sum_{k=1}^{K}\frac{\Delta(\boldsymbol{h}_z+\boldsymbol{\beta})}{\Delta(\boldsymbol{\beta})}\cdot\sum_{m=1}^{M}\frac{\Delta(\boldsymbol{h}_m+\boldsymbol{\alpha})}{\Delta(\boldsymbol{\alpha})}
\end{aligned}
$$

上面用到的这种对变量积分的推断方法叫作“折叠（collapsed）”或Rao-Blackwellised方法[28]，当然对于混合（admixture）模型也有非折叠的方法。

有了 LDA 的目标函数，就需要构造全条件（单变量条件）了。要从含有隐变量的全条件公式中找到隐变量的采样，而在此处只有随机变量 $\boldsymbol{z}$ 即 topic（主题）是一个隐变量，也就是对它进行的采样：

$$\begin{aligned}P(z_i=k|\boldsymbol{z}_{\neg i},\boldsymbol{w})&=\frac{p(\boldsymbol{w},\boldsymbol{z})}{p(\boldsymbol{z}_{\neg i},\boldsymbol{w})}\\&=\frac{p(\boldsymbol{w},\boldsymbol{z})}{p(\boldsymbol{z}_{\neg i},\boldsymbol{w})p(w_i)}\cdot\frac{p(\boldsymbol{z})}{p(\boldsymbol{z}_{\neg i})}\\&\propto\frac{\Delta(\boldsymbol{h}_z+\boldsymbol{\beta})}{\Delta(\boldsymbol{h}_{z,\neg i}+\boldsymbol{\beta})}\cdot\frac{\Delta(\boldsymbol{h}_m+\boldsymbol{\alpha})}{\Delta(\boldsymbol{h}_{m,\neg i}+\boldsymbol{\alpha})}\\&=\frac{n_{k,\neg i}^{(t)}+\beta_t}{\sum_{t=1}^{V}n_{k,\neg i}^{(t)}+\beta_t}\cdot\frac{n_{m,\neg i}^{(t)}+\alpha_t}{\left(\sum_{k=1}^{K}n_{m,\neg i}^{(k)}+=\alpha_t\right)-1}\end{aligned}$$

这就是 LDA 的目标函数的联合分布的基本形式。

这里用到的近似策略是前面讲吉布斯采样时所用到的策略。还有几种吉布斯采样中的近似策略可应用于 LDA：一种是应用联合分布的链式规则（这种方法与此处所用的方法相似），另一种是应用公式$p(z_i|\boldsymbol{z}_{\neg i},\boldsymbol{w})\propto p(w_i|\boldsymbol{w}_{\neg i},\boldsymbol{z})p(z_i|\boldsymbol{z}_{\neg i})$。

那么，最终如何计算模型学习到的多项参数$\boldsymbol{\Theta}$、$\boldsymbol{\Phi}$呢？我们知道这两个参数集其实就是吉布斯采样中马尔可夫链的状态集合，根据它们的定义和狄立克雷共轭先验条件下多项分布的规则，引用贝叶斯原理就知道它们的后验分布就是狄立克雷分布。根据狄立克雷分布参数的期望表达式：

$$E(\boldsymbol{p})=\left(\frac{\alpha_1}{\sum_{i=1}^{K}\alpha_i},\frac{\alpha_2}{\sum_{i=1}^{K}\alpha_i},\cdots,\frac{\alpha_K}{\sum_{i=1}^{K}\alpha_i}\right)$$

就可以很容易地得到最终计算规则：

$$\begin{cases}\Phi_{k,t}=\dfrac{n_k^{(t)}+\beta_t}{\sum_{t=1}^{V}n_k^{(t)}+\beta_t}\\\theta_{m,k}=\dfrac{n_m^{(k)}+\alpha_k}{\sum_{k=1}^{K}n_m^{(k)}+\alpha_k}\end{cases}$$

根据这个公式，我们就可以更新参数矩阵了。

吉布斯采样的收敛和采样过程

while 未到指定循环次数时 do
对每个文档，for m:1 to M do
　　对每个单词，for n:1 to N_m do
　　　　对于当前单词$w_{m,n}$所满足的 t 和分配的主题 k 做如下处理：
　　　　　　递减所有的计数：　$n_m^{(k)}-1; n_m-1; n_k^t-1; n_k-1$
　　　　进行主题的采样：$k \sim p(\mathbf{z}_i \mid \mathbf{z}_{\neg i}, \mathbf{w})$
　　　　使用新分配的主题来更新当前单词的相关计数：
　　　　　　$n_m^{(\tilde{k})}+1$；n_m+1；$n_{\tilde{k}}^t+1$；$n_{\tilde{k}}+1$
　　end for
end for
//检查收敛条件并且更新参数
若已经收敛或者到达指定的采样迭代轮数，则取出参数集合
end while

通过前面的证明，我们已经看到其实 LDA 相对于 PLSA 的区别主要在于最大后验中共轭先验知识的增加和使用贝叶斯方法。在数据量足够大的情况下，狄利克雷分布中 α、β 等超参的作用会不断降低，也就导致 LDA 最终的优化目标与 PLSA 的形式会更加接近。因此，在充足的数据条件下，PLSA 的效果也会与 LDA 趋于一致。工业界考虑到PLSA 并行实现的便利，在大规模数据中也会喜欢使用PLSA 这种模型。

3.7　集成学习方法（Ensemble Method）

集成学习方法（也称为组合学习方法），是指将几种机器学习算法组合起来，得到更好的效果。这是一种宽泛的概念。我们可以对特征组合，也可以对算法结果组合，在实际工作以及 Kaggle 竞赛中，集成学习的效果往往是最好的。

Boosting（提升）算法是最常用的集成方法，它有标准的概念和定义。而有些模型结构和特征结构上的组合，虽然没有标准定义，但是也被用作集成方法。比如，

树模型中对特征的组合，以及 XGBoost 中将特征与结果拼接来构建多层树模型。

3.7.1 Boosting 方法

Boosting 是一种常用的提升学习效果的方法。它旨在通过汇总多个独立的假设结果来构造一个更精确的假设结果。

下面先介绍两个概念：强可学习与弱可学习。

- 强可学习：在概率近似正确（Probably Approximately Correct，PAC）框架中，对于一个概念（或类）来说，如果存在一个算法能够学习它，并且有极高的正确率，则称这个概念（类）是强可学习的。
- 弱可学习：相反，如果学习的正确率仅仅比随机预测的略好，则称这个概念（类）是弱可学习的。

Valiant 和 Kearnss 首次提出强可学习和弱可学习的概念，并且证明了只要数据量足够，弱可学习算法可以通过集成的方式提升为强可学习算法。因此，Boosting 问题也就是如何将“弱可学习算法”提升为“强可学习算法”。

3.7.1.1 AdaBoost

对于分类问题而言，构造比较简单的分类器一般被当作弱分类器，又称基本分类器。而将一系列不同的弱分类器加权组合构造出一个强分类器的方法，即为 AdaBoost 的 Boosting 方法。直观的解释就是，AdaBoost 算法要学习的是多个弱分类器的线性组合最优的权值。

AdaBoost 算法

输入：训练样本$(x_1,y_1),\cdots,(x_i,y_i),\cdots,(x_N,y_N)$

步骤：

对m: $[1,M]$轮 AdaBoost 算法，构造一个权重向量序列$\boldsymbol{D}$=$\{\boldsymbol{D}_m|m\in 1,\cdots,M\}$

初始化训练集样本，赋予相同的权重$\boldsymbol{D}_1=(w_{11},\cdots,w_{1i},\cdots,w_{1N})$

for m: 1 to M do

对第 m 次迭代具有$\boldsymbol{D}_m$权值分布的训练集数据学习基本分类器：

$$G_m(x): \chi \leftarrow \{+1,-1\}$$

计算第 m 次分类的加权误差率（即正确分类的比例）：

$$\varepsilon = \sum_{G_{mi} \neq y_i} w_{mi}$$

上式也即错误分类样本权值和。

调整权值，使得被正确分类的样本权值减少，被错误分类的样本权值增加：

$$\alpha = \frac{1}{2}\ln(\frac{1-\varepsilon}{\varepsilon})$$

根据计算好的权值更新权值向量$\boldsymbol{D}$：

$$w_{m+1,i} = \frac{w_{m,i}e^{-G_{m,i}(x)y_i\alpha}}{Z_m}$$

其中，Z_m为规范化因子。其作用是为了使权值符合概率分布，权值的和相加为 1：

$$Z_{m=}\sum_{i=1}^{N} w_{m,i}e^{-G_{mi}(x)y_i\alpha}$$

更新分类器模型：$H_{m+1} = \mathrm{sign}\left(\sum_{i=1}^{m+1} \alpha G_i(\boldsymbol{x})\right)$

如果训练样本的分类错误率为 0，则停止迭代

end for

3.7.1.2 梯度提升算法

梯度提升算法（Gradient Boosting，GB）也是 Boosting 思想的一种应用，每一次的模型建立在之前的模型损失函数的梯度下降方向上。

GB 算法

初始化：$F_0(\boldsymbol{x}) = \mathrm{argmin}_\rho \sum_{i=1}^{N} \mathcal{L}(y_i, \rho)$

步骤：

for m：1 to M do

$$\widetilde{y}_i = -\left[\frac{\partial \mathcal{L}(y_i, F(x_i))}{\partial F(x_i)}\right]_{F(\boldsymbol{x})=F_{m-1}(\boldsymbol{x})} \quad i = 1, 2, \cdots, N$$

$$\boldsymbol{\alpha}_m = \mathrm{argmin}_{\boldsymbol{\alpha},\beta} \sum_{i=1}^{N} [\widetilde{y}_i - \beta h(x_i; \boldsymbol{\alpha})]^2$$

$$\rho_m = \mathrm{argmin}_{\rho} \sum_{i=1}^{N} \mathcal{L}\left(y_i, F_{m-1}(x_i) + \rho h(x_i; \boldsymbol{\alpha}_m)\right)$$

$$F_m(\boldsymbol{x}) = F_{m-1}(\boldsymbol{x}) + \rho_m h(\boldsymbol{x}; \boldsymbol{\alpha}_m)$$

end for

3.7.1.3 梯度提升决策树（Gradient Boosting Decision Tree）

GB 算法中最典型的基学习器是决策树（Decision Tree，DT），尤其是 CART（Classification And Regression Tree，分类与回归树）。顾名思义，GBDT 是 GB 和 DT 的结合。要注意的是这里的决策树是回归树。GBDT 中的决策树是一个弱模型，深度较小，一般不会超过 5，叶子节点的数量也不会超过 10，对于生成的每棵决策树乘以较小的缩减系数（学习率<0.1）。有些 GBDT 的实现中加入了随机抽样（子采样率 0.5⩽f⩽0.8），来提高模型的泛化能力，并通过交叉验证的方法选择最优的参数。

因此，GBDT 的核心问题就变成了如何基于$\{(x_i, r_{im})\}_{i=1}^{n}$使用 CART 回归树生成$h_m(x)$。

很多书籍和资料中都有关于 CART 的介绍，但是这里再次强调，GDBT 中使用的是回归树。下面对二者做一下对比。先说分类树，我们知道 CART 是二叉树，它在每次分支时，穷举每一个特征（feature）的每一个阈值，根据基尼系数找到使不纯性下降最多的特征及其阈值，然后按照特征小于或等于阈值和特征大于阈值，分成两个分支，每个分支包含符合分支条件的样本。用同样的方法继续分支，直到该分支下的所有样本都属于同一类别，或达到预设的终止条件。若最终叶子节点中的类别不唯一，则以数量占多数的类别作为该叶子节点的性别。

回归树的总体流程与此类似，只不过在每个节点（不一定是叶子节点）都会得到一个预测值。以预测年龄为例，该预测值就等于属于这个节点的所有人年龄的平均值。分支时穷举每一个特征的阈值，找到最好的分割点，但衡量最好分割点的标准不再是基尼系数，而是最小化均方差，即$\sum$(每个人的年龄 − 预测年龄)$^2/N$，或者是每个人年龄的预测误差平方和除以 N。这很好理解，被预测错的人数越多，错得越离谱，均方差就越大，通过最小化均方差能够找到最靠谱的分支依据。分支一直进行到每个叶子节点上人的年龄都唯一（这太难了）或者达到预设的终止条件（如叶子节点数的上限）才结束。若最终叶子节点上人的年龄不唯一，则以该节点上所有人的平均年龄作为该叶子节点的预测年龄。

3.7.1.4 XGBoost

XGBoost 是 GB 算法的高效实现[29]，XGBoost 的基学习器除了可以是 CART（gbtree）也可以是线性分类器（gblinear）。

1．XGBoost 在目标函数中显式地加上了正则化项，当基学习器为 CART 时，正则化项与树的叶子节点的数量 T、叶子节点的值都有关。

$$\mathcal{L}(\varphi)=\sum_i l(\hat{y}_i,y_i)+\sum_k \Omega(f_k)$$

其中，$\Omega(f)=\gamma T\ +\frac{1}{2}\lambda\|\boldsymbol{w}\|^2$

2．GB 中使用损失函数（loss function）对 $f(x)$的一阶导数计算出伪残差，用于学习生成 $f_m(x)$。XGBoost 不仅使用了一阶导数，还使用二阶导数。

第 t 次的损失函数为：

$$\mathcal{L}^{(t)}=\sum_{i=1}^{n} l\left(y_i,\hat{y}_i^{(t-1)}+f_t(x_i)\right)+\Omega(f_t)$$

对上式进行二阶泰勒展开：

$$\mathcal{L}^{(t)}\simeq\sum_{i=1}^{n}\left[l\left(y_i,\hat{y}_i^{(t-1)}+g_i f_t(x_i)+\frac{1}{2}h_i f_t^2(x_i)\right]+\Omega(f_t)$$

其中，g 为一阶导数，h 为二阶导数：

$$g_i=\partial_{\hat{y}_i^{(t-1)}} l\left(l\left(y_i,\hat{y}_i^{(t-1)}\right)\text{，}\ h_i=\partial^2_{\hat{y}_i^{(t-1)}} l\left(l\left(y_i,\hat{y}_i^{(t-1)}\right)\right.\right.$$

3. 前面提到，在 CART 中寻找最佳分割点的衡量标准是最小化均方差，XGBoost 寻找分割点的标准是最大化λ。分割点的计算公式为（γ与正则化项相关）：

$$\mathcal{L}_{\text{split}} = \frac{1}{2}\left[\frac{\left(\sum_{i\in I_L} g_i\right)^2}{\sum_{i\in I_L} h_i + \lambda} + \frac{\left(\sum_{i\in I_R} g_i\right)^2}{\sum_{i\in I_R} h_i + \lambda} - \frac{\left(\sum_{i\in I} g_i\right)^2}{\sum_{i\in I} h_i + \lambda}\right] - \gamma$$

XGBoost 算法的步骤和 GB 的基本相同，都是首先初始化损失函数，然后根据一阶导数g_i和二阶导数h_i（GB 是根据一阶导数），迭代生成基学习器，最后再把它们相加，更新学习器。

XGBoost 与 GBDT 除了上述三点区别，在实现时还做了许多优化：

- 在寻找最佳分割点时，考虑到枚举每个特征的所有可能分割点的贪心算法效率太低，XGBoost 实现了一种近似的算法。其大致的思想是根据百分位法列举几个可能成为分割点的候选者，然后从候选者中根据上面求分割点的公式计算找出最佳分割点。
- XGBoost 考虑了训练数据为稀疏值的情况，可以为缺失值或指定的值指定分支的默认方向，能大大提升算法的效率。有论文指出其效率能提高 50 倍。
- 特征列排序后以块的形式存储在内存中，在迭代中可以重复使用；虽然 Boosting 算法的迭代必须是串行的，但是在处理每个特征列时可以做到并行计算。
- 按照列方式存储特征能优化对最佳分割点的寻找，但是当以行计算梯度数据时会导致内存的不连续访问，严重时会导致缓存未命中（cache miss），降低算法效率。有论文提到，可先将数据收集到线程内部的缓冲区（buffer）再计算，能提高算法的效率。
- XGBoost 还考虑了当数据量比较大、内存不够时，如何有效地使用磁盘，其主要思路是结合多线程、数据压缩、分片的方法，尽可能提高算法的效率。

3.7.2 Bootstrap Aggregating 方法

自举汇聚法（Bootstrap Aggregating）通常又称为装袋法（Bagging），它让各个模型都平等投票来决定最终结果。为了提高模型的方差（variance，差异性），Bagging在训练待组合的各个模型时从训练集中随机抽取数据。比如随机森林（Random Forest，RF）就是将多个随机决策树平均组合起来以达到较高分类准确率的模型。

Bagging的一个有趣应用是，在非监督式学习中，做图像处理时使用不同的核函数进行装袋。有兴趣的话，可以阅读论文[30]与[31]。

Bagging方法

输入： S，训练数据集，类别标注为z，$\Omega=\{z_1,\cdots,z_C\}$表示C个类别。

G为弱学习器。

T为迭代次数。

F为百分比，产生每一步Bootstrap的训练数据。

步骤：

for m：1 toM do

第m次的训练数据为按照F随机生成的S_t

在S_m上学习弱分类器Gm，得到假设（分类器）h_m

将h_m加入集成学习模型H

end for

测验： 在实例$\boldsymbol{x}$上进行简单的多数表决。

在$\boldsymbol{x}$上评估融合模型$H=\{h_1,h_2,\cdots,h_M\}$

令$v_{m,j}=\begin{cases}1, & 若h_m选择类z_j\\0, & 其他\end{cases}$，为通过$\mathrm{h_t}$投票给类别$z_j$

获得每个类别的投票结果，$V_j=\sum_{m=1}^{M}v_{\mathrm{m},j}\ j=1,2,\cdots,C$

选择投票数最多的类别作为最终分类。

3.7.3 Stacking方法

Stacking（也称为Stacked Generalization）方法，简单来说就是使用其他模型的输出作为输入，训练一个新的组合模型（combination model）的方法，它也是在机器学习比赛中常用到的一种集成学习方法。理论上来说，如果可以选用任意一个组合算法，则通过 Stacking 法我们能表示各种集成学习方法。在实际使用 Stacking 方法时，我们通常使用单层逻辑回归作为组合模型。

Stacking 方法如图 3-19 所示，先在整个训练集上通过 Bootstrap 抽样得到各个训练集以及一系列分类模型，称为第一层分类器，然后将输出用于训练第二层分类器（后置分类器）。这种方法背后的思想是希望训练数据都被正确地学习了。如果某个分类器错误地学习了特征空间里的某个特定区域，错误的分类就会来自这个区域，不过第二层分类器可能根据其他分类器的结果最终学习到正确的分类。

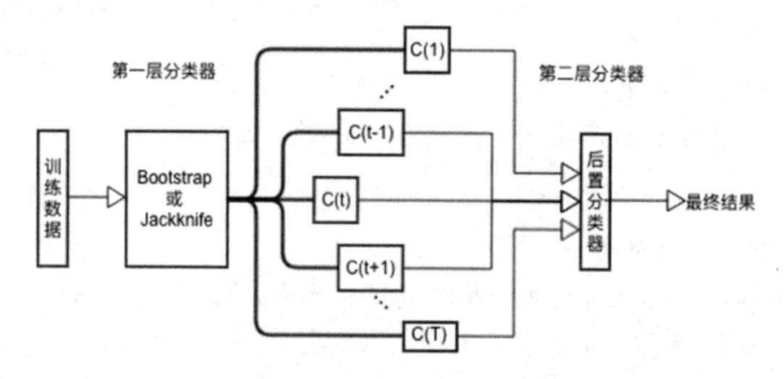

图 3-19　Stacking 方法的一种结构

交叉验证也通常用于训练第一层分类器：把这个训练集分成 T 个块，第一层中的每个分类器根据各自余下的 T-1 个块进行训练，并在第 T 块（该块数据并未用于训练）上测试。之后将这些分类器的输出作为输入，在整个训练集上训练第二层分类器。

总的来说，Stacking 方法比任何单一模型的效果都要好，它不仅被成功应用于监督式学习，也被成功应用在非监督式（概率密度估计）学习中，甚至被应用于估计 Bagging 模型的错误率。根据论文[32]，Stacking 比 Bayesian Model Averaging（贝叶斯模型平均）的表现更好！在 Kaggle 比赛中，很多参赛队伍都利用 Stacking 方法获得了不错的结果！

3.7.4　小结

集成学习方法是监督式学习的一种，在完整的模型训练完之后，其中的集成学习方法就可以看成是一个单独的“假设”（或模型），只是该“假设”不一定在原“假设”空间里。因此，集成学习方法具有更大的灵活性。从理论上来说，集成学习方法也比单一模型更容易过拟合。有一些融合方法，尤其是 Bagging，也会有避免过拟合的效果。

根据经验，如果待组合的各个模型之间差异性（diversity）比较显著，将它们组合之后通常会有较好的结果，因此也有很多集成学习方法致力于提高待组合模型间的差异性。尽管不容易直观理解，但是随机的算法（比如随机决策树）比有意设计的算法（比如熵减少决策树）更容易产生强分类器。不过，在实际应用中我们发现使用多个强可学习算法比那些为了促进差异性而设计的模型更有效。

参考资料

[1] Nasrabadi N M. Pattern recognition and machine learning[J]. Journal of electronic imaging, 2007, 16(4): 049901.

[2] http://scott.fortmann-roe.com/docs/BiasVariance.html

[3] https://en.wikipedia.org/wiki/Bias-variance_tradeoff

[4] https://zh.wikipedia.org/zh/ROC 曲线

[5] Breiman L, Friedman J H, Olshen R A, et al. Classification and Regression Trees[J]. Monterey, CA: Wadsworth. Wadsworth Statistics/Probability Series. 1984.

[6] MITCHELL T M. 机器学习[M]. 曾华军，张银奎译. 北京：机械工业出版社，2003.

[7] 李航. 统计学习方法[M]. 北京：清华大学出版社, 2012.

[8] 徐树方，高立，张平文. 数值线性代数[M]. 2 版. 北京：北京大学出版社, 2013.

[9] JANG J S R, MIZUTANI E. Levenberg-Marquardt method for ANFIS learning[C]//Fuzzy Information Processing Society, 1996. NAFIPS., 1996 Biennial Conference of the North American. IEEE, 1996: 87-91.

[10] ROWEIS S T, SAUL L K. Nonlinear dimensionality reduction by locally linear embedding[J]. Science, 2000, 290(5500): 2323.

[11] DECHTER R, PEARL J. Generalized best-first search strategies and the optimality

of A[J]. Journal of the ACM (JACM), 1985, 32(3): 505-536.

[12] COOPER G F. The computational complexity of probabilistic inference using Bayesian belief networks[J]. Artificial intelligence, 1990, 42(2-3): 393-405.

[13] PRADHAN M, DAGUM P. Optimal monte carlo estimation of belief network inference[C]//Proceedings of the Twelfth international conference on Uncertainty in artificial intelligence. Morgan Kaufmann Publishers Inc., 1996: 446-453.

[14] EBERHART R, KENNEDY J. A new optimizer using particle swarm theory[C]//Micro Machine and Human Science, 1995. MHS'95., Proceedings of the Sixth International Symposium on. IEEE, 1995: 39-43.

[15] COOPER G F, Herskovits E. A Bayesian method for the induction of probabilistic networks from data[J]. Machine learning, 1992, 9(4): 309-347.

[16] SHAFER G, KOGAN A, SPIRTES P. Generalization of the tetrad representation theorem[M]. Rutgers University. Rutgers Center for Operations Research [RUTCOR], 1993.

[17] PEARSON K. LIII. On lines and planes of closest fit to systems of points in space[J]. The London, Edinburgh, and Dublin Philosophical Magazine and Journal of Science, 1901, 2(11): 559-572.

[18] HOTELLING H. Analysis of a complex of statistical variables into principal components[J]. Journal of educational psychology, 1933, 24(6): 417.

[19] BLEI D M, NG A Y, JORDAN M I. Latent dirichlet allocation[J]. Journal of machine Learning research, 2003, 3(Jan): 993-1022.

[20] DE FINETTI B. Theory of probability[M]. Vol. 1-2. Reprint of the 1975 translation. Chichester: John Wiley & Sons, 1990.

[21] METROPOLIS N, ULAM S. The monte carlo method[J]. Journal of the American statistical association, 1949, 44(247): 335-341.

[22] SHACHTER R. Bayes-ball: the rational pastime(for determining irrelevance and requisite information in belief networks and influence diagrams). [C]//In G. Cooper and S. Moral(eds), Proc. 14th Conf. Uncentainty in Artificial Intelligence, pp. 480-487. Morgan Kaufmann, San Francisco, CA, 1988.

[23] GRIFFITHS T. Gibbs sampling in the generative model of latent dirichlet allocation [R]. Stanford: StanfordUniversity, 2002.

[24] GILKS W R, RICHARDSON S, SPIEGELHALTER D. Markov chain monte carlo in practice[M]. London: Chapman and Hall/CRC, 1995.

[25] LIU J S. Monte carlo strategies in scientific computing[M]. Berlin: Springer Science & Business Media, 2008.

[26] BLEI D, LAFFERTY J. Correlated topic models[J]. Advances in neural information processing systems, 2006, 18: 147.

[27] http://www.keithschwarz.com/darts-dice-coins/

[28] DOUCET A, DE FREITAS N, MURPHY K, et al. Rao-Blackwellised particle filtering for dynamic Bayesian networks[C]//Proceedings of the Sixteenth conference on Uncertainty in artificial intelligence. Morgan Kaufmann Publishers, 2000: 176-183.

[29] CHEN T, GUESTRIN C. XGBoost: A Scalable Tree Boosting System[C]// ACM SIGKDD International Conference on Knowledge Discovery and Data Mining. ACM, 2016:785-794.

[30] SAHU A, RUNGER G, APLEY D. Image denoising with a multi-phase kernel principal component approach and an ensemble version[C]//Applied Imagery Pattern Recognition Workshop (AIPR), 2011 IEEE. IEEE, 2011: 1-7.

[31] SHINDE A, SAHU A, APLEY D, et al. Preimages for variation patterns from kernel PCA and bagging[J]. Iie Transactions, 2014, 46(5): 429-456.

[32] Sill J, Takacs G, Mackey L, et al. Feature-weighted linear stacking[J]. CoRR, 2009, arXiv:0911.0460.

第4章 机器学习实践的基础包

4.1 简介

俗话说"巧妇难为无米之炊"，为了在互联网业务安全实践中发挥机器学习的作用，必须有相应的基础软件架构来实现机器学习算法。

在实验环境中，机器学习工程师经常使用 Python 来完成数据分析处理与建模。其中的原因有很多，总结起来大体上有以下三点：

- Python 的通用性很强、上手容易、使用方便，同时作为一种胶水语言，Python 可以把用 C++和 Java 等语言实现的高效的工程化代码封装成自身的接口。
- Python 生态圈中的第三方数学运算库非常丰富，而且大多数都是开源的，例如非常流行的 Numpy、Scipy、pandas 等，这对于快速迭代机器学习模型来说无疑是一种福音。
- Python 的开发效率高。Python 是一门面向对象的解释型、动态强类型语言，无须编译，非常适用于建立机器学习模型的原型。

所以，我们也就不难理解为什么 TensorFlow、XGBoost、Caffe 等机器学习算法框架都提供了基于 Python 的 API。对 Python 的这些优点，最经典的总结莫过于"人生苦短，我用 Python"。图 4-1 为经典编程语言的对比图，从中可以看出 Python 的强大与易用。值得注意的是 Python 的版本，现在需要从 Python 2 迁移到 Python 3，因为据官方消息，Python 2 在 2020 年会停止更新。

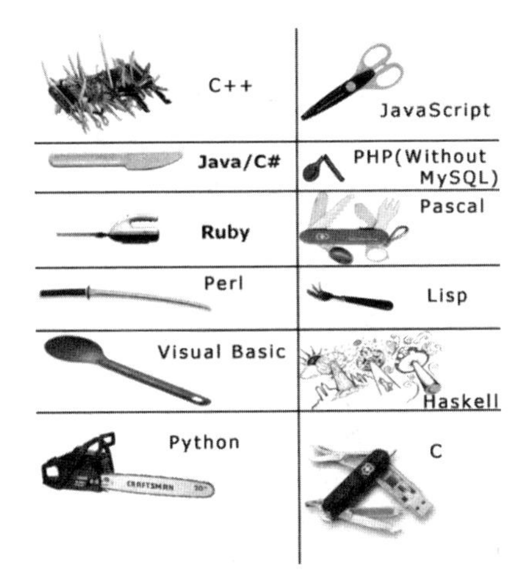

图 4-1　经典编程语言对比图

在很多企业的实际生产环境中，Java 都是主流编程语言。然而，Java 对于机器学习算法的实现来说有些“重”且繁杂。机器学习中的建模与调参非常耗时，如果要高效地构建模型，在编程实现上就不能耗费过多精力。好在近年来在运行于 JVM 之上的语言中，出现了其他选择。其中的 Scala 就是最成功的例子，大数据处理引擎 Spark 就是用 Scala 实现的，而 Spark 的流行也在一定程度上推动了 Scala 的应用。另外，Kafka、Storm、Prediction IO 等开源框架也都采用了 Scala 作为基础编程语言。

为什么选择 Scala？因为 Scala 相对于 Java 有如下优点：

- 非常简洁，完成同样的功能所需的代码非常少。
- Scala 具有一些高级特性，将面向对象编程和函数式编程结合在一起，有表达力非常强的语法和强大的图灵完备的类型系统。而且 Scala 与 Java 高度集成，并能够运行在 JVM 之上。
- Scala 本身支持交互式解释器环境 REPL（**R**ead、**E**valuate、**P**rint、**L**oop），大幅降低调试成本，提升了开发效率。

目前，国外有较多公司已经采用 Scala 进行开发，如 LinkedIn 和 Twitter 等，国内采用 Scala 进行开发的比较典型的公司有挖财（财米科技）。图 4-2 简单展示了 Scala 和 Java 的编程风格对比。关于 Scala 和 Java 8 的更多比较可以参考 Quora 论坛上的讨论帖子“How does Scala compare to Java 8”。

图 4-2　Scala 和 Java 编程风格的对比

本章将围绕 Python 和 Scala 这两种编程语言，分别介绍其生态圈支持的机器学习算法的主流第三方库，为读者在互联网业务安全场景中构建机器学习算法模型打下基础。

4.2　Python 机器学习基础环境

本节将围绕基础的第三方数学计算库和机器学习开源库展开，其中基础库包括 Numpy、Scipy、pandas 和 Matplotlib，而机器学习开源库包括 scikit-learn、gensim、TensorFlow 和 Keras。本节所有的 Python 示例代码都会在 Jupyter Notebook 下演示，所以下面先介绍它。

4.2.1　Jupyter Notebook

Jupyter Notebook 的前身是 IPython Notebook，在 2011 年由 Fernando Pérez 和 Brian Granger 领导的团队开发。Pérez 和 Granger 开发这个 Notebook 是为了解决数据科学家之间难以理解对方原始代码的问题。Notebook 的意思是笔记本，通过它可以完美重现代码及其运行结果，使用者甚至可以在自己的环境中运行代码——只需要安装IPython即可。Pérez和Granger等基于现代Web技术（例如HTML5等）实现了Notebook。有了它，就可以在浏览器中任意浏览和运行 Notebook 文件（后缀名为.ipynb 的 JSON 格式文件）。从 2013 年开始，Notebook 逐渐流行。受 IPython Notebook 的影响，开发者们还开发出其他各种语言的 Notebook，例如 R、Julia 和 Scala 等，下文将提到的 Zeppelin 就是基于 Apache 生态的 Notebook。

为什么Notebook这么流行？其原因在于Notebook可以精确地重现原始代码和结果，其中加入的可视化技术使得结果的展示非常有吸引力，也使得数据科学家之间的协作更加方便。而这些特性也实践了“literate programming（文学化编程）”[10]的理念。“literate programming”是著名计算机科学家 Donald Knuth 提出的，特别强调编程语言和书面语言的结合。从 literate programming 的观点看来，相对于高级的抽象语言编程，literate programming 应该是鲁棒的、可移植的、易于维护且更有趣的。这样看来，Notebook 的流行也就不足为奇了。更多关于 Python Notebook 信息可以参考如下页面的文章：unidata.github.io 上的文章 *Why Python and Jupyter Notebooks*，里面有更完整的论述。

下面介绍如何安装 Jupyter Notebook。

1. 安装 pip。

下载 pip（地址为 https://bootstrap.pypa.io/get-pip.py），执行命令：

```
python get-pip.py
```

为了在国内网络环境中加快 Python 第三方库安装包的下载速度，推荐将 pip 的下载源改为豆瓣的镜像。

```
[global]
index-url = http://pypi.douban.com/simple
download_cache = ~/.cache/pip
[install]
use-mirrors = true
mirrors = http://pypi.douban.com/
```

10　literate programming 暂无贴切的对应中文翻译，故本书中仍使用英文表述。

```
trusted-host=pypi.douban.com
```

2．安装 IPython。

执行命令：

```
pip intall ipython
```

IPython 是一个增强的 Shell 环境，提供比默认的 Python 解释器更丰富的功能。如果输入 ipython 即可进入环境，说明 IPython 已安装成功。

3．安装 Jupyter。

执行命令：

```
pip install jupyter
```

如果是 Centos 系统，可能需要安装 ncurses-devel 相关的库、pandoc 相关的库。从 IPython 4.0 起，IPython Notebook 与 IPython 解耦，Notebook 等功能移入项目 Jupyter 进行维护，而 IPython 专注于增强 Shell 环境的开发，目前 Jupyter 最新的版本是 5.2.1。

4．配置 Notebook 服务器。

安装好 Jupyter 之后，就可以配置加密的 Notebook 服务器了。

```
jupyter notebook —generate-config
# 生成配置文件： ~/.jupyter/jupyter_notebook_config.py
openssl req -x509 -nodes -days 365 -newkey rsa:1024 -keyout mycert.pem -out
mycert.pem
#生成文件： mycert.pem
python -c "import IPython;print IPython.lib.passwd()"
# 输入密码，生成密钥：sha1:...bd028df3b:365cf37210869c709de705c6505943634f1a556f
vi  ~/.jupyter/jupyter_notebook_config.py
c = get_config()
# 配置 Kernel
c.IPKernelApp.pylab = 'inline'
# 配置 Notebook
c.NotebookApp.certfile =
u'/home/lianhua/install/python/bin/mycert.pem'
c.NotebookApp.ip = '*'
c.NotebookApp.open_browser = False
c.NotebookApp.password =
u'sha1:...bd028df3b:365cf37210869c709de705c6505943634f1a556f'
```

```
# 最好放到一个好记的固定端口
c.NotebookApp.port = 8888
```

全部安装完成后，就可以运行 Jupyter Notebook 了。

```
jupyter notebook --profile=nbserver #启动
```

进入 https://127.0.0.1:8888/页面即可，如图 4-3 所示。注意，这里需要使用 HTTPS 链接。

图 4-3　Jupyter Notebook 的运行界面

4.2.2　Numpy、Scipy、Matplotlib 和 pandas

机器学习建模中有一个重要环节是数据的分析与处理。Python 生态中有不少第三方数学计算库，这些库为广大机器学习工程师做了大量的基础性工作，它们就是 Numpy、Scipy、Matplotlib 和 pandas。在笔者的技术团队里，大家都亲切地称它们为 Python 数据分析“四件套”，如图 4-4 所示。下面我们将分别介绍这四个库。

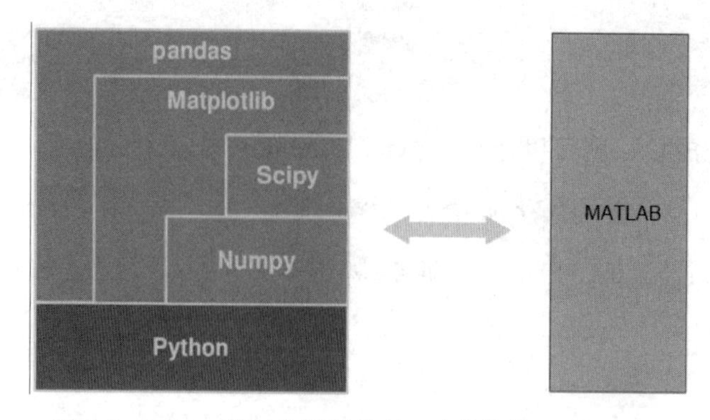

图 4-4 Python 数据分析四件套（功能媲美 MATLAB）

4.2.2.1 Numpy

Numpy 是 Numeric Python 或者 Numerical Python 的首字母缩写，是在 Python 中进行科学计算的核心库。作为一个开源的 Python 第三方库，Numpy 旨在提供高效的矩阵运算。Numpy 中最主要的类（Object）是同构的多维数组（homogeneous multidimensional array）。这个类称作 ndarray，它包含一组相同类型的元素（通常是数值）和正整数元组的索引。ndarray 的维度称为轴（axe，例如 x 轴、y 轴等），而轴的数量称为秩（rank，注意，其与线性代数中 rank 的含义不完全等同）。

Numpy 主要有如下几种基本操作：

- 数组和矩阵的初始化。
- 获得数据结构的相关属性。
- 对数组的索引（indexing）。
- 相关数据结构的序列化与反序列化。

下面分别举例介绍这些操作。

```
# 导入 numpy
import numpy as np
# 初始化
a = np.array([1, 4, 5, 8], float)
b = np.random.rand(2,4)
c = np.array([[1,2],[3,4],[5,6]], dtype=np.float64)
print a
print b
print c
```

```
[ 1.  4.  5.  8.]
[[ 0.37773427  0.68017239  0.10578459  0.27507104]
 [ 0.28678305  0.56100177  0.02995029  0.59859063]]
[[ 1.  2.]
 [ 3.  4.]
 [ 5.  6.]]
# 基本操作
# 获取维数
print a.shape,b.shape

d = b.reshape(1,8)
print d
# 转置
e = np.transpose(b)
print e
# 点乘
f = e.dot( np.transpose(c) )
print f
# Indexing
g = f[1:-1,2]
# 序列化
np.save("farray.npy",f)
# 反序列化
h = np.load("farray.npy")
print h
(4,) (2, 4)
[[ 0.37773427  0.68017239  0.10578459  0.27507104  0.28678305  0.56100177
   0.02995029  0.59859063]]
[[ 0.37773427  0.28678305]
 [ 0.68017239  0.56100177]
 [ 0.10578459  0.02995029]
 [ 0.27507104  0.59859063]]
[[ 0.95130037  2.280335    3.60936964]
 [ 1.80217593  4.28452425  6.76687256]
 [ 0.16568517  0.43715493  0.70862469]
 [ 1.47225231  3.21957566  4.96689901]]
[[ 0.95130037  2.280335    3.60936964]
 [ 1.80217593  4.28452425  6.76687256]
 [ 0.16568517  0.43715493  0.70862469]
 [ 1.47225231  3.21957566  4.96689901]]
```

从下面的代码示例中可以看出基于 Numpy 进行运算的高效率，以及 Numpy 中相关数据结构的内存使用情况。

```
# Numpy的内存使用情况
from sys import getsizeof
plist_null = []
print getsizeof(plist_null)
plist = [1,2,3]
print getsizeof(plist)
plist_float = [1.0,2.0,3.0]
print getsizeof(plist_float)
72
96
96
np_array = np.zeros((0),dtype = np.float32)
print getsizeof(np_array )
np_array_null = np.array([],dtype = np.float32)
print getsizeof(np_array_null)

np_array_64 = np.zeros((3,),dtype = np.float64)
print getsizeof(np_array_64)
np_array_32 = np.zeros((3,),dtype = np.float32)
print getsizeof(np_array_32)
np_array_16 = np.array([1,2,3],dtype = np.float16)
print getsizeof(np_array_16)
np_array_8 = np.array([1,2,3],dtype = np.int8)
print getsizeof(np_array_8)
96
96
120
108
102
99
# Numpy的高效运算。可以看到，使用Numpy的数组进行运算时在效率上的优势
from timeit import Timer
size = 1000
A_list = range(size)
B_list = range(size)
A = np.arange(size)
B = np.arange(size)
def python_list():
    C = [A_list[i] + B_list[i] for i in range(len(A_list)) ]
```

```
def python_list_zip():
    C = [element[0]+element[1] for element in zip(A_list,B_list) ]
def numpy_array():
    C = A + B

timer1 = Timer("python_list()","from __main__ import python_list")
timer2 = Timer("python_list_zip()", "from __main__ import python_list_zip")
timer3 = Timer("numpy_array()", "from __main__ import numpy_array")
print timer1.timeit(10)
print timer2.timeit(10)
print timer3.timeit(10)

print timer1.timeit(1000)
print timer2.timeit(1000)
print timer3.timeit(1000)

print timer1.timeit(10000)
print timer2.timeit(10000)
print timer3.timeit(10000)
0.00346803665161
0.00279712677002
0.000504970550537
0.142179012299
0.197929143906
0.00357103347778
1.43359208107
1.60682606697
0.0173509120941
```

另一个值得注意的问题是，Numpy 会自动对程序运行时进行一些优化，并利用执行环境的计算库进行多线程并行计算从而提高效率。然而，有些情况下我们并不希望 Numpy 占用全部线程，这时就需要通过前置的参数来控制 Numpy 可以并行运行的线程的数量，具体配置如下：

```
OMP_NUM_THREADS=1
```

4.2.2.2 Scipy

Scipy 是构建于 Numpy 之上的第三方数学计算库，包含一系列数学算法和高级函数。Scipy 极大地扩展了 Numpy 的能力，提供了高阶命令和类来处理和可视化数据，其与 Numpy 和 pandas 等组合使用可以为用户提供媲美 MATLAB、Rlab 的科学计算环境。Scipy 的科学计算功能非常强大，由于篇幅所限，本节仅简单介绍 Scipy 的主要模块，提供一个用 Scipy 解决优化问题的具体例子。

Scipy 的帮助文档非常详细，可以在 Notebook 中查看。Scipy 的主要模块有 cluster、fftback、itegrate、interpolate、io、linag、optimize 等。这些模块需要显式地导入，而且都可以独立查看帮助文档。

```
# Scipy 的文档非常详细
import scipy
help(scipy)

# 模块需要显式地导入
from scipy import linalg, optimize, cluster
help(optimize)
 cluster                       --- Vector Quantization / Kmeans
     fftpack                       --- Discrete Fourier Transform algorithms
     integrate                     --- Integration routines
     interpolate                   --- Interpolation Tools
     io                            --- Data input and output
     linalg                        --- Linear algebra routines
     linalg.blas                   --- Wrappers to BLAS library
     linalg.lapack                 --- Wrappers to LAPACK library
     misc                          --- Various utilities that don't have
                                     another home.
     ndimage                       --- n-dimensional image package
     odr                       --- Orthogonal Distance Regression
     optimize                      --- Optimization Tools
     signal                        --- Signal Processing Tools
     sparse                        --- Sparse Matrices
     sparse.linalg                 --- Sparse Linear Algebra
     sparse.linalg.dsolve          --- Linear Solvers
     sparse.linalg.dsolve.umfpack --- :Interface to the UMFPACK library:
                                  Conjugate Gradient Method (LOBPCG)
     sparse.linalg.eigen     --- Sparse Eigenvalue Solvers
     sparse.linalg.eigen.lobpcg  --- Locally Optimal Block Preconditioned
                                  Conjugate Gradient Method (LOBPCG)
     spatial                     --- Spatial data structures and algorithms
     special                     --- Special functions
     stats                       --- Statistical Functions
```

我们用一个解决优化问题的例子（在 N 个限制条件下求函数的极小值）来展示如何使用 Scipy 中的高级模块。

```
# 从优化模块中导入求极小值的方法
from scipy.optimize import minimize
import numpy as np
fun = lambda x: (x[0] - 0.1)**2 + (x[1] - 0.25)**2 + (x[2] - 0.35)**2
x0 = np.ones(3) * (1 / 3.)

cons = ({'type': 'eq', 'fun': lambda x: 1 - sum(x)},
        {'type': 'ineq', 'fun': lambda x: x[0]},
        {'type': 'ineq', 'fun': lambda x: x[1]},
        {'type': 'ineq', 'fun': lambda x: x[2]},
        {'type': 'ineq', 'fun': lambda x: 1 - x[0]},
        {'type': 'ineq', 'fun': lambda x: 1 - x[1]},
        {'type': 'ineq', 'fun': lambda x: 1 - x[2]},
        {'type': 'ineq', 'fun': lambda x: x[0]-0.3},
        {'type': 'ineq', 'fun': lambda x: x[1] -0.2},
        {'type': 'ineq', 'fun': lambda x: x[2] -0.15})
bnds = ((0, 1), (0, 1), (0, 1))
# 求在约束条件下的极小值
res = minimize(fun, x0, method='SLSQP', bounds=bnds, constraints=cons)

print res
print res.x

fun: 0.04500000000000003
     jac: array([ 0.40000001,  0.10000001,  0.10000001])
 message: 'Optimization terminated successfully.'
    nfev: 20
     nit: 4
    njev: 4
  status: 0
 success: True
       x: array([ 0.3,  0.3,  0.4])
[ 0.3  0.3  0.4]
```

4.2.2.3 Matplotlib

Matplotlib 是最著名的开源 Python 第三方绘图库，提供跨平台、可交互的高质量绘图生产环境，利用它绘制出的图表可以和 MATLAB 绘制的媲美。在 Python 第三方库中提供绘图的包还有很多，例如 seaborn、ggplot、Bokeh、pygal 和 Plotly 等，它们有各自的优点和适用场景、互相补充，开发者可以根据场景选择最合适的库。其中，Matplotlib 的历史最悠久，功能也最强大，只是操作起来稍微复杂些。所以，下文将先介绍几个 Matplotlib 基本绘图功能，再展示其高级能力。

使用 Matplotlib，需要掌握的基本知识有：Pyplot 模块、坐标轴（axis）、点（marker）、线（line）、颜色（color）、子图（subplot）及文本（text）。其中 Pyplot 提供了类似于 MATLAB 的图表绘制框架，而坐标轴、点、线等是绘图中的基本元素，掌握图表绘制框架和添加各种元素的方法之后基本上就能应对大部分场景了。下面我们来看具体的例子。

```
# Matplotlib的基本操作
%matplotlib inline
import matplotlib.pyplot as plt
a=[1, 2, 3, 4]
b=[1, 4, 9, 16]
c=[ele*2 for ele in b]
d=[ele*3 for ele in b]
e=[ele*4 for ele in b]
f=[ele*5 for ele in b]
# linestyle or ls   [ '-' | '--' | '-.' | ':' | 'steps' | ...]
# marker   [ '+' | ',' | '.' | '1' | '2' | '3' | '4' ]
plt.plot(a,b,'ro',a,c,'b-')
[<matplotlib.lines.Line2D at 0x111333ad0>,
 <matplotlib.lines.Line2D at 0x111333e90>]
![](pastedGraphic_2.png)
#subplot
plt.figure(figsize=(15,15))
plt.subplot(2, 2, 1)
plt.plot(a,b,'ro')

plt.subplot(2, 2, 2)
plt.plot(a,c,'b-',linewidth=4.0) #设置线宽度

plt.subplot(2, 2, 3)
plt.plot(a,d,'y--')

plt.subplot(2, 2, 4)
plt.plot(a,e,'g-.')
```

```
plt.xlabel('a', fontsize=14, color='red') #设置字体和颜色
plt.ylabel('e', fontsize=14, color='red')
plt.title('Subplot example', fontsize=14, color='red')
plt.grid(True)
![](pastedgraph1.png)
```

更多的例子可以参考 Matplotlib 官方帮助文档中的各种绘图示例。如果发现其中的 bug，可以在 GitHub 中提交代码进行修复。说句题外话，笔者在 GitHub 上的首次代码提交就贡献给了 Matplotlib（https://github.com/matplotlib/matplotlib/pull/5006）。

另外，虽然 Matplotlib 的官方介绍上说它是 2D 绘图库，但其实它也可以用来绘制一些 3D 图像，代码如下所示，完整的代码请参考文章[1]。

```
# 3D绘制窗口，派生于MyMplCanvas
class MyMplCanvas3D(MyMplCanvas):
    def __init__(self, parent=None, width=10, height=8, dpi=100):
        #fig = Figure()
        fig = Figure(figsize=(width, height), dpi=dpi)
        FigureCanvas.__init__(self, fig)
        #Axes3D.mouse_init()
        self.axes =  Axes3D(fig)
        # We want the axes cleared every time plot() is called
        self.axes.hold(True)
        self.HasPlot=False
        self.setParent(parent)
        FigureCanvas.setSizePolicy(self,
        QtGui.QSizePolicy.Expanding,QtGui.QSizePolicy.Expanding)
        FigureCanvas.updateGeometry(self)

    def compute_3d_figure(self,data,label,x=0,y=1,z=2):
        xs, ys, zs = [], [], []
        xs1, ys1, zs1 = [], [], []
        for i in range(len(data)):
            if 1.0==label[i]:
                xs.append(data[i][x])
                ys.append(data[i][y])
                zs.append(data[i][z])
            else:
                xs1.append(data[i][x])
```

```
            ys1.append(data[i][y])
            zs1.append(data[i][z])
        self.axes.scatter(xs, ys, zs, zdir='z', s=40, c=(0,0,1))
        self.axes.scatter(xs1, ys1, zs1, zdir='z', s=40, c=(0,1,0))
        self.draw()
        self.HasPlot=True
        return
```

4.2.2.4 pandas

pandas 是一个开源的第三方库，旨在为 Python 编程环境提供高效且易于使用的数据结构，以及用于数据分析的各种工具。pandas 的核心类是 DataFrame。DataFrame 对数据做了高度结构化的抽象，这个抽象也影响了很多著名开源工具的设计，例如 Spark 中的 DataFrame。通过 DataFrame，我们可以对结构化数据高效地进行各种操作。除了核心类 DataFrame，pandas 还提供了数据读/写、数据对齐、重塑、切片、融合与关联、时序数据处理等功能。我们可以用 pandas 处理原始数据，准备分析和建模所需要的数据。下面将简单介绍如何在 Python 环境中完成这些任务。

学习和使用一个工具或者一种新语言，最好的方式就是了解其官方 API。有经验的编程人员一定对 API 的查询有深刻的理解，就像专业的编程人员一定能熟练地检索资料一样。大家在学习新知识的时候，也可以尝试使用列树级结构表格或者思维导图的方式来整理思路。这里简单总结一下 pandas 的原理以及语法，可以帮助你加深对它的理解并熟练使用此工具。

pandas 可以使关系型和标签化数据的处理更加简单、直观。pandas 能处理的数据类型主要有以下几种（但不限于这几种）：

- 具有多个不同类型列的表格类型，比如 SQL 表或 Excel Sheet。
- 有序或无序的时间序列数据。
- 使用 row 和 column 标签处理任意的矩阵类型数据（一致或驳杂的类型）。
- 任何形式的观测和统计数据集（其实，数据并不需要全部被标签化就能放到 pandas 中）。

pandas 的主要数据结构有三种：Series（一维）、DataFrame（二维）和 Panel（多维，不常使用）。pandas 封装了 NumPy 的上层数据结构，并加入许多第三方科学计算库，对数据的处理更加简单高效。本节对于 pandas 0.23 版本的 API 做一些汇总说明。

1. Series（序列）

带有标签的一维数组，可以保存任何数据类型（整数、字符串、浮点数、Python 对象等）。轴标签统称为 index（索引）。创建 Series 的基本方法是调用：

```
s = Series(data=None, index=None, dtype=None, name=None, copy=False,
fastpath=False)
```

（1）data 可以是许多不同的实体：

- Python 的 dict（字典）对象
- ndarray
- 标量值、常量值、数量值（比如，5）

（2）index 为传入的索引，它是轴标签的列表。根据 data 的类型，可分为以下几种情况。

① 来自 ndarray。

- 如果 data 是 ndarray，则索引必须与 data 的长度相同。例如：

```
s = pd.Series(np.random.randn(5), index=['a', 'b', 'c', 'd', 'e'])
```

- 如果没有传入索引实参，则默认使用`[0,…,len(data-1)]`的索引。例如：

```
pd.Series(np.random.randn(5))
```

② 来自字典，例如：

```
d = {'a' : 0., 'b' : 1., 'c' : 2.}。
```

- 如果传入了索引，则会取出字典中的值（value），对应于索引中与字典键（key）相同名称的标签。例如：

```
pd.Series(d, index=['b', 'c', 'd', 'a'])
```

- 如果没有传入索引，则会使用字典中包含的键作为索引，例如：

```
pd.Series(d)
```

如果 Python 版本在 3.6 以上，且 pandas 为 0.23 及以上的版本，将通过字典的有序键构造索引；如果 Python 的版本低于 3.6 且 pandas 的版本低于 0.23，将使用字典的键的随机序创建索引。

③ 来自标量值。

如果 data 是标量值，则必须提供索引。该标量值会重复，以此匹配索引的长度。下例表示“5”这个标量值重复了 5 次，以此来匹配索引['a', 'b', 'c', 'd', 'e']的数量：

```
pd.Series(5., index=['a', 'b', 'c', 'd', 'e'])
```

（3）这里的 dtype 可以是 Numpy 的 dtype 或 None。若为 None，则 pandas 会自动推断类型。

（4）copy 表示是否复制输入数据。

下面对 Series 与其他相似的数据类型做一下对比分析。

Series 与 ndarray

Series 的表现与 ndarray 非常相似，可以作为大多数 NumPy 函数的有效参数。然而，我们也会对索引切片（slice），例如：

```
s[s>s.median()]。
```

进行数据分析时，就像处理原始 NumPy 数组一样，很多操作其实没必要总是对所有的值逐一循环遍历。因此 Series 也继承了 ndarray 的优良方法。比如，可以直接对序列或者 DataFrame 进行一些相加、相乘以及聚合函数的操作：

```
s + s。
```

Series 和 ndarray 的主要区别在于 Series 上的操作会根据标签自动对齐数据。因此，你可以编写计算公式，而不用考虑所涉及的 Series 每个对应的值是否具有一致的标签，因为它会自动对齐相同的标签进行操作。例如：

```
s[1:]+s[:-1]
```

Series 与 dict

Series 就像一个固定大小的字典，你可以使用标签作为索引来获取和设置值，例如：

```
s['e']=12
```

2．DataFrame（数据帧）

DataFrame 是带有标签的二维数据结构，其列的类型可能不同。可以把它想象成一个电子表格或 SQL 表，或者 Series 对象的字典。DataFrame 是最常用的 pandas 对象，其创建方式与 Series 类似：

```
pd.DataFrame(data=None, index=None, columns=None, dtype=None, copy=False)
```

像 Series 一样，DataFrame 也接受许多不同类型的输入：

- 一维数组、列表、字典或 Series 的字典
- 二维的 numpy.ndarray
- 结构化或记录数组
- Series
- 另一个 DataFrame

可以选择传入 index（索引，即行标签）和 columns（列标签）两类轴标签参数。如果传递 index 或 columns，则它们会被用于生成的 DataFrame 的索引或列，并尽可能与输入的 data 保持一致。

注意，不同类型的输入对索引或列的要求不同。比如，若输入为 Series，则索引或列需要与 Series 的结构保持一致，否则会报错；若输入为另一个 DataFrame，则索引或列是从与原始 DataFrame 同名的索引或列中提取的，并且不存在的索引或列会默认初始化为 NaN。因此，Series 的字典加上特定索引后，pandas 将丢弃所有与传入的索引不匹配的数据。

如果没有传入轴标签，pandas 将基于常识规则根据输入数据来构造它们。

下面我们来分别看看经由这些不同类型的输入所创建的 DataFrame。

（1）输入为 Series/字典的字典。例如：

```
d = {'one' : pd.Series([1., 2., 3.], index=['a', 'b', 'c']),'two' : pd.Series([1.,
2., 3., 4.], index=['a', 'b', 'c', 'd'])}
```

结果index是各种Series索引的并集。如果有嵌套的词典，就先将其转换为Series。如果没有传递列，列标签将是字典的键的有序列表。例如：

```
pd.DataFrame(d, index=['d', 'b', 'a'], columns=['two', 'three'])
```

（2）输入为ndarray/list的字典。例如：

```
d = {'col1': [1, 2], 'col2': [3, 4]}
```

ndarray的长度必须相同。如果传入了index，它的长度也必须与数组的相同。如果没有传入index，结果将是range(n)，其中n是数组长度。例如：

```
pd.DataFrame(d)
```

（3）输入为结构化或记录数组。例如：

```
data = np.zeros((2,), dtype=[('A', 'i4'),('B', 'f4'),('C', 'a10')])
```

记录数组类似数组的字典，例如：

```
data[:] = [(1,2.,'Hello'), (2,3.,"World")]
```

（4）输入为字典的数组。例如：

```
data2 = [{'a': 1, 'b': 2}, {'a': 5, 'b': 10, 'c': 20}]
```

（5）输入为元组的字典。

可以通过传递元组字典来自动创建多索引的DataFrame。

（6）输入为单个Series。

结果是一个DataFrame，索引与输入的 Series 相同，并且单个列的名称是Series的原始名称（仅当没有提供其他列名时）。

（7）缺失数据。

可以使用np.nan构造具有缺失数据的DataFrame。或者将numpy.MaskedArray作为数据参数传递给DataFrame构造函数，它所屏蔽的条目将被视为缺失值。

除了前面讲的构造函数，还有以下DataFrame构造函数可供选择。

- DataFrame.from_dict (data, orient='columns', dtype=None, columns=None)：接

受字典的字典或类似数组的序列的字典，并返回 DataFrame。除了 orient 参数的值默认为'columns'（即把键当作列），它的其他操作与 DataFrame 构造函数类似，但 orient 也可以设置为'index'，以便将字典的键当作行标签。

```
pd.DataFrame.from_dict(dict([('A', [1, 2, 3]), ('B', [4, 5, 6])]))
```

- DataFrame.from_records：接受元组的列表或带有结构化 dtype 的 ndarray。它的工作方式类似于正常的 DataFrame 构造函数，只不过 index 可能是结构化 dtype 的特定字段。
- DataFrame.from_items (items, columns=None, orient='columns')：类似于字典的构造函数，它接受键值对的序列作为参数，其中的键是列标签（在 orient ='index'的情况下是行标签），值是列的值（或行的值）。如果要构建一个列为特定的顺序的 DataFrame，而不传递具有明确列的列表，这个构造函数非常有用。

```
pd.DataFrame.from_items([('A', [1, 2, 3]), ('B', [4, 5,
6])],orient='index', columns=['one', 'two', 'three'])
```

接下来，我们介绍列的选取、添加和删除操作，以及相关内容。

- 在语义上可以将 DataFrame 当作 Series 对象的字典来处理。列的选取、设置和删除的方式与字典操作的语法相同。例如：

```
df['three']=df['one'] * df['two']
```

- 列可以像字典一样删除或弹出。例如：

```
three = df.pop('three')
```

- 当插入一个标量值时，DataFrame 会通过广播来填充该列。例如：

```
df['foo']='bar'
```

- 当插入的 Series 与 DataFrame 的索引不同时，此操作将适配 DataFrame 的索引。例如：

```
df['one_trunc']=df['one'][:2]
```

- 可以插入原始的 ndarray，但其长度必须与 DataFrame 的索引长度匹配。
- 默认情况下，新插入的列在末尾。如果需要在列的特定位置插入列，可以使用 insert 函数。
- 可以使用方法链来创建新的列。

受 dplyr 的 mutate 动词的启发，DataFrame 拥有 assign()方法，可以轻松创建新的列，从现有列派生出新的列。

pandas 对象的索引或选取+索引的基本使用方式如表 4-1 所示。

表 4-1 pandas 对象的索引或选取+索引的基本使用方式

操　作	语　法	结　果
选择列	df[col]	Series
按标签选择行	df.loc[label]	Series
按整数位置选择行	df.iloc[loc]	Series
对行切片	df[5:10]	DataFrame
通过布尔向量选择行	df[bool_vec]	DataFrame

在多个 DataFrame 对象之间的操作中，数据自动按照列和索引（行标签）对齐。这些操作生成的对象具有列和行标签的并集。执行 DataFrame 和 Series 之间的操作时，默认行为是将 Dataframe 的列索引与 Series 对齐，然后按行广播。

```
df = pd.DataFrame(np.random.randn(10, 4), columns=['A', 'B', 'C', 'D'])
df2 = pd.DataFrame(np.random.randn(7, 3), columns=['A', 'B', 'C'])
df + df2
df - df.iloc[0]
```

对 DataFrame 的转置操作，可以通过访问其 T 属性（或 transpose 函数）来实现，与 ndarray 中的操作类似。

DataFrame 上的方法与 NumPy 函数之间可以进行互操作。逐元素操作的 NumPy 函数（log、exp、sqrt 等）和其他各种 NumPy 函数可以无缝地用于 DataFrame。DataFrame 上的 dot 方法实现了矩阵乘法。Series 上的 dot 方法实现了点积。但是，DataFrame 不打算成为 Numpy ndarray 的替代品，因为它的索引语义和矩阵是非常不同的。

如果 DataFrame 列标签是有效的 Python 变量名，则可以像访问属性一样访问该列。DataFrame 列还连接了 IPython 补全机制，因此在 Jupyter 中使用时可以通过制表符补全列名。

3. Panel（面板）

Panel 是三维数组，可以理解为 DataFrame 的容器。术语“面板数据（Panel Data）”源自计量经济学，据说 pandas 这个名字来自于它：pan(el)-da(ta)-s。

Panel 包含三个轴，这三个轴旨在提供一些语义上的含义，描述涉及面板数据的操作，特别是面板数据的计量分析。但是，如果严格地切割 DataFrame 对象的集合，你可能会发现轴名称稍有不同：

- items（条目）：轴 0，每个条目对应于 Panel 中包含的 DataFrame。
- major_axis（主轴）：轴 1，它是每个 DataFrame 的 index（行）。
- minor_axis（副轴）：轴 2，它是每个 DataFrame 的 column（列）。

前面已经介绍了三种数据结构及其相应的存取方法。这里对一些常见的索引和选择数据的方法做简单的介绍。

pandas 对象中的轴标签信息有很多用途：

- 使用已知标识符来区别数据，对于可视化和交互式控制台显示非常重要。
- 自动且明确地对齐数据。
- 能直观地获取和设置数据集的子集。

pandas 现在主要支持三种类型的多轴索引。

（1）.loc 主要是基于标签的索引，但也可以与布尔数组一起使用。.loc 会在找不到项目时产生 KeyError。其允许的输入为：

- 单个标签。例如，5 或'a'（注意，5 被解释为索引的标签值，并非索引的整数位置）。
- 标签的列表或数组。例如，['a','b','c']。
- 具有标签'a':'f'的切片对象（注意，与通常的 Python 切片不同，此处切片对象的开始和停止位置都被包含进来）。
- 布尔数组。
- 具有一个参数（调用 Series、DataFrame 或 Panel）的 callable 函数，并且该函数返回有效的索引输出对象（上面列出的 4 种对象之一）。

（2）.iloc 主要是基于整数位置的索引（从轴的 0 到 length-1 位），但也可以与布尔数组一起使用。如果所请求的索引器超出索引边界，则.iloc 将引发 IndexError，除非用的是允许超出索引边界的切片（slice）索引器（这符合 Python 和 Numpy slice 的语义）。.iloc 允许的输入为：

- 整数。
- 整数列表或数组，例如，[4, 3, 0]。
- int 1:7 形式的切片对象。
- 布尔数组。
- 具有一个参数（调用 Series、DataFrame 或 Panel）的 callable 函数，并且该函数返回有效的索引输出对象（上面列出的 4 种对象之一）。

（3）.ix 从 pandas 0.20 版本开始就已经废弃，虽然之前它是最具有技巧性的使用方式。

可以使用如表 4-2 所示的方式（此处以.loc 为例，但对.iloc 同样适用）从多轴选择的对象获取值。任意轴访问器可以是空切片“: ”(用一个独立的冒号表示)。被忽略的轴假定为“:”(例如，p.loc['a']等同于 p.loc ['a',:,:])。

表 4-2 pandas 中.loc 的返回值

对象类型	索引器
Series	s.loc[indexer]
DataFrame	df.loc[row_indexer,column_indexer]
Panel	p.loc[item_indexer,major_indexer,minor_indexer]

（4）用[]（即__getitem__，适用于熟悉在 Python 中实现类行为的人）选择低维切片，其返回值如表 4-3 所示。

表 4-3 pandas 中[]的返回值

对象类型	选　择	返回值的类型
Series	series[label]	标量值
DataFrame	frame[colname]	colname 对应的 Series
Panel	panel[itemname]	项目名称对应的 DataFrame

下面介绍常用的访问方法。

（1）按照属性访问

可以直接通过 Series 的索引名，如 DataFrame 的列名或 Panel 的 item 属性来直接访问。

【警告】

- 只有当索引元素是有效的 Python 标识符时，才能使用此种访问方式。例如，不允许使用 s.1 这样的形式。
- 如果该属性与现有方法名称冲突，则该属性将不可用。例如，不允许使用 s.min 这种形式。
- 同样，不允许与下列元素冲突：index、major_axis、minor_axis、items、labels。
- 但仍可以使用 s['1']、s['min']和 s['index']这样的方式，它们将访问相应的元素或列。
    - 如果使用 IPython 环境，可以使用制表符来查看可访问的属性。
    - 可以将 dict 分配给 DataFrame 的行。

（2）切片访问

- 使用 Series，其语法与 ndarray 完全一样，返回值的一部分和相应的标签。
- 也可以通过切片赋值。
- 使用 DataFrame，在[]内切片。

（3）按照标签访问

- 【警告】尽量避免通过设置操作来获取返回值，因为它有可能返回副本或引用，具体值取决于上下文信息。
- 如果当前的索引类型与使用的切片器不兼容，.loc 会进行严格的检查。比如，在使用 Datetime 作为索引时使用整数切片器，就会产生 TypeError。

Pandas 提供了一套方法，以便得到完全基于标签的索引。这是一个严格协议。每个被请求的标签都必须是存在的，当为切片时，起止边界都包含。

.loc 属性是主访问方法，其有效输入前面已经讲过了，不再赘述。

（4）按索引位置访问

pandas 提供了一套方法，以便获得纯粹基于整数的索引。语法遵循 Python 和 Numpy 切片。其语法遵循 Python 和 Numpy 的切片规则，同样是 0-based 索引的。切片则包含起始边界，而排除上边界。当尝试使用非整数索引时，即使意义有效的标签也会产生 IndexError。

.iloc 属性是按索引位置访问的主要访问方法，其可接受的输入请参见前面的介绍。

其他一些类型的常见访问方式见表 4-4，这里列出了一些不常用但是一旦掌握就能极大简化代码的方法。

表 4-4　pandas 中对其他类型的常见访问方式

访问方式	对应方法	优　点
随机访问	sample	实现随机抽取
布尔索引	与 Numpy ndarray 完全一样	无学习成本，方便
标量值读/写方式	at 和 iat 方法	速度快
使用 isin 索引	isin	可以极大简化一些常用操作
掩码方式	where	
查询方式	query	

本节对于一些常见和易混淆的 pandas 使用方法进行了解释和说明，更多、更详细的方法，请参考官方文档。

4.2.3　scikit-learn、gensim、TensorFlow 和 Keras

4.2.3.1　scikit-learn

scikit-learn 是著名的基于 Python 的机器学习第三方软件包，整个项目基于 BSD 开源许可，源代码放在 GitHub 上（https://github.com/scikit-learn/scikit-learn），该网站上超过 23,000 人表示了对它的兴趣。这个项目最早由 David Cournapeau 在 2007 年于谷歌夏令营（Google Summer of Code）中发起，之后迅速流行，得到很多志愿者的支持，目前也是由社区志愿者维护的。在 GitHub 上为 scikit-learn 贡献最多的开发者是 Andreas Mueller[11]（http://amueller.github.io/）。2015 年，Andreas Mueller 在接受采访时阐述了 scikit-learn 的开发理念，即高质量、易于使用且可维护的机器学习开源库（http://radar.oreilly.com/2015/08/we-make-the-software-you-make-the-robots.html）。

scikit-learn 的官网是 http://scikit-learn.org/stable/，在其主页上可以找到相关的 scikit-learn 资源：可供下载的模块、文档、例程等。安装 scikit-learn 之前需要先安装 Numpy、Scipy、Matplotlib 等模块。

scikit-learn 的基本功能主要分为 6 部分：分类、回归、聚类、数据降维、模型选择和数据预处理，具体的介绍可以参考官网上的文档。一个机器学习问题的解决通常可以分为 3 个步骤：数据的准备与预处理、模型的选择与训练、模型的验证与参数调优。scikit-learn 对这 3 个步骤做了高度的抽象和封装，通过原生 API 可以快速完成模型的搭建。我们这里以逻辑回归模型为例来说明。scikit-learn 支持多种格式的数据，包括经典的 Iris 数据、LibSVM 格式数据等。为了方便起见，推荐使用 LibSVM 格式的数据，详情请参见 LibSVM 的官网。

```
from sklearn.datasets import load_svmlight_file
# 导入这个模块就可以加载 LibSVM 模块的数据
t_X,t_y=load_svmlight_file("filename")
# 机器学习模型也要导入相应的模块，逻辑回归模型在下面的模块中
from sklearn.linear_modelimport LogisticRegression
regressionFunc =LogisticRegression(C=10, penalty='l2', tol=0.0001)
train_sco=regressionFunc.fit(train_X,train_y).score(train_X,train_y)
test_sco=regressionFunc.score(test_X,test_y)
# 下面就可以完成模型的训练和测试了
# 为了选择更好的模型，可以进行交叉试验，或者使用网格搜索或随机搜索进行参数调优
# 导入如下模块
# CV:
from sklearn importcross_validation
X_train_m, X_test_m,y_train_m, y_test_m = cross_validation
    .train_test_split(t_X,t_y, test_size=0.5,random_state=seed_i)
```

11 Andreas Mueller 目前在哥伦比亚大学工作，著有 *Introduction to Machine Learning with Python* 一书。

```
regressionFunc_2.fit(X_train_m,y_train_m)
sco=regressionFunc_2.score(X_test_m,y_test_m, sample_weight=None)

GridSearch:
from sklearn.grid_searchimport GridSearchCV
tuned_parameters =[{'penalty': ['l1'], 'tol': [1e-3, 1e-4],
                    'C': [1, 10, 100, 1000]},
                   {'penalty': ['l2'], 'tol':[1e-3, 1e-4],
                    'C': [1, 10, 100, 1000]}]
clf =GridSearchCV(LogisticRegression(),
    tuned_parameters, cv=5, scoring=['precision','recall'])
print(clf.best_estimator_)

# 也可以利用Matplotlib绘制学习曲线，需要导入如下模块
from sklearn.learning_curveimport learning_curve,validation_curve
# 核心代码如下，具体细节请参见scikit-learn的官方文档
rain_sizes, train_scores,test_scores = learning_curve(
        estimator, X, y, cv=cv, n_jobs=n_jobs,train_sizes=train_sizes)
train_scores, test_scores =validation_curve(
        estimator, X, y, param_name,param_range,
        cv, scoring, n_jobs)
```

当然，scikit-learn 中的机器学习模型非常丰富，包括 SVM、决策树、GBDT、KNN 等，你可以根据问题的类型选择合适的模型。欲了解更多内容，请参阅官方文档。

4.2.3.2 gensim

gensim 是 Python 生态中著名的 NLP（Natural Language Processing，自然语言处理）相关的第三方库，旨在提供主题模型建模工具，其特点是可以对大量的流式文本数据进行高效的处理。除了基本的 TF-IDF（Term Frequency–Inverse Document Frequency）模型之外，gensim 实现了大量主题模型，如 LSI（Latent Semantic Indexing）、LDA（Latent Dirichlet Allocation）、Word2Vec、DocVec 和 FastText 模型，以及 PageRank 等图模型。在 NLP 的相关问题中，将文本向量化是一项基础性工作，而使用深度学习之类的高级算法时，词向量模型的构建是基础性的工作，gensim 正好解决了这些痛点。

下面我们将介绍如何利用 gensim 来完成上述工作。举一个构建 Word2Vec 模型

的例子（数据源为搜狗实验室提供的开源数据集），代码如下：

```
import gensim,logging
import chardet
import jieba
import os
from os import listdir,path

def __init__(self, dirname):
      self.dir = dirname
      self.idx=0

class MySentences(object):
    def __init__(self, dirname):
        self.dirname = dirname
        self.idx=0

    def __iter__(self):
        for subdir in os.listdir(self.dir):
            try:
                for f in listdir(path.join(self.dir)):
                    for line in open(path.join(self.dir, subdir,f)):

                       targetStr=line.decode('gb18030').encode('utf8').strip()
                        seg_list=jieba.cut(targetStr)
                        self.idx += 1
                        print "iter: ",self.idx
                        seg_str="\\".join(seg_list)
                        yield seg_str.split("\\")
            except:
                print "illegal char"
                yield [" "]

if __name__ == '__main__':
    logging.basicConfig(format='%(asctime)s : %(levelname)s : %(message)s',
level=logging.INFO)
    sentences = MySentences(
        '/Users/wangshuai/Documents/work_20150331/ClassFile/')
    # a memory-friendly iterator
    model = gensim.models.Word2Vec(sentences,size=100,
        alpha=0.025, window=5,workers=6)
    if not os.path.exists('./temp/'):
```

```
    os.mkdir('./temp/')
model.save('./temp/mymodel')
pass
```

更多信息请参考 gensim 提供的官方教程：https://markroxor.github.io/gensim/tutorials/index.html。

4.2.3.3 TensorFlow

TensorFlow（简称 TF）是 Google 开源的深度学习框架，也是目前最流行的深度学习框架之一（其他比较流行的框架还有 Caffe、Torch、MXNet 等）。开发者可以使用 TensorFlow 来构建、训练和部署深度学习模型。TensorFlow 底层是用 C++实现的，用 Python 进行了包装，所以我们可以在 Python 环境中方便地调用 TensorFlow 的功能。当然，除了 Python Wrapper，TensorFlow 还提供了 Go 和 Java 的接口，感兴趣的读者可以自行尝试。

TensorFlow 的一个核心概念是 Tensor。在数学中，Tensor 的含义是张量，指二维以上的高维数组。在 TensorFlow 中，数据的核心单元称为 Tensor，它是一个包含基本数值类型的任意维度的数组，其维度被称为 Tensor 的秩。这里需要注意，张量的秩和数学中矩阵的秩，二者的概念和含义并不相同。总而言之，在 TensorFlow 中，Tensor 是进行数据操作最基本的单元。除了 Tensor，TensorFlow 还有一个核心的概念是 Computational Graph，即计算图[12]。TensorFlow 用它来描述神经网络中的数据计算逻辑，其利用图中的节点来描述一系列 Tensor 之间的计算操作。有了 Tensor 和 Computational Graph 之后，我们就可以利用 TensorFlow 来构建任何结构的深度学习神经网络。

下面我们用一个简单的卷积神经网络的例子来说明如何使用 TensorFlow。本例来源于 TensorFlow 的官方示例[2]，其中的深度神经网络包括两个卷积层、两个池化层，以及 Dropout 和全连接层，而激活函数使用的是 relu。

```
from __future__ import absolute_import
from __future__ import division
from __future__ import print_function
```

12 笔者认为这是受到 Caffe 设计思想的影响。

```
import argparse
import sys
import tempfile

from tensorflow.examples.tutorials.mnist import input_data

import tensorflow as tf

FLAGS = None


def deepnn(x):
# 构建用于识别数字的深度神经网络计算图
# 输入 x 是 784 维的 Tensor，其中 784 是标准 MNIST 图像包含的像素数量
# 输出是形如(y,keep_prob)组元。其中 y 是 10 维的 Tensor，每个维度的值对应输入
# 图像归属于 10 个类别数字（0-9）的概率
# keep_prob 是一个存放 dropout 概率的标量
# 调整输入的尺寸以便用卷积神经网络进行处理。最后一个维度是特征的数量，由于是灰度
# 图像，所以此处值为 1。如果是 RGB 格式的图像，则为 3，若为 RGBA 格式的图像，则为 4
  with tf.name_scope('reshape'):
    x_image = tf.reshape(x, [-1, 28, 28, 1])

 # 第一层卷积，将输入的灰度图像用 32 个卷积核进行卷积
  with tf.name_scope('conv1'):
    W_conv1 = weight_variable([5, 5, 1, 32])
    b_conv1 = bias_variable([32])
    h_conv1 = tf.nn.relu(conv2d(x_image, W_conv1) + b_conv1)

# 池化层，降维到原来的一半尺寸
  with tf.name_scope('pool1'):
    h_pool1 = max_pool_2x2(h_conv1)

# 第二层卷积，将 32 个卷积核的处理结果映射到 64 个卷积核再次进行卷积
  with tf.name_scope('conv2'):
    W_conv2 = weight_variable([5, 5, 32, 64])
    b_conv2 = bias_variable([64])
    h_conv2 = tf.nn.relu(conv2d(h_pool1, W_conv2) + b_conv2)

# 第二个池化层
  with tf.name_scope('pool2'):
    h_pool2 = max_pool_2x2(h_conv2)
```

```
# 全连接层。经过两次降采样，28 × 28 的图像被处理成 7 × 7 × 64 的特征表示，再将
# 这个特征表示映射到 1024 维特征
  with tf.name_scope('fc1'):
    W_fc1 = weight_variable([7 * 7 * 64, 1024])
    b_fc1 = bias_variable([1024])

    h_pool2_flat = tf.reshape(h_pool2, [-1, 7 * 7 * 64])
    h_fc1 = tf.nn.relu(tf.matmul(h_pool2_flat, W_fc1) + b_fc1)

# Dropout，用于控制模型的复杂度，避免特征间的共同作用
  with tf.name_scope('dropout'):
    keep_prob = tf.placeholder(tf.float32)
    h_fc1_drop = tf.nn.dropout(h_fc1, keep_prob)

# 将 1024 维特征映射到 10 个类别，每个类别对应一个数字
  with tf.name_scope('fc2'):
    W_fc2 = weight_variable([1024, 10])
    b_fc2 = bias_variable([10])

    y_conv = tf.matmul(h_fc1_drop, W_fc2) + b_fc2
  return y_conv, keep_prob


def conv2d(x, W):
  return tf.nn.conv2d(x, W, strides=[1, 1, 1, 1], padding='SAME')


def max_pool_2x2(x):
  return tf.nn.max_pool(x, ksize=[1, 2, 2, 1],
                        strides=[1, 2, 2, 1], padding='SAME')


def weight_variable(shape):
  initial = tf.truncated_normal(shape, stddev=0.1)
  return tf.Variable(initial)


def bias_variable(shape):
  initial = tf.constant(0.1, shape=shape)
  return tf.Variable(initial)
```

```
def main(_):
  # 导入数据
  mnist = input_data.read_data_sets(FLAGS.data_dir)

  # 构建模型
  x = tf.placeholder(tf.float32, [None, 784])

  # 定义损失函数和优化器
  y_ = tf.placeholder(tf.int64, [None])

  # 构建深度神经网络的计算图
  y_conv, keep_prob = deepnn(x)

  with tf.name_scope('loss'):
    cross_entropy = tf.losses.sparse_softmax_cross_entropy(
        labels=y_, logits=y_conv)
  cross_entropy = tf.reduce_mean(cross_entropy)

  with tf.name_scope('adam_optimizer'):
    train_step = tf.train.AdamOptimizer(1e-4).minimize(cross_entropy)

  with tf.name_scope('accuracy'):
    correct_prediction = tf.equal(tf.argmax(y_conv, 1), y_)
    correct_prediction = tf.cast(correct_prediction, tf.float32)
  accuracy = tf.reduce_mean(correct_prediction)

  graph_location = tempfile.mkdtemp()
  print('Saving graph to: %s' % graph_location)
  train_writer = tf.summary.FileWriter(graph_location)
  train_writer.add_graph(tf.get_default_graph())

  with tf.Session() as sess:
    sess.run(tf.global_variables_initializer())
    for i in range(20000):
      batch = mnist.train.next_batch(50)
      if i % 100 == 0:
        train_accuracy = accuracy.eval(feed_dict={
            x: batch[0], y_: batch[1], keep_prob: 1.0})
        print('step %d, training accuracy %g' % (i, train_accuracy))
      train_step.run(feed_dict={x: batch[0], y_: batch[1], keep_prob: 0.5})
```

```
    print('test accuracy %g' % accuracy.eval(feed_dict={
        x: mnist.test.images, y_: mnist.test.labels, keep_prob: 1.0}))

if __name__ == '__main__':
  parser = argparse.ArgumentParser()
  parser.add_argument('--data_dir', type=str,
                      default='/tmp/tensorflow/mnist/input_data',
                      help='Directory for storing input data')
  FLAGS, unparsed = parser.parse_known_args()
  tf.app.run(main=main, argv=[sys.argv[0]] + unparsed)
```

4.2.3.4 Keras

Keras 是一个高阶的深度学习神经网络顶层框架，其早期版本仅支持 Theano 和 TensorFlow 作为后端（backend），目前最新版本的 Keras 支持 CNTK（Computational Network Toolkit）作为后端。相对于 TensorFlow、Theano 和 CNTK 等深度学习编程框架，Keras 对深度学习的架构做了进一步封装，旨在为深度学习研究者提供一个快速验证各种想法和进行实验的框架。基于这样的出发点，我们也就不难理解 Keras 官方文档提到的设计原则：对用户友好、模块性、易扩展性和纯 Python。

Keras 中最核心的概念是贯序（Sequential）模型和函数式（Functional）模型。虽然函数式模型称作 Functional，但它的类名是 Model，因此我们有时候也用 Model 来代表函数式模型。贯序模型相当于函数式模型的一种特殊情况，通过 Layer 的线性组合来快速构建深度学习模型；而函数式模型通过定义输入的 Tensor 和输出的 Tensor 来构建复杂模型，其中每一个 Layer 都可以单独调用，比前者更灵活，也更复杂。打个比方，利用 Keras 来构建深度学习模型就像玩积木一样，把不同的 Layer 组合起来就得到了完整的模型架构，非常方便易用。下文会分别举例说明如何利用上述两种方式在 Keras 环境中构建 LSTM 模型。

Keras 开发环境的搭建过程如下所述。

1．安装 Keras。

Keras 可以通过 pip 工具来安装，命令为：

```
pip install keras
```

2. 配置 Keras。

配置文件的位置是~/.keras/keras.json。编辑该文件，写入如下内容即可：

```
{ "epsilon": 1e-07, "floatx": "float32", "image_data_format": "channels_last",
"backend": "tensorflow" }
```

使用 Keras 来构建深度学习网络有两种方法：一种是基于简单的 Sequential Model，另一种是基于 Model class API 来构建复杂模型。下面分别举例说明。

Sequential Model 的例子如下所示。

```
# 建立模型
model=Sequential()
model.add(Embedding(2000,32))
model.add(LSTM(32,dropout_W=0.4,dropout_U=0.4))
model.add(Dense(1,activation='sigmoid'))
model.compile(loss='binary_crossentropy',optimizer='adam',metrics=['accuracy'
])
print(model.summary())
```

基于 Model class API 的例子如下所示。

```
class  RiskDeepModel(object):
# 初始化方法
    def __init__( self, model_config):
        self.model = None
        self.model_json = None
        self.train_data_x = None
        self.train_data_y = None
        self.test_data_x = None
        self.test_data_y = None
        self.cp = None
        self.tb = None
        self.conf = model_config
        self.dict = None
        self.uuid = None
        self.userid = None


    # 生成 LSTM 模型
    def generateLstm(self, model_name, cell_size, dropout_ratio,
            input_layer, sequences=True):
```

```
        return LSTM(cell_size, return_sequences=True,
          dropout=dropout_ratio, recurrent_dropout = dropout_ratio,
          name = model_name)(input_layer)


    # 加载数据
    def loadData(self, data_file, dict_file, runMode = "train"):
        def get_words(urls, wordDic):
            words = [ url.split(',') for url in urls]
            return map(lambda x: np.array(
              [ wordDic[ele] if wordDic.has_key(ele)
                    else wordDic["UNKNOWN"] for ele in x]
          ).astype(float), words)

        self.dict = fromFile2Index(dict_file)

        if (runMode == "train"):
            with open(data_file) as raw_data:
                #label \t device_url \t device_ref \t user_url \t  user_ref
                lines = [element.split("\t") for element in raw_data.readlines() if
(len(element.split("\t"))==7)]
                random.shuffle(lines)
                random.shuffle(lines)
                line_label = [ line[0]  for line in lines]

                total_cnt = len(line_label)
                print("total data cnt is {0}".format(total_cnt))

                labels = map(lambda x: 1.0 if x=="1" else 0.0,line_label)

                self.uuid = [ line[1]  for line in lines]
                self.userid = [ line[2]  for line in lines]

                line_device_url = [ line[3]  for line in lines]
                line_device_ref = [ line[4]  for line in lines]
                line_user_url = [ line[5]  for line in lines]
                line_user_ref = [ line[6]  for line in lines]

                device_url = get_words(line_device_url, self.dict)
                device_ref = get_words(line_device_ref, self.dict)
                user_url = get_words(line_user_url, self.dict)
                user_ref = get_words(line_user_ref, self.dict)
```

```
            step_gap = 3*total_cnt/4
            print np.shape(sequence.pad_sequences(
            device_url[ 0 : step_gap], maxlen= self.conf.max_length))
            self.train_data_x = {
                    'device_url': sequence.pad_sequences(
                        device_url[ 0 : step_gap], dtype='float32',
                        maxlen= self.conf.max_length),
                  'device_ref': sequence.pad_sequences(
                      device_ref[ 0 : step_gap], dtype='float32',
                      maxlen= self.conf.max_length),
                  'user_url': sequence.pad_sequences(
                      user_url[ 0 : step_gap], dtype='float32',
                      maxlen= self.conf.max_length),
                  'user_ref': sequence.pad_sequences(
                      user_ref[ 0 : step_gap], dtype='float32',
                      maxlen= self.conf.max_length)}
            self.train_data_y = {'main_output':
                    np.array(labels[ 0 : step_gap]).astype(float)}

            self.test_data_x = {
                    'device_url':
                        sequence.pad_sequences(device_url[step_gap : -1],
                        dtype='float32', maxlen= self.conf.max_length),
                  'device_ref':
                        sequence.pad_sequences(device_ref[step_gap : -1],
                        dtype='float32', maxlen= self.conf.max_length),
                  'user_url':
                        sequence.pad_sequences(user_url[step_gap : -1],
                        dtype='float32', maxlen= self.conf.max_length),
                  'user_ref':
                        sequence.pad_sequences(user_ref[step_gap : -1],
                        dtype='float32', maxlen= self.conf.max_length)}
            self.test_data_y = {'main_output':
                    np.array(labels[ step_gap : -1]).astype(float) }
    else:
        with open(data_file) as raw_data:
            lines = [element.split("\t") for element in raw_data.readlines()
                    if (len(element.split("\t"))==6)]
            self.uuid = [ line[0]  for line in lines]
            self.userid = [ line[1]  for line in lines]
```

```
            line_device_url = [ line[2]  for line in lines]
            line_device_ref = [ line[3]  for line in lines]
            line_user_url = [ line[4]  for line in lines]
            line_user_ref = [ line[5]  for line in lines]

            device_url = get_words(line_device_url, self.dict)
            device_ref = get_words(line_device_ref, self.dict)
            user_url = get_words(line_user_url, self.dict)
            user_ref = get_words(line_user_ref, self.dict)

            self.test_data_x = {
                'device_url': sequence.pad_sequences(device_url,
                   dtype='float32',
                   maxlen= self.conf.max_length),
                'device_ref': sequence.pad_sequences(device_ref,
                   dtype='float32',
                   maxlen= self.conf.max_length),
                'user_url': sequence.pad_sequences(user_url,
                   dtype='float32',
                   maxlen= self.conf.max_length),
                'user_ref': sequence.pad_sequences(user_ref,
                   dtype='float32',
                   maxlen= self.conf.max_length)
                }
        pass
    # 构建模型
    def buildModel(self):
        ModelConfigClass = self.conf
        np.random.seed(ModelConfigClass.rand_num)
        srng = RandomStreams(ModelConfigClass.rand_num)
        device_url_in = Input(shape=(ModelConfigClass.max_length,),
           dtype='float32', name='device_url')
        device_ref_in = Input(shape=(ModelConfigClass.max_length,),
           dtype='float32', name='device_ref')
        user_url_in = Input(shape=(ModelConfigClass.max_length,),
           dtype='float32', name='user_url')
        user_ref_in = Input(shape=(ModelConfigClass.max_length,),
           dtype='float32', name='user_ref')


        embedding_mask_device_url = Embedding(
           input_dim =ModelConfigClass.vocabulary_dim,
```

```
    output_dim = ModelConfigClass.embedding_dim,
    input_length = ModelConfigClass.max_length,
    mask_zero = False)(device_url_in)

embedding_mask_device_ref = Embedding(
    input_dim =ModelConfigClass.vocabulary_dim,
    output_dim = ModelConfigClass.embedding_dim,
    input_length = ModelConfigClass.max_length,
    mask_zero = False)(device_ref_in)

embedding_mask_user_url = Embedding(
    input_dim =ModelConfigClass.vocabulary_dim,
    output_dim = ModelConfigClass.embedding_dim,
    input_length = ModelConfigClass.max_length,
    mask_zero = False)(user_url_in)

embedding_mask_user_ref = Embedding(
    input_dim =ModelConfigClass.vocabulary_dim,
    output_dim = ModelConfigClass.embedding_dim,
    input_length = ModelConfigClass.max_length,
    mask_zero = False)(user_ref_in)

conv_device_url = Conv1D(filters=32, kernel_size=3,
    padding='same', activation='relu',
    name='conv1_device_url')(embedding_mask_device_url)
conv_device_ref = Conv1D(filters=32, kernel_size=3,
    padding='same', activation='relu',
    name='conv1_device_ref')(embedding_mask_device_ref)
conv_user_url = Conv1D(filters=32, kernel_size=3,
    padding='same', activation='relu',
    name='conv1_user_url')(embedding_mask_user_url)
conv_user_ref = Conv1D(filters=32, kernel_size=3,
    padding='same', activation='relu',
    name='conv1_user_ref')(embedding_mask_user_ref)

embedding_mask_device_url_pooling = MaxPooling1D(pool_size =
    2,name='pool1_d_u')(conv_device_url)
embedding_mask_device_ref_pooling = MaxPooling1D(pool_size =
    2,name='pool1_d_r')(conv_device_ref)
embedding_mask_user_url_pooling = MaxPooling1D(pool_size = 2,
    name='pool1_u_u')(conv_user_url)
embedding_mask_user_ref_pooling = MaxPooling1D(pool_size = 2,
```

```
        name='pool1_u_r')(conv_user_ref)


    lstm_device_url = LSTM(ModelConfigClass.lstm_cell_size,
        name='lstm_device_url')(embedding_mask_device_url_pooling)
    lstm_device_ref = LSTM(ModelConfigClass.lstm_cell_size,
        name='lstm_device_ref')(embedding_mask_device_ref_pooling)
    lstm_user_url = LSTM(ModelConfigClass.lstm_cell_size,
        name='lstm_user_url')(embedding_mask_user_url_pooling)
    lstm_user_ref = LSTM(ModelConfigClass.lstm_cell_size,
        name='lstm_user_ref')(embedding_mask_user_ref_pooling)

    merged_vector = concatenate([ lstm_device_url,
      lstm_device_ref,
              lstm_user_url, lstm_user_ref], axis=-1)

    # 在模型的上层加入一个全连接层
    x_layer1 = Dense(ModelConfigClass.full_size,
        activation='relu')(merged_vector)
    x_layer2 = Dense(ModelConfigClass.full_size/2,
        activation='relu')(x_layer1)

    # 输出层采用 sigmoid 函数
    main_output = Dense(1, activation='sigmoid',
        name='main_output')(x_layer2)

    self.model = Model(inputs=[device_url_in, device_ref_in,
        user_url_in, user_ref_in], outputs=[main_output])
    self.model.compile(loss='binary_crossentropy', optimizer='adam',
        metrics=['accuracy', f1_score, precision_score, recall_score])

    #self.model = model

def getModel(self):
    return self.model
# 定义训练模型的方法
def trainModel(self):
    # add some calback
    self.cp = callbacks.ModelCheckpoint(
        "%s-{epoch:03d}" % self.conf.check_file_path,
        monitor='val_loss', verbose=1, save_best_only=False,
        save_weights_only=False, mode='auto', period=1)
```

```
        self.tb = callbacks.TensorBoard(
            log_dir = self.conf.tensor_board_log,
            histogram_freq=10, write_graph=True, write_images=True,
            embeddings_freq=10, embeddings_layer_names=None,
            embeddings_metadata=None)

        self.model.fit(self.train_data_x,
                self.train_data_y,
                epochs=10, batch_size=512,
                verbose=1 , callbacks=[self.cp])
        pass

    # 定义预测模型的方法
    def predict(self, data):
        out = self.model.predict(data)
        return out
    # 定义评估模型的方法
    def evaluateModel(self, runMode = "train", outFile = None):
        if (runMode == "train"):
            print "length of test",len(self.test_data_y)
            print "length of test x",len(self.test_data_x)
            scores = self.model.evaluate(self.test_data_x,
                self.test_data_y, batch_size=256, verbose=1)
            print "scores",scores

        labels = self.model.predict(self.test_data_x, batch_size=128, verbose=1)
        print "length",len(labels),type(labels)
        out = zip(self.uuid, self.userid, labels)
        with open( self.conf.out_file if (runMode == "train") else outFile, "w")
as output:
            for element in out:
                output.writelines("{0}\t{1}\t{2}\t{3}\n".format(element[0], 1 if
(element[2][0]>=0.5) else 0, element[2][0], element[1]))
        pass
    # 定义保存模型的方法
    def saveJson(self):
        self.model_json = self.model.to_json()
        with open(self.conf.json_file_path, "w") as json_file:
            json_file.write(self.model_json)
        pass
    # 定义加载模型的方法
    def loadModel(self, model_json_file, model_weight_h5):
        ModelConfigClass = self.conf
        np.random.seed(ModelConfigClass.rand_num)
```

```
        srng = RandomStreams(ModelConfigClass.rand_num)

        with open(model_json_file, 'r') as json_file:
            self.model_json = json_file.read()

        self.model = model_from_json(self.model_json)
        self.model.load_weights(model_weight_h5)
        print "Loaded model from h5"
        pass
```

4.3 Scala 的基础库

本节将介绍在 Scala 环境中构建机器学习算法和应用所需的基础库：Breeze 和 Spark MLlib。其中，Breeze 被放在 ScalaNLP（由 Breeze、Epic 和 Puck 组成）项目下维护，提供了基础线性代数、数值计算和优化等功能，类似于 Python 环境中的 Numpy 和 Scipy；而 Spark MLlib 则是隶属于 Spark 的一个模块，提供了大数据环境下的机器学习建模工具。虽然 Scala 语言本身自带 REPL 环境，但是其功能仍然没有 Notebook 强大。所以，在引入这些基础库之前，我们将介绍一个非常好用的支持 Scala 的 Notebook 环境——Zeppelin。

4.3.1 Zeppelin

Zeppelin 是 Apache 基金会旗下开源的交互式分析 Notebook 环境，基于 Web 技术和数据驱动而设计，主要支持 Spark（Scala）、SQL 和 Python。除了这些之外，Zeppelin 还支持 R、Shell 和 Markdown 等脚本或者语言。而且在 Zeppelin 中添加其他解释器也是非常容易的。目前 Zeppelin 的最新版本是 0.7.3，我们将以该版本为例介绍如何安装和使用 Zeppelin。

Zeppelin 的安装过程如下。

1. 下载安装包。

```
    wget http://mirrors.hust.edu.cn/apache/zeppelin/zeppelin-0.7.3/zeppelin-0.7.3-
bin-all.tgz
```

2．解压。

```
tar -zxvf zeppelin-0.7.3-bin-all.tgz
```

Zeppelin 中的一个核心组件是 Spark，Zeppelin 从 0.7 版开始支持 Spark 2.0，在配置时可以选用 Spark 2.0、Java 1.8 和 Scala 2.12。Zeppelin 的配置文件路径为./zeppelin/conf，主要的配置文件为 zeppelin-env.sh。

zeppelin-env.sh 的配置示例如下：

```
export JAVA_HOME=/home/lianhua/install/jdk1.7.0_60
export MASTER=yarn

export SPARK_HOME=/home/lianhua/local/spark
export SPARK_APP_NAME="spark_scala_notebook_antispam"

export SPARK_SUBMIT_OPTIONS=" --master yarn --queue root.anticheat
--driver-memory 4g --executor-memory 2g --num-executors 10 --jars
/home/lianhua/local/spark/lib/hadoop-lzo.jar
,/home/lianhua/local/spark/lib/mysql-connector-java-5.1.34-bin.jar"

export HADOOP_CONF_DIR="/home/lianhua/install/hadoop/etc/hadoop"
export ZEPPELIN_JAVA_OPTS="-Dhdp.version=2.7.1"

export SPARK_JAR=hdfs:/tmp/sparkjars/spark-assembly-1.6.1-hadoop2.6.0.jar
```

安装和配置完以后，输入如下命令即可启动 Zeppelin：

```
./bin/zeppelin-daemon.sh start
```

Zeppelin 主要支持以下三种语言。

- Scala：直接键入 Scala 代码即可执行。
- Spark：直接键入 Spark 代码即可执行。注意，SparkContext 已经生成，直接调用即可。
- SQL：在输入的代码行前加入%sql，然后就可以使用 Hive SQL 了。例如，%sql select * from example limit 100。

4.3.2 Breeze

Breeze 为 Scala 编程环境提供了功能非常强大的数值计算库。Spark MLlib 中底层的矩阵和向量运算就使用了 Breeze 库。Breeze 使用 netlib-java 作为核心的线性代数计算库，netlib-java 会充分利用操作系统提供的 BLAS 或者 LAPACK 数学计算库。Breeze 定义了向量、矩阵、操作符和基本的运算，为我们提供了可以媲美 MATLAB、Numpy 和 R 的计算环境。熟悉上述几种计算环境的读者，可以快速上手使用 Breeze 在 Scala 环境下完成矩阵计算相关代码的编写。

下面我们将介绍 Breeze 的基本使用方法。Breeze 提供了很好的官方教程，读者可以参考，参见 https://github.com/scalanlp/breeze/wiki/Quickstart 和 https://github.com/scalanlp/ breeze/wiki/Linear-Algebra-Cheat-Sheet。为了在 Zeppelin 中使用 Breeze，可以把 Breeze 包放到 Spark 客户端的 JARS 路径下，这样就可以导入 Breeze 包来使用其强大的数值计算功能。

为了说明 Breeze 的使用方法，我们基于 Scala 使用 Breeze 库实现了 LSTM 算法[13]，核心代码如下：

```
import breeze.linalg._
import breeze.numerics.{ sqrt, exp, tanh, sigmoid }
import com.typesafe.scalalogging.slf4j.Logger
import org.slf4j.LoggerFactory
import scala.collection.mutable.ArrayBuffer

class LSTMLayerNode(val input_dim: Int, val out_dim: Int) {
    /**
    * 每个时刻包含一个状态
    * 在前向传播中我们不需要这些状态
    * 但是在反向传播中我们需要这些状态
    */
    var f = DenseMatrix.zeros[Double](out_dim, 1)
    var o = DenseMatrix.zeros[Double](out_dim, 1)
    var i = DenseMatrix.zeros[Double](out_dim, 1)
    var g = DenseMatrix.zeros[Double](out_dim, 1)
```

13 阅读 LSTM 算法的实现代码可了解 Breeze 库的使用方法。完整的项目见 https://github.com/xuanyuansen/scalaLSTM。

```
var state_cell = DenseMatrix.zeros[Double](out_dim, 1)
var state_h = DenseMatrix.zeros[Double](out_dim, 1)
var diff_cell_t = DenseMatrix.zeros[Double](out_dim, 1)
var bottom_diff_h_t_minus_1 = DenseMatrix.zeros[Double](out_dim, 1)
var bottom_diff_cell_t_minus_1 = DenseMatrix.zeros[Double](out_dim, 1)
var bottom_diff_x_t_minus_1 = DenseMatrix.zeros[Double](input_dim, 1)
var cell_prev_t_minus_1 = DenseMatrix.zeros[Double](out_dim, 1)
var h_prev_t_minus_1 = DenseMatrix.zeros[Double](out_dim, 1)
var xt = DenseMatrix.zeros[Double](input_dim, 1)
var xc = DenseMatrix.zeros[Double](input_dim + out_dim, 1)
/**
* 前向传播
* @param xt
* @param cell_prev
* @param h_prev
*/
def forward(xt: DenseMatrix[Double],
            cell_prev: DenseMatrix[Double],
            h_prev: DenseMatrix[Double],
            param: LSTMLayerParam): Unit = {
   this.cell_prev_t_minus_1 = cell_prev
   this.h_prev_t_minus_1 = h_prev
   this.xt = xt
   this.xc = DenseMatrix.vertcat(this.xt, this.h_prev_t_minus_1)
   this.f = sigmoid((param.Wf * this.xc)
            .asInstanceOf[DenseMatrix[Double]] + param.Bf)
   this.i = sigmoid((param.Wi * this.xc)
            .asInstanceOf[DenseMatrix[Double]] + param.Bi)
   this.o = sigmoid((param.Wo * this.xc)
            .asInstanceOf[DenseMatrix[Double]] + param.Bo)
   this.g = tanh((param.Wg * this.xc)
            .asInstanceOf[DenseMatrix[Double]] + param.Bg)
   /**
   * :* means element wise
   */
   this.state_cell = this.g :* this.i
               + this.cell_prev_t_minus_1 :* this.f
   this.state_h = this.o :* tanh(this.state_cell)
}
/**
* 反向传播
* @param top_diff_H_t all lose after time t,
```

```
* dH(t) = dh(t) + dH(t+1)
* @param top_diff_cell_t_plus_1 cell loss at t+1
*/
def backward(top_diff_H_t: DenseMatrix[Double],
             top_diff_cell_t_plus_1: DenseMatrix[Double],
             param: LSTMLayerParam): Unit = {

this.diff_cell_t = this.o :* ((1.0 - this.g :* this.g) :* this.g)
                   :* top_diff_H_t + top_diff_cell_t_plus_1
val diff_o = tanh(this.state_cell) :* top_diff_H_t
val diff_f = this.cell_prev_t_minus_1 :* this.diff_cell_t
val diff_i = this.g :* this.diff_cell_t
val diff_g = this.i :* this.diff_cell_t

/**
* diffs w.r.t. vector inside sigma / tanh function
*/
val do_input = (1.0 - this.o) :* this.o :* diff_o
val df_input = (1.0 - this.f) :* this.f :* diff_f
val di_input = (1.0 - this.i) :* this.i :* diff_i
val dg_input = (1.0 - this.g :* this.g) :* diff_g

/**
* diffs w.r.t. inputs
*/
param.wi_diff += LSTM.concatDiff(di_input,
      this.xt, this.h_prev_t_minus_1)
param.wf_diff += LSTM.concatDiff(df_input,
      this.xt, this.h_prev_t_minus_1)
param.wo_diff += LSTM.concatDiff(do_input,
      this.xt, this.h_prev_t_minus_1)
param.wg_diff += LSTM.concatDiff(dg_input,
      this.xt, this.h_prev_t_minus_1)
param.bi_diff += di_input
param.bf_diff += df_input
param.bo_diff += do_input
param.bg_diff += dg_input
var dxc = DenseMatrix.zeros[Double](param.concat_len, 1)
dxc += param.Wo.t * do_input
dxc += param.Wf.t * df_input
dxc += param.Wi.t * di_input
dxc += param.Wg.t * dg_input
```

```
    bottom_diff_h_t_minus_1 = this.diff_cell_t :* this.f
    bottom_diff_cell_t_minus_1 = dxc(param.input_dim to -1, ::)
    //bottom_diff_x_t_minus_1 = dxc( 0 to param.input_dim, ::)
    bottom_diff_x_t_minus_1 = dxc(0 until param.input_dim, ::)
    }
}


class LstmNeuralNetwork(val input_dim: Int,
                      val hidden_dims: Seq[Int],
                      val layer_size: Int = 1,
                      val lossLayer: LossLayer) {
    @transient lazy protected val logger =
          Logger(LoggerFactory.getLogger(this.getClass))
    assert(this.hidden_dims.length == this.layer_size && layer_size >= 1)
    val LstmParams = new ArrayBuffer[LSTMLayerParam]()
    val y_out = new ArrayBuffer[DenseMatrix[Double]]()
    val y_out_seq = new ArrayBuffer[ArrayBuffer[DenseMatrix[Double]]]()
    val node_seq = new ArrayBuffer[Seq[LSTMLayerNode]]()
    LstmParams.append(LSTMLayerParam(this.input_dim, hidden_dims.head))
    for (idx <- 1 until hidden_dims.length) {
      LstmParams
         .append(LSTMLayerParam(hidden_dims.apply(idx - 1),
                 hidden_dims.apply(idx)))
    }

def multilayer_forward_propagation(x_input: Seq[DenseMatrix[Double]])
    : Unit = {
    this.y_out_seq.clear()
    this.node_seq.clear()
    var idx = 0
    this.LstmParams.foreach {
      r =>
         val y_temp = new ArrayBuffer[DenseMatrix[Double]]()
         val nodes = new ArrayBuffer[LSTMLayerNode]()
         val input_t = if (idx == 0) x_input
            else y_out_seq.apply(idx - 1)
         val first_node = new LSTMLayerNode(r.input_dim, r.out_dim)
         first_node.forward(input_t.head,
            DenseMatrix.zeros[Double](r.out_dim, 1),
            DenseMatrix.zeros[Double](r.out_dim, 1), r)
         nodes.append(first_node)
```

```
            y_temp.append(first_node.state_h)
            for (idx <- 1 until input_t.size) {
               val cell_pre = nodes.apply(idx - 1).state_cell
               val h_pre = nodes.apply(idx - 1).state_h
               val cur_node = new LSTMLayerNode(r.input_dim, r.out_dim)
               cur_node.forward(input_t.apply(idx), cell_pre, h_pre, r)
               nodes.append(cur_node)
               y_temp.append(cur_node.state_h)
            }
      this.y_out_seq.append(y_temp)
      this.node_seq.append(nodes)
      idx += 1
      /*
      logger.info("round %d".format(idx))
      logger.info(this.y_out_seq.map{k=>k.toString()}.mkString("\t"))
      println("round %d".format(idx))
      println(this.y_out_seq.map{k=>k.toString()}.mkString("\t"))
      */
      }
}

def forward_propagation(x_input: Seq[DenseMatrix[Double]])
                  : Seq[LSTMLayerNode] = {
   this.y_out.clear()
   val nodes = new ArrayBuffer[LSTMLayerNode]()
   val first_node = new LSTMLayerNode(input_dim, hidden_dims.head)
   first_node.forward(x_input.head,
      DenseMatrix.zeros[Double](hidden_dims.head, 1),
      DenseMatrix.zeros[Double](hidden_dims.head, 1),
      LstmParams.head)
   nodes.append(first_node)
   this.y_out.append(first_node.state_h)
   for (idx <- 1 until x_input.size) {
      val cell_pre = nodes.apply(idx - 1).state_cell
      val h_pre = nodes.apply(idx - 1).state_h
      val cur_node = new LSTMLayerNode(input_dim,
         hidden_dims.head)
      cur_node.forward(x_input.apply(idx),
         cell_pre, h_pre, LstmParams.head)
      nodes.append(cur_node)
      this.y_out.append(cur_node.state_h)
   }
```

```
    nodes
  }

  def multilayer_backward_propagation(
        x_input: Seq[DenseMatrix[Double]],
        labels: Seq[DenseMatrix[Double]]
        ): Seq[Double] = {
    this.multilayer_forward_propagation(x_input)
    val next_diff = new ArrayBuffer[DenseMatrix[Double]]()
    val losses = new ArrayBuffer[Double]()
    assert(x_input.length == this.node_seq.last.length)
    /**
    * last layer last node
    */
    var loss = lossLayer.negative_log_likelihood(labels.last,
                this.node_seq.last.last.state_h)
    val diff_h = lossLayer.diff(labels.last,
                this.node_seq.last.last.state_h)
    val diff_cell = DenseMatrix.zeros[Double](hidden_dims.last, 1)
    this.node_seq.last.last.backward(diff_h, diff_cell, LstmParams.last)
    next_diff.append(this.node_seq.last.last.bottom_diff_x_t_minus_1)
    /**
    * last layer, other nodes
    */
    for (idx <- (0 until this.node_seq.last.length - 1).reverse) {
      loss += lossLayer.negative_log_likelihood(labels.apply(idx),
                this.node_seq.last.apply(idx).state_h)
      var diff_h = lossLayer.diff(labels.apply(idx),
                this.node_seq.last.apply(idx).state_h)
      diff_h += this.node_seq.last.apply(idx + 1)
        .bottom_diff_h_t_minus_1

      val diff_cell = this.node_seq.last.apply(idx + 1)
        .bottom_diff_cell_t_minus_1

      this.node_seq.last.apply(idx)
        .backward(diff_h, diff_cell, LstmParams.last)

      next_diff.append(this.node_seq.last
        .apply(idx).bottom_diff_x_t_minus_1)
    }
    losses.append(loss)
```

```
    /**
    * sub lstm layers
    */
    for (layer_idx <- (0 until layer_size - 1).reverse) {
    losses.append(next_diff.map { k => sum(k :* k) }.sum)
    /**
    * last node
    */
    val diff_h = next_diff.last
    val diff_cell = DenseMatrix.zeros[Double](
       hidden_dims.apply(layer_idx), 1)

    this.node_seq.apply(layer_idx).last.backward(diff_h,
       diff_cell, LstmParams.apply(layer_idx))

    next_diff.update(next_diff.length - 1,
       this.node_seq.apply(layer_idx).last.bottom_diff_x_t_minus_1)

    for (node_idx <- (0 until
       this.node_seq.apply(layer_idx).length - 1).reverse) {
          var diff_h = next_diff.apply(node_idx)
          diff_h += this.node_seq.apply(layer_idx)
             .apply(node_idx + 1).bottom_diff_h_t_minus_1
          val diff_cell = this.node_seq.apply(layer_idx)
             .apply(node_idx + 1).bottom_diff_cell_t_minus_1
          this.node_seq.apply(layer_idx).apply(node_idx)
             .backward(diff_h, diff_cell, LstmParams.apply(layer_idx))
          next_diff.update(node_idx, this.node_seq.apply(layer_idx)
             .apply(node_idx).bottom_diff_x_t_minus_1)
       }
    }
    losses.reverse
}

def backward_propagation(
       x_input: Seq[DenseMatrix[Double]],
       labels: Seq[DenseMatrix[Double]]
       ): Double = {
    val nodes = this.forward_propagation(x_input)
    val last_node = x_input.length - 1
    assert(x_input.length == nodes.length)
    var loss = lossLayer.negative_log_likelihood(
```

```
        labels.apply(last_node),
        nodes.apply(last_node).state_h)

    val diff_h = lossLayer.diff(labels.apply(last_node),
        nodes.apply(last_node).state_h)

    val diff_cell = DenseMatrix.zeros[Double](hidden_dims.head, 1)

    nodes.apply(last_node).backward(diff_h, diff_cell, LstmParams.head)

    for (idx <- (0 until nodes.length - 1).reverse) {
      loss += lossLayer.negative_log_likelihood(labels.apply(idx),
        nodes.apply(idx).state_h)
      var diff_h = lossLayer.diff(labels.apply(idx),
        nodes.apply(idx).state_h)
      diff_h += nodes.apply(idx + 1).bottom_diff_h_t_minus_1
      val diff_cell = nodes.apply(idx + 1).bottom_diff_cell_t_minus_1
      nodes.apply(idx).backward(diff_h, diff_cell, LstmParams.head)
    }
    loss
    }
}

object LSTM {
    def concatDiff(diff: DenseMatrix[Double],
          xt: DenseMatrix[Double],
          ht_minus_1: DenseMatrix[Double])
          : DenseMatrix[Double] = {
      val wi_diff_x = (diff * xt.t)
              .asInstanceOf[DenseMatrix[Double]]
      val wi_diff_h = (diff * ht_minus_1.t)
              .asInstanceOf[DenseMatrix[Double]]
      DenseMatrix.horzcat(wi_diff_x, wi_diff_h)
    }

    def main(args: Array[String]) {
      val data = Seq(
      DenseMatrix.rand[Double](5, 1),
      DenseMatrix.rand[Double](5, 1),
      DenseMatrix.rand[Double](5, 1),
      DenseMatrix.rand[Double](5, 1),
      DenseMatrix.rand[Double](5, 1),
```

```
      DenseMatrix.rand[Double](5, 1)
      )
      val labels = Seq(
      DenseMatrix((0.0, 1.0, 0.0, 0.0, 0.0, 0.0, 0.0, 0.0)).t,
      DenseMatrix((0.0, 0.0, 1.0, 0.0, 0.0, 0.0, 0.0, 0.0)).t,
      DenseMatrix((0.0, 0.0, 0.0, 1.0, 0.0, 0.0, 0.0, 0.0)).t,
      DenseMatrix((0.0, 0.0, 0.0, 0.0, 1.0, 0.0, 0.0, 0.0)).t,
      DenseMatrix((0.0, 0.0, 0.0, 0.0, 0.0, 1.0, 0.0, 0.0)).t,
      DenseMatrix((0.0, 0.0, 0.0, 0.0, 0.0, 0.0, 0.1, 0.0)).t
      )
      val simpleLSTM = new LstmNeuralNetwork(5,
              Seq(6, 7, 8), 3, new simpleLossLayer)

      for (idx <- 0 to 500) {
         val loss = simpleLSTM
            .multilayer_backward_propagation(data, labels)
         println(loss)
         simpleLSTM.LstmParams.foreach {
         k => k.update_param_adadelta(0.95)
         }
      }
      val out = simpleLSTM.y_out_seq.last
      for (idx <- out.indices) {
         val outnode = out.apply(idx)
         println(outnode)
         println("------")
         val pre = DenseMatrix.zeros[Double](outnode.rows, outnode.cols)
         pre(argmax(outnode)) = 1.0
         println(pre)
         println("------")
      }
   }
}
```

4.3.3 Spark MLlib

Spark 是 Apache 旗下开源的大数据计算引擎，是 Apache 大数据软件架构中的核心组件之一。Spark 旨在提供高性能的大规模数据处理通用引擎，通过高级的 DAG 执行引擎来支持无环的和完全基于内存的计算，比传统 MapReduce 的效率高 100 倍以上。在底层功能之上，Spark 抽象了 4 个基本组件：Spark SQL、Spark Streaming、

Spark MLlib 和 GraphX，分别用来处理 SQL 任务、流式计算任务、机器学习任务和图计算任务。

伴随 Spark 版本的迭代，Spark MLlib 的发展也经历了两个阶段：早期是基于 RDD 的 API，目前是基于 DataFrame 的 API。从基于 DataFrame 的 API 开始，Spark MLlib 开始支持 Pipeline，这样的功能变更是借鉴了 scikit-learn 的设计思想。从官方的介绍看来，Spark 将不会为基于 RDD 的 API 添加新特性，只修复 bug 和维护基本功能，新的特性将针对基于 DataFrame 的 API 来开发，而且未来将在 Spark 3.0 中彻底抛弃基于 RDD 的 API。所以，我们将以基于 DataFrame 的 API 为例，介绍 Spark MLlib 的基本使用方法。欲了解更多细节，可以参考官方指南 https://spark.apache.org/docs/latest/ml-guide.html。

我们以随机森林算法为例介绍如何使用 Spark MLlib。完整的代码如下所示：

```
import com.mogujie.antiordercheat.dataUtil
import com.typesafe.scalalogging.slf4j.Logger
import org.apache.spark.ml.evaluation.MulticlassClassificationEvaluator
import org.apache.spark.mllib.evaluation.BinaryClassificationMetrics
import org.apache.spark.mllib.evaluation.MulticlassMetrics
import org.apache.spark.{ SparkConf, SparkContext }
import org.apache.spark.mllib.linalg.Vectors
import org.apache.spark.mllib.regression.LabeledPoint
import org.apache.spark.mllib.tree.RandomForest
import org.apache.spark.mllib.tree.model.RandomForestModel
import org.apache.spark.mllib.util.MLUtils
import org.apache.spark.mllib.stat.Statistics
import org.apache.spark.rdd.RDD
import org.slf4j.LoggerFactory

/**
 * Created by wangshuai on 2016/11/11.
 */
object RandomForestTest {
  private val logger = Logger(LoggerFactory.getLogger(this.getClass))

  var numTrees = 101
  var maxDepth = 10
  var maxBins = 32
```

```
var impurity = "gini"

def initConf(confPath: String): Unit = {
  val confMap = dataUtil.loadConfMap.initConf(confPath)
  this.numTrees = confMap.getOrElse("num_trees", "101").toInt
  this.maxDepth = confMap.getOrElse("max_depth", "10").toInt
  this.maxBins = confMap.getOrElse("max_bins", "32").toInt
  this.impurity = confMap.getOrElse("impurity", "gini")
}

def getRoc(data: RDD[(Double, Double)]): Unit = {
  val metrics = new BinaryClassificationMetrics(data)
  val auROC = metrics.areaUnderROC()

  this.logger.info("Area under ROC = " + auROC)
}

def evaluateMetric(evaPos: RDD[(Double, (Double, Double))]): Unit = {

  val TP = evaPos.filter(r => r._1 == 1.0 && r._1 == r._2._1)
     .count().toDouble
  val FN = evaPos.filter(r => r._1 == 1.0 && r._1 != r._2._1)
     .count().toDouble

  val FP = evaPos.filter(r => r._1 == 0.0 && r._1 != r._2._1)
     .count().toDouble
  val TN = evaPos.filter(r => r._1 == 0.0 && r._1 == r._2._1)
     .count().toDouble

  /**
   * 精确度（Precision）
   * P = TP/(TP+FP) ;
   * 反映了被分类器判定的正例中真正的正例样本的比重
   */
  val Precision = TP / (TP + FP)

  /**
   * 准确率（Accuracy）
   * A = (TP + TN)/(P+N) = (TP + TN)/(TP + FN + FP + TN);
   * 反映了分类器对整个样本的判定能力——能将正的判定为正，负的判定为负
   */
```

```
    val Accuracy = (TP + TN) / (TP + FN + FP + TN)

    /**
     * 召回率(Recall)，也称为 True Positive Rate
     * R = TP/(TP+FN) = 1 - FN/T;
     * 反映了被正确判定的正例占总的正例的比例
     */
    val Recall = TP / (TP + FN)

    this.logger.info("TP, FN, FP, TN is %f %f %f %f"
      .format(TP, FN, FP, TN))
    this.logger.info("Precision is %f".format(Precision))
    this.logger.info("Accuracy is %f".format(Accuracy))
    this.logger.info("Recall is %f".format(Recall))
  }

  def getProb(model: RandomForestModel, data: RDD[LabeledPoint])
      : RDD[(Double, (Double, Double))] = {
    data
      .map {
        r =>
          val labels = model.trees.map { k => k.predict(r.features) }
          r.label ->
            (if (labels.sum / labels.length >= 0.5) 1.0 else 0.0,
              if (labels.sum / labels.length >= 0.5)
                labels.sum / labels.length
              else
                1 - labels.sum / labels.length)

      }
  }

  def main(args: Array[String]): Unit = {
    val currTime = System.currentTimeMillis()
    try {
      initConf("./conf/rf_test.conf")
    } catch {
      case e: Throwable =>
        e.printStackTrace()
    }
```

```
val conf = new SparkConf()
  .setAppName("random forest test")
  .set("spark.sql.parquet.binaryAsString", "true")
  .set("spark.files.overwrite", "true")
  .set("spark.akka.frameSize", "60")
  .set("spark.hadoop.validateOutputSpecs", "false")
  .set("spark.serializer",
         "org.apache.spark.serializer.KryoSerializer")
  .set("spark.executor.extraJavaOptions",
         "-XX:+PrintGCDetails -XX:+PrintGCTimeStamps")
  .set("spark.storage.memoryFraction", "0.7")
  .set("spark.kryoserializer.buffer.max", "2000m")

val sc = new SparkContext(conf)
val trainFile = sc.textFile(
   "hdfs://***cluster/user/lianhua/exampledata", 100)

val svmData = trainFile.map {
  r =>
    val tmp = r.split("\t", 2)
    LabeledPoint(tmp.head.split(",").head.toDouble,
        Vectors.sparse(780 + 666, tmp.apply(1).split("\t").map {
      r =>
        val tmp = r.split(":")
        tmp.head.toInt -> tmp.apply(1).toDouble
    }))
}.cache()

val splits = svmData.randomSplit(Array(0.7, 0.3))
val (trainingData, testData) = (splits(0), splits(1))

// 训练随机森林模型
// 所有特征均为连续值特征
val numClasses = 2
val categoricalFeaturesInfo = Map[Int, Int]()
val featureSubsetStrategy = "auto" // Let the algorithm choose.

val tuning =
  for (
    timpurity <- Array("entropy", "gini");
```

```
      tmaxDepth <- Range(5, 15, 5);
      tnumTrees <- Range(51, 201, 50)
    ) yield {
      val rfmodel = RandomForest.trainClassifier(trainingData,
        numClasses, categoricalFeaturesInfo, tnumTrees,
        featureSubsetStrategy, timpurity, tmaxDepth, maxBins)
      val predictionsAndLabels = testData.map {
        point => (rfmodel.predict(point.features), point.label)
      }

      val mulMetrics = new org.apache.spark.mllib
        .evaluation.MulticlassMetrics(predictionsAndLabels)

      val metrics = new BinaryClassificationMetrics(predictionsAndLabels)
      val auPR = metrics.areaUnderPR()
      val auROC = metrics.areaUnderROC()
      ((impurity, maxDepth, maxBins), auROC, mulMetrics.fMeasure,
        mulMetrics.precision, mulMetrics.recall,
        auPR, mulMetrics.confusionMatrix.toString())
    }

    tuning.sortBy(_._2).reverse.foreach {
      x => println(x.toString())
    }

    val endTime = System.currentTimeMillis()
    logger.info("running time is %f".format((endTime - currTime) / 60000.0))
    sc.stop()
  }

}
```

4.4 本章小结

本章首先分别介绍了 Python 与 Scala 这两种编程语言，然后介绍了这两种基础编程语言环境中与机器学习相关的主流第三方库，其中前者所涉及的第三方库包括 Jupyter Notebook、Numpy、Scipy、Matplotlib、pandas、scikit-learn、gensim、TensorFlow 和 Keras，后者所涉及的第三方库主要包括 Zeppelin、Breeze 和 Spark MLlib。本章用实际的例子介绍了这些第三方库的使用方法，为后续在业务安全生产环境中构建机器学习算法模型打基础。

参考资料

[1] https://github.com/xuanyuansen/PyMachineLearning

[2] https://github.com/tensorflow/tensorflow/blob/master/tensorflow/examples/tutorials/mnist/mnist_deep.py

[3] http://pandas.pydata.org/pandas-docs/stable/index.html

第5章 机器学习实践的金刚钻

5.1 简介

在互联网公司中，算法工程师的日常工作大体上可以分为三部分：一是数据的获取、清洗和预处理；二是进行算法建模的各种实验；三是将实验验证通过的模型部署到生产环境（俗称“算法上线”）。大多数算法工程师认为第二部分工作是最重要也是最能体现自身价值的，但实际情况却往往是第一部分工作占用了他们大部分的时间。第三部分工作，算法上线，也会占用工程师较多精力，因为这部分工作需要考虑分配计算资源、估算性能和工程组件选型等技术问题，还要权衡算法对业务的影响。本章介绍的内容旨在降低算法上线的门槛，释放算法工程师的精力，使他们能在第二部分工作中发挥更大价值。

在第 4 章中，我们介绍了实现机器学习算法的一些基础软件架构，这些架构已经足够支撑各种算法建模的实验了。本章将介绍在生产环境中让机器学习算法落地的一些大型框架或者工具，主要涉及与经典统计机器学习方法和深度学习方法相关的成熟工具。

本章的介绍将按照如下顺序展开。首先介绍实践经典统计机器学习方法的重要工具：XGBoost 和基于 Spark MLlib 的 Prediction IO。虽然当前深度学习大红大紫，但是从 Kaggle 网站上很多机器学习比赛获奖团队的技术方案来看，XGBoost 仍然是一个较好的选择。Prediction IO 则是基于 Spark MLlib 构建模型引擎的框架性工具，旨在提供快速部署机器学习算法引擎的解决方案。然后我们会介绍实现深度学习算法的工具：深度学习框架的先驱 Caffe 与当前非常流行的 TensorFlow。最后介绍基于

Spark 生态环境的 BigDL 工具。注意，上述框架所涉及的 API 主要以 Python 和 Scala 为例来展开。

5.2 XGBoost

集成学习方法一直是各种机器学习建模比赛的宠儿，其中的佼佼者非 XGBoost 莫属，当前 XGBoost[1]确实是对 Boost Tree 实现得比较完整的一个模型，在各大比赛中都取得了优异的成绩，因此也成为当前参加机器学习建模比赛的团队经常使用的利器。

XGBoost 对以往的 CART（Classification And Regression Tree）、GBDT（Gradient Boost Decision Tree）等决策树以及决策森林做了比较大的改进。此种树的 boosting 系统可用性更高。它采用一些小技巧来加快损失函数收敛的速度，并减少对假设空间的遍历。如果大家自己动手写经典决策树的算法，就会发现有很大的提升空间，特别是在损失函数的构造、剪枝和分支算法方面。

XGBoost 的贡献有：

- 采用与 RGF（Regularized Greedy Forest）[2]类似的罚项，将其应用于损失函数，使得损失函数易于推导且避免过拟合。
- 从随机森林（Random Forest，RF）中取经，采用特征子采样方式以及使用 Friedman 提出的收敛技术。
- 由于完美分支的贪心算法时空复杂度过高，并且其分布式计算较为困难，采用近似分支的算法框架（相似的想法在[3]~[5]这几篇文章中也提到过，已知的分布式树学习算法都遵从此近似分支算法框架）——加权分位数草图。

除了以上这些贡献，XGBoost 还在实现细节上做了大量优化。比如，在并行时使用列块的方式，在列块中查找分割点的排序结构时使用压缩结构方法（CSC 格式），实现并行化却未损失太大的精度。欲知更多细节，请阅读原始论文。[1]

那么，如何在实际问题中使用 XGBoost 来达到较好的效果呢？一般有以下三种方案。

- 方案一：最简单的方案，直接用单模型预测结果。
- 方案二：将 XGBoost 用于融合模型产出最终结果。
- 方案三：用于子模型和融合模型。如果选择方案二或方案三，一般就失去了最原始的特征对结果影响的详细描述。但是在某个子模型中，却可以表现出特征对结果贡献的重要程度。

假设我们面对的是一个作弊与非作弊的二分类问题，以方案二为例，其工程代码如下：

```
#!python
X_train = X
y_train = y
X_test = X
y_test = y

# from sklearn.cross_validation import train_test_split
# X_train, X_test, y_train, y_test = train_test_split(X, y,
# test_size=0.1, random_state=0)
# print y_train.value_counts()
# print y_test.value_counts()
from xgboost.sklearn import XGBClassifier

xgbc = XGBClassifier(
   max_depth=3,
   learning_rate=0.1,
   n_estimators=100,
   silent=True,
   objective='binary:logistic',
   # booster='gbtree',
   # n_jobs=1,
   # nthread=None,
   # gamma=0,
   # min_child_weight=1,
   # max_delta_step=0,
   # subsample=1,
   # colsample_bytree=1,
   # colsample_bylevel=1,
   # reg_alpha=0,
   # reg_lambda=1,
   # scale_pos_weight=1,
```

```
        # base_score=0.5,
        # random_state=0,
        # seed=None
    )

    xgbc.fit(X_train, y_train)

    xgbc._Booster.save_model('model/sort_anti_uid_nrt_xgboost.model')

    y_train_pred = xgbc.predict(X_train)
    y_test_pred = xgbc.predict(X_test)

    y_predprob = xgbc.predict_proba(X_train)[:,1]
    y_predprob_test = xgbc.predict_proba(X_test)[:,1]


    from sklearn.metrics import roc_auc_score,accuracy_score,
        f1_score,recall_score,precision_score,classification_report

    print '训练集\n 准确率 Accuracy : %.4g' % accuracy_score(y_train.values,
y_train_pred)
    print '精确率 Precision : %.4g' %precision_score(y_train.values, y_train_pred)
    print '召回率 Recall:%.4g' % recall_score(y_train.values, y_train_pred)
    print 'F1:%.4g' % f1_score(y_train.values, y_train_pred)
    print 'AUC Score (Train): %f' % roc_auc_score(y_train, y_predprob)

    print '测试集\n 准确率 Accuracy : %.4g' % accuracy_score(y_test.values, y_test_pred)
    print '准确率 Precision : %.4g' % precision_score(y_test.values, y_test_pred)
    print '召回率 Recall:%.4g' % recall_score(y_test.values, y_test_pred)
    print 'F1:%.4g' % f1_score(y_test.values, y_test_pred)
    print 'AUC Score (Test): %f' % roc_auc_score(y_test, y_test_pred)
```

这里我们使用 sklearn（即 scikit-learn）中的 XGBoost，它对 XGBoost 做了一层封装，使得 XGBoost 模型符合 sklearn 的规范，易于使用。当然，在 sklearn 中也对特征的描述做了一定改进，比如加入特征重要性组件。XGBoost 的特征重要性的计算方法为：计算每棵树每个属性的表现（比如基尼指数或其他特定的损失函数），再考虑每个属性所管辖的样本数量，最后将所有树的所有属性归到一起比较。

我们还可以使用其他工具包来专门描述树模型的特征对结果的影响，比如华盛顿大学关于解释任意分类器的预测过程的研究项目 LIME（https://github.com/

marcotcr/lime），具体的思想可以参看原论文[6]。

5.3 Prediction IO（PIO）

本节介绍一个部署机器学习模型的利器，它就是 GitHub 上十大开源机器学习项目[7]中的 Prediction IO（以下简称 PIO）。PIO 是一套开源的通用型机器学习服务框架，可以使程序员和机器学习工程师快速地部署机器学习模型来服务于业务。而且 PIO 是基于 Spark 的，因此可以充分利用 Hadoop 生态圈内各种大数据工具的优势，为开发者提供各种方便。PIO 提供了一些通用机器学习模型的模板，例如推荐、排序、回归分类和文本处理等，我们可以基于这些模板来打造个性化的机器学习模型服务引擎，通过 Restful API 以解耦的方式为现有应用提供机器学习服务。目前，PIO 已经托管给 Apache 基金会，项目地址为 http://predictionio.apache.org/。

接下来，我们将从 PIO 的安装、机器学习模型引擎的开发和部署三个方面来介绍如何在生产环境中使用 PIO 框架。

5.3.1 部署 PIO

PIO 提供了自动安装的脚本，但是由于它涉及很多组件依赖，采用自动脚本在大多数情况下很难一次就安装成功，因此还是推荐以手动方式来安装 PIO。我们以版本 v0.11.0-incubating 为例介绍 PIO 的安装。读者也可以参考官方的安装指南[8]。

5.3.1.1 安装 PIO

PIO 的安装步骤如下。

1. 下载源码：

```
wget
https://codeload.github.com/apache/incubator-predictionio/tar.gz/v0.11.0-incubati
ng
```

2. 解压

```
tar -zxvf v0.11.0-incubating.tar.gz
```

3．设置

注意，要指定 java_home 为 1.8 版本，不然在编译时会报错。

4．编译

```
sh make-distribution.sh
```

5.3.1.2 安装依赖组件

对系统组件最低的版本要求为 Hadoop 2.6.5、Spark 1.3.0（基于 Hadoop 2.6）、Java 8；对存储组件的最低版本要求为 PostgreSQL 9.1、MySQL 5.1、HBase 0.98.5 和 Elasticsearch 1.7.6。在实际使用中，请按需选择。

1．Spark 的安装和配置

将 Spark 解压到 PredictionIO-0.11.0/vendors 路径下。例如：

```
./PredictionIO-0.11.0/vendors/spark-1.6.3-bin-hadoop2.6
```

默认配置采用 Spark On Yarn 的方式运行，可以充分利用集群的性能，使 PIO 支持高并发。

2．Elasticsearch 的安装和配置

将 Elasticsearch 解压到 PredictionIO-0.11.0/vendors 路径下。例如：

```
./PredictionIO-0.11.0/vendors/elasticsearch-1.7.6
```

如果使用单一节点的 Elasticsearch，采用默认配置即可。如果使用 Elasticsearch 集群，则需要为 Elasticsearch 加入如下配置：

```
• discovery.zen.ping.unicast.hosts: ["11.11.11.11", "11.11.11.12"]
• discovery.zen.ping_timeout: 120s
• discovery.zen.ping.multicast.enabled: false
• discovery.zen.fd.ping_timeout: 100s
• discovery.zen.ping.timeout: 100s
• discovery.zen.minimum_master_nodes: 2
```

3．HBase 的安装和配置

将 HBase 解压到 PredictionIO-0.11.0/vendors 路径下。

如果使用 HBase 集群作为事件存储，则无须解压到 vendors 路径下，只需要在 PIO 的配置文件中写入相应配置即可。

4．PostgreSQL 的安装和配置

（1）首先安装依赖组件：

```
sudo yum install -y perl-ExtUtils-Embed readline-devel zlib-devel pam-devel
libxml2-devel libxslt-devel openldap-devel python-devel gcc-c++
```

（2）配置安装路径和编译选项：

```
./configure --prefix=/home/lianhua/usr/local/pgsql --with-perl --with-python
--with-libxml --with-libxslt
```

（3）编译和安装：

```
gmake && gmake install
```

（4）初始化数据库：

```
/home/lianhua/usr/local/pgsql/bin/initdb --no-locale -U postgres -E utf8 -D
/home/lianhua/data/pg/data -W
```

（5）启动服务：

```
/home/lianhua/usr/local/pgsql/bin/pg_ctl -D /home/lianhua/data/pg/data -l
logfile start
```

（6）登录数据库：

```
psql -h 127.0.0.1 -U postgres -p 5432 -d postgres -W
```

（7）还需要设置 PostgreSQL 的配置文件，以支持其他也部署了 PostgreSQL 的机器连接到本机，从而构建 PostgreSQL 集群，配置的步骤如下。

- 修改 pg_hba.conf 文件：

```
host    all         all         0.0.0.0/0           trust
```

- 修改 postgresql.conf 文件：

```
listen_addresses = '*'
```

5.3.1.3 配置 PIO

这里提供两种配置：一种是使用 HBase + Elasticsearch 的配置，另一种是使用 PostgreSQL 的配置。

配置一（HBase + Elasticsearch）如下：

```
#!/usr/bin/env bash

# Copy this file as pio-env.sh and edit it for your site's configuration.

# PredictionIO Main Configuration
#
# This section controls core behavior of PredictionIO. It is very likely
# that you need to change these to fit your site.

####基础配置

# SPARK_HOME: Apache Spark is a hard dependency and must be configured.
SPARK_HOME=$PIO_HOME/vendors/spark-1.6.3-bin-hadoop2.6

# ES_CONF_DIR: You must configure this if you have advanced
# configuration for your Elasticsearch setup.
#ES_CONF_DIR=$PIO_HOME/vendors/elasticsearch
HADOOP_CONF_DIR=$PIO_HOME/vendors/spark-1.6.3-bin-hadoop2.6/conf/hadoop
# HADOOP_CONF_DIR: You must configure this if you intend to run
# PredictionIO with Hadoop 2.
# HADOOP_CONF_DIR=/opt/hadoop

# HBASE_CONF_DIR: You must configure this if you intend to run
# PredictionIO with HBase on a remote cluster.
#HBASE_CONF_DIR=/home/anticheat/programs/hbase/hbase-current/conf
HBASE_CONF_DIR=$PIO_HOME/vendors/hbaseconf

# Filesystem paths where PredictionIO uses as block storage.
PIO_FS_BASEDIR=$HOME/.pio_store
PIO_FS_ENGINESDIR=$PIO_FS_BASEDIR/engines
PIO_FS_TMPDIR=$PIO_FS_BASEDIR/tmp

####元数据、事件数据、模型数据存储的选择
# PredictionIO Storage Configuration
#
```

```
# This section controls programs that make use of PredictionIO's
# built-in storage facilities. Default values are shown below.
#

# Storage Repositories

# Default is to use PostgreSQL
PIO_STORAGE_REPOSITORIES_METADATA_NAME=pio_meta_cluster
PIO_STORAGE_REPOSITORIES_METADATA_SOURCE=ELASTICSEARCH

PIO_STORAGE_REPOSITORIES_EVENTDATA_NAME=pio_event_cluster
PIO_STORAGE_REPOSITORIES_EVENTDATA_SOURCE=HBASE

PIO_STORAGE_REPOSITORIES_MODELDATA_NAME=pio_model_cluster
PIO_STORAGE_REPOSITORIES_MODELDATA_SOURCE=LOCALFS

# Storage Data Sources

# PostgreSQL Default Settings
# Please change "pio" to your database name in PIO_STORAGE_SOURCES_PGSQL_URL
# Please change PIO_STORAGE_SOURCES_PGSQL_USERNAME and
# PIO_STORAGE_SOURCES_PGSQL_PASSWORD accordingly
# PIO_STORAGE_SOURCES_PGSQL_TYPE=jdbc
# PIO_STORAGE_SOURCES_PGSQL_URL=jdbc:postgresql://localhost/pio
# PIO_STORAGE_SOURCES_PGSQL_USERNAME=pio
# PIO_STORAGE_SOURCES_PGSQL_PASSWORD=pio

# MySQL Example
# PIO_STORAGE_SOURCES_MYSQL_TYPE=jdbc
# PIO_STORAGE_SOURCES_MYSQL_URL=jdbc:mysql://localhost/pio
# PIO_STORAGE_SOURCES_MYSQL_USERNAME=pio
# PIO_STORAGE_SOURCES_MYSQL_PASSWORD=pio

####Elasticsearch 配置
# Elasticsearch Example
PIO_STORAGE_SOURCES_ELASTICSEARCH_TYPE=elasticsearch
PIO_STORAGE_SOURCES_ELASTICSEARCH_CLUSTERNAME=lianhua_elasticsearch
PIO_STORAGE_SOURCES_ELASTICSEARCH_HOSTS=11.11.11.11
PIO_STORAGE_SOURCES_ELASTICSEARCH_PORTS=9300
#PIO_STORAGE_SOURCES_ELASTICSEARCH_HOME=$PIO_HOME/vendors/elasticsearch-1.7.6

####本地文件存储配置
```

```
PIO_STORAGE_SOURCES_LOCALFS_TYPE=localfs
PIO_STORAGE_SOURCES_LOCALFS_PATH=$PIO_FS_BASEDIR/models
# HBase 配置
PIO_STORAGE_SOURCES_HBASE_TYPE=hbase
#PIO_STORAGE_SOURCES_HBASE_HOME=/home/anticheat/programs/hbase/hbase-current
```

配置二（Elasticsearch）如下所示：

```
#!Shell

# SPARK_HOME=$PIO_HOME/vendors/spark-2.0.2-bin-hadoop2.7
SPARK_HOME=$PIO_HOME/vendors/spark-1.6.3-bin-hadoop2.6

POSTGRES_JDBC_DRIVER=$PIO_HOME/lib/postgresql-9.4-1204.jdbc41.jar
#MYSQL_JDBC_DRIVER=$PIO_HOME/lib/mysql-connector-java-5.1.41.jar

# ES_CONF_DIR: You must configure this if you have advanced
# configuration for your Elasticsearch setup.
# ES_CONF_DIR=/opt/elasticsearch

# HADOOP_CONF_DIR: You must configure this if you intend to run
# PredictionIO with Hadoop 2.
# HADOOP_CONF_DIR=/opt/hadoop
HADOOP_CONF_DIR=$PIO_HOME/vendors/spark-1.6.3-bin-hadoop2.6/conf/hadoop
# HBASE_CONF_DIR: You must configure this if you intend to run
# PredictionIO with HBase on a remote cluster.
# HBASE_CONF_DIR=$PIO_HOME/vendors/hbase-1.0.0/conf

# Filesystem paths where PredictionIO uses as block storage.
PIO_FS_BASEDIR=$HOME/.pio_store
PIO_FS_ENGINESDIR=$PIO_FS_BASEDIR/engines
PIO_FS_TMPDIR=$PIO_FS_BASEDIR/tmp

# PredictionIO Storage Configuration
#
# This section controls programs that make use of PredictionIO's
# built-in storage facilities. Default values are shown below.
#

# Storage Repositories

# Default is to use PostgreSQL
PIO_STORAGE_REPOSITORIES_METADATA_NAME=pio_meta
```

```
PIO_STORAGE_REPOSITORIES_METADATA_SOURCE=PGSQL

PIO_STORAGE_REPOSITORIES_EVENTDATA_NAME=pio_event
PIO_STORAGE_REPOSITORIES_EVENTDATA_SOURCE=PGSQL

PIO_STORAGE_REPOSITORIES_MODELDATA_NAME=pio_model
PIO_STORAGE_REPOSITORIES_MODELDATA_SOURCE=PGSQL

# Storage Data Sources

# PostgreSQL配置
# Please change "pio" to your database name in PIO_STORAGE_SOURCES_ PGSQL_URL
# Please change PIO_STORAGE_SOURCES_PGSQL_USERNAME and
# PIO_STORAGE_SOURCES_PGSQL_PASSWORD accordingly
PIO_STORAGE_SOURCES_PGSQL_TYPE=jdbc
PIO_STORAGE_SOURCES_PGSQL_URL=jdbc:postgresql://localhost/postgres
PIO_STORAGE_SOURCES_PGSQL_USERNAME=lianhua
PIO_STORAGE_SOURCES_PGSQL_PASSWORD=********
```

安装完上述组件并进行相应配置后就可以启动 PIO 系统了。执行命令：

```
./bin/pio-start-all
```

再执行：

```
./bin/pio status
```

如果没有意外，将得到如下输出，说明系统可用了：

```
[INFO] [Management$] Inspecting PredictionIO...
[INFO] [Management$] PredictionIO 0.11.0-incubating is installed at
/home/lianhua/PredictionIO-0.11.0
[INFO] [Management$] Inspecting Apache Spark...
[INFO] [Management$] Apache Spark is installed at
/home/lianhua/PredictionIO-0.11.0/vendors/spark-1.6.3-bin-hadoop2.6
[INFO] [Management$] Apache Spark 1.6.3 detected (meets minimum requirement of
1.3.0)
[INFO] [Management$] Inspecting storage backend connections...
[INFO] [Storage$] Verifying Meta Data Backend (Source: PGSQL)...
[INFO] [Storage$] Verifying Model Data Backend (Source: PGSQL)...
[INFO] [Storage$] Verifying Event Data Backend (Source: PGSQL)...
[INFO] [Storage$] Test writing to Event Store (App Id 0)...
[INFO] [Management$] Your system is all ready to go.
```

如果有问题，则要返回去检查 PIO 配置文件或者 PIO 依赖组件的安装是否有问题。

以下命令也很有用。

- ./bin/pio app list：查看当前 PIO 系统内的应用列表。
- ./bin/pio app new [appname]：建立新应用。
- ./bin/pio help：查看命令的帮助文件。

5.3.2 机器学习模型引擎的开发

机器学习模型引擎的开发主要涉及两部分内容，即待预测的应用数据和机器学习模型。PIO 首先对应用数据做抽象建模，因为在互联网业务的实际生产环境中，需要处理的数据一般有如下两种：第一种是主体的行为，例如设备对商品信息的访问、用户表示对物品的喜欢，或者用户对用户的关注等；第二种是主体的属性数据，例如设备的机型和操作系统、用户的性别、地域信息，等等。

PIO 对上述两种应用数据进行抽象建模，将第一种数据抽象为主体执行的一般事件，将第二种数据抽象为主体执行的修改属性的特殊事件。另外，PIO 还支持批量数据处理，即向事件服务器批量发送数据（可以同时包括一般事件和特殊事件）。图 5-1 所示[9]为 PIO 系统事件采集架构。

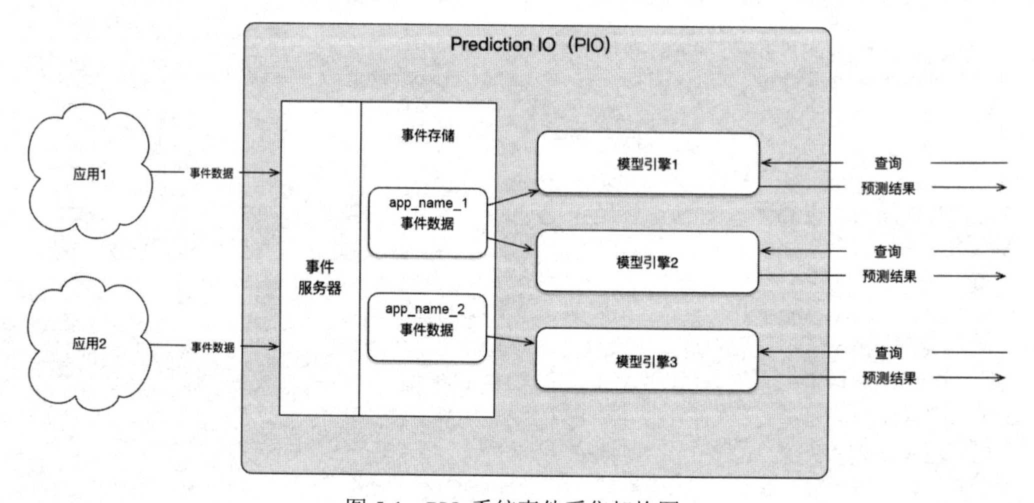

图 5-1 PIO 系统事件采集架构图

利用 PIO 开发机器学习模型引擎的另一个关键是，理解 PIO 对机器学习模型引擎的抽象。PIO 将这个引擎抽象为四部分，即 DASE。其中，D 是指 Data Source 和 Data Preparator，负责数据源与数据预处理；A 是指 Algorithm，负责机器学习算法的实现；S 是指 Serving，负责从引擎提供算法服务；而 E 是指 Evaluation Metrics，负责算法训练过程中的评估以及不同算法性能的比较，如图 5-2 所示[10]。

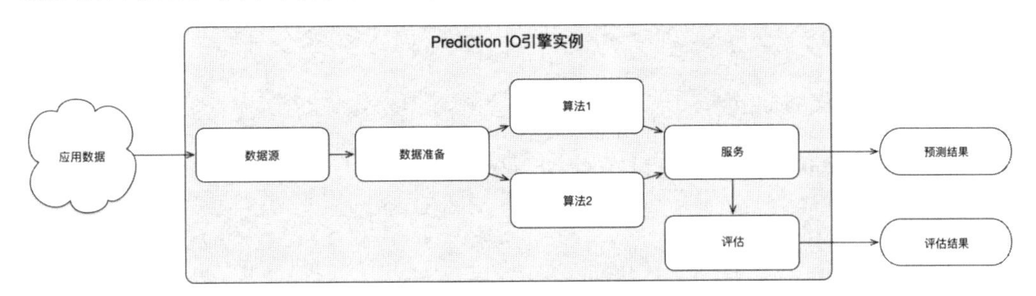

图 5-2　PIO 引擎实例（包含 DASE 的流程图）

下面介绍如何基于 DASE 的四个模块来开发机器学习模型引擎，更多内容请参考论文[11]。

- D 模块主要继承 DataSource.scala 和 Preparator.scala 这两个类来进行开发。其中，DataSource.scala 负责从事件存储中读取和筛选有用数据，并进行简单的处理，完成对训练数据的准备工作；Preparator.scala 负责特征处理、特征选择以及必要的预处理，将训练数据转换成算法所需要的特定格式的数据（通过 prepare()方法来实现）。
- A 模块是核心算法模块，主要继承类 P2LAlgorithm[PreparedData, NBModel, Query, PredictedResult]。其中，PreparedData 是训练数据，NBModel 是算法模型，Query 是待预测数据，PredictedResult 是预测结果。要继承类 P2LAlgorithm 就必须实现两个方法：一个是 train()，用来在训练数据上训练机器学习模型；另一个是 predict()，用于将待预测的数据输入机器学习模型，并得到预测结果。
- S 模块用于提供 Restful API 服务，主要继承 LServing 类来进行开发，通过实现 serve()方法来处理预测结果。如果 PIO 应用内包含多个算法，则可以通过 serve()方法对多个算法的预测结果进行融合处理。
- E 模块用于在训练模型时评估模型的效果，主要继承 Evaluation 类来进行开发，并通过继承 EngineParamsGenerator 类来定义评估算法时所需的多个参数。

5.3.3 机器学习模型引擎的部署

1. 创建应用（应用名以 SomeApp 为例）

执行命令：

```
pio app new SomeApp
```

可以得到 SomeApp 的 ID 和 AccessKey。

2. 编译

根据 DASE 框架写完 PIO 应用的代码后，需要将 engines.json 中的 ID 修改为创建应用时得到的 ID，并将 engineFactory 修改为对应的类名，再根据需要将算法模型所对应的参数写入 engines.json。之后执行命令 pio build，就可以构建应用程序了。

3. 部署

在 Spark 集群上训练 PIO 模型的命令为：

```
pio train -- --master yarn --num-executors 16 --executor-memory 2g
```

在 Spark 集群上部署 PIO 模型的命令为：

```
pio deploy --port 8081 -- --master yarn --num-executors 8
```

4. 停止服务

停止服务的命令为：

```
curl -d "" "localhost:8081/stop"
```

最后给出笔者在实际生产环境中使用的基于垃圾文本分类模型的 PIO 系统架构，如图 5-3 所示。

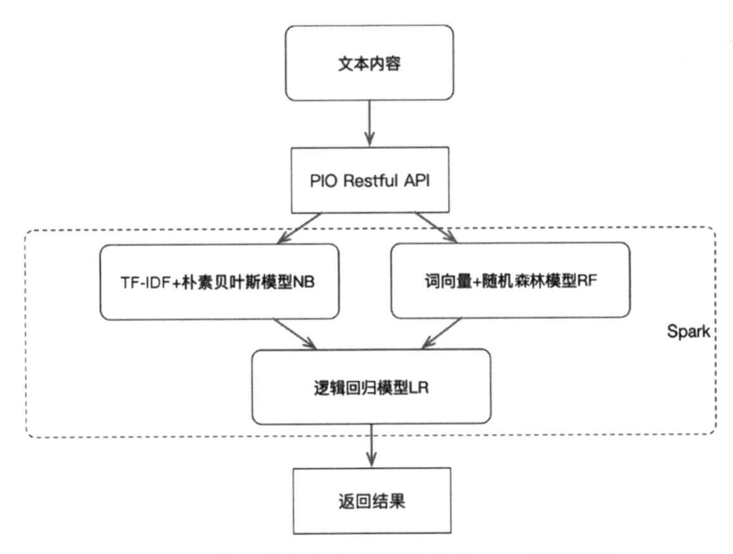

图 5-3　基于垃圾文本分类模型的 PIO 系统架构

5.3.4　PIO 系统的优化

PIO 系统的优化包括两部分内容：一是优化单 PIO 引擎性能；二是通过在 Hadoop 集群上部署多个 PIO 引擎做水平扩展，以提高 PIO 系统的吞吐量。

1．优化 PIO 引擎性能

PIO 引擎性能的优化需求来源于真实的业务场景。刚开始使用 PIO 系统提供机器学习模型服务的时候，我们采用 HBase 作为存储端来收集实体的行为。这样，在请求进入引擎时，引擎需要从 HBase 中获取事件数据来聚合特征，例如统计用户在一定时间内的浏览次数和方差等信息，这个时候会调用 HBase 的 SCAN 操作。而这个操作非常耗时，极端情况下系统的响应时间可能在 200 ms 以上，这在生产环境中是不能接受的（理想的系统调用耗时应该在 20 ms 以内），因为这会带来系统间调用的超时，影响程序性能和业务体验。

最后谈一下 PIO 系统的改进。PIO 自带的事件服务器（Event Server）采用的数据库性能存在瓶颈，在生产环境中为了减少响应时间，我们一般会将原始存储端由 HBase 或者 PostgreSQL 换成 K-V 内存数据库，例如 Redis，这样特征处理操作的耗时会大幅下降，也就缩短了系统的响应时间，保证了业务体验。

2. 水平扩展 PIO 应用

因为 PIO 应用是部署在 Spark 集群上来运行的，所以我们可以利用 Spark 集群的计算能力对 PIO 应用进行水平扩展。在 5.3.3 节，可以看到在执行 PIO deploy 命令时，我们在参数中加入了--master yarn --num-executors 16 --executor- memory 2g，即在由 Yarn 管理的集群上分配 16 个计算核心给该应用。另外，我们还可以在多个端口分别部署 PIO 应用，例如在 8001 和 8002 两个端口用上述参数分别启动 PIO 应用，再通过 Nginx 服务代理这两个端口，这样就有 32 个计算核心来提供服务了。在实际生产环境中使用这样的方法可以支撑万级别的 QPS（Queries Per Second，每秒查询数）。

5.4 Caffe

Caffe 是贾扬清（Yangqing Jia）开发的深度学习框架，可以说是最早的深度学习开源框架，其设计思想影响了后来很多框架工具的设计。贾扬清在加州伯克利大学读博士期间开发了 Caffe，目前该框架由 BVLC（Berkeley Vision and Learning Center，伯克利视觉和学习中心）维护。贾扬清后来在 Caffe 的基础上又开源了一个名为 Caffe2（github.com/caffe2/caffe2）的深度学习框架。与 Caffe 相比，该框架在性能和计算效率上有较大提升，训练出来的模型甚至可以在移动设备上运行。

首先介绍如何安装 Caffe。

1. 安装 gcc 和 g++

Caffe 主要是用 C/C++和 Python 编写的，所以要先安装 gcc 和 g++，通过 yum 安装就可以。

2. 安装 Cuda

如果你的机器上配置了 NVIDIA 系列 GPU，则需要安装 Cuda。推荐安装 7.0 版本，并且还要安装 cuDNN。Centos 系统下的安装与此类似。

3. 安装 protobuf

Caffe 的 layer 开发以 Google 的 protobuf 为格式，因此需要安装该依赖包。推荐安装 2.6.1 版本（对于 gcc，则推荐安装 4.4.7 版本），下载地址为：https://github.com/google/protobuf/releases/download/v2.6.1/protobuf-2.6.1.tar.gz，按照 README 文件里的步骤安装即可。

4．安装 Python

Caffe 提供了 Python 接口，可以用 Python 进行相关开发，还可以在 ipython-notebook 里画出网络结构，非常方便。为了能使用这些功能，推荐在目标机器上编译安装 Python 2.7.10，其源码下载地址见 Python 官网。考虑到线上环境一般是多用户的，为了不干扰他人的程序运行环境，强烈建议读者在个人环境下安装自己的 Python，可以在自己账户的 home 文件夹下建立 usr 文件夹，解压源码后添加如下配置命令：

```
./configure --enable-shared \
          --prefix=${HOME}/usr/local \
          LDFLAGS="-Wl,-rpath=${HOME}/usr/local/lib"
make && make install
```

即要求 Python 的 lib 文件可以被其他程序共享，rpath 后面就是你自己的路径。

安装 Python 后还需要配置目标用户的环境变量。在用户的$HOME 目录下的.bashrc 文件中加入如下语句：

```
PATH=${HOME}/usr/local/bin:$PATH
```

然后执行 source bashrc 命令，再执行 python 命令。如果进入 Python 命令行界面以后，显示的版本号和你所安装的 Python 版本一致，则安装成功，否则需要检查 configure 参数并重新编译安装。

5．安装 pip 及 Python 所需的模块

安装好 Python 后需要安装 pip，在官网上下载 get-pip.py，执行即可。然后安装相应版本的 protobuf，并按照 Caffe 的官方说明安装其他依赖，命令为：

```
for req in $(cat requirements.txt); do pip install $req; done
```

6．安装 OpenBLAS

从 OpenBLAS 官网下载安装包，按照 README 文件的说明安装即可。执行

make&&make install 命令完成编译和安装，非 root 用户可能需要 sudo 权限。

7. 安装 yum 依赖

首先需要安装和系统相应的最新的 repository 文件，即执行命令：

```
sudo yum install epel-release
```

更新 yum 的软件源，以便安装最新的依赖。可以参考官方文档：http://caffe.berkeleyvision.org/install_yum.html。注意，需要安装该文档中提及的所有依赖，包括 protobuf-devel、leveldb-devel、snappy-devel、opencv-devel、boost-devel、hdf5-devel、gflags-devel、glog-devel 和 lmdb-devel。

8. 安装 OpenCV

安装 OpenCV 之前需要安装较新版本的 cmake，去官网下载安装即可。

OpenCV 的安装有如下两种方式。

（1）下载源码包来进行安装，请参考官方文档：https://docs.opencv.org/trunk/d7/d9f/tutorial_linux_install.html。

（2）利用自动脚本安装。脚本的 GitHub 地址为：https://github.com/jayrambhia/Install-OpenCV。

到此，我们终于可以进入正题来安装 Caffe 了。如果上述安装过程顺利的话，Caffe 的安装也不会有太大问题。关键在于正确配置 Makefile.config 文件，需要到相应的路径下修改如下配置（请参照配置文件的注释操作，有疑问的地方可通过 Google 查询）：

```
CUDA_DIR=
BLAS := open，BLAS_INCLUDE :=，BLAS_LIB :
PYTHON_INCLUDE :=
PYTHON_LIB :=
WITH_PYTHON_LAYER := 1
```

注意，此处需要将 Python 的 hdf5 相应路径添加到 INCLUDE_DIRS 和 LIBRARY_DIRS 中，即：

```
INCLUDE_DIRS := $(PYTHON_INCLUDE)和LIBRARY_DIRS := $(PYTHON_LIB)
```

修改上述配置文件后，回到 Caffe 的根目录，执行如下三行命令来编译 Caffe（注意，此处进程数量不要过多，否则会出现诡异的错误）：

```
make all -j4
make test -j4
make runtest -j4
```

至此，Caffe 主程序编译完毕。下面编译 pycaffe，执行命令：

```
make pycaffe
make distribute
```

执行完以后修改 bashrc 文件，添加如下语句，使得 Python 能够找到 Caffe 的依赖：

```
PYTHONPATH=${HOME}/caffe/distribute/python:$PYTHONPATH
LD_LIBRARY_PATH=${HOME}/caffe/build/lib:$LD_LIBRARY_PATH
```

进入 Python，执行命令 import caffe，如果成功则说明一切正常，否则就要检查路径，从头再来，甚至需要重新编译 Python。

下面介绍 Caffe 的应用示例。我们用官方的例子来展示如何使用 Caffe 构建卷积神经网络 Lenet5[12]。网络结构的定义文件为 lenet.prototxt，其中 layer 标识符定义了每一层的结构，而每一层中需要定义 name、type、top 或者 bottom，以及 param 等字段的内容。确定网络结构的定义文件之后，就可以使用 Caffe 来训练预设的深度神经网络模型了。

在如下的 Lenet5 模型定义文件中，我们可以看到输入层的名称是 data，然后分别是卷积层 conv1、池化层 pool1、卷积层 conv2、池化层 pool2、使用 ReLU 激活函数的全连接层和使用 Softmax 归一化的输出层。

```
#!Protocol Buffer
name: "LeNet"
layer {
 name: "data"
 type: "Input"
 top: "data"
 input_param { shape: { dim: 64 dim: 1 dim: 28 dim: 28 } }
}
layer {
 name: "conv1"
 type: "Convolution"
```

```
  bottom: "data"
  top: "conv1"
  param {
    lr_mult: 1
  }
  param {
    lr_mult: 2
  }
  convolution_param {
    num_output: 20
    kernel_size: 5
    stride: 1
    weight_filler {
      type: "xavier"
    }
    bias_filler {
      type: "constant"
    }
  }
}
layer {
  name: "pool1"
  type: "Pooling"
  bottom: "conv1"
  top: "pool1"
  pooling_param {
    pool: MAX
    kernel_size: 2
    stride: 2
  }
}
layer {
  name: "conv2"
  type: "Convolution"
  bottom: "pool1"
  top: "conv2"
  param {
    lr_mult: 1
  }
  param {
    lr_mult: 2
  }
```

```
  convolution_param {
    num_output: 50
    kernel_size: 5
    stride: 1
    weight_filler {
      type: "xavier"
    }
    bias_filler {
      type: "constant"
    }
  }
}
layer {
  name: "pool2"
  type: "Pooling"
  bottom: "conv2"
  top: "pool2"
  pooling_param {
    pool: MAX
    kernel_size: 2
    stride: 2
  }
}
layer {
  name: "ip1"
  type: "InnerProduct"
  bottom: "pool2"
  top: "ip1"
  param {
    lr_mult: 1
  }
  param {
    lr_mult: 2
  }
  inner_product_param {
    num_output: 500
    weight_filler {
      type: "xavier"
    }
    bias_filler {
      type: "constant"
    }
```

```
    }
  }
  layer {
    name: "relu1"
    type: "ReLU"
    bottom: "ip1"
    top: "ip1"
  }
  layer {
    name: "ip2"
    type: "InnerProduct"
    bottom: "ip1"
    top: "ip2"
    param {
      lr_mult: 1
    }
    param {
      lr_mult: 2
    }
    inner_product_param {
      num_output: 10
      weight_filler {
        type: "xavier"
      }
      bias_filler {
        type: "constant"
      }
    }
  }
  layer {
    name: "prob"
    type: "Softmax"
    bottom: "ip2"
    top: "prob"
  }
```

5.5 TensorFlow

第4章简单介绍了TensorFlow的一些基本使用方法，本节将介绍更多TensorFlow的核心概念。TensorFlow是一个分布式高性能计算框架，其底层用C++实现，上层

API 支持 Python、Java、Go 等语言。TensorFlow 本身对深度学习计算过程做了大量的抽象，例如 Tensor、DAG、Operator、Variable、Device、Optimizer 等。通过这些高阶的抽象，TensorFlow 设计了一套统一的框架和结构，也为 TensorFlow 成为强大的深度学习工具奠定了基础。

目前，TensorFlow 不仅在 Google 内部被广泛使用，其开源后也被大量的公司、学校和研究机构所使用，例如 Airbnb、Uber、Nvidia 和京东等国内外互联网公司。利用 TensorFlow，开发者可以快速构建深度学习的模型和应用，而且利用其分布式扩展和并行能力，还可以构建使用 GPU 集群资源的大规模深度学习应用。

学习 TensorFlow 需要理解如下核心概念。

- Tensor：也叫张量，是一种特定的多维数组。例如，一个浮点型的 4 维数组表示一小批由[batch, height, width, channel]组成的图片。
- DAG：Directed Acyclic Graph，即有向无环图。Graph（图）就是节点与边的集合。Computational Graph（计算图）是一个 DAG，计算图所定义的执行过程将按照 DAG 中的拓扑排序，依次启动 Operator（OP）所定义的运算。
- Session：会话。启动计算图的第一步就是创建一个 Session 对象。Session 提供了在图中执行操作的一些方法。
- Operator：运算符，定义了张量之间如何进行计算。
- Variable：变量。按照官方的说明，我们可以通过变量来维护图执行过程中的状态信息，可以通过 tf.Variable 这个类来操作变量。
- Optimizer：优化器，定义了梯度下降时如何最优地更新参数。

TensorFlow 的安装过程如下。

（1）安装 Python。推荐使用 Python 源码编译进行安装。注意，在配置的时候需要加入参数--enable-unicode=ucs4。

（2）安装依赖。安装 Numpy、Scipy 等基础第三方库。

（3）安装 TensorFlow。根据机器的类型，执行命令 pip install tensorflow 或者 pip install tensorflow-gpu。

TensorFlow 的使用示例请参见第 8 章。

5.6 BigDL

BigDL（基于 Apache Spark 的分布式深度学习框架）是 Intel 公司开源的深度学习框架，截至本章写作时，该项目在 GitHub 上的星标数量已经超过 2000。各大公司的深度学习框架遍地开花，此时 BigDL 作为主要基于 Spark 生态和利用 CPU 计算能力的深度学习框架获得这样的成绩，实属不易。从另一个角度看，这也是 Intel 为了对抗 NVIDIA 在深度学习计算领域优势而做的布局。根据 BigDL 官方文档，它有三个特点：支持丰富的深度学习框架（支持 Caffe 和 Torch 的预训练模型）、高性能计算能力（基于 Intel MTK 库和多线程处理），以及高效的水平扩展能力。BigDL 完全是基于 Spark 开发的，所以其 API 主要支持 Scala 和 Python 也就不足为奇了。更多有关的信息，可以参考 BigDL 的官方文档：https://bigdl-project.github.io/master/#。

在 Scala 项目中，可以通过 build.sbt 引用"com.intel.analytics.bigdl"%"bigdl-SPARK_2.2"%"0.4.0"来包含 BigDL。下面给出一个在 PIO 中使用 BigDL 来实现深度学习算法的示例，该代码实现了一个简单的深度神经网络。

```
#!Scala
class DnnAlgorithm(val param: TrainParams)
  extends P2LAlgorithm[PreparedData, CnnModel, Query, PredictedResult] {
  override def predict(model: CnnModel, query: Query): PredictedResult = {
    null
  }
  override def train(sc: SparkContext, pd: PreparedData): CnnModel = {
    Engine.init
    val trainData = param.folder + "/train-images-idx3-ubyte"
    val trainLabel = param.folder + "/train-labels-idx1-ubyte"
    val validationData = param.folder + "/t10k-images-idx3-ubyte"
    val validationLabel = param.folder + "/t10k-labels-idx1-ubyte"
    val model = Sequential()
    model.add(Reshape(Array(1, 28, 28)))
      .add(SpatialConvolution(1, 6, 5, 5))
      .add(Tanh())
      .add(SpatialMaxPooling(2, 2, 2, 2))
      .add(Tanh())
```

```
        .add(SpatialConvolution(6, 12, 5, 5))
        .add(SpatialMaxPooling(2, 2, 2, 2))
        .add(Reshape(Array(12 * 4 * 4)))
        .add(Linear(12 * 4 * 4, 100))
        .add(Tanh())
        .add(Linear(100, 10))
        .add(LogSoftMax())
      val trainSet = DataSet.array(DnnAlgorithm.load(trainData , trainLabel)) ->
         BytesToGreyImg(28, 28) ->
         GreyImgNormalizer(DnnAlgorithm.trainMean, DnnAlgorithm.trainStd) ->
         GreyImgToBatch(param.batchSize)
      val optimizer = Optimizer(
        model = model,
        dataset = trainSet,
        criterion = ClassNLLCriterion\[Float]())
      if (param.checkpoint.isDefined) {
        optimizer.setCheckpoint(param.checkpoint.get, Trigger.everyEpoch)
      }
      if(param.overWriteCheckpoint) {
        optimizer.overWriteCheckpoint()
      }
      val validationSet = DataSet.array(DnnAlgorithm.load(validationData,
validationLabel), sc)
        -> BytesToGreyImg(28, 28) ->
        GreyImgNormalizer(DnnAlgorithm.testMeanle, DnnAlgorithm.testStdle) ->
        GreyImgToBatch(param.batchSize)
      val optimMethod = if (param.stateSnapshot.isDefined) {
        OptimMethod.load\[Float](param.stateSnapshot.get)
      } else {
        new SGD\[Float](learningRate = param.learningRate,
          learningRateDecay = param.learningRateDecay)
      }
      optimizer
        .setValidation(
          trigger = Trigger.everyEpoch,
          dataset = validationSet,
          vMethods = Array(new Top1Accuracy, new Top5Accuracy[Float], new
Loss[Float]))
        .setOptimMethod(optimMethod)
        .setEndWhen(Trigger.maxEpoch(param.maxEpoch))
        .optimize()
      new CnnModel(model)
```

```
    }
}
```

5.3 节介绍了如何利用 PIO 来部署机器学习引擎并提供 Restful API 服务。利用 PIO 框架的功能和 BigDL 的深度计算能力，以及 Hadoop 集群的可扩展资源，我们还可以提供分布式深度学习计算服务。

5.7 本章小结

本章介绍了在机器学习实践中常用的软件框架，包括 XGBoost、Prediction IO、Caffe、TensorFlow 和 BigDL，介绍了如何安装和使用这些开源工具，以及在生产环境中部署时它们需要注意的一些典型问题。其中重点介绍了 Prediction IO 在生产环境中的部署、配置、使用和优化方式，为后续部署机器学习模型引擎打下坚实基础。

参考资料

[1] CHEN Tianqi, GUESTRIN C. XGBoost: A Scalable Tree Boosting Systerm[C]// ACM, 2016.

[2] ZHANG T, JOHNSON R. Learning nonlinear functions using regularized greedy forest[R]. IEEE Transactions on Pattern Analysis and Machine Intelligence, 2014, 36(5), pp. 942-954 .

[3] BEKKERMAN R, BILENKO M, LANGFORD J. Scaling up machine learning: parallel and distributed approaches[M]. England: Cambridge University Press, 2011.

[4] LI P, WU Q, BURGES C J, WU Q. Mcrank: Learning to rank using multiple classification and gradient boosting[C]// In Advances in Neural Information Processing Systems 20, 2008, pp. 897-904. .

[5] TYREE S, WEINBERGER K, AGRAWAL K, et al. Parallel boosted regression trees for web search ranking[C]// In Proceedings of the 20th international conference on World Wide Web, 2011, pp. 387-396. ACM.

[6] "Why Should I Trust You?": Explaining the Predictions of Any Classifier.[C]// Marco Tulio Ribeiro, Sameer Singh, Carlos Guestrin. KDD '16 Proceedings of the 22nd ACM SIGKDD International Conference on Knowledge Discovery and Data Mining. 2016, pp. 1135-1144.

[7] https://www.kdnuggets.com/2015/12/top-10-machine-learning-github.html

[8] http://predictionio.incubator.apache.org/install/install-sourcecode/

[9] http://predictionio.incubator.apache.org/datacollection/

[10] http://predictionio.incubator.apache.org/customize/

[11] https://docs.prediction.io/templates/classification/dase/

[12] https://github.com/BVLC/caffe/blob/master/examples/mnist/lenet.prototxt

第6章

账户业务安全

6.1 背景介绍

账户业务安全（以下简称“账户安全”）是每个互联网公司都绕不开的话题。账户安全为什么如此重要？没做好账户安全会带来什么后果？为了回答上述问题，我们先来看一则故事。

故事：附近的“美女”

微信目前已经成为一种“国民生活方式”。而随着微信的用户群日益壮大，有一个现象悄然出现——你的手机中微信“附近的人”里“美女”多了起来。

不信？只要你打开微信，进去看一看“附近的人”，就会发现里面有各种各样的人：除了最广为人知的卖面膜的微商，还有提供股票预测、旅游推广、美容、减肥、塑身等服务的人。这些陌生人都有一个共同的特征，即头像都是令人浮想联翩的“美女”。真的都是美女吗？

“在互联网上，没人知道你是一条狗（On the Internet, nobody knows you're a dog）”，这句互联网发展早期的名言，时至今日仍然适用。其实，微信里“附近的人”中这些花花绿绿的“美女”头像的微信号主人大多是一群“抠脚大汉”，更确切地说是一群“抠脚大汉”操纵的大量模拟器。这些模拟器控制的不仅有“美女”头像的微信号，还有各式微信公众号。而这些套路也不是秘密，从以下来自互联网的公开和半公开的言论资料就可窥一斑：

“只要你摇一摇，摇到的‘美女’头像中有80%都是由我操控的。”

“直接注册成千上万的公众号，都是一些包括‘美女’、‘丝袜’、明星名字等之类的关键词，很快就能获取大量的流量。”

“咱们做女性朋友圈，发 40 条状态就够了。第一条一定要写：‘不要再加之前的号了，之前的号加满了。’第 2 条到第 40 条还是正常的朋友圈内容，发一发日常照片即可。”

“通过有传播力的公众号互推，同时利用粉丝多的号做推荐或者直接投放微信广点通的公众号广告，快速让 10 个或者更多的一组公众号达到总粉丝数 100 万的级别，然后在黑市上出售。”

历史总是惊人的相似，从草根站长时代多如牛毛的个人站，到 BBS 社区论坛的版主、QQ 空间达人、微博大 V，再到各式网红，其背后的本质无外乎流量收割和流量变现。而中国拥有这么大的互联网人口红利，只要有人觉察到机会，就会利用人性的弱点牟利，类似的引流手段就会披着各种外衣卷土重来。而上述这些招数只不过拉开了舞台的大幕，后面还有更多手段通过“美女”头像的微信号和公众号做更多生意，例如抽奖、打赏、一分钱购物，等等。

那么，如何管理这些“美女”微信号和公众号呢？基本的方法就是群控软件及设备，所以我们就不难想象互联网上回收的各种二手智能设备的销路到底在哪里了。业内群控系统的使用者声称：“现在我们用的都是真实的机器。每天有 10,000 台机器同时运行，每台机组上有 10 个微信号在运行。每日流量为 10,000,000 字节，其中有 5%的流量成功转化为添加个人微信号的行为。”在这样庞大的流量及高转化率之下，其收益可想而知。而与之配套的还有养卡平台、养号平台、打码平台，等等。这是一条完整的灰色产业链，各个环节有机配合，各司其职，利益分成。

群控系统相当于流量入口的软硬件基础，再配合各种养号方法，就完成了原始账户的积累。这些隐形的账号就是各式灰黑产、“羊毛党”向互联网公司进攻的弹药，它们既是个人用户的噩梦，也足以威胁互联网业务安全。

账户是互联网公司业务的入口，只有牢牢守住这个业务安全的第一道关口，才能保证用户有好的体验，保证公司的各项业务安全运行。所以，保障互联网业务安全需要从账户安全开始。

6.2 账户安全保障

账户是互联网生态中的基本主体单元，是每个互联网产品的基础配置。一般情况下，用户只有注册账户才能使用或体验互联网平台提供的各项产品与服务。对于用户来说，账户安全涉及用户个人隐私信息的安全、用户体验以及资金安全等方面；而对于互联网平台来说，账户安全则涉及广告投放、流量购买、营销活动以及战略决策等方面。账户是互联网平台的重要入口，保障账户安全是维护互联网业务安全的首要环节，也是互联网平台必须直面的问题。

保障用户的账户安全既是互联网平台的义务也是其责任。从横向来看，账户安全主要从两个环节来保障，分别是账户注册环节和账户登录环节。从纵向来看，维护账户安全的手段主要有网络层防护、数据层防护以及业务层防护，相应的手段包括但不局限于 WAF（Web 应用防火墙）、设备指纹、验证码、生物探针、数字证书、安全 SDK 等。这些防护手段从技术原理上可以总结为两大类：第一类是加密/解密，即判断账户的请求是否被篡改；第二类是人机识别，即甄别账户的请求是来自人还是来自机器的操作。

总的来说，账户安全是业务安全的第一道防线，需要在注册环节和登录环节通过多种技术手段来保证用户账户的安全。

6.2.1 注册环节

一般而言，注册环节是账户安全的第一入口（不需要登录的情况除外，在这种情况下互联网产品一般通过唯一设备标识或 Cookie 来追踪设备或用户）。因为大多数互联网公司需要保证 UV（Unique Visitor，独立访客量）的增长，所以会通过各种运营活动来吸引新用户（俗称“拉新”）。这些运营活动往往会给新用户返利，例如优惠券、现金红包等，如果放任黑灰产注册虚假账户，这些返利中的大部分就会被虚假账户掳走，而不是触达正常的用户，违背了拉新的初衷。

各互联网平台所开展的大部分业务都要求用户注册后才能使用，而在这些业务中也隐藏着各种获利的“机会”，例如在社交平台上可以通过发文来引流，在电商平台上可以通过虚假交易来提高商品排名，等等。正是由于这些利益的存在，黑灰产会在注册环节通过各种手段来注册和囤积账号。图 6-1 所示的是在某平台上对京东、蘑菇街、唯品会等互联网平台账号的报价。这种公开售卖平台账号的现象从侧面说明了互联网平台上存在大量注册垃圾账号的行为。

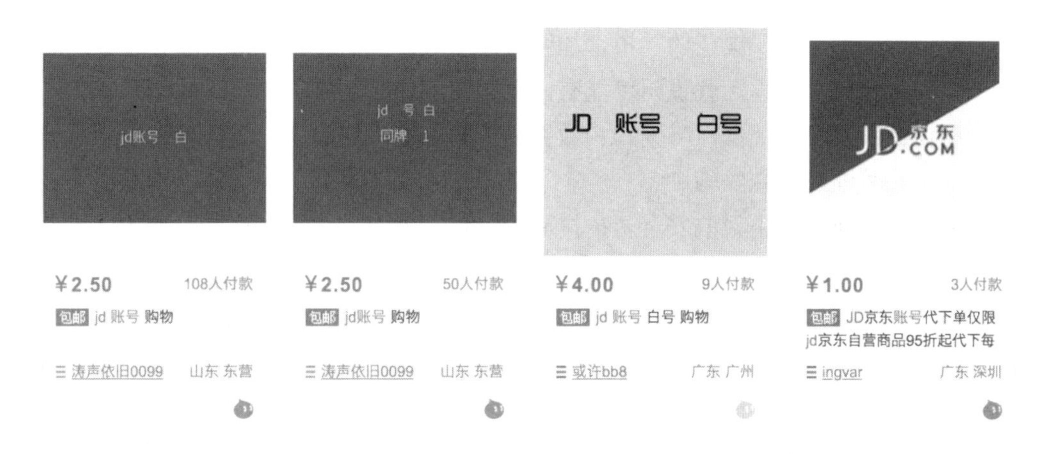

图 6-1　某平台售卖账号的截图

那么，黑灰产是如何通过技术或者非技术手段来注册和囤积账号的呢？据笔者目前所掌握的不完全情况，大体可以分为以下三种方式。

- 机器注册，即通过软件自动大批量注册，这也是对账户安全危害最大的注册手段。这种手段主要涉及三个方面：账号注册软件、打码和解码平台以及 IP 地址切换器。
- 半人工注册，即通过软件加人工手动操作的方式，来提升人工注册的效率，相当于使用软件来辅助人工注册。市面上能够搜索到的注册机（多数情况下并不好用）大多数是用于此类用途的。
- 人工注册，即通过大量兼职人员手动注册账号，这种注册方式效率最低，不过最安全。

三种账户注册方式的效率对比如表 6-1 所示。

表 6-1 三种账户注册方式的效率对比

注册方式	效 率	安全性
机器注册	高	低
半人工注册	中	中
人工注册	低	高

如何应对黑灰产的这些伎俩呢？我们可以从以下几个方面入手。

- 梳理各个注册渠道的入口，加强对注册数据的监控。如果某个注册渠道的数据波动较大，就说明可能有问题。
- 留存好日志数据，将其作为数据分析的依据，依靠大数据技术来识别垃圾账号注册的蛛丝马迹。
- 在注册过程中采取安全防护措施，如验证码、语音验证、短信上行验证等。
- 监控外部黑灰产的数据，即某宝、赚客吧、各种 QQ 群等的消息，做到知己知彼，百战不殆。

6.2.2 登录环节

从技术的角度来看，登录环节可以部署的技术手段更多，这是因为在用户完成登录操作的过程中，我们可以收集多维度的数据来分析本次登录是否存在异常行为。在登录环节进行业务安全防控的方法大体可分为以下三类。

- 基础安全技术：常见的基础安全技术手段有数字证书、安全控件、虚拟机和模拟器检测、数据加密/解密等。
- 人机识别技术：主要依托于生物探针技术来实现，即通过登录环节收集到的数据（包括但不限于基础网络数据、用户操作数据等）来分析当前行为是否是机器的行为。人机识别的完整技术栈如图 6-2 所示。
- 安全验证技术：常见的手段主要有验证码（数字、图形、计算题等各种形式）、滑块、短信上行/下行验证等。

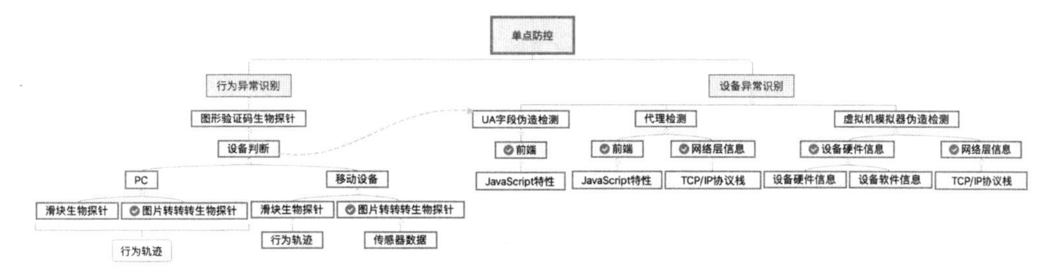

图 6-2　人机识别技术栈

6.3　聚类算法在账户安全中的应用

特征主体的聚集性是业务安全中最常利用的特性之一。例如，同一个 IP 地址注册大量账号，或同一台设备注册大量账号，这两种行为都可以归结为在单一维度下存在高度聚集性，从业务安全的角度可以认为该聚集性是有问题的。而有一定经验的黑灰产则能够通过部分技术手段来规避单一维度聚集性。进一步说，当待处理数据的维度超过三个时，是很难通过设定规则来识别异常行为的。在这种情况下，就需要利用机器学习算法从数据中提取策略。那么，如何使用机器学习算法来甄别海量注册账户中的垃圾账户呢？数据会说话，只要有蛛丝马迹就可以发现异常。

6.3.1　K-Means 算法

K-Means 算法是非常基础的聚类算法，其时间复杂度与数据规模线性相关，计算量小，适用于大规模的数据。

直观地讲，我们在观察平面上的点时，会觉得（欧氏）距离相近的点应该属于同一个类别。如何让这些点自主归类呢？假设现在有 K 个类别，将每个点与这些类别的代表（比如中心点）做相似度判断，比如在自然语言处理中使用 TF-IDF（Term Frequency–Inverse Document Frequency）作为点的表示，使用余弦值作为衡量相似度的指标，或者直接使用欧氏距离作为衡量相似度的指标。对于不同的数据假设空间和维度可能需要选择不同的衡量指标，甚至可以使用信息论中的互信息（Mutual Information，MI）、信息距离变换（Variation of Information Distance）、KL 散度（Kullback-Leibler divergence）等作为相似度的衡量指标。对相似度进行衡量之后，相似度较高的点被归为一类。

那么，如何选择同一个类别的代表方式呢？通常，这些点的中心点也就是聚类中心。选择中心点的方式也有多种，最基本的方式是使用点集向量的均值作为中心点，这种中心点也就是聚类中心。值得注意的是，这样的聚类中心并不一定是存在的数据或者有意义的数据。除了使用点集向量的均值，还可以使用几何中心（如果有凸包快速计算几何中心的方法的话），或使用最靠近聚类中心的有意义的点（这样做是为了让中心点不再是凭空产生的多余数据），这种聚类中心就是真实存在的。聚类的目标是使聚类本身尽可能紧凑，而不同类之间的距离尽可能被拉开。值得一提的是，类别的均衡度不应该是聚类算法要考虑的问题，因为现实中类别本身可能就不够均衡，收敛的评价指标是由标准测度函数决定的。K-Means 的测度函数或机器学习中的损失函数一般采用均方差来表示。

K-Means 算法

基本步骤如下：

（1）在原始数据中初始化 K 个聚类中心。

（2）分别计算每个对象与这 K 个聚类中心的距离，并根据每个对象与聚类中心的最短距离为相应对象重新划分类别。

（3）重新计算每个聚类的中心。

（4）计算标准测度函数。当满足一定条件，如函数收敛时，算法终止；如果不满足条件则返回步骤（3）。

K-Means 算法的时间复杂度为 $O(n{\cdot}k{\cdot}t)$，其中 n 为数据量，k 为选取的聚类中心的个数，t 是迭代的次数。关于如何选择 k 值的问题，目前也有人在做相关研究，甚至有一些自主学习中心点的方法。在大多数公司中，通常依靠经验和尝试来确定 k 值。

K-Means 是一种无监督学习方法，以 k 为参数，把 n 个对象分为 k 簇，使得簇内具有较高相似度，而簇间的相似度则较低。一般以簇的重心为聚类中心，也叫质心。K-Means 是一种典型的逐点迭代动态聚类的算法（ANN 也是一种逐点迭代方法。当然，梯度下降的算法很多都是这样的），所有对象元素按照某一规则聚到某一类后，最终会重新计算类的中心。真实情况是，这种重新找到中心的计算会在一次迭代之后进行，我们也可以将这种计算提前以更快地收敛，使聚类的效果更加明显。虽然笔者并没有见到相关的做法，但是其对于计算效率的提升是可以在理论上证明的。

K-Means 另一个主要的问题是聚类的稳固性，之所以说“稳固性”而不是“稳定性”，是因为稳定性指的是算法计算的准确性，而稳固性更加侧重于 K-Means 算法得到聚类结果的统一性。由于迭代次序、中心点、距离函数等都有多种不同的选择，所以各次迭代产生的聚类中心往往会有偏差。为了增加 K-Means 的稳固性，前人也做了很多尝试，比如将各聚类中心之间的距离最大化，采用更能反映模型假设空间中距离意义的测度函数，比如兰德系数（Rand index）、杰卡德相似系数（Jaccard index）、海明距离（Hamming distance）、最小匹配距离（minimal matching distance）和互信息。针对不同的数据，我们在代码实现中采用不同的测度函数，但并不对聚类结果的稳固性做硬性要求。

6.3.2 高斯混合模型（GMM）

高斯混合模型（Gaussian Mixture Model，GMM）是一种应用很广泛的算法。高斯混合模型不仅能在给定聚类数时计算出样本点的类别，而且能计算出每个类别下的样本分布。高斯混合模型作为期望最大化（Expectation-Maximum，简称 EM）算法的一种特例，也非常有助于我们理解 EM 算法。

接下来，我们介绍高斯混合模型，并采用 EM 的思想来求解。D维高斯分布可以表示为：

$$N(\boldsymbol{x} \mid \boldsymbol{\mu}, \boldsymbol{\Sigma}) = \frac{1}{(2\pi)^{D/2}} \frac{1}{|\boldsymbol{\Sigma}|^{1/2}} \exp\left\{-\frac{1}{2}(\boldsymbol{x}-\boldsymbol{\mu})^{\mathrm{T}} \boldsymbol{\Sigma}^{-1}(\boldsymbol{x}-\boldsymbol{\mu})\right\}$$

其中，$\boldsymbol{\mu}$是D维的均值向量，$\boldsymbol{\Sigma}$是$D \times D$的协方差矩阵，$|\boldsymbol{\Sigma}|$则表示$\boldsymbol{\Sigma}$的行列式。那么，高斯混合模型可以表示为：

$$p(\boldsymbol{x}) = \sum_{k=1}^{K} \pi_k N(\boldsymbol{x}|\boldsymbol{\mu}_k, \boldsymbol{\Sigma}_k)$$

高斯混合模型的物理意义在于，空间中的样本点（向量）以不同的概率隶属于多个高斯分布。假设$\boldsymbol{z}$是K维向量，且$\boldsymbol{z}$中的元素只有1个为1，其他的皆为0，这样$\boldsymbol{z}$就有K个状态，而且$\boldsymbol{z}$中的元素满足$\sum_k z_k = 1$，那么z_k表示任意样本点属于第k个高斯分布的概率，$\boldsymbol{z}$也可以看作是高斯混合模型中的隐变量。在计算样本点的后验概率时，需要先确定$\boldsymbol{z}$，再确定样本点在该高斯模型中的概率，即$p(\boldsymbol{x},\boldsymbol{z})$由边缘分布$p(\boldsymbol{z})$和条件分布$p(\boldsymbol{x}|\boldsymbol{z})$相乘而得。$p(\boldsymbol{z})$的边缘概率为高斯模型中的混合系数$\pi_k$，即$p(z_k = 1) = \pi_k$，易知$0 \leqslant \pi_k \leqslant 1$，$\sum_{k=1}^{K} \pi_k = 1$，所以也可以写成$p(\boldsymbol{z}) = \prod_{k=1}^{K} \pi_k^{z_k}$。

类似地，$p(\boldsymbol{x}|z_k = 1) = N(\boldsymbol{x}|\boldsymbol{\mu}_k, \boldsymbol{\Sigma}_k)$也可以写成：

$$p(\boldsymbol{x}|\boldsymbol{z}) = \prod_{k=1}^{K} N\,(\boldsymbol{x}|\boldsymbol{\mu}_k, \boldsymbol{\Sigma}_k)^{z_k}$$

所以，高斯混合模型的分布可以写成：

$$p(\boldsymbol{x}) = \sum_{z} p\,(\boldsymbol{z}) p(\boldsymbol{x}|\boldsymbol{z}) = \prod_{k=1}^{K} \pi_k\, N(\boldsymbol{x}|\boldsymbol{\mu}_k, \boldsymbol{\Sigma}_k)$$

根据上式，每一个$\boldsymbol{x}_n$的观测值都有一个对应的隐变量z_n。

下面我们介绍如何基于 EM 算法求解高斯混合模型中的参数。

在 EM 算法中，z_k关于$\boldsymbol{x}_n$的条件概率是一个很重要的变量，我们用$r(z_k)$表示，则$r(z_k) = p(z_k = 1|\boldsymbol{x})$。根据贝叶斯定理，$p(z_k = 1|\boldsymbol{x})p(\boldsymbol{x}) = p(\boldsymbol{x}|z_k = 1)p(z_k = 1)$，而$p(\boldsymbol{x})$已由前面公式求得，所以：

$$r(z_k) = p(z_k = 1|\boldsymbol{x}) = \frac{p(\boldsymbol{x}|z_k = 1)p(z_k = 1)}{p(\boldsymbol{x})} = \frac{\pi_k N(\boldsymbol{x}|\boldsymbol{\mu}_k, \boldsymbol{\Sigma}_k)}{\sum_{k=1}^{K} \pi_k\, N(\boldsymbol{x}|\boldsymbol{\mu}_k, \boldsymbol{\Sigma}_k)}$$

对于整个数据集$\boldsymbol{X}$，每一行表示一个D维数据，则$\boldsymbol{X}$的维数为$N \times D$，与其对应的隐变量$\boldsymbol{Z}$的维数为$N \times K$，即每行对应$\boldsymbol{X}$中的一个数据，而K表示高斯分布中高斯函数的个数。那么该分布的最大似然函数为：

$$p(\boldsymbol{X}|\boldsymbol{\pi}, \boldsymbol{\mu}, \boldsymbol{\Sigma}) = \prod_{n=1}^{N} p\,(\boldsymbol{x}) = \prod_{n=1}^{N} \{\sum_{k=1}^{K} \pi_k\, N(\boldsymbol{x}|\boldsymbol{\mu}_k, \boldsymbol{\Sigma}_k)\} \tag{6-1}$$

为了方便计算，对（6-1）式两边求对数，则有：

$$\ln p(\boldsymbol{X}|\boldsymbol{\pi},\boldsymbol{\mu},\boldsymbol{\Sigma}) = \ln\prod_{n=1}^{N}\left\{\sum_{k=1}^{K}\pi_k N(\boldsymbol{x}|\boldsymbol{\mu}_k,\boldsymbol{\Sigma}_k)\right\}$$

$$= \textstyle\sum_{n=1}^{N}\ln\{\sum_{k=1}^{K}\pi_k N(\boldsymbol{x}|\boldsymbol{\mu}_k,\boldsymbol{\Sigma}_k)\} \qquad (6\text{-}2)$$

为了求解（6-2）式的最大值（变量是$\boldsymbol{\mu}_k$和$\boldsymbol{\Sigma}_k$），首先对$\boldsymbol{\mu}_k$求导，则有：

$$\partial\ln p(\boldsymbol{X}|\boldsymbol{\pi},\boldsymbol{\mu},\boldsymbol{\Sigma})/\partial\boldsymbol{\mu}_k = \partial\sum_{n=1}^{N}\ln\left\{\sum_{k=1}^{K}\pi_k N(\boldsymbol{x}|\boldsymbol{\mu}_k,\boldsymbol{\Sigma}_k)\right\}/\partial\boldsymbol{\mu}_k$$

其中

$$N(\boldsymbol{x}|\boldsymbol{\mu},\boldsymbol{\Sigma}) = \frac{1}{(2\pi)^{\frac{D}{2}}}\cdot\frac{1}{|\boldsymbol{\Sigma}|^{1/2}}\exp\left\{-\frac{1}{2}(\boldsymbol{x}-\boldsymbol{\mu})^{\mathrm{T}}\boldsymbol{\Sigma}^{-1}(\boldsymbol{x}-\boldsymbol{\mu})\right\}$$

而

$$\partial\ln p(\boldsymbol{X}|\boldsymbol{\pi},\boldsymbol{\mu},\boldsymbol{\Sigma})/\partial\boldsymbol{\mu}_k = \sum_{n=1}^{N}\frac{\partial\sum_{k=1}^{K}\pi_k N(\boldsymbol{x}|\boldsymbol{\mu}_k,\boldsymbol{\Sigma}_k)/\partial\boldsymbol{\mu}_k}{\sum_{j=1}^{K}\pi_j N(\boldsymbol{x}|\boldsymbol{\mu}_j,\boldsymbol{\Sigma}_j)}$$

$\sum_{k=1}^{K}\pi_k N(\boldsymbol{x}|\boldsymbol{\mu}_k,\boldsymbol{\Sigma}_k)$中与$\boldsymbol{\mu}_k$不相关的项对$\boldsymbol{\mu}_k$求导为 0，则：

$$\partial\ln p(\boldsymbol{X}|\boldsymbol{\pi},\boldsymbol{\mu},\boldsymbol{\Sigma})/\partial\boldsymbol{\mu}_k = \sum_{n=1}^{N}\frac{\partial\pi_k N(\boldsymbol{x}|\boldsymbol{\mu}_k,\boldsymbol{\Sigma}_k)/\partial\boldsymbol{\mu}_k}{\sum_{j=1}^{K}\pi_j N(\boldsymbol{x}|\boldsymbol{\mu}_j,\boldsymbol{\Sigma}_j)}$$

$$= \sum_{n=1}^{N}\frac{\pi_k N(\boldsymbol{x}|\boldsymbol{\mu}_k,\boldsymbol{\Sigma}_k)/\boldsymbol{\mu}_k}{\sum_{j=1}^{K}\pi_j N(\boldsymbol{x}|\boldsymbol{\mu}_j,\boldsymbol{\Sigma}_j)}\partial(-\frac{1}{2}(\boldsymbol{x}-\boldsymbol{\mu})^{\mathrm{T}}\boldsymbol{\Sigma}^{-1}(\boldsymbol{x}-\boldsymbol{\mu}))/\partial\boldsymbol{\mu}_k$$

标量对向量求导所得结果是向量，且结果向量的维数与输入向量的维数相同。$\boldsymbol{x}_n$、$\boldsymbol{\mu}_k$的维数是$D\times 1$，而Σ^{-1}的维数是$D\times D$，所以有：

$$\begin{aligned}\partial(-\frac{1}{2}(\boldsymbol{x}-\boldsymbol{\mu})^{\mathrm{T}}\boldsymbol{\Sigma}^{-1}(\boldsymbol{x}-\boldsymbol{\mu}))/\partial\boldsymbol{\mu}_k &= \partial(-\frac{1}{2}\boldsymbol{x}_n^{\mathrm{T}}\boldsymbol{\Sigma}_k^{-1}\boldsymbol{x}_n+\frac{1}{2}\boldsymbol{x}_n^{\mathrm{T}}\boldsymbol{\Sigma}_k^{-1}\boldsymbol{\mu}_k+\frac{1}{2}\boldsymbol{\mu}_k^{\mathrm{T}}\boldsymbol{\Sigma}_k^{-1}\boldsymbol{x}_n-\frac{1}{2}\boldsymbol{\mu}_k^{\mathrm{T}}\boldsymbol{\Sigma}_k^{-1}\boldsymbol{\mu}_k)/\partial\boldsymbol{\mu}_k\\ &= 0+\frac{1}{2}\boldsymbol{\Sigma}_k^{-1}\boldsymbol{x}_n^{\mathrm{T}}+\frac{1}{2}\boldsymbol{\Sigma}_k^{-1}\boldsymbol{x}_n-\boldsymbol{\Sigma}_k^{-1}\boldsymbol{\mu}_k\\ &= \boldsymbol{\Sigma}_k^{-1}(\boldsymbol{x}_n-\boldsymbol{\mu}_k)\end{aligned}$$

所以

$$\frac{\partial \ln p(\boldsymbol{X}|\boldsymbol{\pi},\boldsymbol{\mu},\boldsymbol{\Sigma})}{\partial \boldsymbol{\mu}_k} = \sum_{n=1}^{N} \frac{\frac{\pi_k N(\boldsymbol{x}|\boldsymbol{\mu}_k,\boldsymbol{\Sigma}_k)}{\boldsymbol{\mu}_k}}{\sum_{j=1}^{K}\pi_j N\left(\boldsymbol{x}|\boldsymbol{\mu}_j,\boldsymbol{\Sigma}_j\right)} \boldsymbol{\Sigma}_k^{-1}(\boldsymbol{x}_n - \boldsymbol{\mu}_k) \tag{6-3}$$

将（6-3）式两边都乘以$\boldsymbol{\Sigma}_k$，并令其等于零，得到：

$$\gamma(z_{nk}) = \frac{\pi_k N(\boldsymbol{x}|\boldsymbol{\mu}_k,\boldsymbol{\Sigma}_k)/\boldsymbol{\mu}_k}{\sum_{j=1}^{K}\pi_j N(\boldsymbol{x}|\boldsymbol{\mu}_j,\boldsymbol{\Sigma}_j)}$$

则有$\sum_{n=1}^{N}\gamma(z_{nk})(\boldsymbol{x}_n - \boldsymbol{\mu}_k)$，即$\sum_{n=1}^{N}\gamma(z_{nk})\boldsymbol{x}_n = \sum_{n=1}^{N}\gamma(z_{nk})\boldsymbol{\mu}_k$。所以，我们得到：

$$\boldsymbol{\mu}_k = \frac{1}{\sum_{n=1}^{N}\gamma(z_{nk})}\sum_{n=1}^{N}\gamma(z_{nk})\boldsymbol{x}_n$$

可以用N_k来表示$\sum_{n=1}^{N}\gamma(z_{nk})$，可得：

$$\boldsymbol{\mu}_k = \frac{1}{N_k}\sum_{n=1}^{N}\gamma(z_{nk})\boldsymbol{x}_n$$

至此我们求得了$\boldsymbol{\mu}_k$。

下面对$\boldsymbol{\Sigma}_k$求导并令得到的导数等于零，则：

$$\partial \ln p(\boldsymbol{X}|\boldsymbol{\pi},\boldsymbol{\mu},\boldsymbol{\Sigma})/\partial\boldsymbol{\Sigma}_k = \sum_{n=1}^{N}\frac{\partial\pi_k N(\boldsymbol{x}|\boldsymbol{\mu}_k,\boldsymbol{\Sigma}_k)/\partial\boldsymbol{\Sigma}_k}{\sum_{j=1}^{K}\pi_j N(\boldsymbol{x}|\boldsymbol{\mu}_j,\boldsymbol{\Sigma}_j)} = \sum_{n=1}^{N}\frac{\pi_k\partial N(\boldsymbol{x}|\boldsymbol{\mu}_k,\boldsymbol{\Sigma}_k)/\partial\boldsymbol{\Sigma}_k}{\sum_{j=1}^{K}\pi_j N(\boldsymbol{x}|\boldsymbol{\mu}_j,\boldsymbol{\Sigma}_j)}$$

可以解得：

$$\boldsymbol{\Sigma}_k = \frac{1}{N_k}\sum_{n=1}^{N}\gamma(z_{nk})(\boldsymbol{x}_n - \boldsymbol{\mu}_k)^{\mathrm{T}}(\boldsymbol{x}_n - \boldsymbol{\mu}_k)$$

对于π_k，则需考虑约束条件$0 \leqslant \pi_k \leqslant 1$，$\sum_{k=1}^{K}\pi_k = 1$。所以，要最大化下式的值：

$$\ln p(\boldsymbol{X}|\boldsymbol{\pi},\boldsymbol{\mu},\boldsymbol{\Sigma}) + \lambda\left(\sum_{k=1}^{K}\pi_k - 1\right) \tag{6-4}$$

其中，λ为拉格朗日算子。

将（6-4）式对π_k求导，可得：

$$\sum_{n=1}^{N}\frac{\pi_k N(\boldsymbol{x}_n|\boldsymbol{\mu}_k,\boldsymbol{\Sigma}_k)}{\sum_{j=1}^{K}\pi_j N(\boldsymbol{x}_n|\boldsymbol{\mu}_j,\boldsymbol{\Sigma}_j)} + \lambda$$

令其等于 0 并在等式两边乘以π_k，并对其求积分，可得：

$$\sum_{k=1}^{N}\sum_{n=1}^{N}\frac{\pi_k N(\boldsymbol{x}_n|\boldsymbol{\mu}_k,\boldsymbol{\Sigma}_k)}{\sum_{j=1}^{K}\pi_j N(\boldsymbol{x}_n|\boldsymbol{\mu}_j,\boldsymbol{\Sigma}_j)}=-\sum_{k=1}^{N}\lambda\pi_k \tag{6-5}$$

即$\sum_{k=1}^{N}N_k=-\lambda$，也即$\lambda=-N$。

代入（6-5）式，得：

$$\sum_{n=1}^{N}\frac{N(\boldsymbol{x}_n|\boldsymbol{\mu}_k,\boldsymbol{\Sigma}_k)}{\sum_{j=1}^{K}\pi_j N(\boldsymbol{x}_n|\boldsymbol{\mu}_j,\boldsymbol{\Sigma}_j)}-N=0$$

两边再乘以π_k，可得：

$$\sum_{n=1}^{N}\frac{\pi_k N(\boldsymbol{x}_n|\boldsymbol{\mu}_k,\boldsymbol{\Sigma}_k)}{\sum_{j=1}^{K}\pi_j N(\boldsymbol{x}_n|\boldsymbol{\mu}_j,\boldsymbol{\Sigma}_j)}-\pi_k N=0$$

即$N_k-\pi_k N=0$。至此，迭代的 EM 算法求解过程已经全部推导完毕。

首先设定π_k、$\boldsymbol{\mu}_k$、$\boldsymbol{\Sigma}_k$的初始值，然后计算

$$\gamma(z_{nk})=\frac{\pi_k N(\boldsymbol{x}|\boldsymbol{\mu}_k,\boldsymbol{\Sigma}_k)/\boldsymbol{\mu}_k}{\sum_{j=1}^{K}\pi_j N(\boldsymbol{x}|\boldsymbol{\mu}_j,\boldsymbol{\Sigma}_j)}$$

根据$\gamma(z_{nk})$计算新的π_k、$\boldsymbol{\mu}_k$、$\boldsymbol{\Sigma}_k$，即π_k^{new}、$\boldsymbol{\mu}_k^{\text{new}}$、$\boldsymbol{\Sigma}_k^{\text{new}}$，可得：

$$\boldsymbol{\mu}_k^{\text{new}}=\frac{1}{N_k}\sum_{n=1}^{N}\gamma(z_{nk})\boldsymbol{X}_n$$

$$\boldsymbol{\Sigma}_k^{\text{new}}=\frac{1}{N_k}\sum_{n=1}^{N}\gamma(z_{nk})(\boldsymbol{x}_n-\boldsymbol{\mu}_k^{\text{new}})^{\mathrm{T}}(\boldsymbol{x}_n-\boldsymbol{\mu}_k^{\text{new}})$$

$$\pi_k^{\text{new}}=\frac{N_k}{N}$$

其中：

$$N_k=\sum_{n=1}^{N}\gamma(z_{nk})$$

然后计算如下似然概率：

$$
\begin{aligned}
\ln p(X|\boldsymbol{\pi},\boldsymbol{\mu},\boldsymbol{\Sigma}) &= \ln\prod_{n=1}^{N} p\,(\boldsymbol{x}) = \ln\prod_{n=1}^{N}\left\{\sum_{k=1}^{K}\pi_k\,N(\boldsymbol{x}|\boldsymbol{\mu}_k,\boldsymbol{\Sigma}_k)\right\} \\
&= \sum_{n=1}^{N}\ln\left\{\sum_{k=1}^{K}\pi_k\,N(\boldsymbol{x}|\boldsymbol{\mu}_k,\boldsymbol{\Sigma}_k)\right\}
\end{aligned}
$$

如果达到极大值，则停止迭代，否则就继续迭代。

我们用 Python 实现了基于 EM 算法的高斯混合模型的求解过程，具体代码如下所示：

```
def NDimensionGaussian(X_vector,U_Mean,CovarianceMatrix):
    #X=numpy.mat(X_vector)
    X=X_vector
    D=numpy.shape(X)[0]
    #U=numpy.mat(U_Mean)
    U=U_Mean
    #CM=numpy.mat(CovarianceMatrix)
    CM=CovarianceMatrix
    Y=X-U
    temp=Y.transpose() * CM.I * Y

result=(1.0/((2\*numpy.pi)\*\*(D/2)))\*(1.0/(numpy.linalg.det(CM)\*\*0.5))\*numpy
.exp(-0.5\*temp)
    return result

def CalMean(X):
    D,N=numpy.shape(X)
    MeanVector=numpy.mat(numpy.zeros((D,1)))
    for d in range(D):
        for n in range(N):
            MeanVector[d,0] += X[d,n]
        MeanVector[d,0] /= float(N)
    return MeanVector

def CalCovariance(X,MV):
    D,N=numpy.shape(X)
    CoV=numpy.mat(numpy.zeros((D,D)))
    for n in range(N):
        Temp=X[:,n]-MV
        CoV += Temp\*Temp.transpose()
    CoV /= float(N)
```

```
    return CoV

def CalEnergy(Xn,Pik,Uk,Cov):
    D,N=numpy.shape(Xn)
    D_k,K=numpy.shape(Uk)
    if D!=D_k:
        print ('dimension not equal, break')
        return
    energy=0.0
    for n_iter in range(N):
        temp=0
        for k_iter in range(K):
            temp += Pik[0,k_iter] *
NDimensionGaussian(Xn[:,n_iter],Uk[:,k_iter],Cov[k_iter])
        energy += numpy.log(temp)
    return float(energy)

def SequentialEMforMixGaussian(InputData,K):
    #初始化 Pik
    pi_Cof=numpy.mat(numpy.ones((1,K))\*(1.0/float(K)))
    X=numpy.mat(InputData)
    X_mean=CalMean(X)
    print (X_mean)
    X_cov=CalCovariance(X,X_mean)
    print (X_cov)
    #初始化 UK，其中第 k 列表示第 k 个高斯函数的均值向量
    #X 为 D 维，N 个样本点
    D,N=numpy.shape(X)
    print (D,N)
    UK=numpy.mat(numpy.zeros((D,K)))
    for d_iter in range(D):
        for k_iter in range(K):
            UK[d_iter,k_iter] = X_mean[d_iter,0] + (-1)\*\*k_iter + (-1)\*\*d_iter
    print (UK)
    #初始化 k 个协方差矩阵的列表
    List_cov=[]
    for k_iter in range(K):
        List_cov.append(numpy.mat(numpy.eye(X[:,0].size)))
    print (List_cov)
    List_cov_new=copy.deepcopy(List_cov)
    rZnk=numpy.mat(numpy.zeros((N,K)))
    denominator=numpy.mat(numpy.zeros((N,1)))
```

```
        rZnk_new=numpy.mat(numpy.zeros((N,K)))
        Nk=0.5\*numpy.mat(numpy.ones((1,K)))
        print (Nk)
        Nk_new=numpy.mat(numpy.zeros((1,K)))
        UK_new=numpy.mat(numpy.zeros((D,K)))
        pi_Cof_new=numpy.mat(numpy.zeros((1,K)))
        for n_iter in range(1,N):
            #rZnk=pi_k\*Gaussian(Xn|uk,Cov_k)/sum(pi_j\*Gaussian(Xn|uj,Cov_j))
            for k_iter in range(K):
                rZnk_new[n_iter,k_iter] = pi_Cof[0,k_iter] *
NDimensionGaussian(X[:,n_iter] \
                    ,UK[:,k_iter],List_cov[k_iter])
                denominator[n_iter,0] += rZnk_new[n_iter,k_iter]
            for k_iter in range(K):
                rZnk_new[n_iter,k_iter] /= denominator[n_iter,0]
                print ('rZnk_new', rZnk_new[n_iter,k_iter],'\n')
            for k_iter in range(K):
                Nk_new[0,k_iter] = Nk[0,k_iter] + rZnk_new[n_iter,k_iter] -
rZnk[n_iter,k_iter]
                print ('Nk_new',Nk_new,'\n')
                ###当前有n_iter+1个样本###
                pi_Cof_new[0,k_iter] = Nk_new[0,k_iter]/float(n_iter+1)
                print ('pi_Cof_new',pi_Cof_new,'\n')
                UK_new[:,k_iter] = UK[:,k_iter] + \
                    ( (rZnk_new[n_iter,k_iter] -
rZnk[n_iter,k_iter])/float(Nk_new[0,k_iter]) )  \
                    * (X[:,n_iter]-UK[:,k_iter])
                print ('UK_new',UK_new,'\n')
                Temp = X[:,n_iter] - UK_new[:,k_iter]
                List_cov_new[k_iter] = List_cov[k_iter] +  \
                    ((rZnk_new[n_iter,k_iter] -
rZnk[n_iter,k_iter])/float(Nk_new[0,k_iter])) \
                    *(Temp\*Temp.transpose()-List_cov[k_iter])
                print ('List_cov_new',List_cov_new,'\n')
            rZnk=copy.deepcopy(rZnk_new)
            pi_Cof=copy.deepcopy(pi_Cof_new)
            UK_new=copy.deepcopy(UK)
            List_cov=copy.deepcopy(List_cov_new)
        print (pi_Cof,UK_new,List_cov)
        return pi_Cof,UK_new,List_cov

    def BatchEMforMixGaussian(InputData,K,MaxIter):
        #初始化Pik
```

```
    pi_Cof=numpy.mat(numpy.ones((1,K))\*(1.0/float(K)))
    X=numpy.mat(InputData)
    X_mean=CalMean(X)
    print (X_mean)
    X_cov=CalCovariance(X,X_mean)
    print (X_cov)
    #初始化 UK，其中第 k 列表示第 k 个高斯函数的均值向量
    #X 为 D 维，N 个样本点
    D,N=numpy.shape(X)
    print (D,N)
    UK=numpy.mat(numpy.zeros((D,K)))
    for d_iter in range(D):
        for k_iter in range(K):
            UK[d_iter,k_iter] = X_mean[d_iter,0] + (-1)\*\*k_iter + (-1)\*\*d_iter
    print (UK)
    #初始化 k 个协方差矩阵的列表
    List_cov=[]
    for k_iter in range(K):
        List_cov.append(numpy.mat(numpy.eye(X[:,0].size)))
    print (List_cov)
    energy_new=0
    energy_old=CalEnergy(X,pi_Cof,UK,List_cov)
    print (energy_old)
    currentIter=0
    while True:
        currentIter += 1
        List_cov_new=[]
        rZnk=numpy.mat(numpy.zeros((N,K)))
        denominator=numpy.mat(numpy.zeros((N,1)))
        Nk=numpy.mat(numpy.zeros((1,K)))
        UK_new=numpy.mat(numpy.zeros((D,K)))
        pi_new=numpy.mat(numpy.zeros((1,K)))
        #rZnk=pi_k\*Gaussian(Xn|uk,Cov_k)/sum(pi_j\*Gaussian(Xn|uj,Cov_j))
        for n_iter in range(N):
            for k_iter in range(K):
                rZnk[n_iter,k_iter] = pi_Cof[0,k_iter] *
NDimensionGaussian(X[:,n_iter] \
                    ,UK[:,k_iter],List_cov[k_iter])
                denominator[n_iter,0] += rZnk[n_iter,k_iter]
            for k_iter in range(K):
                rZnk[n_iter,k_iter] /= denominator[n_iter,0]
                #print 'rZnk', rZnk[n_iter,k_iter]
        #pi_new=sum(rZnk)
```

```
        for k_iter in range(K):
            for n_iter in range(N):
                Nk[0,k_iter] += rZnk[n_iter,k_iter]
            pi_new[0,k_iter] = Nk[0,k_iter]/(float(N))
            #print 'pi_k_new',pi_new[0,k_iter]
        #uk_new= (1/sum(rZnk))\*sum(rZnk\*Xn)
        for k_iter in range(K):
            for n_iter in range(N):
                UK_new[:,k_iter] +=
(1.0/float(Nk[0,k_iter]))\*rZnk[n_iter,k_iter]\*X[:,n_iter]
            #print 'UK_new',UK_new[:,k_iter]
        for k_iter in range(K):
            X_cov_new=numpy.mat(numpy.zeros((D,D)))
            for n_iter in range(N):
                Temp = X[:,n_iter] - UK_new[:,k_iter]
                X_cov_new += (1.0/float(Nk[0,k_iter]))*rZnk[n_iter,k_iter] * Temp *
Temp.transpose()
            #print 'X_cov_new',X_cov_new
            List_cov_new.append(X_cov_new)
        energy_new=CalEnergy(X,pi_new,UK_new,List_cov)
        print ('energy_new',energy_new)
        #print pi_new
        #print UK_new
        #print List_cov_new
        if energy_old>=energy_new or currentIter>MaxIter:
            UK=copy.deepcopy(UK_new)
            pi_Cof=copy.deepcopy(pi_new)
            List_cov=copy.deepcopy(List_cov_new)
            break
        else:
            UK=copy.deepcopy(UK_new)
            pi_Cof=copy.deepcopy(pi_new)
            List_cov=copy.deepcopy(List_cov_new)
            energy_old=energy_new
    return pi_Cof,UK,List_cov
```

6.3.3 OPTICS 算法和 DBSCAN 算法

基于距离的聚类算法存在天然的缺点，因为在高维空间中单纯依靠距离度量并不能很好地反映数据之间的关系。为了克服这个缺点，基于密度聚类的算法诞生了，其中比较典型的有 OPTICS 算法和 DBSCAN 算法。下面分别介绍这两种算法的原理以及它们在账户安全中的具体应用。

6.3.3.1　OPTICS 算法

OPTICS 算法是一种基于密度的聚类算法，全称是 Ordering Points To Identify the Clustering Structure，其目标是将空间中的数据按照密度分布进行聚类，和 DBSCAN 背后的思想非常类似。和 DBSCAN 不同的是，OPTICS 算法可以获得不同密度的聚类，也就是说经过 OPTICS 算法的处理，我们理论上可以获得任意密度的聚类。因为 OPTICS 算法输出的是样本的一个有序队列，从这个队列中可以获得任意密度的聚类。

OPTICS 算法的输入参数比较简单，包括半径ε和最少点数MinPts。在这两个参数的基础上，可以定义 OPTICS 算法中的一些核心概念：核心点、核心距离、可达距离、直接密度可达。下面我们将分别介绍它们。

1．**核心点**：如果一个点的半径为ε，领域内包含的点的数量不少于最少点数，则该点为核心点，其数学描述为：

$$N_\varepsilon(P) \geqslant \text{MinPts}$$

2．**核心距离**：在核心点的定义的基础上可以引出核心距离的定义，即对于核心点，距离其第$\text{MinPts}_{\text{th}}$近的点与其之间的距离。

核心距离的数学描述为：

$$\text{coreDist}(P) = \begin{cases} \text{UNDEFINED} & if\ N(P) \leqslant \text{MinPts} \\ \text{MinPts}_{\text{th}}\ \text{Distance in}\ N(P) & \text{else} \end{cases}$$

3．**可达距离**：对于核心点 P，O 到 P 的可达距离定义为 O 到 P 的距离或者 P 的核心距离。

可达距离的数学描述为：

$$\text{reachDist}(O,P) = \begin{cases} \text{UNDEFINED} & if\ \ N(P) \leqslant \text{MinPts} \\ \max(\text{coreDist}(P),\ \text{dist}(O,P)) & \text{else} \end{cases}$$

4．**直接密度可达**：如果 P 为核心点，且 P 到 O 的距离小于半径，那么 O 到 P 就是直接密度可达的。

OPTICS 算法的难点在于维护核心点的直接密度可达点的有序列表。

OPTICS 算法中计算有序列表的过程

输入：数据样本集 D，给定半径ε和最少点数MinPts。

初始化：所有点的可达距离和核心距离初始化为 MAX。

步骤：

（1）建立两个队列：有序队列（核心点及该核心点的直接密度可达点）和结果队列（存储输出的样本及处理次序）。

（2）如果 D 中数据全部处理完，则算法结束；否则，从 D 中选择一个未处理且为核心对象的点，将该核心点放入结果队列，将该核心点的直接密度可达点放入有序队列，并将这些直接密度可达点按可达距离升序排列。

（3）如果有序队列为空，则回到步骤（2），否则从有序队列中取出第一个点，如果该点不在结果队列中，则将该点存入结果队列，然后：

① 判断该点是否为核心点，若不是则回到步骤（3）；如果是的话，则进行下一步。

② 找到该核心点的所有直接密度可达点，将这些点放入有序队列，并且将有序队列中的点按照可达距离重新排序。如果该点已经在有序队列中且新的可达距离较短，则更新该点的可达距离。

（4）重复步骤（3），直至有序队列为空。

（5）算法结束。

输出结果：给定半径ε和最少点数MinPts时，输出核心点的直接密度可达点的有序列表。

在给定核心点的直接密度可达点的有序列表的情况下，可以输出样本点所有的聚类结果。

OPTICS 算法中计算样本最终类别的过程

对给定的结果队列，执行以下操作：

（1）从结果队列中按顺序取出样本点，如果该点的可达距离不大于给定半径ε，则该点属于当前类别，否则执行步骤（2）。

（2）如果该点的核心距离大于给定半径ε，则该点为噪声点，可以忽略；否则，该点属于新的聚类，跳至步骤（1）。

（3）若已遍历完结果队列，则算法结束。

以上就是OPTICS算法的完整过程。

6.3.3.2　DBSCAN算法

DBSCAN算法的全称是Density-Based Spatial Clustering of Applications with Noise，从原理上讲，该算法属于OPTICS算法的一种特殊情况，OPTICS算法就是DBSCAN算法的推广，主要解决了DBSCAN对输入参数敏感的问题。与OPTICS算法类似，DBSCAN算法的输入参数同样包括半径ε和最少点数MinPts；不同的是DBSCAN算法中有样本被分为直接（密度）可达与（密度）可达两种情况。

1．**直接（密度）可达**：如果P为核心点，那么其周围半径为ε的领域内的点都是从P直接（密度）可达的。

2．**（密度）可达**：对于点Q，如果存在p_1，p_2，...，p_n且$p_1 = p_2$，...，$p_{n-1} = p_n$，$p_n = Q$，即p_1到p_n都是直接（密度）可达的，那么Q对于p_1（密度）可达。

3．**噪声**：如果一个点对于其他所有点都不可达，那么这个点就是噪声，也可以称为异常点（outlier）。

DBSCAN算法

输入：数据样本集D，给定半径ε和最少点数MinPts。

初始化：将所有点设置为未访问。

步骤：

（1）建立neighbor队列。

（2）如果D中数据已全部处理完，则算法结束；否则从D中选择一个未处理的点，标记为已访问，获得其所有直接密度可达点。如果这个点为非核心点，则标记为噪声，重复步骤（2），直至获得核心点，生成新的类别（cluster），进入步骤（3）。

（3）将当前核心点放入该类别，将其直接密度可达点放入 neighbor 队列，并遍历该队列，如果 neighbor 队列全部遍历完则回到步骤（2）。

① 如果该点已经访问过，则进入步骤（2），否则将其标记为已访问，然后计算获得该点的所有密度可达点，如果这个点也为核心点，则将该点的所有直接密度可达点放入 neighbor 队列。

② 如果该点不属于任何类别，则放入当前类别。

（4）算法结束。

输出结果：给定半径ε和最少点数MinPts时，数据样本集 D 的聚类结果。

DBSCAN 算法的伪代码如下：

```
DBSCAN(D, eps, MinPts) {
  C = 0
  for each point P in dataset D {
    if P is visited
      continue next point
    mark P as visited
    NeighborPts = regionQuery(P, eps)
    if sizeof(NeighborPts) < MinPts
      mark P as NOISE
    else {
      C = next cluster
      expandCluster(P, NeighborPts, C, eps, MinPts)
    }
  }
}

expandCluster(P, NeighborPts, C, eps, MinPts) {
  add P to cluster C
  for each point P' in NeighborPts {
    if P' is not visited {
      mark P' as visited
      NeighborPts' = regionQuery(P', eps)
      if sizeof(NeighborPts') >= MinPts
        NeighborPts = NeighborPts joined with NeighborPts'
    }
    if P' is not yet member of any cluster
      add P' to cluster C
  }
```

```
}

regionQuery(P, eps)
  return all points within P's eps-neighborhood (including P)
```

6.3.4　应用案例

在实际的账号注册场景中，经常会出现批量注册账号的情况。这些批量注册行为往往有十分明显的特点，就是 IP 地址、设备、邮箱和用户名等某个或者多个维度存在聚集性。这时我们就可以提取与注册行为相关的特征来聚类，有效的特征包括用户名的长度、用户名中各种符号或字母的数量、IP 地址段的编码、邮箱类型和同一设备注册的账号数量等，甚至可以把注册信息关联成一张权重无向图。

例如，如果两个用户注册账户时的 IP 地址段相同，那么这两个用户之间边的权重就增加 1，如果他们的注册邮箱的后缀名一致，那么权重就变为 2，依此类推，我们就可以把某段时间内在互联网平台上注册的账号关联成一张权重无向图。再使用一些将图进行嵌入（embedding）表征的方法[1,2]得到每个账号节点的表示（一般是高维向量），然后将这些高维向量聚类（也可以联合基础特征一起聚类），就可以识别出有聚集性的注册垃圾账号的团伙。整个算法的流程如图 6-3 所示。

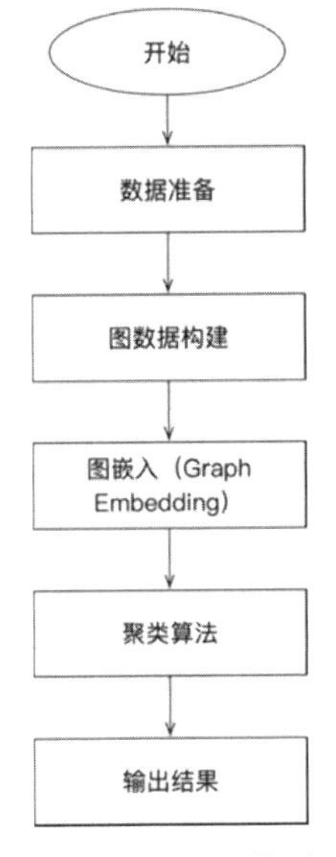

图 6-3　垃圾账号聚类算法流程图

下面我们给出一个用 Python 实现的基于用户名提取简单特征并进行聚类的例子。

```
import numpy
import codecs
import sys
from sklearn.cluster import AgglomerativeClustering
import logging
from sklearn.datasets import load_svmlight_file
# 提取名字对应的特征
def getPattern(i_num,i_cha,i_other):
    if i_num and i_cha and i_other:
        return 0
    elif i_num and i_cha:
        return 1
    elif i_num and i_other:
        return 2
    elif i_cha and i_other:
        return 3
    elif i_num :
        return 4
    elif i_cha:
        return 5
    else:
        return 6
# 对输入文件中的名字列表提取特征
def generateNameFeatureFromFile(inputFileName):
    numPool=u'0123456789'
    strPool=u'abcdefghijklmnopqrstuvwxyz'
    with codecs.open(inputFileName,'r',encoding='utf-8') as infile:
        fLines=infile.readlines()
        for element in fLines:
            element = element.strip().lower()
            print "element {0}".format(element)
            i_num=0;i_cha=0;i_other=0
            for c in element:
                if c in numPool:
                    i_num += 1
                elif c in strPool:
                    i_cha += 1
                else:
                    i_other += 1
                pattern=getPattern(i_num,i_cha,i_other)
            #num:{0},char:{1},zhongwen:{2},sum:{3},num&char:{4},pattern:{5}
```

```
            outInfo='0:{0} 1:{1} 2:{2} 3:{3} 4:{4} 5:{5}'.format\
            (i_num,i_cha,i_other,i_num+i_cha+i_other,i_num+i_cha,pattern)
            #print outInfo
        return outInfo
    #利用 AgglomerativeClustering 算法进行聚类
    def
generateClusterResult(inputDicFile,inputFeature,recordFile,outCluster,numofCluste
r=5,minNumber=15,para=0.2):
        #记录文件
        with open(recordFile,'r') as countF:
            count_list=countF.read().strip().split('\t')
        print count_list

        Aggmodel=AgglomerativeClustering(n_clusters=numofCluster,
affinity='cosine',linkage='average')

        #特征文件
        data_X,data_y=load_svmlight_file(inputFeature)
        xx=data_X.toarray()
        row_x,col_x=numpy.shape(xx)
        print "row_x,col_x",row_x,col_x

        buyerUserFile=codecs.open(inputDicFile,'r',encoding='utf-8')
        outClusterFile=codecs.open(outCluster,'w',encoding='utf-8')
        buyerUserList=buyerUserFile.readlines()
        #current index
        idx = 0 #record current idx in feature file
        idx_dic = 0 #record current idx in dic file
        for element in count_list:
            if int(element) >= minNumber:
                print "int(element)",int(element)
                print "idx",idx
                #numpy indexing should be like this
                targetData=xx[idx:(idx+int(element)),0:col_x]
                #print targetData
                Aggmodel.fit(targetData)
                label_y=Aggmodel.labels_
                print label_y
                filter_list=analyzeClusterLabel(label_y.tolist(),para)
                print filter_list
                tagetList=buyerUserList[idx_dic].strip().split('\t')
                for c_idx in range(0,len(filter_list)):
                    buyerUserNameList=tagetList[1+c_idx].split(':')
```

```
outClusterFile.writelines(('\t').join([str(int(data_y[idx+c_idx])),tagetList[0],b
uyerUserNameList[1],filter_list[c_idx],'\n']))
            #break
         idx += int(element)
         idx_dic += 1
      buyerUserFile.close()
      outClusterFile.close()
      return

   if __name__ == '__main__':
      reload(sys)
      sys.setdefaultencoding('utf-8')
      logging.basicConfig(format='%(asctime)s : %(levelname)s : %(message)s',
level=logging.INFO)

generateClusterResult('outputFile_c','outFeature_c','recordFile_c','outCluster_c')
```

6.4 本章小结

本章首先介绍了账户安全在互联网业务安全中的重要性，以及账户安全涉及的两个主要环节，包括账户注册和账户登录。然后，围绕这两个环节展开了讨论，主要包括账户注册环节所面临的风险和账户登录环节所涉及的各种安全防护技术。接下来，以 K-Means、高斯混合模型、OPTICS 和 DBSCAN 这几种无监督学习算法为例介绍了聚类算法的数学原理与推导过程，最后阐述了如何应用聚类算法来识别垃圾账户注册团伙。

参考资料

[1] Tang JIAN, Qu MENG, Wang MINGZHE, et al. LINE: Large-scale information network embedding[J]. 24th International Conference on World Wide Web, WWW. 2015.

[2] GROVER A , LESKOVEC J. node2vec: Scalable Feature Learning for Networks[C]// KDD 16 Proceedings of the 22nd ACM SIGKDD International Conference on Knowledge Discovery and Data Mining, 2016, pp. 855-864.

第7章

平台业务安全

7.1 背景介绍

本章所说的平台业务安全主要指互联网公司核心业务的安全。我们将以两大类常见的典型平台（电商平台和社交平台）来介绍平台业务安全。下面先来看两则故事。

故事一：商品在网上的评价很好，买到手却发现质量很差

经常网购的你是否有这样的经历：某宝上的某款衣服销量过百，图片上的模特面容姣好，衣服上身效果很不错。再翻看一下用户对商品的评价，里面绝大多数都是好评，而且买家秀的效果虽不及专业的服装模特，但也飘逸动人，甚至为数不多的几个中差评里的买家秀看起来都还不错，让人不禁怀疑这些买家是不是一时激动手抖把原本的“好评”而错发为“差评”。看到这里，你决定果断下手，买下这款新衣。没几日，快递包裹就到了，你迫不及待地拆开层层包装，换上新衣，却发现它和买家秀上的相差不只一点。这时你赶紧回去翻看这款衣服的评论，才发现好像哪里不对……

没错，这些看似正常的评价大概率是通过刷单刷出来的。商家为了提升商品的权重或在主推新商品时通过各种非正常手段完成的交易，俗称“刷单”“炒作”“炒信”等。而随着电子商务的繁荣，目前刷单已经形成一条完整的灰色产业链。其发展过程大致经过了如下6个阶段。

（1）刷单初现。随着某宝商城的兴起，C店（个人店铺）之间的竞争日益激烈，此时期的商家大多数通过自己积累的人脉关系来刷单。

（2）互助刷单。经过第一个阶段后，有一定刷单经验的商家发现单靠一己之力很难完成刷单效果，所以这部分商家聚集在一起相互帮助完成刷单。

（3）出现刷单平台。经过前两个阶段的积累，刷单已经达到了一定的规模，为了满足一部分商家的刷单需求，规模化的刷单平台应需而生，商家可以通过这样的平台发布特定的刷单任务，然后由平台上的专业刷手承接刷单任务。

（4）刷单量井喷。由于利益的驱使，该时期刷单量成井喷之势，而且刷单手段变得复杂多样，但是刷单平台因为太过招摇而被打击，逐渐转型为各种刷单工作室，通过 QQ 群、YY 语音群、QT 语音群等建立刷单工会，由会长招募专业刷手、放单、收菜（指刷单出的评论）等。

（5）出现刷单社群。该时期由于互联网公司对刷单行为的打击使得刷单成本上升，另一方面因为刷单工作室的服务良莠不齐，部分大商家开始转向刷单社群，通过自身积累的联盟商家、熟人、专业刷手等资源，自建准入制度以及刷单流程规则，保证收菜的效果。

（6）隐蔽型刷单。随着国家的《反不正当竞争法》将刷单定性为违法行为，大型的刷单组织被查处，刷单灰产链逐渐转向地下，变得更隐蔽，并且改头换面以其他名头出现。

但是，只要有利可图，“刷单”就会以各种形式继续存在，通过搜索引擎的搜索结果就可见一斑，如图 7-1 所示。而电商平台要通过各种技术手段来识别和打击刷单这种作弊行为，所以这场猫鼠游戏还会继续下去。

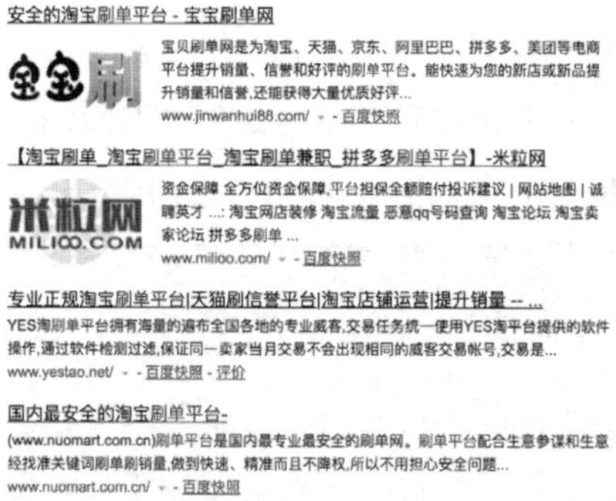

图 7-1　从网络搜索引擎上搜索出来的刷单广告信息

故事二：叮叮叮，您有新的粉丝

社交一直是互联网用户重度依赖的功能之一。经常使用社交软件的你隔三差五就会收到消息：有新的粉丝关注您。当你欣喜地点开“关注”列表，有时会发现有一些头像为俊男美女的人关注了你，而更多情况下则会发现关注你的新粉丝的头像上都是广告宣传语。回过头来再看那些看似正常的粉丝，从他们的头像点进去看主页详情总会觉得有哪里不对劲。这些人主页上发布的消息多为转发的，而且时不时就冒出几条推广消息或者广告。你这时才恍然大悟，原来这些粉丝都不是真正的“粉丝”，而是不良商家用于赚钱的工具账号。

为什么会出现这样的情况呢？因为有利可图。社交平台上的账号是有价值的，账号的关注、点赞、转发等行为也是有价值的。某平台上主播的入门条件之一就是就要求其在其他社交平台上的粉丝数达到一定数量，某平台上的大 V 发广告的报价高得惊人，这些都是以粉丝量作为基础的，所以也就不难理解为什么会有“粉丝经济”一说。凡事皆有两面，正面地利用粉丝，比如通过社群运营、自媒体等方式，可以建立个人品牌的影响力，成就大 V；而其反面就是黑灰产通过各种非常途径增加粉丝数量、评论数量和转发数量等获取利益。只要有大 V，就有粉丝经济，黑灰产就会寻味而来。不论是传统的社交平台，如 QQ、微博、陌陌，还是新出现的雪球、抖音等 App 平台，都存在这样的非正常用户，他们无孔不入，利用粉丝来进行产品推广、引流等，如图 7-2 所示。

图 7-2　垃圾粉丝及评论截图（从左至右依次是蘑菇街、微博、某应用市场）

7.2 电商平台业务安全

电商平台上最核心的业务就是交易，而交易又衍生出其他各种业务。有交易的地方就会涉及利益，商家为了达到提升排名、引流、商品冷启动、增加商品评论数等目的，会通过多种渠道来做虚假交易。典型的虚假交易是指通过虚构交易流程，伪造物流、资金流信息等手段，提高DSR（Detail Seller Rating，即商铺信用、商品销量和店铺动态评分）分数，实现提升店铺或商品排名的目的。虚假交易（下文中也称为“刷单”）是严重的不正当竞争和破坏电子商务诚信体系的行为。

挂牌新三板的上市公司“爱尚鲜花”就是商家刷单的典型例子[1,2]。2017年4月27日，鲜花电商平台“爱尚鲜花”挂牌新三板，其招股书显示，公司为了开展业务营销，在2013年、2014年以及2015年1月至7月的刷单量分别为8701笔、9.09万笔和16.37万笔，刷单笔数分别占当期销售额的4.95%、24.05%、42.02%。对此，爱尚鲜花表示如果不组织进行一定量的刷单，在激烈的市场竞争中就很难生存，因为电子商务就是“逆水行舟，不进则退”。

虽然商家的话透露着些许无奈，但是这种观点是片面的，也是错误的。刷单会带来一些短期利益，但是从长期看来，商家还是应当从品牌、质量和服务等方面建立起“护城河”，这样才能在经营中长久处于不败之地。而对于电商平台而言，这种恶性刷单竞争的环境会破坏经营秩序，甚至出现劣币驱逐良币的现象。

所以，电商平台要健康发展就必须打击刷单行为。如今的刷单早已不是单兵作战的形式，而是有一条完整的灰色产业链。其中的参与人员各司其职，有账号提供商、专业刷手、刷单工会、刷单公司、商家、物流公司等，他们分工明确，而且还会有一些技术人员参与。那么刷单到底是如何进行的呢？

首先，要从参与刷单行为的主体说起。一般来讲，刷单者可以分为四大类，分别是商家、刷手、刷单中介和上下游利益团体。其中商家的目的是提升其店铺的DSR分数及商品权重等；刷手一般是为了获利而全职或者兼职参与刷单；刷单中介以绝对盈利为目的而提供虚假交易中介服务；上下游利益团体则泛指刷单产业链中提供服务的第三方，常见的有卡商、账号批发商、物流公司等。这些第三方组织和刷单中介内部有严格的行为准则和体系，逐渐呈现专业化和隐蔽化的特征。

其次，要了解刷单行为有哪些环节。目前在电子商务平台的打击下，刷单的套路也逐渐升级，目的就是要以假乱真，将虚假交易伪装成真实的交易。通常情况下，刷单的过程包含实际交易过程，还增加了发布任务、返佣（返还刷单佣金）、收菜等环节。具体而言，刷单的过程可以概括为以下几步：

（1）商家发布刷单需求。

（2）刷手接任务、浏览、下单、付款、发货、收货，最后写评论（收菜）。

（3）商家与刷手按协议返还佣金。

经过多年的演化，刷单逐渐有了严格的操作流程与规范，如图 7-3 所示。

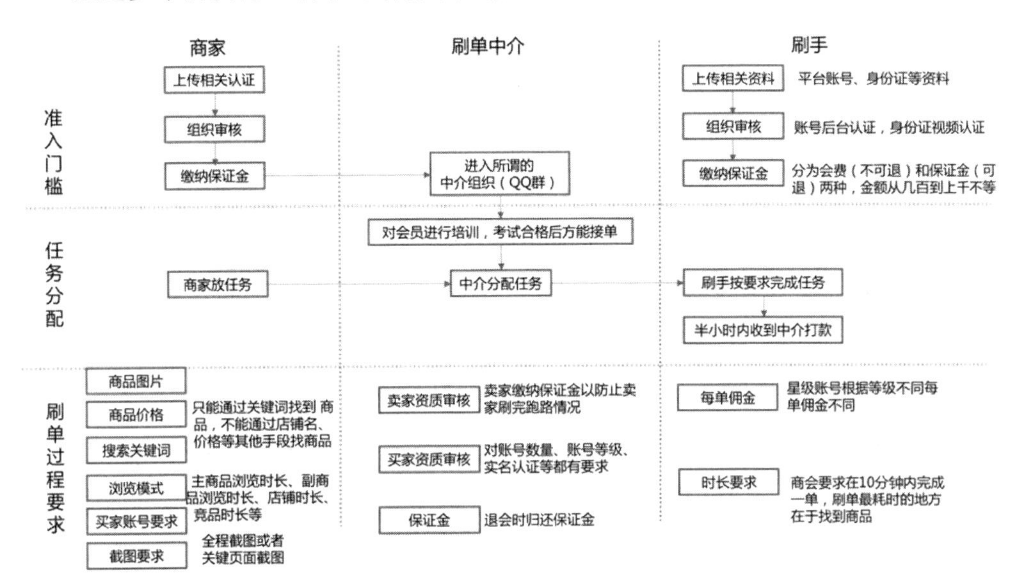

图 7-3　刷单流程图

另外，特别值得注意的是，刷单中介中还会混入黑产。这些不法分子打着赚钱的旗号，利用人们贪小便宜的心理进行欺诈，骗取刷手的保证金，或者先让兼职刷单者赚几单佣金，再进行诈骗，比如等兼职刷单者购买大额商品后将其拉黑，骗得货款。

刷单给电商平台和商家都带来严重的危害。对于商家而言，这种非正常手段使得行业产生不良竞争，造成类目（电商平台的交易品类，例如美妆、女装、运动、配饰等）内商家之间发生恶性竞争，优秀卖家对此深恶痛绝且苦不堪言。部分商家坦言，如果发现同类商家刷单就必须跟进，否则自己就会在数据指标上落后而影响正常销售。

对于平台来说，刷单短期内对数据指标的增长是有一定帮助的，但是刷单带来的负面影响却难以挽回：恶性竞争使得劣币驱逐良币，导致优质商家流失，这对于平台的打击是致命的；虚假交易产生的商誉、信用、评论会对消费者产生严重的误导，其购物决策过程始终被虚假信息所干扰，甚至被兜售假冒伪劣商品或被黑产者诈骗，最终导致用户弃用平台，对平台的打击更加致命。

另外，刷单对于平台的广告收入也有非常大的影响，因为刷单带来的虚假数据会打破流量分配的平衡。电商平台的流量分类大多依赖算法通过搜索、图墙、活动等来分配，但是刷单会严重干扰算法所需数据的准确性，即影响自然流量在不同商品之间的分配。刷单使 DSR 分数增加，还会带来虚假“优质”评论，这些都会影响用户的购买决策，短时间内可能提升转化率。广告也是通过流量来提升商品销量的，但是作用远没有刷单来得直接，而且部分用户天然对广告有抵触情绪，这就很可能会造成广告投放的效果不如预期。如此对比，一方面刷单带来直接的交易，而广告投放对于成交的影响是间接的，所以刷单的短期 ROI 是高于广告的，因此广告主会减少广告投入而转向刷单，导致平台的收入受到巨大影响。

综上所述，刷单对于电商平台、用户和商家都有较大的负面影响，对于整个电商生态环境的破坏也是显而易见的。所以，电商平台从自身的正常运行和为用户与商家创造价值的角度出发，都必须对刷单进行识别和打击。

识别和打击刷单行为的意义大体上可以总结为以下 4 个方面：

（1）保证电商平台的数据安全。刷单这种虚假交易其实是在伪造经营数据，给电商平台的数据带来水分与泡沫。只有识别和打击刷单行为，方能保证电商平台的各项数据指标是可信的，从而避免虚假数据影响平台的战略决策。

（2）保障公平的交易环境。刷单所带来的繁荣是虚假繁荣，带来的商业信誉是虚假信誉，它引起电商平台上各个类目内的商家恶性竞争，导致交易环境恶化。打击刷单方能最大程度地杜绝“劣币驱逐良币”的现象，维护正常的竞争环境与平台内公平的交易环境。

（3）保证良好的用户体验。刷单会对用户的购物决策造成严重误导。从进入电商平台开始，用户在购物的各个环节中都会受到刷单带来的虚假信息的干扰，甚至可能受刷单广告的引诱而被诈骗。打击刷单行为能有效保证正常的用户体验和用户的利益，保障电商平台的长远发展。

（4）保障平台的广告收入。刷单作为一种非正常的营销手段，其效果可以用“快糙猛”来形容，但是刷单对平台的广告收入体系有很大影响。在极端情况下，商家的大部分营销投入很有可能都是在刷单。打击刷单，能保证平台的广告收入不受干扰。

认识了刷单的背景、过程以及危害之后，下面我们介绍如何使用技术手段来识别刷单。这是一个非常复杂的过程，需要依赖经验知识和算法模型来协同完成，而且随着数据量的上升，算法模型所发挥的作用将越来越大。

刷单的本质是对真实交易过程的模拟，所以不论这个模拟过程多么接近真实交易本身，只要有蛛丝马迹，我们就可以顺藤摸瓜将其识别出来。从技术的角度对交易过程进行分析，我们可以从以下 3 个维度去构建业务特征和策略。

（1）交易的行为主体（交易主体）：交易的行为主体包括用户和商家，所以从用户账号和商家账号中可以提取很多业务特征。

（2）交易的行为流程（交易环节）：完整的交易行为流程包括买家注册/登录、搜索或图墙（指各个类目下商品的自然排序）、浏览商品、销售/沟通、加入购物车/收藏、支付/下单、发货/收货、评价与追评等 8 大环节。我们可以在每个环节提取虚假交易的特定模式，例如注册与登录的渠道占比、商品浏览时长与分布、购物车操作的模式等，通过这些业务模式的特征可以比较有效地识别刷单行为。

（3）交易的第三方依赖（交易依赖）：交易行为的第三方依赖主要有支付和物流。支付账号反映了交易背后的资金流转情况，而物流的走件过程与时效性等数据可以揭示其是否为真实的物流。

虚假交易识别技术体系的发展可以概括为 4 个阶段，如图 7-4 所示。

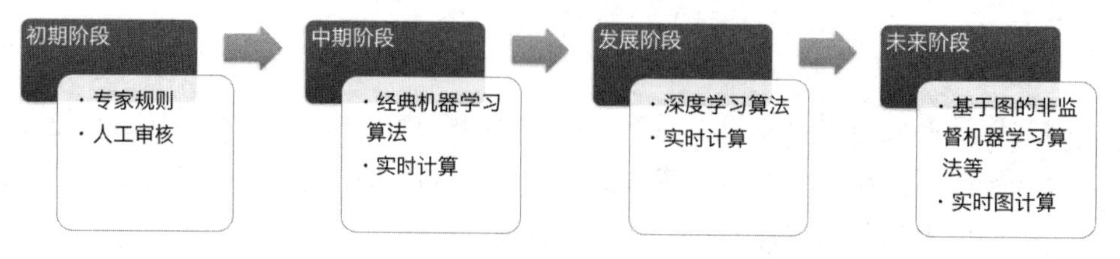

图 7-4 虚假交易识别技术体系的发展过程

- **初期阶段**主要靠专家针对交易业务的现状制定风控规则，然后通过人工审核来处理虚假交易。
- **中期阶段**主要使用经典的统计学习方法来建立风险识别模型，并通过实时计算的基础架构来构建实时模型预测引擎，从而提高模型识别的时效性。
- **发展阶段**主要使用深度学习算法来构建深度神经网络模型，通过构建实时模型预测引擎来保证模型识别的时效性。
- **未来阶段**则需要使用复杂网络模型，并且与统计学习方法、深度学习方法融合，更全面地识别业务运营中遇到的风险，也需要采用实时图计算来提高模型识别的时效性。

特别需要指出的是，建立虚假交易模型（刷单模型）时要从业务的角度出发，并且要利用必要的数学背景知识。根据经验，在判断虚假交易时，可以从多个维度来描述交易作弊的概率，这也会帮助我们从多个角度来思考作弊问题和挖掘对作弊有用的信息。

（1）从商品维度描述作弊的概率：

$$p(I) = \frac{I}{I+J}$$

其中，I 代表作弊的概率，J 代表未作弊的概率。

（2）从用户维度描述交易作弊的概率:

$$P(I) = \sum_U P(I/U)P(U)$$

其中，U 代表用户。

（3）从商家维度描述交易作弊的概率：

$$P(I) = P(I|M)P(M) = P(I|M)\sum_I P(I,M)$$

其中，M 代表商家。

（4）从订单维度描述的交易作弊概率，由于订单跟商品息息相关，所以一笔订单作弊的概率与商品作弊的概率线性相关：

$$P(O) \propto P(I)$$

其中

$$\arg\max_{\mu} P(O;\mu) = \prod_{i=1}^{n} p(x_i;\mu) \tag{7-1}$$

$$\hat{\mu}_{MAP} = \arg\max_{\mu} P(\mu/I) = \arg\max_{\mu} \frac{P(I/\mu)P(\mu)}{P(I)} = \arg\max_{\mu} P(I/\mu)P(I) \tag{7-2}$$

O 代表订单，μ为判定交易是否为作弊的变量，可以为 p 事件或者 e 事件。

从多个维度可以描述商品作弊的概率。究其原因，不论我们选取商家、用户、事件哪一方面作为超参，最终要学习的是在超参下订单作弊的概率。由于描述方式不同，构建的模型特征空间会有较大差异，因此可以最终制定一定的集成学习策略来达到最终的效果。

总的来说，在虚假交易管控业务中，应该做到如下几点：

- 建立情报监控系统。及时监控外部的刷单情报，包括但不局限于刷单平台、刷单论坛以及刷单公会群等，做到知己知彼。
- 建立相关的规章制度。结合电商平台的实际情况，制定标准化的虚假交易处理流程，最大程度降低虚假交易对业务的影响。
- 提升风控系统的技术能力。要通过多种技术手段来识别虚假交易，其中算法模型是技术能力的核心。
- 整体联防联控。电商平台的风控部门应该联合负责类目运营的业务方一起对虚假交易的防控进行部署，协同打压虚假交易。

7.3　社交平台业务安全

社交媒体平台（下文简称“社交平台”）是互联网产品的重要构成之一，泛指人们用于分享动态、意见、观点和经验的互联网平台或者工具，例如国内的微博、微信、陌陌、抖音和国外的 Facebook、Twitter 等都是被广泛使用的社交媒体平台。社交平台提供文本、图像、视频和音乐等展现形式，更有美颜、MV 制作和贴纸等个性化功能，满足了用户强烈的自我表达愿望和交友需求，所以无论是熟人社交平台还是陌生人社交平台，都吸引了大量的互联网用户。然而，有人的地方就有江湖，有信息传播的地方就有利益。社交平台也催生大量盈利性行为，例如虚假关注、虚假信息传播、水军炒作等。纵观社交平台的发展史，这些黑灰产者的行为贯穿其中，不曾停止。

首先，我们回顾一下社交平台的发展简史[3,4]。可以说从互联网诞生以来，社交平台就如影随形，只是在不同时期它以不同形式出现。参考目前搜集到的资料，笔者将社交平台发展粗略分为四个阶段，即史前阶段、青铜阶段、白银阶段和黄金阶段。

- **史前阶段**（1971—1999 年）：即从第一封电子邮件发出开始，到新闻组、万维网，直至博客工具的出现。
- **青铜阶段**（2000—2003 年）：从 Wikipedia 开始，到著名的以六度空间理论为基础的社交平台 Friendster，再到红极一时的 MySpace。当时国内出现各种论坛、同城聊天平台等，这一时期社交平台的发展明显加快。
- **白银阶段**（2004—2012 年）：这一时期以 Facebook 的兴起为标志，紧跟其后的还有 Google+、Twitter 等，此时国内的各种社交平台开始遍地开花，如开心网、校内网、若邻网和豆瓣等。
- **黄金阶段**（2013 年至今）：国外的 Instgram、SnapChat 大红大紫，国内出现微博、微信、陌陌等社交平台和各类直播平台（如映客、熊猫、花椒等）。这一时期的显著特点是国内的社交产品发展不落后于国外。

在这 4 个阶段，黑灰产的渗透始终影响社交平台内的生态环境和用户的直观体验。从垃圾邮件的轰炸到站内灌水，再到传播虚假信息与新闻、朋友圈和动态内的水军广告，甚至买卖粉丝、群控点赞等，可以说只要你使用社交产品，就很难避免这些行为的骚扰。因此，各大互联网厂商一般都会投入资源建设自身的防护系统，过滤这些虚假信息或者虚假行为，降低其对用户体验的负面影响。

值得注意的是，社交平台中的一个重要元素就是用户的影响力。社交媒体上那些有影响力的用户俗称“大 V”或者 KOL（Key Opinion Leader，关键意见领袖）、红人，这些人属于头部用户，自带粉丝群，在社交媒体上具有很强的影响力，而成为大 V 则需要达到一些硬性指标，如粉丝量、话题的点赞量，或者用户的评论量、文章转发量等。例如在某宝平台上开通直播卖货功能的门槛之一就是该用户的微博粉丝数量必须达到一定标准。这种现实就催生了围绕社交平台的利益链，例如刷微博阅读量、购买真人粉丝等，如图 7-5 和图 7-6 所示。这样的行为严重干扰正常用户的体验，破坏社交平台的公平性，而当一个社交平台上的信息被严重污染时，就会造成大量用户流失，侵蚀平台的根基。

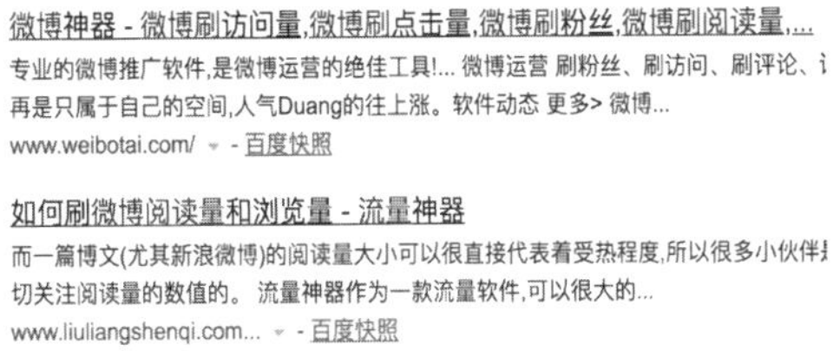

图 7-5　微博刷阅读量

图 7-6　购买粉丝

那么如何保证社交平台的业务安全呢？笔者认为同样可以从如下 4 个方面入手：

- 监控外围情报，因为账户是社交行为的主体，所以需要特别关注账户方面的黑市情报。
- 限制业务形式和玩法，最大程度地避免业务规则被黑灰产利用而造成坏的影响。
- 加强对虚假社交行为的技术识别能力，尤其需要加强对团伙虚假行为的打压。

- 联防联控，风控部门需要协同社交业务运营方，一同打压作弊行为。

另外，值得注意的是，在维护平台业务安全的过程中，除了依靠传统的安全应急响应中心（SRC）外，为了更全面地解决问题，还需要建立面向业务安全的应急响应中心（ASRC，Affair Security Response Center），专注于解决互联网业务在运营与推进的过程中所碰到的安全问题，而且需要工程、安全、算法、运营等相关部门的人员互相配合，各取所长，共同构筑业务安全之盾。

7.4 复杂网络算法在平台业务安全中的应用

本节将介绍几种典型的复杂网络算法，并分别以实际案例阐述它们在电商平台和社交平台中的应用。

7.4.1 在电商平台作弊团伙识别中的应用

将经验性的专家规则和统计机器学习模型结合，用来识别电商平台典型的刷单行为非常有效。根据笔者的工作经验来看，前期经过长时间的积累和研发后，基本可以把采用“粗刷”（简单粗暴的刷单方法，例如，同一设备大量下单）方式的刷单者打击殆尽，后期的挑战主要是识别团伙形式的“精刷”。复杂网络算法（图模型、图挖掘）是通过“全局性”信息（群体用户信息）来找出作弊行为的，而不是仅利用“局部性”信息（单一用户的行为信息），因此复杂网络算法是打击“精刷”作弊的有效技术手段。我们在实践中采用了两种复杂网络算法来识别团伙刷单行为，用这两种算法识别隐蔽性较高、组织性较强的团伙作弊非常有效。

这两种复杂网络算法分别应用于两种典型的业务场景：针对全站全量事件的前置团伙挖掘，以及针对风险事件的后置团伙挖掘。在前置团伙挖掘中，我们使用了循环 FRAUDAR 算法[5]，在经验阈值的控制下，每天召回的订单量约占平台全部订单量的 10%~20%左右，而对作弊团伙的识别精度则为 90%左右；在后置团伙挖掘中，我们使用了 Louvain 算法[6]，对作弊团伙识别的精度在 70%以上。

7.4.1.1 Louvain 算法在识别作弊团伙中的应用

Louvain 算法是基于模块度（modularity）的社区发现算法，该算法的效率和效果都比较好，并且能够发现层次性的社区结构。该算法的优化目标是通过对社区的划分来最大化整个图属性结构（社区网络）的模块度，从而得到社区发现结果。其中需要理解以下两个核心概念。

- 模块度：用于描述社区内的紧密程度，其值用 Q 表示。
- 模块度增量ΔQ：即把一个孤立的点放入一个社区 C 后，模块度前后的变化。

ΔQ的计算方法是，首先计算一个点的模块度和社区 C 的模块度，再计算合并后新社区的模块度，新社区的模块度减去前两个模块度就是ΔQ，即：

$$\Delta Q = \left[\frac{\Sigma_{in} + k_{i,in}}{2m} - (\frac{\Sigma_{\text{tot}} + k_i}{2m})^2\right] - \left[\frac{\Sigma_{in}}{2m} - (\frac{\Sigma_{\text{tot}}}{2m})^2 - (\frac{k_i}{2m})^2\right]$$

将上述计算公式展开，得到ΔQ等价于$\frac{1}{2}(\frac{k_{i,in}}{m} - \frac{\Sigma_{\text{tot}}}{m} \cdot \frac{k_i}{m})$。其中$\frac{k_{i,in}}{m}$表示的是将孤立的节点和社区 C 放在一起时对整个网络模块度的影响，而$\frac{\Sigma_{\text{tot}}}{m}$和$\frac{k_i}{m}$分别表示孤立的节点和社区 C 分开时各自对整个网络模块度的影响，所以它们的差值就反映了将一个孤立的节点放入社区 C 前后对整个网络的模块度的影响。

算法的具体计算过程如下：

（1）先把每个点作为一个社区，然后考虑每个社区的邻居节点，将其合并到邻居节点所在的社区，然后分别计算ΔQ；找到最大的正ΔQ，将该点合并到最大正ΔQ所对应的社区。多进行几轮迭代，直至合并后社区划分的结果不再变动。其中存在的问题是，不同的节点访问顺序将导致不同的结果，不过笔者在实验中发现这个顺序对结果的影响不大，但是会在一定程度上影响计算所消耗的时间。

（2）将（1）中得到的新的社区作为一个新的点，重复上述过程。

那么，如何确定新的点之间的权重呢？答案是，将两个社区内相邻点之间的权重之和作为两个社区各自退化成一个点后二者之间新的权重。

该算法主要有 3 个优点：易于理解、非监督和计算速度快。

最后，我们可以得到层次化的社区发现结果，如图 7-7 和 7-8 所示。其中图 7-7

描述了交易订单的社区发现结果，图 7-8 描述了风险账户的社区发现结果。另外，Louvain 算法还有加速实现的版本，详见文献[7]。该论文中提出的 Louvain 算法的加速实现方式比较简单直接，即只考虑一个点周围的一定比例的点来进行归并计算，可以基于 Spark 计算框架通过类似于多路归并的方法来实现。

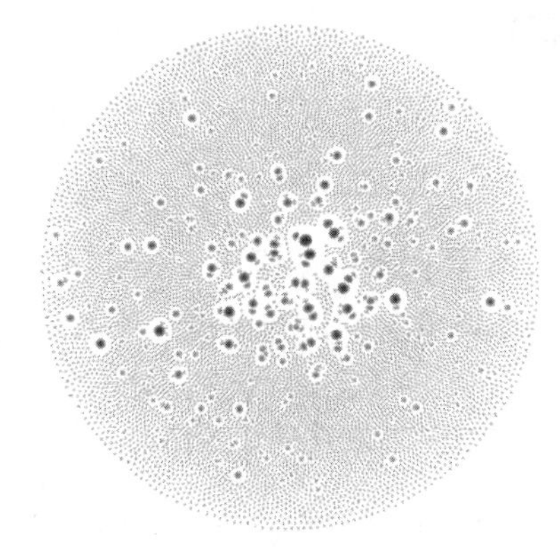

图 7-7 社区发现结果示例图一

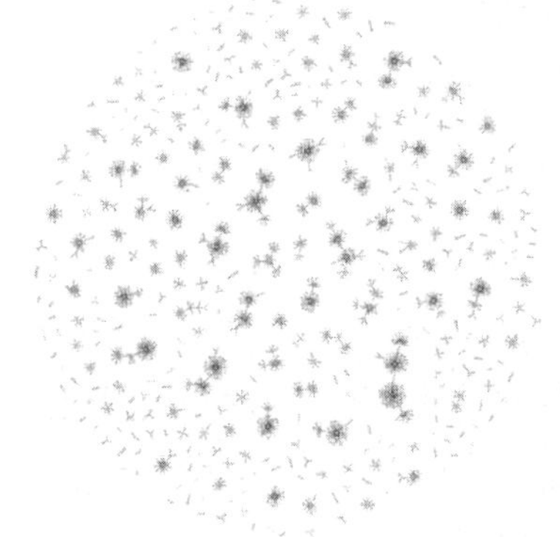

图 7-8 社区发现结果示例图二

7.4.1.2 FRAUDAR 算法在识别团队作弊中的应用

FRAUDAR 算法来源于 2016 年的 KDD（ACM SIGKDD conference on Knowledge Discovery and Data Mining）会议，提出该算法的论文获得了当年的最佳论文奖。FRAUDAR 算法要解决的问题是找出社交网站内最善于伪装的虚假账户簇。其原理是虚假账户会通过增加和正常用户的联系来进行伪装，而这些伪装（边）会形成一个很紧密的子网络，这样就可以通过定义一个全局度量，再移除二部图结构中的边，使得剩余网络结构对应的度量的值最大，找到最紧密的子网络，而这个网络就是最可疑的作弊团伙。

FRAUDAR 算法

（1）建立优先树（一种用于快速移除图结构的边的树结构）。

（2）对于二部图中的任意节点，贪心地移除优先级最高（由优先树得到）的节点，直至整个网络结构为空。

（3）比较上述每一步得到的子网络对应的全局度量，取该值为最大的子网络，它就是最紧密的子网络，也代表最可疑的团伙。

其中，最关键的地方是定义一个描述可疑程度的度量（metric），该度量在描述可疑程度时具有非常好的性质，包括可扩展性、具备理论上的“界”以及对抗虚假行为的鲁棒性。特别地，该度量可以理解成子网络结构中每个节点的平均可疑程度。

令$A \subseteq U$代表用户节点的子集，令$B \subseteq W$代表目标节点的子集，那么$S = A \cup B$，而$V = U \cup W$，那么可疑程度的度量$g(s)$被定义为：

$$g(s) = f(s)/|s|$$

$$f(s) = f_v(s) + f_e(s)$$

其中，$f_v(s)$表示S中节点本身的可疑程度之和，而$f_e(s)$表示S中节点之间边的可疑程度之和，$f(s)$表示点和边的总的可疑程度。根据这样的定义，很容易可以得出以下 4 条性质：

- 如果其他条件不变，包含更高可疑度节点的子网络比包含较低可疑度节点的子网络更可疑。
- 如果其他条件不变，在子网络中增加可疑的边会使得子网络更可疑。
- 如果节点和边的可疑程度不变，那么大的子网络比小的子网络更可疑。
- 如果节点和边的总的可疑程度相同，那么包含节点数少的子网络更可疑。

该算法的核心计算过程就是贪心地移除图中的点，使得每次变更 f 的变化最大。

在移除一个节点时，只有与之相邻的节点会发生变化，那么这样最多产生$O(|E|)$次变更，如果找到合适的数据结构使得访问节点的时间复杂度为$O(\log|V|)$，那么算法总的时间复杂度就是$O(N\log N)$。

基于这样的考虑建立优先树，这是一个二叉树，图中的每个节点都是树的一个叶子节点，其父节点为子节点中优先级较高的节点。这棵树建完之后就可以按照$O(\log|V|)$的速度获得优先级最高的节点。

如何识别（对抗）虚假行为呢？可以通过列权重下降（Column-weighting）的方法来实现。为了识别虚假行为，我们不能简单地将图中每条边的嫌疑程度设为相等，因为出度和入度较大的节点可能真的就是很受欢迎的节点，例如“大 V”用户和销量不错的商品，这些节点是天然存在的，并不是虚假的。如果图中每条边的嫌疑程度相等的话，那么在最大化可疑程度的度量时，我们就会聚焦于这些出度和入度较大的点，而不是聚焦于紧密的子网络。所以，如果存在节点 i 到一个出度和入度较大的节点 j 的边，就需要将其边C_{ij}对应的嫌疑程度降低，这就是列权重下降方法。该方法使得我们不仅关注出度和入度较大的节点，而且更关注紧密的子网络。

举个例子，在邻接矩阵中，令行代表用户节点，列代表目标节点，那么虚假用户向正常的目标节点增加边并不会使得子网络的嫌疑程度变低，因为虚假用户向正常的目标增加边只会使正常目标对应的边的嫌疑程度下降，而嫌疑子网络内的权重却不会发生变化。

对于 Column-weighting 函数的选择，论文作者的实验表明，选择类似于词频和逆文档频率（TF-IDF）形式的函数时，算法的表现会比较好，即：

$$h(x) = 1/\log(x + c)$$

其中c是一个常数，避免出现分母为零的情况，原始论文的实验中把 c 设为 5。

FRAUDAR 算法的优点是：

- 还用了“贪心”的计算思想，运行速度很快。
- 原理清晰明了，而且能够给出理论上的“界”。
- 能够识别虚假行为。

该算法的缺点是：

- 因为采用了贪心计算的方法，所以不能保证得到全局最优解，在原始论文中作者给出了 FRAUDAR 算法在理论上的“界”。
- 原始算法只能找出一个最紧密的子网络，即可疑程度最大的子网络。
- 只考虑了边的权重，没有考虑节点的权重（或者节点的权重都设为相等的常数），而且节点和边的嫌疑程度需要自定义。

为了将该算法应用到交易风控中，笔者做了一定的改进，即在网络结构中找出最可疑的子网络后，移除子网络中所有相关的边，再使用 FRAUDAR 算法对剩余的图结构进行挖掘，找出次可疑的子网络。通过这种方法，我们就可以得到可疑程度由高到低排列的多个子网络。我们称这种方法为循环 FRAUDAR 算法。

7.4.2 在识别虚假社交关系中的应用

在社交平台和电商平台中，用户与用户或者用户与商品之间会形成巨大的有向网络。而由于虚假行为的存在，这个有向网络中被注入了异常的行为模式，例如 Twitter、Facebook、微博等社交平台中会有虚假的关注、虚假的转发等，而 Amazon、淘宝等电商平台中会有误导性评论、虚假交易等。如何在这些静态的有向网络中识别可疑行为？一般来说，可疑的异常行为会形成一个紧密的子网络（dense subgraph），之前提到的 FRAUDAR 算法就是通过贪心策略找到这样的紧密子网络的。而 CatchSync 算法[8]则利用了两个容易被欺诈者忽视的特点，一个是同步行为特性（synchronized behavior），另外一个是稀有行为特性（rare behavior）。在大多数情况下，异常的行为模式往往是稀少而集中的，我们可以设计算法来捕获它们，CatchSync 算法正是基于同步行为特性和稀有行为特性来找到有向网络中的异常行为模式的。

下面简要介绍 CatchSync 算法的原理。CatchSync 算法是基于图的性质提出的异常识别算法，在有向图结构中我们可以利用很多性质，包括但不局限于：

- 基本的出度和入度。
- HITS（Hyperlink-Induced Topic Search）得分。
- 中介中心性（betweenness centrality）。
- 节点的入权重和出权重（在带权重的网络中）。

- 节点对应的左右奇异值向量的第 i 个元素值。

CatchSync 算法利用了 HITS 得分中的权威度（authoritativeness）和入度（indegree），将其作为基本的特征。基于 authoritativeness 和 indegree，CatchSync 算法提出了两个新的概念来研究源节点的特性，分别是 synchronicity（同步性或者一致性）和 normality（正常性）。其中，synchronicity 用于描述源节点 u 的目标节点在特征空间（in-degree vs authoritativeness，简称 InF-plot）中的同步性，而 normality 用于描述源节点 u 的目标节点的正常性。

在 CatchSync 算法中用$c(V,V^*)$来表示在特征空间 InF-plot 中源节点的目标节点之间的临近性（或者相似性）。为了快速计算，该算法将特征空间划分成 G 个网格，并将原有向图中的节点映射到每个网格中。有了这个网格之后，$c(V,V^*)$的计算就非常容易了，如果两个节点在同一个网格中，那么临近性为 1，否则为 0，即：

$$c(V,V^*)=\begin{cases}1 & \text{如果}V\text{与}V^*\text{节点在同一个网格中}\\ 0 & \text{其他}\end{cases}$$

得到$c(V,V^*)$之后，就可以计算 synchronicity 和 normality 了。其中，synchronicity 定义为：

$$\text{sync}(u)=\frac{\Sigma_{(V,V^*)\in o(u)\times o(u)}c(V,V^*)}{d_o(u)\times d_o(u)}$$

其含义为源节点 u 的任意目标节点对的平均临近性。

normality 的定义为：

$$\text{norm}(u)=\frac{\Sigma_{(V,V^*)\in o(u)\times u}c(V,V^*)}{d_o(u)\times N}$$

其含义为源节点 u 的任意目标节点与剩余节点的平均临近性。

有了 synchronicity 和 normality，我们就可以画出特征空间 SN-plot，进而基于正态分布找出异常的节点（高同步性和低正常性的节点）。

为了评估直播业务中是否存在主播刷粉丝关注量的情况，我们对现有直播业务中的关注关系应用 CatchSync 算法进行了挖掘，得到全站直播业务中关注关系的

SN-plot 和 InF-plot，如图 7-9 和 7-10 所示。

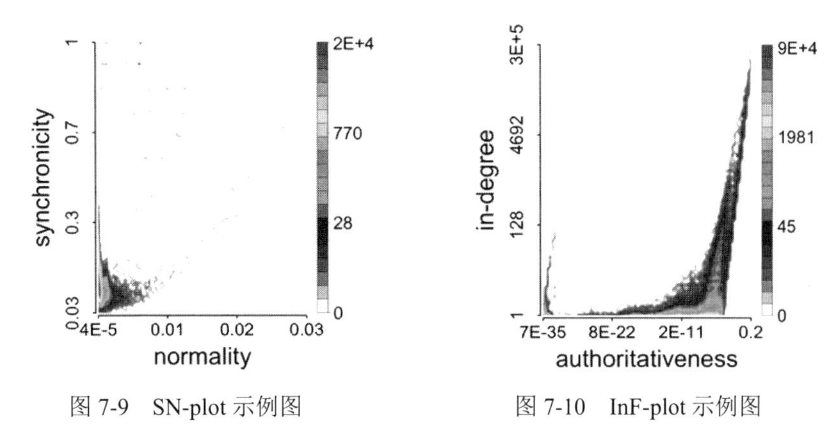

图 7-9　SN-plot 示例图　　　　图 7-10　InF-plot 示例图

从图中可以看出，直播业务的关注关系中存在一定的高同步性和低正常性的节点，这些节点在很大程度上是可疑的。我们利用 CatchSync 算法提取出这些异常节点后，经过人工验证，这些节点确实有问题。

自从笔者的团队将复杂网络算法（基于图的挖掘算法）上线以来，识别团伙作弊在风控中的作用越来越显著，为打击黑灰产提供了充分的技术支撑，而且帮助团队建立起一套较完备的风险分析技术体系，包含了主流的机器学习技术：统计机器学习方法、深度学习方法和基于图的挖掘算法。同时，我们也搭建了“平台化”的风控系统，把机器学习算法和人工运营有效结合起来，不仅利用有标签的数据持续提高识别能力，还干预和控制了各种风险。当然，在和黑灰产持续对抗的道路上，我们还需要不断优化和提升风控技术手段，以应对未来充满挑战的业务安全生态环境。

7.5　本章小结

本章首先介绍了平台业务安全的核心内容，分别以电商平台和社交平台为例梳理了平台业务安全所涉及的各个方面，包括刷单的发展历程和运作形式、刷单行为给互联网平台造成的负面影响，以及平台与黑灰产的对抗方法。然后，以 Louvain、FRAUDAR 和 CatchSync 这三种典型的复杂网络算法（基于图的挖掘算法）为例，结合实际的业务场景，包括交易、社交和直播等互联网平台的核心业务，介绍了复杂网络算法在平台业务安全中的应用实践，为互联网平台对抗黑灰产提供了可借鉴的经验。

参考资料

[1] http://money.163.com/16/0512/10/BMS0MKO400253B0H.html

[2] http://www.ebrun.com/20160429/174264.shtml

[3] https://www.copyblogger.com/history-of-social-media/

[4] http://www.cssn.cn/zt/zt_xkzt/zt_wxzt/jnzgqgnjtgjhlw20zn/zghlwfz20znhg/201404/t20140417_1070174.shtml

[5] Blondel V D, Guillaume J L, Lambiotte R, et al. Fast unfolding of communities in large networks[J]. Journal of Statistical Mechanics, 2008(10), pp. 155-168.

[6] Hooi B, Song H A, Beutel A, et al. FRAUDAR:Bounding Graph Fraud in the Face of Camouflage[C]// ACM SIGKDD International Conference on Knowledge Discovery and Data Mining. ACM, 2016, pp. 895-904.

[7] Kirianovskii I , Granichin O , Proskurnikov A . A New Randomized Algorithm for Community Detection in Large Networks[J]. IFAC-PapersOnLine, 49(13), 2016, pp. 31-35.

[8] CopyCatch: stopping group attacks by spotting lockstep behavior in social networks[C]// WWW '13 Proceedings of the 22nd international conference on World Wide Web, 2013, pp. 119-130.

第8章

内容业务安全

8.1 背景介绍

内容业务安全一般是指互联网平台内部的内容治理，也可以称为反垃圾业务，包括但不局限于对文本、语音、图片等内容形式的治理。内容业务安全的历史最早可以追溯至 BBS 时代，而后随着互联网社交产品的发展和丰富，垃圾内容也借机侵入各个平台。只要用户接入互联网，使用互联网服务，就逃不过垃圾内容的干扰。

例如在社交平台上，用户经常会收到各种各样的垃圾消息，有推销产品的、招募兼职的，甚至还有与色情相关的消息。图 8-1 所示为社交平台上的垃圾消息截图。电商平台的用户也会收到类似的垃圾广告信息，比如刷排名、保店铺评级等，如图 8-2 所示。网络游戏玩家会收到各种代充游戏币、外挂作弊器等消息。苹果手机的用户会不时收到通过 iMessage 发送的赌博、招嫖等垃圾信息，如图 8-3 所示。这些垃圾内容的背后都有复杂的利益链，只要有利益的存在，黑灰产就会寻迹而来，攫取利益。

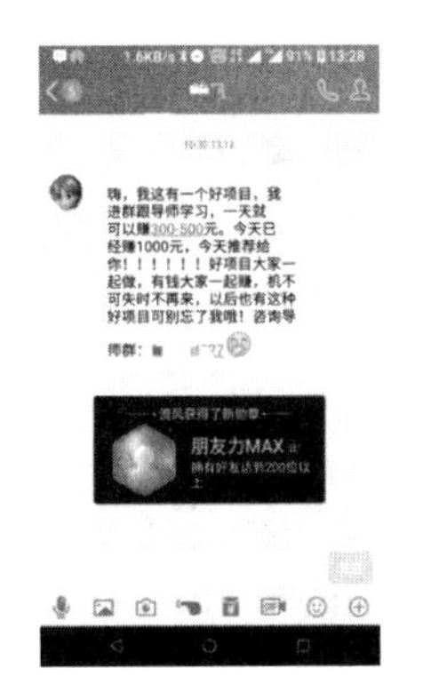

图 8-1 社交平台垃圾消息

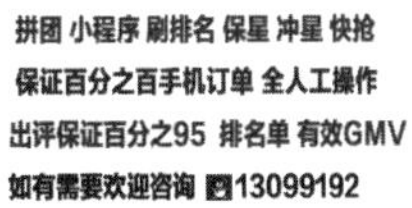

拼团 小程序 刷排名 保星 冲星 快抢
保证百分之百手机订单 全人工操作
出评保证百分之95 排名单 有效GMV
如有需要欢迎咨询 13099192

图 8-2 垃圾广告图

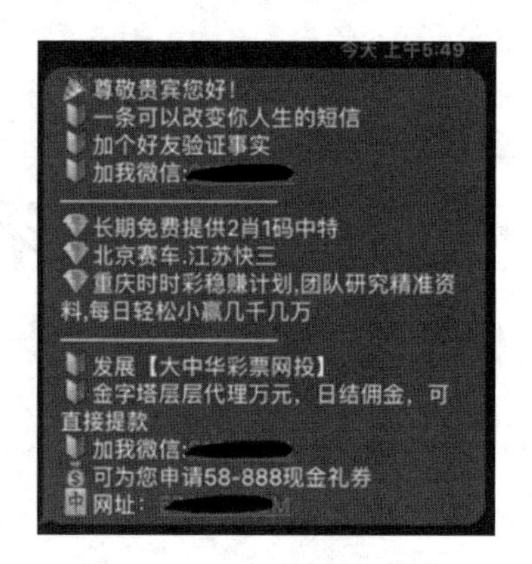

图 8-3　iMessage 垃圾消息

反邮件垃圾技术可以算是最早的支撑内容业务安全的技术。电子邮件出现于 20 世纪 60 年代，是整个互联网历史上具有划时代意义的产品。正是这样一个可以极大提升人们沟通效率的产品，很快就被别有用心的人发现可以利用其传播各类信息而达到盈利性目的。图 8-4 所示为一封代开发票的垃圾邮件。

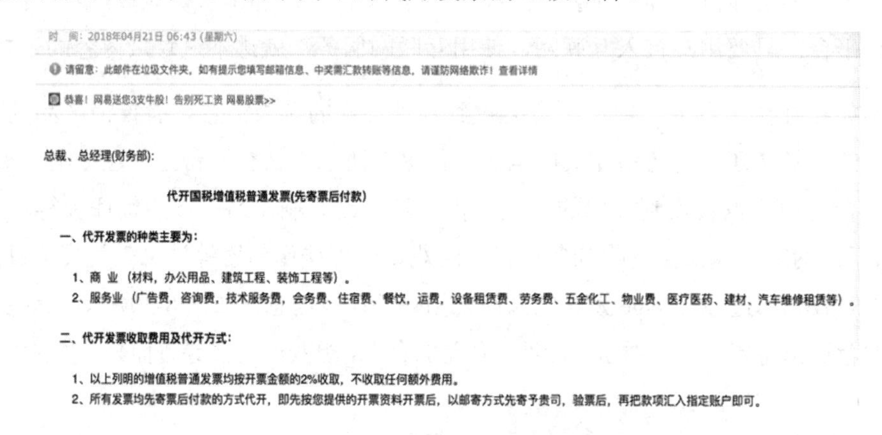

时　间：2018年04月21日 06:43 (星期六)

请留意：此邮件在垃圾文件夹，如有提示您填写邮箱信息、中奖需汇款转账等信息，请谨防网络欺诈！查看详情

恭喜！网易送您3支牛股！告别死工资 网易股票>>

总裁、总经理(财务部):

代开国税增值税普通发票(先寄票后付款)

一、代开发票的种类主要为：

1、商 业（材料，办公用品、建筑工程、装饰工程等）。
2、服务业（广告费，咨询费，技术服务费，会务费、住宿费、餐饮，运费，设备租赁费、劳务费、五金化工、物业费、医疗医药、建材、汽车维修租赁等）。

二、代开发票收取费用及代开方式：

1、以上列明的增值税普通发票均按开票金额的2%收取，不收取任何额外费用。
2、所有发票均先寄票后付款的方式代开，即先按您提供的开票资料开票后，以邮寄方式先寄予贵司，验票后，再把款项汇入指定账户即可。

图 8-4　典型的垃圾邮件截图

虽然目前的机器学习技术能够过滤 90%以上的垃圾邮件，但是余下的不足 10%的垃圾邮件也会对用户体验造成很大的负面影响，而且这些垃圾邮件会以各种形式的伪装来逃过反垃圾邮件系统的检测。除了垃圾邮件以外，随着用户原创内容（User Generated Content，UGC）日益丰富，越来越多的垃圾内容会以富文本、语音、图片等形式出现，这就对反垃圾内容技术提出了更高的要求。从现有互联网产品的形态看来，不论是社区、社交平台、问答平台还是电商平台，只要涉及 UGC，就不可避免地受到垃圾内容的干扰，所以现在内容业务安全依然面临着严峻的挑战。

随着深度学习技术的蓬勃发展，基于深度神经网络技术的算法在内容业务安全中发挥的作用也越来越大，尤其是在语义理解以及图片和视频的智能分析中。但是垃圾内容的形式也在不断变化，因此除了升级相应的反垃圾技术之外，我们还要建立应对垃圾内容的完整响应体系，来保证互联网平台 UGC 的纯净，维护内容业务安全。

8.2 如何做好内容业务安全工作

对于互联网平台来说，内容业务安全比较特殊，其特殊之处可以总结为如下 3 点：

- 在互联网产品研发的初期很难将内容业务安全的风险点考虑周全，因为黑灰产是不按常规套路出牌的。比如，很多互联网社交产品都有用于展示个人信息的主页，可以发布动态消息或者个人介绍等，连这样的功能都会被有心的黑灰产利用来发布垃圾内容。这是产品的设计者们当初很难预想到的。
- 很难衡量到底要投入多少资源到内容业务安全的研发与管理上，因为垃圾内容的数量和展现形式都是难以评估和预计的。
- 保障内容业务安全是一个动态的过程，它是互联网平台技术人员与黑灰产之间的直接较量，而且敌在暗处，我在明处。

看似简单的垃圾文本、语音、图片和视频背后，往往隐藏着专业的黑灰产团伙，而与这些团伙的对抗需要考虑到平台自身的业务逻辑、技术体系和采用的对抗思维等因素，并没有想象的那么简单，而且内容业务安全目标也不是一蹴而就的，需要系统地投入资源并持续地优化与升级。下面几节将从面临的挑战、部门协作和技术体系这 3 个角度来阐述互联网平台如何尽可能地做好内容业务安全工作。

8.2.1 面临的挑战

笔者认为，内容业务安全面临着这 3 个方面的挑战。

1．内部挑战

根据笔者的实际工作经验，内容业务安全需要面对的内部挑战主要有以下几点：

（1）在产品或业务的研发中和上线前，很难全面而清晰地考虑内容风险，而且垃圾内容的形式丰富多变，要做到事先预估垃圾内容的所有形式非常不现实。

（2）资源投入的问题。一般情况下，防控垃圾内容并不是一项互联网业务或者一款产品的设计目标，所以前期请求资源可能得不到管理层的支持。

（3）风控与产品目标协调的问题。多数情况下 UGC 相关产品和业务的目标是快速提升经营的数据指标，然而风控的介入则会在一定程度上减缓业务达到指标的速度，所以如何协调 UGC 产品与相应风控策略的关系，把握节奏、找到平衡，是需要业务方与风控方共同商议的问题。

2．外部挑战

目前黑灰产已经形成完整的产业链，凡是可以承载内容的产品都可能被黑灰产盯上，被其用作引流的渠道，进行各种推广、宣传、广告甚至用于欺诈。笔者所在的公司就曾碰到过其他互联网公司利用 IM（Instant Message，即时消息）进行 App 推广的恶劣行为，而且在发送垃圾消息的账户被封之后，该公司的人员还尝试变换推广手法进行对抗。虽然笔者的公司最终通过技术手段终止了对方从业人员的“攻击”，但还是会对自家产品的用户体验造成一定负面影响。

3．监管挑战

目前各国对于互联网内容都有相应的监管法律和法规，其中有不少“高压线”是绝对不能触碰的。比如，禁止传播“黄赌毒”、恐怖主义、邪教等信息，一旦触碰到这些底线就会有严重的后果，甚至会被勒令关停网站。所以，一定要解决违禁信息的问题，保证互联网平台的正常运行。

8.2.2 部门协作

内容业务安全是一个系统工程，除了技术人员的参与，还需要公司内的运营人员与业务部门协作，三方形成有机的系统灵活应对上述三种挑战。三方人员的岗位职责分别如下所述。

- 运营人员：跟踪站内 UGC 垃圾变化的情况；跟踪业务方垃圾内容过滤服务的接入情况；为垃圾内容打上标签，进行审核；评估产品或者业务中可能存在的垃圾内容。
- 业务方：参与评估产品或者业务中可能存在的垃圾内容及表现形式；及时与反垃圾内容的技术部门和运营部门反馈所负责产品或业务中垃圾内容的占比情况；参与制定所负责产品或业务中的个性化垃圾内容防控策略。
- 技术人员：开发内容风控工程系统；制定垃圾消息识别策略，开发相应模型；跟踪产品或者业务中的垃圾消息内容及形式，优化反垃圾模型策略。

8.2.3 技术体系

内容业务安全需要强大的技术来支持，而且工程架构与模型策略要相互配合，提供高质量的垃圾内容识别与过滤服务，快速响应业务方和产品方的内容安全相关需求。完整的内容业务安全技术涉及两个部分，分别是工程架构和模型策略。下面我们分别来说明这两部分的技术要求。

8.2.3.1 工程架构

工程架构是内容业务安全技术的基础，它为模型策略提供支撑，为运营人员提供可操作的管理后台，以便配置策略与审核内容。内容业务安全的工程架构有如下基本要求。

- 完善的产品文档：标准化的产品接入文档，方便业务方接入内容业务安全过滤服务。
- 灵活易用的接口：提供多种标准化的服务接口（基于消息中间件、Restful API 或者其他 API 服务框架），而且还要包含数据加盐、权限控制等功能，避免敏感信息泄露，以及服务被无限制调用而拖垮服务器等情况。
- 高效稳定的服务：保证工程服务的稳定性，能够及时响应线上突发的垃圾内容，能够水平扩展来应对消息量暴增的情况。
- 完善的监控环：部署多维度的数据监控，一方面监控工程系统本身的稳定性，另一方面能够监控线上策略的数据，提供优化的依据。

- 数据回溯闭环：支持数据的留存以及数据的打标服务（用于模型策略的训练与更新），辅助消息内容过滤策略的闭环升级。

8.2.3.2 模型策略

模型策略是内容业务安全的核心，旨在根据用户产生的文本、语音、图像和视频等内容，基于算法和规则识别出其中的垃圾。一般而言，模型策略的构建可以从如下两个维度来考虑。

1. UGC 本身

从 UGC 本身出发来识别垃圾内容，这一点很好理解，因为判断一条消息是否为垃圾消息，标准就是其内容是否违规。我们从这个维度可以构建出文本分类、图片分类等反垃圾算法。

2. 垃圾内容传播主体的行为

从主体行为的角度构建模型是独辟蹊径的选择，因为根据行为特征建立的模型并不仅仅针对内容本身，更多的是根据从行为角度提取的特征来识别垃圾内容的发送者。举例来说，回复率是一个很重要的指标，因为这是垃圾消息发送者不能控制的特征，而正常用户对垃圾消息在绝大多数情况下是不会回复的，虽然消息内容可以伪装，但是垃圾消息发出之后对方是否会回复则是黑灰产不能控制的，所以从这些特征可以区分出垃圾消息的发送主体，识别出垃圾内容。

基于上述分析以及笔者在内容业务安全中的技术实践，我们总结出识别垃圾内容时需要构建的多个维度的模型，如图 8-5 所示。这些模型一般可以归为以下 3 个类别。

- 行为识别模型：基于用户的行为数据构建统计特征，再用机器学习建模，识别发送垃圾内容的用户，例如行为文本综合分类模型。
- 文本识别模型：基于 NLP 相关的技术，建立文本分类模型，直接识别垃圾文本内容，例如贝叶斯文本分类模型、文本分类深度学习模型等。
- 图像识别模型：基于图像处理与机器视觉技术，建立图像识别或分类模型，识别出“黄赌毒”图片、低俗和恐怖图片等内容，或者直接识别图片里的文本和链接等内容。例如，图像分类深度学习模型、色情图片识别服务、涉政/涉恐图片识别服务、二维码识别服务和 OCR 服务等。

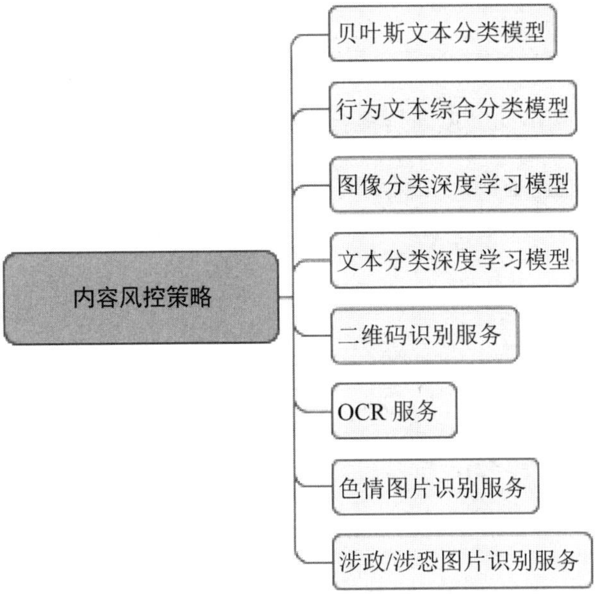

内容风控策略
- 贝叶斯文本分类模型
- 行为文本综合分类模型
- 图像分类深度学习模型
- 文本分类深度学习模型
- 二维码识别服务
- OCR 服务
- 色情图片识别服务
- 涉政/涉恐图片识别服务

图 8-5　内容风控策略中采用的模型

8.3　卷积神经网络在内容业务安全中的应用

大部分 UGC 是以文本和图片形式存在的，而在对文本和图片的处理中，卷积神经网络模型是目前表现最好的算法之一，所以我们在内容业务安全工作中大量使用了基于卷积神经网络模型的算法。下面将着重介绍卷积神经网络模型在内容业务安全工作中的应用。

在介绍卷积神经网络模型之前，先介绍卷积神经网络的基础——传统的全连接神经网络。

8.3.1　人工神经网络（Artificial Neural Network）

传统的全连接神经网络，也就是人工神经网络（以下简称 ANN）。最简单的 ANN 仅包含一个隐藏层。假设输入为i个节点，隐藏层有j个节点，输出为k个节点，隐藏层的输入用a_j表示，则有$a_j = \sum_i w_{ji} z_i$。其中，z_i表示 ANN 的输入，$z_j = h(a_j)$，z_j即隐藏层的输出。

那么，在给定训练样本的情况下如何求得 ANN 中各个节点对应的参数呢？需要定义误差函数，再利用梯度反向传播算法来不断地更新参数，具体过程如下所述。

首先定义E为能量函数，也就是误差：

$$E = \sum_{n=1}^{N} E_n，E_n = \frac{1}{2}(y_{nk} - t_{nk})^2$$

那么

$$\frac{\partial E_n}{\partial w_{ji}} = \frac{\partial E_n}{\partial a_j} \cdot \frac{\partial a_j}{\partial w_{ji}}$$

令$\delta_j = \frac{\partial E_n}{\partial a_j}$，又$\frac{\partial a_j}{\partial w_{ji}} = z_j$，所以

$$\frac{\partial E_n}{\partial w_{ji}} = \delta_j z_j$$

对于输出层而言，$\delta_k = y_k - t_k$，那么

$$\delta_j = \sum_k \frac{\partial E_n}{\partial a_k} \cdot \frac{\partial a_k}{\partial a_j} = h'(a_j) \sum_k w_{kj} \delta_k$$

这样就得到了误差的反向传播结果，再根据这个结果更新参数即可。

我们用 Python 实现了一个简单的 3 层 ANN，其中输入层包含 2 个节点，隐藏层有 3 个节点，输出层只有一个节点，即二分类，代码如下所示。

```
# !Python
# coding=utf-8
'''
Created on 2017年12月7日
@author: Lianhua
'''
# 输入层节点为i
# 隐藏层节点为j
# 输出层节点为k
# 一般情况下 j>i
# 使用 BP 算法，要求出 Wkj,Wji，从右向左
# 前向传播时系数可以表达为 Wij，Wjk
```

```
# 最简单的情况，输入为2维，3个隐含节点，2种输出，采用sigmoid函数
from numpy import *
import matplotlib.pyplot as plt

def loadDataSet(filename='testSet.txt'):
    dataMat = []; labelMat = []
    #print sys.path[0]
    fr = open(filename,'r')
    for line in fr.readlines():
        lineArr = line.strip().split()
        dataMat.append([float(lineArr[0]), float(lineArr[1])])      #size m\*2
        labelMat.append(int(lineArr[2])) #size 1*m
    return dataMat,labelMat

def sigmoid(inX):
    return 1.0/(1.0+exp(-inX))

def tangenth(inX):
    return (1.0\*exp(inX)-1.0\*exp(-inX))/(1.0\*exp(inX)+1.0*exp(-inX))

def difsigmoid(inX):
    return sigmoid(inX)*(1.0-sigmoid(inX))

def BPTrainNetwork(dataMatIn,classLabels,i=2,j=3,k=1,maxCycles = 100000):
    W1=mat(zeros((j,i)))
    W2=mat(zeros((k,j)))
    for jj in range(j):
        W1[jj,:]=random.rand(i)
    for kk in range(k):
        W2[kk,:]=random.rand(j)
    print W1,W2
    aj=mat(zeros((j,1)))
    zj=mat(zeros((j,1)))
    yk=mat(zeros((k,1)))
    thetak=mat(zeros((k,1)))
    thetaj=mat(zeros((j,1)))
    backerror221=mat(zeros((j,1)))

    etha=0.00001
    eps=0.5
    dataMatrix = mat(dataMatIn)                #转换为NumPy中的矩阵结构
    labelMat = mat(classLabels)                #转换为NumPy中的矩阵结构
```

```
m = shape(dataMatrix)[0]

labelMatnew = mat(zeros((2,m)))
for idxm in range(m):
    labelMatnew[0,idxm]=labelMat[0,idxm]
    labelMatnew[1,idxm]= 1.0 - labelMat[0,idxm]

errorfirstlayer=mat(zeros((j,i)))
errorsecondlayer=mat(zeros((k,j)))
print m

cycle=0
while True:
    cycle += 1
    errorsum=0
    for currentidx in range(m):
        #aj = sum W1ji\*xi over i
        for row in range(j):
            for col in range(i):
                aj[row,0] += W1[row,col] * dataMatrix[currentidx,col]
            #zj[row,0]=sigmoid(aj[row,0])
            zj[row,0]=tangenth(aj[row,0])
            aj[row,0]=0
        #yk = sum W2kj\*zj over j
        for ykiter in range(k):
            for row in range(j):
                yk[ykiter,0] += W2[ykiter,row]\*zj[row,0]
            thetak[ykiter,0] = sigmoid(yk[ykiter,0]) - labelMat[0,currentidx]
            #thetak[ykiter,0] = yk[ykiter,0] - labelMatnew[ykiter,currentidx]
            yk[ykiter,0]=0
            #errorsum += abs(thetak[ykiter,0])
            errorsum += 0.5 * thetak[ykiter,0] * thetak[ykiter,0]
        #thetaj = diff(Zj) * [sum (W2kj\*thetak) over k]
        for row in range(j):
            for ykiter in range(k):
                backerror221[row,0] += W2[ykiter,row] * thetak[ykiter,0]
            thetaj[row,0] = (1.0-zj[row,0]\*zj[row,0])\*backerror221[row,0]
            backerror221[row,0]=0
        #diffError(ji)=thetaj\*xi,对所有的训练样本求误差的和
        for row in range(j):
            for col in range(i):
```

```
                    errorfirstlayer[row,col] += thetaj[row,0] *
dataMatrix[currentidx,col]
            #diffError(kj)=thetak*zj,对所有的训练样本求误差的和
            for ykiter in range(k):
                for row in range(j):
                    errorsecondlayer[ykiter,row] += thetak[ykiter,0] * zj[row,0]

        #更新系数
        for row in range(j):
            for col in range(i):
                W1[row,col] = W1[row,col] - etha * errorfirstlayer[row,col]
                errorfirstlayer[row,col]=0

        for ykiter in range(k):
            for row in range(j):
                W2[ykiter,row] = W2[ykiter,row] - etha *
errorsecondlayer[ykiter,row]
                errorsecondlayer[ykiter,row]=0

        print errorsum,cycle
        #print W1,W2
        if errorsum < eps or cycle >= maxCycles:
            break
        errorsum=0.0

    print 'iter num', cycle
    return W1,W2

def NetworkPredict(dataMatIn,classLabels,W1ji,W2kj,i=2,j=3,k=1):
    dataMatrix=mat(dataMatIn)
    labelMat = mat(classLabels)
    m=shape(dataMatrix)[0]
    aj=mat(zeros((1,j)))
    zj=mat(zeros((1,j)))
    Predict=mat(zeros((1,m)))
    rightClassify=0.0
    for idx_m in range(m):
        for idx_j in range(j):
            aj[0,idx_j]=0
            for idx_i in range(i):
                aj[0,idx_j] += W1ji[idx_j,idx_i]\*dataMatrix[idx_m,idx_i]
            zj[0,idx_j]=tangenth(aj[0,idx_j])
```

```
        for idx_k in range(k):
            temp=0
            for idx_j in range(j):
                temp += W2kj[idx_k,idx_j]*zj[0,idx_j]
            Predict[0,idx_m]=sigmoid(temp)

    for idx_m in range(m):
        if (Predict[0,idx_m]>0.5 and 1==labelMat[0,idx_m]) \
          or (Predict[0,idx_m]<0.5 and 0==labelMat[0,idx_m]):rightClassify+=1.0
    return Predict,rightClassify/float(m)

def plotBestFit(dataMatIn,Predict):
    Xn= array(dataMatIn)
    N = shape(Xn)[0]

    xcord1 = []; ycord1 = []
    xcord2 = []; ycord2 = []
    for i in range(N):
        #print Predict[0,i]
        if Predict[0,i]>= 0.5:
            xcord1.append(Xn[i,0]); ycord1.append(Xn[i,1])
        else:
            xcord2.append(Xn[i,0]); ycord2.append(Xn[i,1])
    fig = plt.figure()
    ax = fig.add_subplot(111)
    ax.scatter(xcord1, ycord1, s=30, c='red', marker='s')
    ax.scatter(xcord2, ycord2, s=30, c='green')
    plt.xlabel('X1'); plt.ylabel('X2');
    plt.show()
    return

if __name__ == '__main__':
    dataMatIn,classLabels=loadDataSet()
    W1,W2=BPTrainNetwork(dataMatIn,classLabels)
    print 'W1',W1
    print 'W2',W2
    Predict,count=NetworkPredict(dataMatIn,classLabels,W1,W2)
    print Predict
    print count
    plotBestFit(dataMatIn,Predict)
    pass
```

8.3.2 深度神经网络（Deep Neural Network）

我们来看更一般的多层神经网络（深度神经网络，DNN）的结构。基本的多层神经网络属于监督学习，对于M个训练样本(X,Y)，多层神经网络定义了一个函数，形如$h_{W,b}(x)$。

我们以 3 层的神经网络为例进行说明，其结构如图 8-6 所示。对应的参数为$(\boldsymbol{W},\boldsymbol{b})=(\boldsymbol{W}^{(1)},\boldsymbol{b}^{(1)},\boldsymbol{W}^{(2)},\boldsymbol{b}^{(2)})$，定义$W_{ij}^{(l)}$为第$l$层中$j$个节点到第$l+1$层中$i$个节点的系数，而$b_i^{(l)}$表示第$l$层到第$l+1$层间的$i$个偏置项（以下简称 bias），即从第$l$层到第$l+1$层时，第$l+1$层中每个节点对应一个 bias。

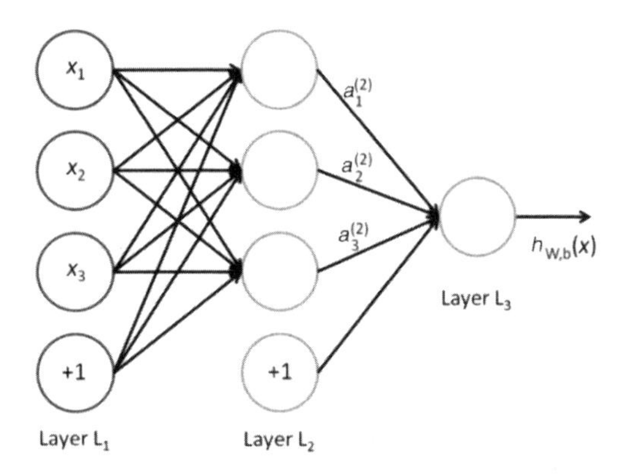

图 8-6　3 层神经网络示例

对于更一般的多层神经网络，其结构如图 8-7 所示，令$a_j^{(l)}$表示第l层中节点的激励（activation，或者称为“前向输入”），易知（网络中相邻两层的节点数分别用i和j表示）：

$$a_j^{(l)}=f(\boldsymbol{W}^{(l-1)}a_i^{(l-1)}+b_i^{(l-1)})$$

如果令$z_j^{(l)}$表示第l层中第i个节点的输入，则有：

$$z_j^{(l)}=\sum_{i=1}^{n}W_{ji}^{(l-1)}\,a_i^{(l-1)}+b_i^{(l-1)}$$

即$a_j^{(l)}=f(z_j^{(l)})$。

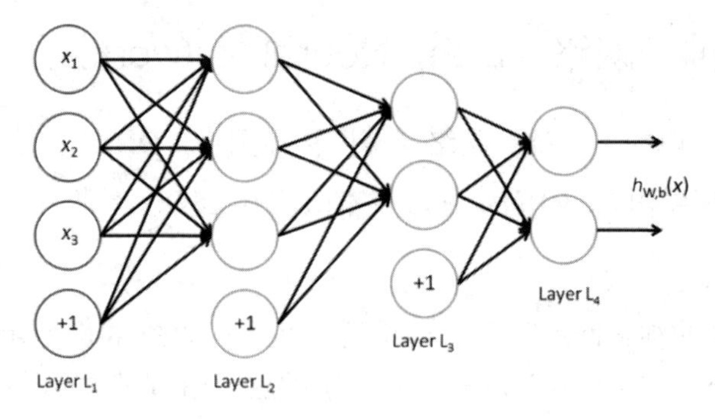

图 8-7　多层神经网络示例

多层神经网络的训练采用反向传播算法（Backward Propagation，BP）。引入一个新的变量S_l表示第l层中节点的数量。定义目标函数：

$$J(\boldsymbol{W},\boldsymbol{b})=[\frac{1}{m}\sum_{I=1}^{m}J\left(\boldsymbol{W},\boldsymbol{b};\boldsymbol{x}^{(I)},\boldsymbol{y}^{(I)}\right)]+\frac{\lambda}{2}\sum_{l=1}^{n_l-1}\sum_{i=1}^{S_l}\sum_{j}^{S_{l+1}}(W_{ji}^{(l)})^2$$

上式中n_l是神经网络的层数，目标函数中的正则项就是将左右的系数平方后求和。注意下标的顺序。其中

$$J(\boldsymbol{W},\boldsymbol{b};\boldsymbol{x}^{(I)},\boldsymbol{y}^{(I)})=\frac{1}{2}||h_{W,b}(x^{(I)})-y^{(I)}||^2$$

接下来就可以使用梯度下降法通过迭代运算来求解神经网络中的参数了，即：

$$\frac{\partial J(\boldsymbol{W},\boldsymbol{b})}{\partial W_{ji}^{(l)}}=[\frac{1}{m}\sum_{I=1}^{m}\frac{\partial J(\boldsymbol{W},\boldsymbol{b};\boldsymbol{x}^{(I)},\boldsymbol{y}^{(I)})}{\partial W_{ji}^{(l)}}]+\lambda W_{ji}^{(l)}$$

$$\frac{\partial J(\boldsymbol{W},\boldsymbol{b})}{\partial b_{j}^{(l)}}=\frac{1}{m}\sum_{I=1}^{m}\frac{\partial J(\boldsymbol{W},\boldsymbol{b};\boldsymbol{x}^{(I)},\boldsymbol{y}^{(I)})}{\partial b_{j}^{(l)}}$$

当然，上述公式还不能直接用于求解参数，还需要使用 BP 算法。对 BP 算法的直观解释是，将模型预测的误差反向传播给网络，然后计算节点间系数对误差的贡献，再根据这个贡献来修正系数，迭代至目标函数收敛而求得最优解。对于输出层，其误差项（error term）可以通过输出层的输出对输出层的输入求导得到，其实最终目的是求$\frac{\partial J(\boldsymbol{W},\boldsymbol{b})}{\partial W_{ji}^{(l)}}$。

多层神经网络中每一层的系数写成$W_{ji}^{(l)}$或者$W_{ij}^{(l)}$都可以，其值是一样的——只不

过是系数矩阵的行和列互换，相当于互为转置矩阵。反向传播时 j 写在前面更易懂些。建议在计算前向激励时写成$W_{ij}^{(l)}$，计算误差反向传播时写成$W_{ji}^{(l)}$，这样更容易理解，便于计算。

$$\frac{\partial J(\boldsymbol{W},\boldsymbol{b})}{\partial W_{ji}^{(l)}}=\frac{\partial J(\boldsymbol{W},\boldsymbol{b})}{\partial z_j^{(l+1)}}\cdot\frac{\partial z_j^{(l+1)}}{\partial W_{ji}^{(l)}}$$

其中$z_j^{(l+1)}=\sum_{i=1}^{n}W_{ji}^{(l)}a_i^{(l)}+b_i^{(l)}$。所以，得到：

$\frac{\partial J(\boldsymbol{W},\boldsymbol{b})}{\partial W_{ji}^{(l)}}=\frac{\partial J(\boldsymbol{W},\boldsymbol{b})}{\partial z_j^{(l+1)}}\cdot a_i^{(l)}$（上述求和公式中与$\partial W_{ji}^{(l)}$无关的项求导后为 0）

而$\frac{\partial J(\boldsymbol{W},\boldsymbol{b})}{\partial z_j^{(l+1)}}$则分两种情况来计算。对于输出层来讲，

$$\frac{\partial J(\boldsymbol{W},\boldsymbol{b})}{\partial z_j^{(l+1)}}=\frac{\partial\frac{1}{2}||\boldsymbol{y}-h_{\boldsymbol{W},\boldsymbol{b}}(\boldsymbol{x})||^2}{\partial z_j^{(l+1)}}=\frac{\frac{1}{2}||\boldsymbol{y}-a_j^{(l+1)}||^2}{\partial z_j^{(l+1)}}=-(\boldsymbol{y}-a_j^{(l+1)})\frac{\partial a_j^{(l+1)}}{\partial z_j^{(l+1)}}$$

因为$a_j^{(l+1)}=f(z_j^{(l+1)})$，所以上述公式可以写成：

$$-(\boldsymbol{y}-a_j^{(l+1)})\frac{\partial a_j^{(l+1)}}{\partial z_j^{(l+1)}}=-(\boldsymbol{y}-a_j^{(l+1)})f'(z_j^{(l+1)}) \tag{8-1}$$

定义公式（8-1）为输出层的误差项（error term），即：

$$\delta_j^{(l+1)}=-(y-a_j^{(l+1)})f'(z_j^{(l+1)})$$

对于隐藏层，其误差项是通过其后面的那一层传播而来的。对于第 l 层而言，其对应的误差项等于第 l+1层中S_{l+1}项误差的和，即：

$$\delta_i^{(l)}=\frac{\partial J(\boldsymbol{W},\boldsymbol{b})}{\partial z_j^{(l)}}=\sum_{j=1}^{S_{l+1}}\frac{\partial J(\boldsymbol{W},\boldsymbol{b})}{\partial z_j^{(l+1)}}\frac{\partial z_j^{(l+1)}}{\partial z_j^{(l)}}$$

又因为

$$z_j^{(l+1)}=\sum_{i=1}^{n}W_{ji}^{(l)}a_i^{(l)}+b_i^{(l)}$$

$$a_i^{(l)}=f(z_i^{(l)})$$

所以

$$\frac{\partial z_j^{(l+1)}}{\partial z_i^{(l)}} = W_{ji}^{(l)} f'\left(z_i^{(l)}\right)$$

其他与z_j^l无关的项求导等于零，所以

$$\delta_i^{(l)} = \frac{\partial J(\boldsymbol{W},\boldsymbol{b})}{\partial z_i^{(l)}} = \sum_{j=1}^{s_{l+1}} \frac{\partial J(\boldsymbol{W},\boldsymbol{b})}{\partial z_j^{(l+1)}} W_{ji}^{(l)} f'(z_i^{(l)})$$

而$\frac{\partial J(\boldsymbol{W},\boldsymbol{b})}{\partial z_i^{(l)}}$即上面定义的$\delta_j^{(l+1)}$，所以

$$\delta_i^{(l)} = \sum_{j=1}^{s_{l+1}} \delta_j^{(l+1)} W_{ji}^{(l)} f'(z_i^{(l)})$$

其中，$f'(z_i^{(l)})$与求和项无关，因此可以提出来，整理后可得：

$$\delta_i^{(l)} = (\sum_{j=1}^{s_{l+1}} \delta_j^{(l+1)} W_{ji}^{(l)}) f'(z_i^{(l)})$$

这样就可以把误差“一层一层地”反向传播回来了。

综合上述式子，有：

$$\frac{\partial J(\boldsymbol{W},\boldsymbol{b};\boldsymbol{x},\boldsymbol{y})}{\partial W_{ji}^{(l)}} = \delta_j^{(l+1)} a_i^{(l)}$$

（当然，也可以写成$\frac{\partial J(\boldsymbol{W},\boldsymbol{b};\boldsymbol{x},\boldsymbol{y})}{\partial W_{ij}^{(l)}} = \delta_i^{(l+1)} a_j^{(l)}$）

$$\frac{\partial J(\boldsymbol{W},\boldsymbol{b};\boldsymbol{x},\boldsymbol{y})}{\partial b_i^{(l)}} = \delta_j^{(l+1)}$$

（对应地也可以写成$\frac{\partial J(\boldsymbol{W},\boldsymbol{b};\boldsymbol{x},\boldsymbol{y})}{\partial b_j^{(l)}} = \delta_i^{(l+1)}$）

此处需要注意的是，$\boldsymbol{b}^{(l)}$的维数与第$l+1$层中的节点数量一致，这一点从图 8-6 所示的多层神经网络的结构中也可以看出。

$z_j^{(l+1)} = \sum_{i=1}^{n} W_{ji}^{(l)} a_i^{(l)} + b_i^{(l)}$更应该写成$z_j^{(l+1)} = \sum_{i=1}^{n} W_{ji}^{(l)} a_i^{(l)} + b_j^{(l)}$

如果没有加偏置项的话，相当于偏置项的作用被“吸收”到系数$\boldsymbol{W}$中。

至此，我们可以得知多层神经网络的 BP 算法的计算步骤如下。

多层神经网络的 BP 算法

（1）随机初始化系数变量。

（2）计算输出层的反向传播误差：$\delta^{(nl)} = -(\boldsymbol{y} - \boldsymbol{a}^{(nl)})f'(\boldsymbol{z}^{(nl)})$。

（3）计算隐藏层的反向传播误差：$\delta = \{(\boldsymbol{W}^{(l)})^{\mathrm{T}}\delta^{(l+1)}\}f'(\boldsymbol{z}^{(l)})$。

（4）计算第 l 层的偏导数：$\nabla_{\boldsymbol{W}^l}J(\boldsymbol{W},\boldsymbol{b};\boldsymbol{x},\boldsymbol{y}) = \delta^{(l+1)}(\boldsymbol{a}^{(l)})^{\mathrm{T}}$，$\nabla_{\boldsymbol{b}^l}J(\boldsymbol{W},\boldsymbol{b};\boldsymbol{x},\boldsymbol{y}) = \delta^{(l+1)}$。

基于批量样本进行迭代求解（Batch Method）的实现如下（以矩阵形式存储系数能加快计算速度）。

迭代求解的实现

（1）将矩阵$\Delta\boldsymbol{W}^{(l)}$及$\Delta\boldsymbol{b}^{(l)}$（与系数的维数相同，用来保存梯度）初始化为 0。

（2）利用 BP 算法计算梯度$\nabla_{\boldsymbol{W}^l}J(\boldsymbol{W},\boldsymbol{b};\boldsymbol{x},\boldsymbol{y})$和$\nabla_{\boldsymbol{b}^l}J(\boldsymbol{W},\boldsymbol{b};\boldsymbol{x},\boldsymbol{y})$，将$\Delta\boldsymbol{W}^{(l)}$与 $\Delta\boldsymbol{b}^{(l)}$更新为$\nabla_{\boldsymbol{W}^l}J(\boldsymbol{W},\boldsymbol{b};\boldsymbol{x},\boldsymbol{y})$和$\nabla_{\boldsymbol{b}^l}J(\boldsymbol{W},\boldsymbol{b};\boldsymbol{x},\boldsymbol{y})$。

（3）更新系数$\boldsymbol{W}^{(l)} = \boldsymbol{W}^{(l)} - \alpha[(\frac{1}{m}\Delta\boldsymbol{W}^{(l)}) + \lambda\boldsymbol{W}^{(l)}]$，$\boldsymbol{b}^{(l)} = \boldsymbol{b}^{(l)} - \alpha[\frac{1}{m}\Delta\boldsymbol{b}^{(l)}]$，其中$\alpha$称为学习率或梯度下降率，$\lambda$则为正则因子的系数或惩罚性系数。

我们同样使用 Python 实现了一个简单的多线程 DNN，使用了 3 个线程来计算反向传播时的误差，可以加速 3 倍左右。这个 DNN 中可以包含任意数量的隐藏层，代码文件名为 BMNN_MultiThread.py（8.3.3 节会引用此代码），具体实现如下所示：

```
#coding=utf-8
'''
Created on 2014年11月15日
Modified on 2018年11月19日
@author: wangshuai
'''
import numpy
#import matplotlib.pyplot as plt
```

```
import struct
import math
import random
import time
import threading

#定义用于多线程计算的类
class MyThread(threading.Thread):
    def __init__(self, threadname, tANN, idx_start, idx_end):
        threading.Thread.__init__(self, name=threadname)
        self.ANN=tANN
        self.idx_start=idx_start
        self.idx_end=idx_end

    def run(self):
        cDetaW, cDetaB,
cError=self.ANN.backwardPropogation(self.ANN.traindata[self.idx_start],
self.idx_start)
        for idx in range(self.idx_start+1, self.idx_end):
            DetaWtemp, DetaBtemp,
Errortemp=self.ANN.backwardPropogation(self.ANN.traindata[idx], idx)
            cError += Errortemp
            #cDetaW += DetaWtemp
            #cDetaB += DetaBtemp
            for idx_W in range(0, len(cDetaW)):
                cDetaW[idx_W] += DetaWtemp[idx_W]

            for idx_B in range(0, len(cDetaB)):
                cDetaB[idx_B] += DetaBtemp[idx_B]
        return cDetaW, cDetaB, cError

#定义sigmoid函数
def sigmoid(inX):
    return 1.0/(1.0+math.exp(-inX))

#定义正切函数
def tangenth(inX):
    return
(1.0*math.exp(inX)-1.0*math.exp(-inX))/(1.0*math.exp(inX)+1.0*math.exp(-inX))

#对sigmoid函数求导
def difsigmoid(inX):
```

```
    return sigmoid(inX)*(1.0-sigmoid(inX))

#对矩阵进行 sigmoid 函数映射
def sigmoidMatrix(inputMatrix):
    m,n=numpy.shape(inputMatrix)
    outMatrix=numpy.mat(numpy.zeros((m,n)))
    for idx_m in range(0,m):
        for idx_n in range(0,n):
            outMatrix[idx_m,idx_n]=sigmoid(inputMatrix[idx_m,idx_n])
    return outMatrix

#加载 MNIST 图像
def loadMNISTimage(absFilePathandName,datanum=60000):
    images=open(absFilePathandName,'rb')
    buf=images.read()
    index=0
    magic, numImages , numRows , numColumns = struct.unpack_from('>IIII' , buf ,
index)
    print(magic, numImages , numRows , numColumns)
    index += struct.calcsize('>IIII')
    if magic != 2051:
        raise Exception
    datasize=int(784*datanum)
    datablock=">"+str(datasize)+"B"
    nextmatrix=struct.unpack_from(datablock ,buf, index)
    nextmatrix=numpy.array(nextmatrix)/255.0
    nextmatrix=nextmatrix.reshape(datanum,1,numRows*numColumns)
    return nextmatrix, numImages

#加载图像标签
def loadMNISTlabels(absFilePathandName,datanum=60000):
    labels=open(absFilePathandName,'rb')
    buf=labels.read()
    index=0
    magic, numLabels  = struct.unpack_from('>II' , buf , index)
    print(magic, numLabels)
    index += struct.calcsize('>II')
    if magic != 2049:
        raise Exception

    datablock=">"+str(datanum)+"B"
    nextmatrix=struct.unpack_from(datablock ,buf, index)
```

```
        nextmatrix=numpy.array(nextmatrix)
        return nextmatrix, numLabels

    #定义多层神经网络对应的类
    class MuiltilayerANN(object):
        def
__init__(self,NumofHiddenLayers,NumofNodesinHiddenlayers,inputDimension,outputDim
ension=1,maxIter=50):
            self.trainDataNum=2000
            self.decayRate=0.1
            self.punishFactor=0.01
            self.eps=0.000001
            self.numofhl=NumofHiddenLayers
            self.Nl=int(NumofHiddenLayers+2)
            self.NodesinHidden=[]
            for element in NumofNodesinHiddenlayers:
                self.NodesinHidden.append(int(element))
            #self.B=[]
            self.inputDi=int(inputDimension)
            self.outputDi=int(outputDimension)
            self.maxIteration=int(maxIter)
            self.Theta=[]
            self.Ztemp=[]

        def setTrainDataNum(self,datanum):
            self.trainDataNum=datanum
            return
        #加载训练数据
        def loadtraindata(self,absFilePathandName):

self.traindata,self.TotalnumoftrainData=loadMNISTimage(absFilePathandName,self.tr
ainDataNum)
            return

        #加载训练标签
        def loadtrainlabel(self,absFilePathandName):

self.trainlabel,self.TotalnumofTrainLabels=loadMNISTlabels(absFilePathandName,sel
f.trainDataNum)
            return

        #初始化权重
```

```
    def initialweights(self):
        self.nodesinLayers=[]
        self.nodesinLayers.append(int(self.inputDi))
        self.nodesinLayers += self.NodesinHidden
        self.nodesinLayers.append(int(self.outputDi))
        self.weightMatrix=[]
        self.B=[]
        for idx in range(0,self.Nl-1):

s=math.sqrt(6)/math.sqrt(self.nodesinLayers[idx]+self.nodesinLayers[idx+1])

tempMatrix=numpy.zeros((self.nodesinLayers[idx],self.nodesinLayers[idx+1]))
            for row_m in range(0,self.nodesinLayers[idx]):
                for col_m in range(0,self.nodesinLayers[idx+1]):
                    tempMatrix[row_m,col_m]=random.random()*2.0*s-s
            self.weightMatrix.append(numpy.mat(tempMatrix))
            self.B.append(numpy.mat(numpy.zeros((1,self.nodesinLayers[idx+1]))))
        return 0

    def printWeightMatrix(self):
        for idx in range(0,int(self.Nl)-1):
            print(self.weightMatrix[idx])
            print(self.B[idx])
        return 0
    #定义前向传播方法
    def forwardPropogation(self,singleDataInput,currentDataIdx):
        self.Ztemp=[]

self.Ztemp.append(numpy.mat(singleDataInput)*self.weightMatrix[0]+self.B[0])
        Atemp=[]
        for idx in range(1,self.Nl-1):
            Atemp.append(sigmoidMatrix(self.Ztemp[idx-1]))
            self.Ztemp.append(Atemp[idx-1]*self.weightMatrix[idx]+self.B[idx])
            #print Ztemp
        Atemp.append(sigmoidMatrix(self.Ztemp[self.Nl-2]))
        outlabels=numpy.mat(numpy.zeros((1,self.outputDi)))
        outlabels[0,int(self.trainlabel[currentDataIdx])]=1.0
        errorMat=Atemp[self.Nl-2]-outlabels
        errorsum=0.0
        for idx in range(0,self.outputDi):
            errorsum += 0.5*((errorMat[0,idx])*(errorMat[0,idx]))
        return Atemp,self.Ztemp,errorsum
```

```
    def calThetaNl(self,Anl,Y,Znl):
        thetaNl=Anl-Y
        return thetaNl

#定义反向（后向）传播算法
    def backwardPropogation(self, singleDataInput, currentDataIdx):

Atemp,Ztemp,temperror=self.forwardPropogation(numpy.mat(singleDataInput),
currentDataIdx)
        self.Theta=[]
        outlabels=numpy.mat(numpy.zeros((1,self.outputDi)))
        outlabels[0,int(self.trainlabel[currentDataIdx])]=1.0
        thetaNl=self.calThetaNl(Atemp[self.Nl-2], outlabels, Ztemp[self.Nl-2])
        self.Theta.append(thetaNl)

        #此处倒过来计算
        for idx in range(1,self.Nl-1):
            inverseidx=self.Nl-1-idx
            thetaLPlus1=self.Theta[idx-1]
            WeightL=self.weightMatrix[inverseidx]
            Zl=Ztemp[inverseidx-1]
            thetal=thetaLPlus1*WeightL.transpose()
            row_theta,col_theta=numpy.shape(thetal)
            if row_theta != 1:
                raise Exception
            for idx_col in range(0,col_theta):
                thetal[0,idx_col] =thetal[0,idx_col]*difsigmoid(Zl[0,idx_col])
            self.Theta.append(thetal)
        DetaW=[]
        DetaB=[]
        for idx in range(0,self.Nl-2):
            inverse_idx=self.Nl-2-1-idx
            dW=Atemp[inverse_idx].transpose()*self.Theta[idx]
            dB=self.Theta[idx]
            DetaW.append(dW)
            DetaB.append(dB)
        DetaW.append(singleDataInput.transpose()*self.Theta[self.Nl-2])
        DetaB.append(self.Theta[self.Nl-2])
        return DetaW,DetaB,temperror

    def updatePara(self,DetaW,DetaB,dataNum):
```

```
        # 更新参数
        for idx in range(0,self.Nl-1):
            inverse_idx=self.Nl-1-1-idx
            self.weightMatrix[inverse_idx] -=
self.decayRate*((1.0/dataNum)*DetaW[idx]+self.punishFactor*self.weightMatrix[inve
rse_idx])
            self.B[inverse_idx] -= self.decayRate*(1.0/dataNum)*DetaB[idx]

    def calpunish(self):
        punishment=0.0
        for idx in range(0,self.Nl-1):
            temp=self.weightMatrix[idx]
            idx_m,idx_n=numpy.shape(temp)
            for i_m in range(0,idx_m):
                for i_n in range(0,idx_n):
                    punishment += temp[i_m,i_n]*temp[i_m,i_n]
        return 0.5*self.punishFactor*punishment

    def trainANN(self):
        Error_old=10000000000.0
        iter_idx=0
        while iter_idx<self.maxIteration:
            print("iter num: ",iter_idx,"===============================")
            iter_idx += 1
            cDetaW, cDetaB, cError=self.backwardPropogation(self.traindata[0],0)

            for idx in range(1,self.trainDataNum):
                DetaWtemp, DetaBtemp,
Errortemp=self.backwardPropogation(self.traindata[idx],idx)
                cError += Errortemp
                for idx_W in range(0,len(cDetaW)):
                    cDetaW[idx_W] += DetaWtemp[idx_W]

                for idx_B in range(0,len(cDetaB)):
                    cDetaB[idx_B] += DetaBtemp[idx_B]
            cError/=self.trainDataNum
            cError += self.calpunish()
            print("old error", Error_old)
            print("new error", cError)
            Error_new=cError
            if Error_old-Error_new < self.eps:
                break
```

```
            Error_old=Error_new
            self.updatePara(cDetaW, cDetaB,self.trainDataNum)
        return

#采用多线程的方式训练多层神经网络
    def trainANNwithMultiThread(self):
        Error_old=10000000000.0
        iter_idx=0
        while iter_idx < self.maxIteration:
            print("iter num: ", iter_idx, "===============================")
            iter_idx += 1
            cDetaW, cDetaB, cError=self.backwardPropogation(self.traindata[0],0)
            segNum = int(self.trainDataNum/3)
            work1 = MyThread('work1', self, 1, segNum)
            cDetaW1, cDetaB1, cError1 = work1.run()
            work2 = MyThread('work2', self, segNum, int(2*segNum))
            cDetaW2, cDetaB2, cError2 = work2.run()
            work3 = MyThread('work3', self, int(2*segNum), self.trainDataNum)
            cDetaW3, cDetaB3, cError3 = work3.run()

            while work1.isAlive() or work2.isAlive() or work3.isAlive():
                time.sleep(0.0001)
                print("wait for done")
                continue

            for idx_W in range(0, len(cDetaW)):
                cDetaW[idx_W] += (cDetaW1[idx_W]+cDetaW2[idx_W]+cDetaW3[idx_W])

            for idx_B in range(0, len(cDetaB)):
                cDetaB[idx_B] += (cDetaB1[idx_B]+cDetaB2[idx_B]+cDetaB3[idx_B])

            cError = cError+cError1+cError2+cError3
            cError /= self.trainDataNum
            cError += self.calpunish()
            print("old error", Error_old)
            print("new error", cError)
            Error_new=cError
            if Error_old-Error_new < self.eps:
                break
            Error_old=Error_new
            self.updatePara(cDetaW, cDetaB, self.trainDataNum)
            self.decayRate /= (1+0.001*iter_idx)
```

```
        return
    #计算模型预测的准确率
    def getTrainAccuracy(self):
        accuracycount=0
        for idx in range(0,self.trainDataNum):

Atemp,Ztemp,errorsum=self.forwardPropogation(self.traindata[idx],idx)
            TrainPredict=Atemp[self.Nl-2]
            print(TrainPredict)
            Plist=TrainPredict.tolist()
            LabelPredict=Plist[0].index(max(Plist[0]))
            print("LabelPredict",LabelPredict)
            print("trainLabel",self.trainlabel[idx])
            if int(LabelPredict) == int(self.trainlabel[idx]):
                accuracycount += 1
        print("accuracy:", float(accuracycount)/float(self.trainDataNum))
        return


if __name__ == '__main__':
    #初始化神经网络
    MyANN = MuiltilayerANN(1, [256], 784, 10, 50)
    MyANN.setTrainDataNum(500)
    MyANN.loadtraindata("/Users/wangshuai/Downloads/train-images-idx3-ubyte")
    MyANN.loadtrainlabel("/Users/wangshuai/Downloads/train-labels-idx1-ubyte")
    MyANN.initialweights()
    MyANN.printWeightMatrix()

    tstart = time.time()
    MyANN.trainANNwithMultiThread()
    tend = time.time()
    print("total seconds: ", tend-tstart)
    MyANN.getTrainAccuracy()
    MyANN.printWeightMatrix()
    pass
```

8.3.3 卷积神经网络（Convolutional Neural Network）

近年来，在机器视觉与图像处理领域，卷积神经网络都取得了巨大成功。尤其是在近几年的 ImageNet 比赛中，基于卷积神经网络的各种模型的错误率在不断降低，直到 2017 年该比赛停办。本节参考 *Unsupervised Feature Learning and Deep Learning*

一书（简称 UFLDL）和 deeplearning.net 上公开的教程，并结合笔者的理解，梳理卷积神经网络的结构以及通过 BP 算法求解网络参数的过程。

提及卷积神经网络，就不得不介绍 LeNet5。该网络是最早被成功应用的卷积神经网络之一，由 Yann LeCun 等人在 1988 年提出。下面我们会详细介绍 LeNet5 的结构。如果理解了在 LeNet5 中卷积是如何使用和起作用的，也就理解了卷积神经网络的原理。

8.3.3.1 LeNet5

首先来看 LeNet5 的结构，该卷积神经网络的结构如图 8-8 所示（来自 Yann LeCun 的论文）[1]。

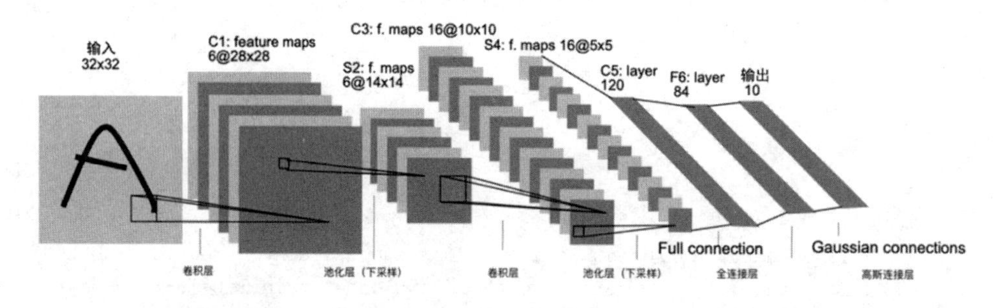

图 8-8　LeNet5 结构图

对于卷积层，其计算公式为：

$$x_{Kj}^{(l)} = f((\sum_{i \in M_l} x_i^{(l-1)} \boldsymbol{K}_{ij}^{(l)}) + b_j^{(l)})$$

其中，K 表示由第 l 层到第 l+1 层要产生的特征（feature）的数量，$\boldsymbol{K}_{ij}^{(l)}$表示“卷积核”，而$b_j^{(l)}$表示偏置项（bias）。令卷积核的大小为 5×5，总共有 6×(5×5+1)=156 个参数。对于卷积层 C1 而言，每个像素都与前一层的 5×5 个像素和 1 个偏置项有连接（connection），所以总共有 156 × 28 × 28 = 122,304 个连接。

在 LeNet5 中，S2 这个池化层（pooling）的作用是对 C1 中 2 × 2 区域内的像素求和后加上一个偏置项，然后对这个结果再做一次映射（使用 sigmoid 或者别的函数），所以相当于对 C1 做了降维，此处共有 6 × 2 = 12 个参数。S2 中的每个像素都与 C1

中的 2 × 2 个像素和 1 个偏置项有连接，所以有 6 × 5 × 14 × 14 = 5880 个连接。

此外，池化层还有最大池化（max-pooling）和平均池化（mean-pooling）这两种实现。最大池化即取 2 × 2 区域内的最大像素，而平均池化即取 2 × 2 区域内像素的均值。LeNet5 中最复杂的就是 S2 到 C3 层，其连接如图 8-9 所示[1]。

	0	1	2	3	4	5	6	7	8	9	10	11	12	13	14	15
0	X				X	X	X			X	X	X	X		X	X
1	X	X				X	X	X			X	X	X	X		X
2	X	X	X				X	X	X			X		X	X	X
3		X	X	X			X	X	X	X			X		X	X
4			X	X	X			X	X	X	X		X	X		X
5				X	X	X			X	X	X	X		X	X	X

图 8-9　LeNet5 中 S2 到 C3 层的结构

编号为 0~5 的前 6 个特征图（feature map）与 S2 层相连的 3 个特征图相连接，编号为 6~11 的 6 个特征图与 S2 层相连的 4 个特征图相连接，编号为 12~14 的 3 个特征图与 S2 层部分不相连的 4 个特征图连接，编号为 15 的最后一个特征图与 S2 层的所有特征图相连接。卷积核的大小为 5×5，所以参数的总数为：6 × (3 × 5 × 5 + 1) + 6 × (4 × 5 × 5 + 1) + 3 ×(4 × 5 × 5 + 1) + 1 ×(6× 5 × 5 + 1) = 1516 ，而图像大小为 10×10，所以共有 151,600 个连接。

S4 是池化层，窗口大小为 2×2，共计 16 个特征图，所以有 32 个参数，共计 16 ×(25 × 4 + 25) = 2000 个连接。

C5 是卷积层，总共 120 个特征图，每个特征图与 S4 层所有的特征图相连接，卷积核大小是 5×5，而 S4 层的特征图的大小也是 5×5，所以 C5 的特征图的维度为 1×1，也就是变成了 1 个点，共计 120 ×(25 × 16 + 1) = 48,120 个参数。

F6 相当于多层感知器（Multi-Layer Perceptron，MLP）中的隐藏层，有 84 个节点，所以有 84 ×(120 + 1)= 10,164 个参数。F6 层采用了正切函数，对应的计算公式为：$x_i = f(a_i) = A\tanh(Sa_i)$。其中，$A$ 决定了幅值，S 决定了在原点时的斜率。

LeNet5 的输出层采用了 RBF 函数，即径向欧氏距离函数，计算公式为：

$$y_i = \sum_j (x_i - w_{ij})^2$$

以上就是 LeNet5 的结构。

8.3.3.2 卷积神经网络的 BP 算法

下面介绍卷积神经网络的 BP 算法[2]。一般而言，多类别神经网络的输出一般采用 softmax 形式，即输出层的激活函数不采用 sigmoid 或者 tanh 函数。在输出层为 softmax 形式的情况下，神经网络的最后一层的输出为：

$$f(x_i)=\frac{\mathrm{e}^{x_i}}{\sum_{j=1}^{j=k}\mathrm{e}^{x_j}}$$

误差函数则采用交叉熵的形式（正则项为 $L2$ 范数），即：

$$J=-\frac{1}{m}\sum_{i=1}^{m}y^{(i)}\log f(x_i)+\lambda\sum_{k=1}^{L}||\boldsymbol{W}_k||^2$$

输出层对权值的偏导数为：

$$\frac{\partial J}{\partial \boldsymbol{W}_L}=-\frac{1}{m}\big(e(Y)-f(X)\big)+\lambda\boldsymbol{W}_L$$

$$\frac{\partial J}{\partial B_L}=-\frac{1}{m}(e(Y)-f(X))$$

我们来看从池化层到卷积层的误差是如何反向传播的。和多层神经网络一样，卷积神经网络可以通过层与层间的连接实现误差传播，只是计算公式变为：

$$\delta_k^{(l)}=\text{upsample}\left(\boldsymbol{W}_k^{(l)}\delta_k^{(l+1)}\right)\cdot f'\left(z_k^{(l)}\right)$$

其中的系数根据池化的方法赋值。如果是平均池化，则把池化层的误差平均到其 4 个输入上；如果是最大池化，则把误差全部反向传播到其输入上。

接下来，我们来看如何计算卷积层反向传播到池化层的误差。池化层中的 1 个特征图与 M 个卷积层的特征图相连接，那么该池化层的误差项的计算公式如下：

$$\delta_k^{(l)}=\sum_{j=1}^{M}\delta_j^{(l+1)}*K_{ij}$$

上述公式中星号“*”表示卷积操作，即将核函数 $\boldsymbol{K}$ 旋转 180° 后与误差项做相关操作，然后再求和。

最后，我们研究在求得各层的误差项后如何计算与卷积层相连接的核函数的偏导数。其计算公式如下：

$$\frac{\partial L}{\partial K_{ij}} = X_i^l * \delta_j^{(l+1)}$$

$$\frac{\partial L}{\partial b_j} = \sum_{u,v} (\delta_j^{(l+1)})_{u,v}$$

$$\frac{\partial L}{\partial b_j} = \sum_{u,v} (\delta_j^{(l+1)})_{u,v}$$

即将卷积层的误差项旋转 180° 后，与其输入层做相关操作，就可以得到核函数的偏导数。而偏置项的偏导数则由误差项内所有元素相加得到。

8.3.3.3　卷积神经网络的编程实现

我们用 Python 实现了一个简单的卷积神经网络，可以包含任意数量的卷积层。为了演示卷积神经网络的效果，我们的实验中卷积神经网络只包含一个卷积层和一个最大池化层，池化层之后是全连接神经网络，其输出采用了 softmax 形式。在实验中，当输入采用 MNIST 图像中的“5”并使用 10 个特征图时，卷积层和最大池化层的结果分别如图 8-10 和 8-11 所示。从图中可以看到卷积层完成了图像特征的提取，而池化层完成了特征的降维并保留了其中较明显的特征。

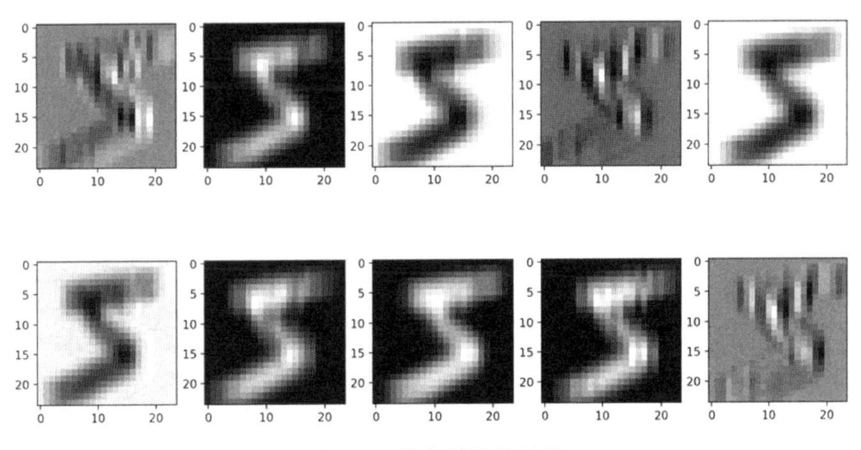

图 8-10　卷积层的效果图

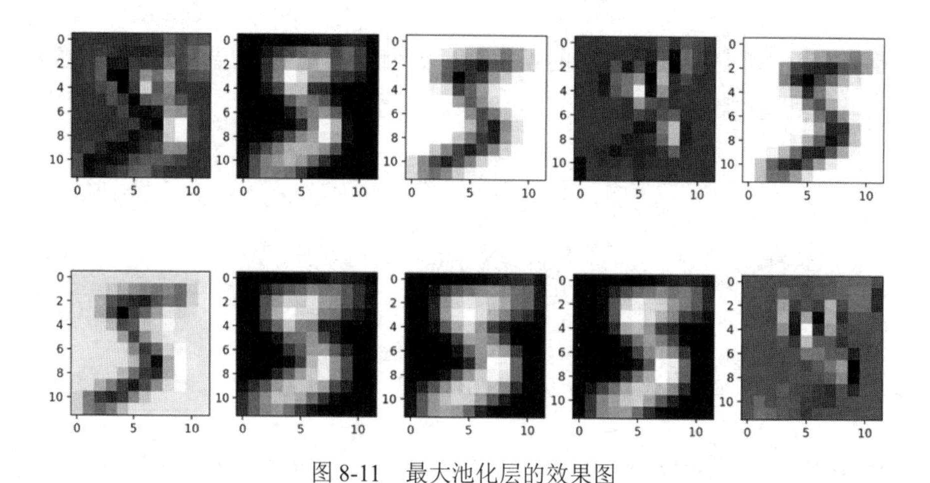

图 8-11　最大池化层的效果图

将深度神经网络的输入替换成卷积层和池化层的输出，就可以得到卷积神经网络，我们基于 8.3.2 节实现的深度神经网络构建了一个简单的卷积神经网络，具体实现代码如下所示：

```
#coding=utf-8
'''
Created on 2014年11月30日
Modified on 2018年11月19日
@author: Wangliaofan
'''
import numpy
import struct
import matplotlib.pyplot as plt
import math
import random
import copy
import sys
sys.path.append("..")
from BasicMultilayerNeuralNetwork import BMNN_MultiThread

#sigmoid函数
def sigmoid(inX):
   if 1.0+numpy.exp(-inX)== 0.0:
      return 999999999.999999999
   return 1.0/(1.0+numpy.exp(-inX))
```

```
    #对 sigmoid 函数求导
    def difsigmoid(inX):
        return sigmoid(inX)*(1.0-sigmoid(inX))

    #正切激活函数
    def tangenth(inX):
        return
(1.0*math.exp(inX)-1.0*math.exp(-inX))/(1.0*math.exp(inX)+1.0*math.exp(-inX))

    #定义卷积层
    def cnn_conv(in_image, filter_map,B,type_func='sigmoid'):
        #in_image[num,feature map,row,col]=>in_image[Irow,Icol]
        #features map[k filter,row,col]
        #type_func['sigmoid','tangenth']
        #out_feature[k filter,Irow-row+1,Icol-col+1]
        shape_image=numpy.shape(in_image)#[row,col]
        #print "shape_image",shape_image
        shape_filter=numpy.shape(filter_map)#[k filter,row,col]
        if shape_filter[1]>shape_image[0] or shape_filter[2]>shape_image[1]:
            raise Exception

shape_out=(shape_filter[0],shape_image[0]-shape_filter[1]+1,shape_image[1]-shape_
filter[2]+1)
        out_feature=numpy.zeros(shape_out)
        k,m,n=numpy.shape(out_feature)
        for k_idx in range(0,k):
            #rotate 180 to calculate conv
            c_filter=numpy.rot90(filter_map[k_idx,:,:], 2)
            for r_idx in range(0,m):
                for c_idx in range(0,n):
                    #conv_temp=numpy.zeros((shape_filter[1],shape_filter[2]))

conv_temp=numpy.dot(in_image[r_idx:r_idx+shape_filter[1],c_idx:c_idx+shape_filter
[2]],c_filter)
                    sum_temp=numpy.sum(conv_temp)
                    if type_func=='sigmoid':
                        out_feature[k_idx,r_idx,c_idx]=sigmoid(sum_temp+B[k_idx])
                    elif type_func=='tangenth':
                        out_feature[k_idx,r_idx,c_idx]=tangenth(sum_temp+B[k_idx])
                    else:
                        raise Exception
```

```
    return out_feature

#定义最大池化层
def cnn_maxpooling(out_feature,pooling_size=2,type_pooling="max"):
    k,row,col=numpy.shape(out_feature)
    max_index_Matirx=numpy.zeros((k,row,col))
    out_row=int(numpy.floor(row/pooling_size))
    out_col=int(numpy.floor(col/pooling_size))
    out_pooling=numpy.zeros((k,out_row,out_col))
    for k_idx in range(0,k):
        for r_idx in range(0,out_row):
            for c_idx in range(0,out_col):

temp_matrix=out_feature[k_idx,pooling_size*r_idx:pooling_size*r_idx+pooling_size,
pooling_size*c_idx:pooling_size*c_idx+pooling_size]
                out_pooling[k_idx,r_idx,c_idx]=numpy.amax(temp_matrix)
                max_index=numpy.argmax(temp_matrix)
                #print max_index
                #print max_index/pooling_size,max_index%pooling_size
                max_index_Matirx[k_idx, pooling_size*r_idx+
int(max_index/pooling_size), pooling_size*c_idx+int(max_index%pooling_size)] = 1
    return out_pooling,max_index_Matirx

#基于sigmoid函数的池化层
def poolwithfunc(in_pooling,W,B,type_func='sigmoid'):
    k,row,col=numpy.shape(in_pooling)
    out_pooling=numpy.zeros((k,row,col))
    for k_idx in range(0,k):
        for r_idx in range(0,row):
            for c_idx in range(0,col):

out_pooling[k_idx,r_idx,c_idx]=sigmoid(W[k_idx]*in_pooling[k_idx,r_idx,c_idx]+B[k
_idx])
    return out_pooling

#计算从池化层到卷积层的反向传播误差
def
backErrorfromPoolToConv(theta,max_index_Matirx,out_feature,pooling_size=2):
    k1,row,col=numpy.shape(out_feature)
    error_conv=numpy.zeros((k1,row,col))
    k2,theta_row,theta_col=numpy.shape(theta)
```

```
        if k1!=k2:
            raise Exception
        for idx_k in range(0,k1):
            for idx_row in range( 0, row):
                for idx_col in range( 0, col):
                    error_conv[idx_k,idx_row,idx_col]=\
                        max_index_Matirx[idx_k,idx_row,idx_col]*\
                        float(theta[idx_k, int(idx_row/pooling_size),
int(idx_col/pooling_size)])*\
                        difsigmoid(out_feature[idx_k,idx_row,idx_col])
        return error_conv

    #计算从卷积层到输出层的反向传播误差
    def backErrorfromConvToInput(theta,inputImage):
        k1,row,col=numpy.shape(theta)
        #print "theta",k1,row,col
        i_row,i_col=numpy.shape(inputImage)
        if row>i_row or col> i_col:
            raise Exception
        filter_row=i_row-row+1
        filter_col=i_col-col+1
        detaW=numpy.zeros((k1,filter_row,filter_col))
        #the same with conv valid in matlab
        for k_idx in range(0,k1):
            for idx_row in range(0,filter_row):
                for idx_col in range(0,filter_col):

subInputMatrix=inputImage[idx_row:idx_row+row,idx_col:idx_col+col]
                    #print "subInputMatrix",numpy.shape(subInputMatrix)
                    #rotate theta 180
                    #print numpy.shape(theta)
                    theta_rotate=numpy.rot90(theta[k_idx,:,:], 2)
                    #print "theta_rotate",theta_rotate
                    dotMatrix=numpy.dot(subInputMatrix,theta_rotate)
                    detaW[k_idx,idx_row,idx_col]=numpy.sum(dotMatrix)
        detaB=numpy.zeros((k1,1))
        for k_idx in range(0,k1):
            detaB[k_idx]=numpy.sum(theta[k_idx,:,:])
        return detaW,detaB

    #加载图像
```

```
    def loadMNISTimage(absFilePathandName,datanum=60000):
        images=open(absFilePathandName,'rb')
        buf=images.read()
        index=0
        magic, numImages , numRows , numColumns = struct.unpack_from('>IIII' , buf ,
index)
        print(magic, numImages , numRows , numColumns)
        index += struct.calcsize('>IIII')
        if magic != 2051:
            raise Exception
        datasize=int(784*datanum)
        datablock=">"+str(datasize)+"B"
        #nextmatrix=struct.unpack_from('>47040000B' ,buf, index)
        nextmatrix=struct.unpack_from(datablock ,buf, index)
        nextmatrix=numpy.array(nextmatrix)/255.0
        #nextmatrix=nextmatrix.reshape(numImages,numRows,numColumns)
        #nextmatrix=nextmatrix.reshape(datanum,1,numRows*numColumns)
        nextmatrix=nextmatrix.reshape(datanum,1,numRows,numColumns)
        return nextmatrix, numImages

    #加载标签
    def loadMNISTlabels(absFilePathandName,datanum=60000):
        labels=open(absFilePathandName,'rb')
        buf=labels.read()
        index=0
        magic, numLabels  = struct.unpack_from('>II' , buf , index)
        print(magic, numLabels)
        index += struct.calcsize('>II')
        if magic != 2049:
            raise Exception

        datablock=">"+str(datanum)+"B"
        #nextmatrix=struct.unpack_from('>60000B' ,buf, index)
        nextmatrix=struct.unpack_from(datablock ,buf, index)
        nextmatrix=numpy.array(nextmatrix)
        return nextmatrix, numLabels

    #定义卷积网络结构
    def
simpleCNN(numofFilter,filter_size,pooling_size=2,maxIter=1000,imageNum=500):
        decayRate=0.01
```

```
MNISTimage,num1=loadMNISTimage("/Users/wangshuai/Downloads/train-images-idx3-ubyt
e", imageNum)
    print(num1)
    row,col=numpy.shape(MNISTimage[0,0,:,:])

out_Di=numofFilter*int((row-filter_size+1)/pooling_size)*int((col-filter_size+1)/
pooling_size)
    MLP=BMNN_MultiThread.MuiltilayerANN(1,[128],out_Di,10,maxIter)
    MLP.setTrainDataNum(imageNum)
    MLP.loadtrainlabel("/Users/wangshuai/Downloads/train-labels-idx1-ubyte")
    MLP.initialweights()
    #MLP.printWeightMatrix()
    rng = numpy.random.RandomState(23455)
    W_shp = (numofFilter, filter_size, filter_size)
    W_bound = numpy.sqrt(numofFilter * filter_size * filter_size)
    W_k=rng.uniform(low=-1.0 / W_bound,high=1.0 / W_bound,size=W_shp)
    B_shp = (numofFilter,)
    B= numpy.asarray(rng.uniform(low=-.5, high=.5, size=B_shp))
    cIter=0
    while cIter<maxIter:
        cIter += 1
        ImageNum=random.randint(0,imageNum-1)
        conv_out_map=cnn_conv(MNISTimage[ImageNum,0,:,:], W_k, B,"sigmoid")
        out_pooling,max_index_Matrix=cnn_maxpooling(conv_out_map,2,"max")
        pool_shape = numpy.shape(out_pooling)
        MLP_input=out_pooling.reshape(1,1,out_Di)
        #print numpy.shape(MLP_input)
        DetaW,DetaB,temperror=MLP.backwardPropogation(MLP_input,ImageNum)
        if cIter%50 ==0 :
            print(cIter,"Temp error: ",temperror)
        #print numpy.shape(MLP.Theta[MLP.Nl-2])
        #print numpy.shape(MLP.Ztemp[0])
        #print numpy.shape(MLP.weightMatrix[0])
        theta_pool=MLP.Theta[MLP.Nl-2]*MLP.weightMatrix[0].transpose()
        #print numpy.shape(theta_pool)
        #print "theta_pool",theta_pool
        temp=numpy.zeros((1,1,out_Di))
        temp[0,:,:]=theta_pool
        back_theta_pool=temp.reshape(pool_shape)
        #print "back_theta_pool",numpy.shape(back_theta_pool)
```

```
        #print "back_theta_pool",back_theta_pool

error_conv=backErrorfromPoolToConv(back_theta_pool,max_index_Matrix,conv_out_map,
2)
        #print "error_conv",numpy.shape(error_conv)
        #print error_conv

conv_DetaW,conv_DetaB=backErrorfromConvToInput(error_conv,MNISTimage[ImageNum,0,:
,:])
        #print "W_k",W_k
        #print "conv_DetaW",conv_DetaW
        #print "conv_DetaB",conv_DetaB
        temp=W_k- decayRate*conv_DetaW
        W_k=copy.deepcopy(temp)
        #print "W_k",W_k
        temp = B - decayRate*conv_DetaB
        B=copy.deepcopy(B)
        #print "B",B
        MLP.updatePara(DetaW, DetaB, 1)
    return W_k, B, MLP
#计算模型在训练及预测时的准确率
def getTrainAccuracy(numofFilter,filter_size,pooling_size,ImageNum,W_k,B,MLP):

MNISTimage,num1=loadMNISTimage("/Users/wangshuai/Downloads/train-images-idx3-ubyt
e",ImageNum)
    MLP.setTrainDataNum(ImageNum)
    MLP.loadtrainlabel("/Users/wangshuai/Downloads/train-labels-idx1-ubyte")
    row,col=numpy.shape(MNISTimage[0,0,:,:])
    iteration=0

out_Di=numofFilter*int((row-filter_size+1)/pooling_size)*int((col-filter_size+1)/
pooling_size)
    accuracycount=0
    while iteration<ImageNum:
        conv_out_map=cnn_conv(MNISTimage[iteration,0,:,:], W_k, B,"sigmoid")
        out_pooling,max_index_Matrix=cnn_maxpooling(conv_out_map,2,"max")
        #pool_shape = numpy.shape(out_pooling)
        MLP_input=out_pooling.reshape(1,1,out_Di)
        Atemp,Ztemp,errorsum=MLP.forwardPropogation(MLP_input,iteration)
        TrainPredict=Atemp[MLP.Nl-2]
        #print TrainPredict
```

```
        Plist=TrainPredict.tolist()
        LabelPredict=Plist[0].index(max(Plist[0]))
        #print "LabelPredict",LabelPredict
        #print "trainLabel",MLP.trainlabel[iteration]
        if int(LabelPredict) == int(MLP.trainlabel[iteration]):
            accuracycount += 1
        iteration += 1
        if iteration % 50 == 0:
            print(iteration)
    print("accuracy:", float(accuracycount)/float(ImageNum))
    return float(accuracycount)/float(ImageNum)

if __name__ == '__main__':
    MNISTimage, num1 =
loadMNISTimage("/Users/wangshuai/Downloads/train-images-idx3-ubyte", 1)
    MNISTlabel, num2 =
loadMNISTlabels("/Users/wangshuai/Downloads/train-labels-idx1-ubyte", 1)
    fig1 = plt.figure("convolution")
    k = 10
    filter_size = 5
    rng = numpy.random.RandomState(23455)
    w_shp = (k, filter_size, filter_size)
    w_bound = numpy.sqrt(k * filter_size * filter_size)
    w_k = rng.uniform(low=-1.0 / w_bound,high=1.0 / w_bound,size=w_shp)
    B_shp = (k,)
    B = numpy.asarray(rng.uniform(low=-.5, high=.5, size=B_shp))
    #print B
    out_map = cnn_conv(MNISTimage[0, 0, :, :], w_k, B, "sigmoid")
    for idx in range(0,10):
        plotwindow = fig1.add_subplot(2,5,idx+1)
        plt.imshow(out_map[idx, :, :], cmap='gray')
    #plt.show()
    fig2 = plt.figure("max-pooling")
    out_pooling, max_index=cnn_maxpooling(out_map)
    for idx in range(0, 10):
        plotwindow = fig2.add_subplot(2, 5, idx+1)
        plt.imshow(out_pooling[idx, :, :], cmap='gray')

    W_pool_shp = (k,)
    W_pool = numpy.asarray(rng.uniform(low=-1, high=1, size=W_pool_shp))
    B_pool_shp = (k,)
```

```
B_pool = numpy.asarray(rng.uniform(low=-.5, high=.5, size=B_pool_shp))
fig3 = plt.figure("pooling")
pooling = poolwithfunc(out_pooling, W_pool, B_pool)
for idx in range(0, 10):
   plotwindow = fig3.add_subplot(2, 5, idx+1)
   plt.imshow(pooling[idx, :, :], cmap='gray')
#plt.show()

W_k, B, MLP = simpleCNN(5, 5, 2, 2000, 1000)
#MLP.printWeightMatrix()
accu = getTrainAccuracy(5, 5, 2, 4000, W_k, B, MLP)
print(accu)
pass
```

多层神经网络和卷积神经网络的完整Python实现代码请参考笔者在GitHub上项目链接：https://github.com/xuanyuansen/UfldlDeepLearning.git。

8.3.4 应用案例

下面我们将分别以垃圾文本识别、垃圾图片识别和XSS攻击识别为例，介绍卷积神经网络在内容业务安全中的应用。

8.3.4.1 垃圾文本识别

笔者在最初构建垃圾文本识别模型时，结合用户行为特征和文本特征构建了分类模型，并在Prediction IO框架的基础上构建了实时机器学习模型预测引擎，即：利用词向量特征、交叉统计特征和随机森林等统计学习方法来识别发送垃圾消息的用户。这种方法既有优点也有缺点，优点是可以结合用户行为与文本来判断发消息主体的异常程度，但是当行为过于异常而文本正常时，对消息进行处理就找不到合理的解释，所以需要构建仅从文本的角度来识别垃圾消息的模型。

如果仅从文本的角度来考虑，垃圾文本识别就是典型的文本分类问题，而文本分类则是经典的自然语言处理问题（Natural Language Processing，NLP）。提及NLP技术，就不得不提词向量方法（Word2Vec[3]），该方法对于提升NLP技术中相关算法的效果起到了很大作用。

Word2Vec 本质上是一种词嵌入（word embedding）方法，它的核心思想是通过分布式表征（distributed representation）来优化独热编码表征（one-hot representation）。词向量方法中最让人感到惊艳的结果，莫过于可以用词对应的向量的差来体现词语在高维空间中的关系，例如，国王-皇后（King-Queen）大致等于男人-女人（Man-Women），更有意思的是国王-男人+女人（King-Man+Women）就约等于皇后（Queen），这在某种程度上揭示了语义结构信息。所以，自从 Mikolov 在论文中提出 Word2Vec 后，该方法就获得了大量的关注和应用。而从深度学习的观点看来，Word2Vec 也是表征学习（深度学习）的一种方式，虽然它只有一个隐藏层。

近年来，卷积神经网络在文本处理中也有很多成功的应用，例如 Text-CNN 和 Char-CNN 等。那么如何利用词向量技术进一步提升卷积神经网络的效果呢？经过技术调研，笔者采用了文献[4]中提到的多通道卷积神经网络（Multi-channel CNN），其本质是利用不同维度的词嵌入来提升卷积神经网络的效果。在实践中笔者用到了 Word2Vec 中的 CBOW 和 SKIPGRAM 词向量，以及更好的 GLOVE 词向量。在生产环境中，整个建模实验经过了三个版本的迭代。

版本一：仅使用 CBOW 词向量，加 Embedding 学习，总计两个通道的数据，模型的准确率为 92%左右。

版本二：在版本一的基础上加入 SKIPGRAM 词向量，总计三个通道的数据，模型的准确率为 94%左右。

版本三：在版本二的基础上加入 GLOVE 词向量，总计四个通道的数据，模型的准确率达到 96%左右。

为了保证算法的在线性能，通常会使用 TensorFlow 或者 Keras 框架来构建深度神经网络。我们的模型是基于 TensorFlow 1.4 实现的，并利用 TensorBoard 进行了模型结构的可视化，最终的模型结构如图 8-12 所示。

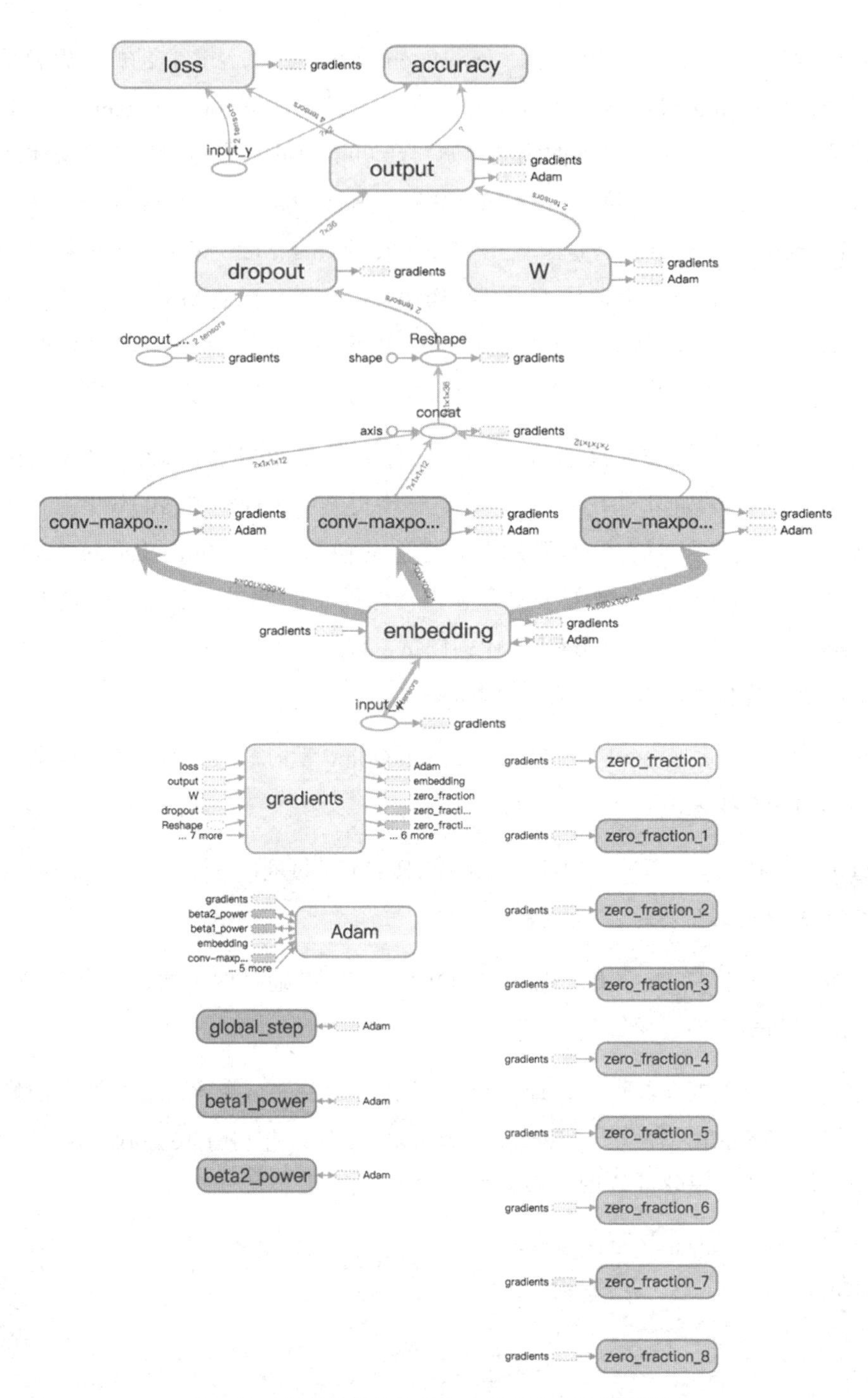

图 8-12 笔者构建的垃圾文本识别的深度模型结构

模型训练完毕并将其序列化到磁盘之后，可以利用 Python 中的 Tornado 框架搭建 HTTP 服务来包装模型的预测输出，并提供对 Restful API 的接入。整个文本分类模型的架构如图 8-13 所示。

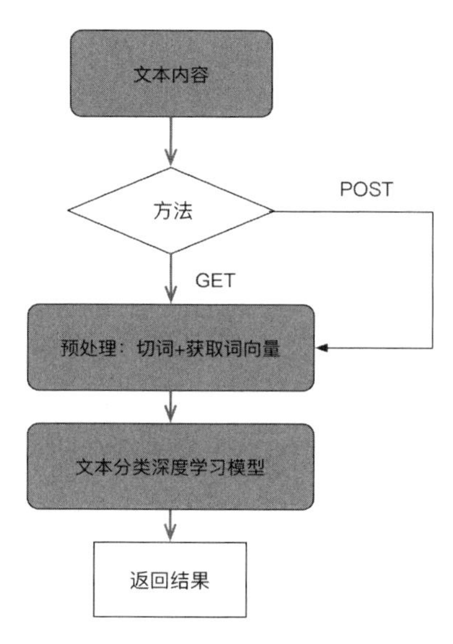

图 8-13　文本分类深度模型服务架构图

这里值得一提的是，为了节约训练的时间，模型训练是在 GPU 机器上完成的，而在部署模型服务时为了减少机器对资源的消耗，我们将服务搭建在 CPU 机器上（而且可以通过虚拟化技术提高物理机的使用效率），其响应时间（response time）约为 8 ms 左右，满足实时服务（一般要求响应时间在 20 ms 以内）的需求。而且与在 GPU 机器上部署服务相比，在 CPU 机器上部署服务时系统的响应时间还要短一些，这是因为在生产环境中，需要对文本数据进行实时处理，通过 Restful API 提交的查询请求大多数情况下是单条数据，而非批量数据，这时较难体现 GPU 的批量计算优势。所以，使用 CPU 机器部署在线服务，性能和开销都能够得到有效保障。

8.3.4.2　垃圾图片识别

深度残差网络（ResNet）[5]是近年出现的比较成功的深度卷积网络，在 2015 年帮助其提出者赢得了 ImageNet Large Scale Visual Recognition（ILSVRC）和 Common Objects in Context（COCO）等诸多比赛。该神经网络中最让人叹服之处就是引入了残差（residual）学习，类似的思想在统计机器学习方法——梯度提升决策树（Gradient Boosting Decision Trees，GBDT）中有非常明显的体现。

论文的原作者们提出的 ResNet 的思想非常巧妙。从直观的感受上来说，增加卷积神经网络的深度，应该可以降低训练误差，然而仅仅堆叠“Plain Net”时，层数过深的网络反而训练误差更高， ResNet 的原论文中提到这个场景可以在很多公开数据集上复现。原因是什么呢？笔者个人推测原因就在于反向传播这种训练方式有其固有的缺点，层数过多时容易出现梯度消失的问题。

ResNet 针对上述问题提出了一个非常巧妙的解决方案，即通过基于捷径的恒等映射（identity mapping by shortcut）来构建残差网络模块，残差为$F(x) = H(x) - x$，是目标值$H(x)$与x的差值。根据残差网络模块的结构，现在网络就不会直接学习$H(x)$了，而是学习$F(x) + x$，其中$F(x)$是一个残差映射。如果$\mathrm{H}(x)$与x是理想恒等的，即$\mathrm{H}(x) = x$，那么就可以设定$F(x)$对应的权重为 0，也就是上面提到的恒等映射；如果$\mathrm{H}(x)$与x非恒等映射，那么学习的目标就不再是完整的输出，而是将残差$F(x) = H(x) - x$的结果逼近 0。

这样，残差网络模块打破了神经网络中第 n-1 层的输出只能给第 n 层作为输入的惯例，使某一层的输出可以直接跨过几层作为后面某一层的输入，本质上就解决了网络层数过多时梯度消失的问题，使得学习过程变得容易。那么，我们就可以利用残差网络模块来构建更深的卷积网络，同时保证随着网络层数的增加，准确率不下降。

在内容业务安全实践中，我们使用了 ResNet-18 构建垃圾图片识别的分类模型，来识别 UGC 中的广告图片、色情图片和暴力恐怖图片等。整个网络结构的实现参考了论文[6]中的内容，并基于 Keras 2.0 开发，因为模型的架构图较为复杂，所以只提供格式化的输出。Resnet-18 网络结构的格式化输出如下所示。

```
____________________________________________________________________
Layer (type)            Output Shape         Param #    Connected to
/===================================================================
input_1 (InputLayer) (None, 32, 32, 3)      0
____________________________________________________________________
conv2d_1 (Conv2D)     (None, 16, 16, 64)  9472      input_1[0][0]
```

```
__________________________________________________________________________________
batch_normalization_1 (BatchNor (None, 16, 16, 64)  256  conv2d_1[0][0]
__________________________________________________________________________________
activation_1 (Activation)      (None, 16, 16, 64)  0
batch_normalization_1[0][0]
__________________________________________________________________________________
max_pooling2d_1 (MaxPooling2D) (None, 8, 8, 64)    0         activation_1[0][0]
__________________________________________________________________________________
conv2d_2 (Conv2D)              (None, 8, 8, 64)    36928
max_pooling2d_1[0][0]
__________________________________________________________________________________
batch_normalization_2 (BatchNor (None, 8, 8, 64)  256       conv2d_2[0][0]
__________________________________________________________________________________
activation_2 (Activation)      (None, 8, 8, 64)     0
batch_normalization_2[0][0]
__________________________________________________________________________________
conv2d_3 (Conv2D)              (None, 8, 8, 64)    36928      activation_2[0][0]
__________________________________________________________________________________
add_1 (Add)                    (None, 8, 8, 64)     0         max_pooling2d_1[0][0]
                                                         conv2d_3[0][0]
__________________________________________________________________________________
batch_normalization_3 (BatchNor (None, 8, 8, 64)  256       add_1[0][0]
__________________________________________________________________________________
activation_3 (Activation)      (None, 8, 8, 64)    0
batch_normalization_3[0][0]
__________________________________________________________________________________
conv2d_4 (Conv2D)              (None, 8, 8, 64)    36928      activation_3[0][0]
__________________________________________________________________________________
batch_normalization_4 (BatchNor (None, 8, 8, 64)    256       conv2d_4[0][0]
__________________________________________________________________________________
activation_4 (Activation)      (None, 8, 8, 64)    0
batch_normalization_4[0][0]
__________________________________________________________________________________
conv2d_5 (Conv2D)  (None, 8, 8, 64)    36928      activation_4[0][0]
__________________________________________________________________________________
add_2 (Add)       (None, 8, 8, 64)    0        add_1[0][0]
                        conv2d_5[0][0]
__________________________________________________________________________________
batch_normalization_5 (BatchNor (None, 8, 8, 64)  256     add_2[0][0]
__________________________________________________________________________________
activation_5 (Activation)  (None, 8, 8, 64)    0    batch_normalization_5[0][0]
__________________________________________________________________________________
```

```
   conv2d_6 (Conv2D)   (None, 4, 4, 128)   73856    activation_5[0][0]
   ________________________________________________________________________________
   batch_normalization_6 (BatchNor (None, 4, 4, 128)   512       conv2d_6[0][0]
   ________________________________________________________________________________
   activation_6 (Activation) (None, 4, 4, 128)   0
batch_normalization_6[0][0]
   ________________________________________________________________________________
   conv2d_8 (Conv2D)    (None, 4, 4, 128)   8320      add_2[0][0]
   ________________________________________________________________________________
   conv2d_7 (Conv2D)    (None, 4, 4, 128)  147584   activation_6[0][0]
   ________________________________________________________________________________
   add_3 (Add)           (None, 4, 4, 128)   0       conv2d_8[0][0]
                                                    conv2d_7[0][0]
   ________________________________________________________________________________
   batch_normalization_7 (BatchNor (None, 4, 4, 128)   512       add_3[0][0]
   ________________________________________________________________________________
   activation_7 (Activation)  (None, 4, 4, 128)  0
batch_normalization_7[0][0]
   ________________________________________________________________________________
   conv2d_9 (Conv2D)   (None, 4, 4, 128)   147584   activation_7[0][0]
   ________________________________________________________________________________
   batch_normalization_8 (BatchNor (None, 4, 4, 128)   512       conv2d_9[0][0]
   ________________________________________________________________________________
   activation_8 (Activation)      (None, 4, 4, 128)   0
batch_normalization_8[0][0]
   ________________________________________________________________________________
   conv2d_10 (Conv2D)   (None, 4, 4, 128)   147584   activation_8[0][0]
   ________________________________________________________________________________
   add_4 (Add)             (None, 4, 4, 128)   0         add_3[0][0]
                                                    conv2d_10[0][0]
   ________________________________________________________________________________
   batch_normalization_9 (BatchNor (None, 4, 4, 128)   512      add_4[0][0]
   ________________________________________________________________________________
   activation_9 (Activation)      (None, 4, 4, 128)   0
batch_normalization_9[0][0]
   ________________________________________________________________________________
   conv2d_11 (Conv2D)   (None, 2, 2, 256) 295168    activation_9[0][0]
   ________________________________________________________________________________
   batch_normalization_10 (BatchNo (None, 2, 2, 256) 1024    conv2d_11[0][0]
   ________________________________________________________________________________
   activation_10 (Activation)     (None, 2, 2, 256)   0
batch_normalization_10[0][0]
```

```
________________________________________________________________________
conv2d_13 (Conv2D)      (None, 2, 2, 256)   33024      add_4[0][0]
________________________________________________________________________
conv2d_12 (Conv2D)   (None, 2, 2, 256)   590080   activation_10[0][0]
________________________________________________________________________
add_5 (Add)          (None, 2, 2, 256)    0         conv2d_13[0][0]
                                                  conv2d_12[0][0]
________________________________________________________________________
batch_normalization_11 (BatchNo (None, 2, 2, 256)   1024       add_5[0][0]
________________________________________________________________________
activation_11 (Activation)    (None, 2, 2, 256)   0
batch_normalization_11[0][0]
________________________________________________________________________
conv2d_14 (Conv2D)  (None, 2, 2, 256)  590080  activation_11[0][0]
________________________________________________________________________
batch_normalization_12 (BatchNo (None, 2, 2, 256)   1024       conv2d_14[0][0]
________________________________________________________________________
activation_12 (Activation)  (None, 2, 2, 256)  0    batch_normalization_12[0][0]
________________________________________________________________________
conv2d_15 (Conv2D)   (None, 2, 2, 256)  590080    activation_12[0][0]
________________________________________________________________________
add_6 (Add)                 (None, 2, 2, 256)    0        add_5[0][0]
                                                  conv2d_15[0][0]
________________________________________________________________________
batch_normalization_13 (BatchNo (None, 2, 2, 256)  1024    add_6[0][0]
________________________________________________________________________
activation_13 (Activation)    (None, 2, 2, 256)    0
batch_normalization_13[0][0]
________________________________________________________________________
conv2d_16 (Conv2D)              (None, 1, 1, 512)   1180160    activation_13[0][0]
________________________________________________________________________
batch_normalization_14 (BatchNo (None, 1, 1, 512)   2048       conv2d_16[0][0]
________________________________________________________________________
activation_14 (Activation)      (None, 1, 1, 512)   0
batch_normalization_14[0][0]
________________________________________________________________________conv2d_18
(Conv2D)          (None, 1, 1, 512)   131584     add_6[0][0]
________________________________________________________________________
conv2d_17 (Conv2D)   (None, 1, 1, 512)  2359808  activation_14[0][0]
________________________________________________________________________
add_7 (Add)             (None, 1, 1, 512)   0         conv2d_18[0][0]
                                                  conv2d_17[0][0]
```

```
____________________________________________________________________________
batch_normalization_15 (BatchNo (None, 1, 1, 512)   2048      add_7[0][0]
____________________________________________________________________________
activation_15 (Activation)   (None, 1, 1, 512)   0
batch_normalization_15[0][0]
____________________________________________________________________________
conv2d_19 (Conv2D)   (None, 1, 1, 512)  2359808   activation_15[0][0]
____________________________________________________________________________
batch_normalization_16 (BatchNo (None, 1, 1, 512)   2048      conv2d_19[0][0]
____________________________________________________________________________
activation_16 (Activation)   (None, 1, 1, 512)  0
batch_normalization_16[0][0]
____________________________________________________________________________
conv2d_20 (Conv2D) (None, 1, 1, 512)   2359808    activation_16[0][0]
____________________________________________________________________________
add_8 (Add)             (None, 1, 1, 512)    0         add_7[0][0]
                                                  conv2d_20[0][0]
____________________________________________________________________________
batch_normalization_17 (BatchNo (None, 1, 1, 512)  2048  add_8[0][0]
____________________________________________________________________________
activation_17 (Activation)   (None, 1, 1, 512)   0
batch_normalization_17[0][0]
____________________________________________________________________________
average_pooling2d_1 (AveragePoo (None, 1, 1, 512)   0      activation_17[0][0]
____________________________________________________________________________
flatten_1 (Flatten)  (None, 512)    0     average_pooling2d_1[0][0]
____________________________________________________________________________
dense_1 (Dense)       (None, 2)       1026      flatten_1[0][0]
/============================================================================
Total params: 11,188,354
Trainable params: 11,180,546
Non-trainable params: 7,808
____________________________________________________________________________
```

为了实现基于海量图片数据的训练，我们采用了基于文件路径的图像生成器，模型训练完以后也利用 Tornado 框架搭建了 HTTP 服务。关于 Keras 库中图像分类神经网络结构的更多内容，可以参考文献[7]的介绍。

另外，在实际的线上生产环境中，我们还会添加 KV 缓存来缩短系统的响应时间，即：把图像的识别结果放入缓存，新的图像识别请求会先查询缓存，如果命中则直接返回结果，否则才会调用深度模型来进行计算。图像分类深度学习模型的服务架构如图 8-14 所示。

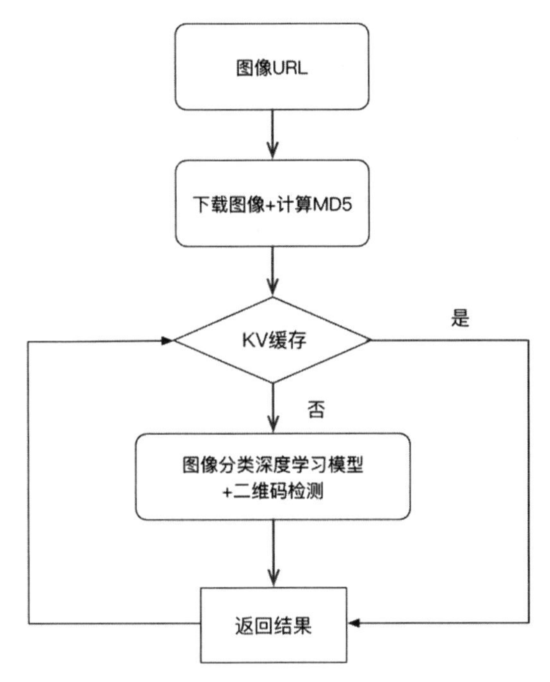

图 8-14　图像分类深度学习模型服务架构图

8.3.4.3　识别跨站脚本（Cross-Site Scripting，XSS）攻击

XSS 攻击[14]是信息安全领域中常见的攻击类型，攻击者可以利用这种漏洞在网站上注入恶意的客户端代码，对互联网平台的业务安全有很大的危害。这种类型的攻击通常具有明显的语法结构特征，目前主流的识别方法是利用人工编写的正则规则去匹配 URL 中的可疑结构。但是，这样的做法十分依赖规则制定者的经验，容易被攻击者试探并绕过。为了尽可能增加召回率，我们在业务中使用了字符级别的卷积神经网络模型（Char-level-CNN）来识别 XSS 攻击。

在自然语言处理中使用卷积神经网络是希望通过卷积操作提取局部特征，卷积

---

14 注意，这里为了不和层叠样式表（Cascading Style Sheets, CSS）的缩写混淆，故将跨站脚本攻击缩写为 XSS 攻击。

层可以在一段文本中提取类似 n-gram 的关键信息。但是，传统的 text-CNN 将文本看作一串有序的单词或短语的集合，需要人工对文本进行划分。而 Char-level-CNN 则将文本看作有序字符的集合。每个单独的字符是没有意义的，通过多层卷积以及池化操作来提取更高层的抽象概念。Char-level-CNN 模型的基本结构如图 8-15 所示。

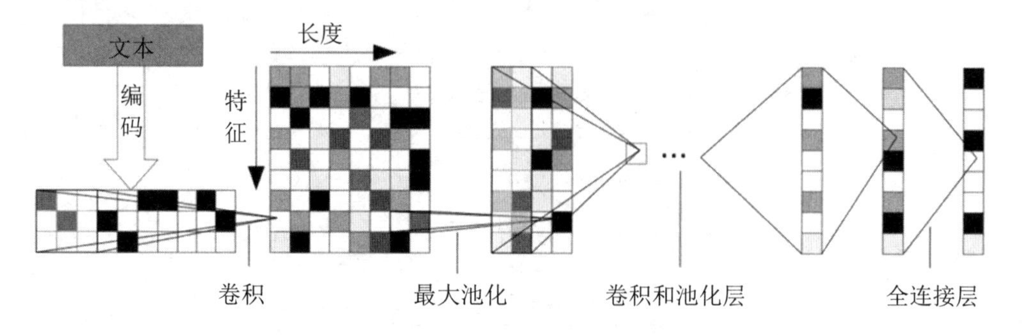

图 8-15　Char-level-CNN 模型结构

首先将文本分割为字符，之后进行 one-hot 编码，然后经过一系列一维卷积和池化操作提取特征，最后根据任务设计输出。与正常的 URL 内容相比，简单的 XSS 攻击有一些明显的特征。

首先，XSS 攻击中有明显的 JavaScript、HTML 关键词，如“alert”“<script>”“onclick”等；其次，XSS 攻击中有明显的语法结构特征，如“onclick”必然在“alert”之前。简单的 XSS 攻击其实只用正则匹配的方法就能达到较好的效果，但是为了绕过防御规则，攻击者往往会基于 JavaScript 或 HTML 的语法特性对 URL 进行污染，如“jav/*888*/ascript”是在关键词“javascript”中插入了一段注释，这样被污染的关键词就很难被正则规则匹配了。Char-level-CNN 可以在一定程度上应对这样的污染。

以窗口大小为 3、步长为 3 的一维卷积结构为例。经过卷积操作后，会提取到“jav”“/*8”“88*”“/as”“scr”“ipt”这些特征。理想情况下的池化操作会将“/*8”“88*”过滤掉。因此，从结构上来说 Char-level-CNN 模型是可以应对更复杂的攻击的。最终模型的结构如图 8-16 所示。这里的模型结构主要参考了文献[8]的内容。这样的话，层叠的卷积-池化操作可以从低层次到高层次提取文本中的关键信息。

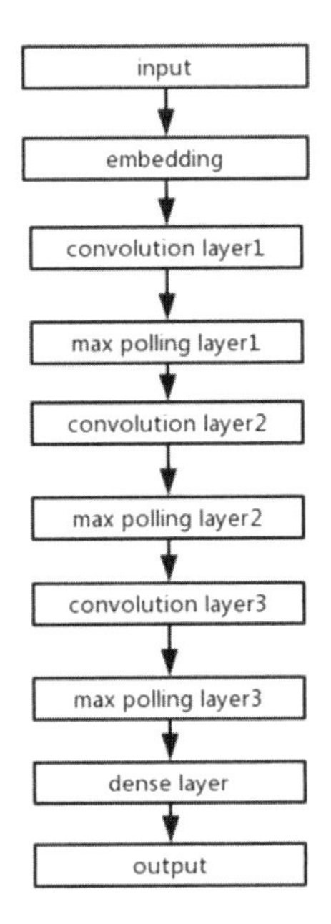

图 8-16　最终的 Char-level-CNN 模型结构

我们利用 Python 实现了 Char-level-CNN 模型，代码如下所示。

```
class CharCNNKim(object):
def __init__(self, input_size, alphabet_size, embedding_size,
          conv_layers, fully_connected_layers,
          num_of_classes, dropout_p,
          optimizer='adam', loss='categorical_crossentropy'):
   """
初始化模型
   """
   self.input_size = input_size
   self.alphabet_size = alphabet_size
   self.embedding_size = embedding_size
   self.conv_layers = conv_layers
   self.fully_connected_layers = fully_connected_layers
   self.num_of_classes = num_of_classes
   self.dropout_p = dropout_p
   self.optimizer = optimizer
   self.loss = loss
   self._build_model()  # builds self.model variable

def _build_model(self):
```

```
        """
        构建和编译字符级别的 CNN 模型
        """
        # 输入层
        inputs = Input(shape=(self.input_size,), name='sent_input', dtype='int64')
        # 嵌入层
        x = Embedding(self.alphabet_size + 1, self.embedding_size,
input_length=self.input_size)(inputs)
        # 卷积层
        convolution_output = []
        for num_filters, filter_width in self.conv_layers:
            conv = Convolution1D(filters=num_filters,
                                 kernel_size=filter_width,
                                 activation='tanh',
                                 name='Conv1D_{}_{}'.format(num_filters,
filter_width))(x)
            pool =
GlobalMaxPooling1D(name='MaxPoolingOverTime_{}_{}'.format(num_filters,
filter_width))(conv)
            convolution_output.append(pool)
        x = Concatenate()(convolution_output)
        # 全连接层
        for fl in self.fully_connected_layers:
            x = Dense(fl, activation='selu', kernel_initializer='lecun_normal')(x)
            x = AlphaDropout(self.dropout_p)(x)
        # 输出层
        predictions = Dense(self.num_of_classes, activation='softmax')(x)
        # 构建和编译模型
        model = Model(inputs=inputs, outputs=predictions)
        model.compile(optimizer=self.optimizer, loss=self.loss)
        self.model = model
        print("CharCNNKim model built: ")
        self.model.summary()
```

笔者做实验时构建训练数据集的过程如下所述：其中黑样本是从网络中搜集而来和通过正则规则匹配得到的；白样本则来自于网络搜集的数据以及对无标签数据正则过滤常见关键词得到的。为了应对黑样本不足的情况，我们还使用了数据增强的方法。具体做法是模拟实际的 XSS 攻击过程，例如将 XSS 载荷的任意某几个字符，随机转换为十六进制或十进制数，或者在 XSS 载荷中添加注释、回车或 Tab 等字符，由此生成新的黑样本。

最后的实验结果非常理想，在测试集中，模型的召回率在 99%以上，准确率为 98%。其中有 2.5%的 XSS 攻击是未被之前的正则规则命中的，证实了 Char-level-CNN 模型有一定的增加召回率的能力。

8.4 本章小结

本章首先介绍了内容业务安全对于互联网平台的重要性，其次从面临的挑战、部门协作和技术体系三个角度介绍了互联网平台应如何做好内容业务安全工作，然后介绍了神经网络相关算法的原理，包括人工神经网络（ANN）、深度神经网络（DNN）和卷积神经网络（CNN），并且从数学原理上给出了这三种神经网络对应的梯度反向传播算法的推导过程。本章的最后结合垃圾文本分类、垃圾图片识别和 XSS 攻击内容识别的实际工作案例，分别以基于 Word2Vec 的 Text-CNN 算法、ResNET 算法和 Char-level-CNN 算法为例阐述了 CNN 在内容业务安全中的应用。

参考资料

[1] Lecun Y, Bottou L, Bengio Y, et al. Gradient-based learning applied to document recognition[J]. Proceedings of the IEEE, 1998, 86(11), pp. 2278-2324.

[2] http://www.cnblogs.com/tornadomeet/p/3468450.html

[3] Mikolov T, Chen K, Corrado G, et al. Efficient Estimation of Word Representations in Vector Space[J]. Computer Science, 2013.

[4] Kim Y. Convolutional Neural Networks for Sentence Classification[J]. Eprint Arxiv, 2014.

[5] He K, Zhang X, Ren S, et al. Deep Residual Learning for Image Recognition[C]// Computer Vision and Pattern Recognition. IEEE, 2016, pp. 770-778.

[6] https://github.com/raghakot/keras-resnet

[7] https://www.jiqizhixin.com/articles/2017-08-19-4

[8] Zhang X , Zhao J , Lecun Y . Character-level convolutional networks for text classification[C]//International Conference on Neural Information Processing Systems. MIT Press, 2015.

第 9 章

信息业务安全

9.1 背景介绍

信息业务安全是互联网平台在发展过程中必须重视的问题，因为它影响的是互联网产品的所有用户群体。当今社会个人隐私泄露问题十分常见，而互联网的普及以及公众对网络的依赖日益加剧，更放大了隐私泄露效应。2018 年 Facebook 公司就因为用户隐私数据泄露事故被舆论推到了风口浪尖，其市值暴跌几百亿美元[1]。连这样的互联网巨头在信息业务安全问题上都有可能犯错，更何况中小互联网平台。而且一旦发生信息安全事故，互联网平台会蒙受损失，用户更会面临隐私泄露带来的一系列风险，作为普通用户的你我可能不幸成为受害者。下面通过两则故事来说明信息业务安全事故的危害。

故事一：您的衣物含有甲醛需要退款

小 A 在某电商平台上购买了一件衣服，但是还没等到收货，就有自称“网站客服”的工作人员打来电话说，卖出的服装因为甲醛含量超标，需要给小 A 退款，随后又以各种理由让小 A 通过 QQ 与客服确认退款信息。小 A 按照“网站客服”的说法一步步操作，先是打开了对方发来的退款链接，然后按照网站提示输入自己的银行卡卡号、密码和手机验证码。没过多久，小 A 就收到银行的短信，提示卡内的几万元已经被转出。这时小 A 才发现自己被“钓鱼”欺诈，然而为时已晚，这笔钱被追回的可能性已经非常渺茫。

故事二：女大学生徐某因学费被诈骗而身亡[2]

2016 年 8 月 19 日，准大学生徐某接到了一个电话，电话那边通知她马上可以领到一笔 2600 元的助学金，这对于一名贫困家庭的学生来说是一件天大的好事，然而事实却是她人生噩梦的开始。电话那边的人冒充教育局和财政局工作人员根据非法得到的信息，对徐某实施电话诈骗。在骗子的诱导下，涉世未深的徐某将 9900 元汇入骗子的账户，而后这个助学金电话就再也打不通了。2016 年 8 月 21 日，徐某与其父到派出所报案。当天晚上，徐某在派出所做完笔录回家的路上晕倒，当急救人员赶到时，她已经没有了呼吸和心跳，随后永远地离开了人世。花季少女因为电话诈骗而命丧黄泉，实在是令人叹息。

从上面两则故事可以看出信息业务安全的重要性。一旦个人信息被泄露，黑灰产就会利用这些信息实施各种不法行为，其影响是不可控的，对于用户、互联网平台和社会都会产生较大的负面影响。所以，作为互联网服务提供者，各大互联网厂商应提高安全意识，保证其平台的信息业务安全。

9.2　反欺诈业务

近年来，社会上关于欺诈的新闻不绝于耳，各类互联网大型诈骗案也层出不穷，平台和用户因此蒙受了巨大损失。据相关组织统计，2017 年我国网络诈骗导致受骗人人均损失超过 1.4 万元[3]，而且诈骗的手法也在不断升级。其中最严重的当属非法集资类型的诈骗，即以高回报的噱头为诱饵构建庞氏骗局，这类诈骗往往涉及的金额较大而且影响非常恶劣。反欺诈业务就是指互联网平台为了遏制欺诈事件的发生而开展的相关业务。

其实诈骗并不是一个新现象，只不过互联网的普及为诈骗的实施带来了便利，也放大了诈骗的影响。尽管各种基于互联网产品与业务形式的诈骗手法不断冒出来，但其实它们大多数不过是新瓶装旧酒，换了个壳而已，里面的套路还是一样的。

下面列出典型的十大诈骗手法，提醒各位读者提高警惕。

1．以获奖信息为诱饵进行诈骗。这种手法一般是先通过短信、邮件等形式告知用户中了大奖（例如，在晚会上被抽中奖、公司为答谢客户而派发大奖、针对 VIP 客户的营销活动等），然后以垫付个人所得税、运费和手续费等为理由来实施诈骗，而一旦收到钱对方就会杳无音信。

2. 利用亲情关系为诱饵进行诈骗。这种手法会盗取受害者手机通讯录，然后给通讯录内的联系人发短信，让受害者的熟人为其充话费或者付款等；或者诱骗当事人关机，然后以各种理由从其通讯录上的亲友手中骗取钱财。

3. 利用交易退费为诱饵进行诈骗。该手法在电商平台中最常见，一般是在用户购买完商品之后，编造各种理由诱骗用户退款，然后对用户的银行卡卡号和密码进行“钓鱼”诈骗而骗取钱财。

4. 利用低息贷款或者高额回报为诱饵进行诈骗。例如，项目信息不透明的 P2P 理财平台因资金链问题倒闭，导致投资人血本无归，还有各种坑人的“套路贷”诈骗手法，受害者只借贷了少量现金却蒙受巨大财产损失[4]。

5. 利用虚假信息或广告为诱饵进行诈骗。这类手段一般通过发布虚假的招聘广告、征婚、征友、网络兼职信息等作为诱饵，待受害者上钩后以各种理由和借口骗取钱财，而且这些骗子一般不会露面，拿到钱以后就会直接消失。

6. 以色情、赌博、迷信等信息为诱饵进行诈骗。这类诈骗手法非常流行，而且在线上和线下都很常见，比如那些马路上的卡片小广告、互联网上各种狗皮膏药式的弹窗信息。骗子们一般会使用极具煽动力的文字来引诱用户上钩，而用户一旦付出金钱后就会发现这是个无底洞，越陷越深。

7. 以低价商品、违禁商品为诱饵进行诈骗。这是利用人们贪图小便宜的心理来实施诈骗的手段，形式灵活多变。常见的手法有：发布一些低价或者违禁的走私物品待售信息，引诱用户上钩后盗取其银行卡卡号、密码等信息进行诈骗；或者本来就是劣质商品，以货到付款等方式来引诱用户购买，用户收到货以后如果不付款则会接到恐吓电话；或者直接在电商平台上发布虚假商品信息引诱用户下单，然后利用这些用户的信息实施“钓鱼”诈骗。

8. 利用虚假公检法信息为诱饵进行诈骗。在这一类诈骗中，骗子一般冒充公职人员，利用人们对公职人员的信任实施诈骗，比如冒充公安局、法院、海关等机构工作人员，对用户设局，目标是骗取用户的银行卡信息，然后骗取钱财。

9．以信用卡被消费为诱饵进行诈骗。这类诈骗手法一般是通过冒充银行工作人员和公安局人员，以用户的信用卡被盗刷为由骗取持卡人的信用卡信息，盗刷卡而获利。

10．以诱使用户回电的方式进行诈骗。该类诈骗手法曾经盛行一时，一般是通过自动语音电话诱骗受害者回电，然后收取用户高额的电话费或者增值服务费。

那么，应该如何应对这些让人眼花缭乱的诈骗手法呢？根据笔者应对欺诈事件的经验，可以从互联网平台和用户两个主体的维度来对抗诈骗。

作为互联网平台，应通过各种技术或者非技术手段来对抗频发的欺诈行为。可以从以下三个方面来对抗：

*加强对用户敏感信息的保护。*互联网平台有责任和义务保护用户在注册时留存的敏感信息。从目前已知的账号泄露事件看来，很多都是平台自身的漏洞导致的，所以作为敏感信息的源头，互联网平台需要加强对用户敏感信息的保护，才能从根本上对抗欺诈问题。

*加强对用户的教育与引导。*很多用户在被欺诈时，会非常天真地配合不法分子提供各种敏感信息。这类用户一般为文化程度不高的“小白”用户，他们使用互联网产品的经验不多，戒备心较弱，非常容易成为被诈骗的目标，而且他们在被骗后还以为这些不法行为是平台所为。网络欺诈不仅导致这些用户经济上的损失，也使互联网平台蒙受不白之冤，对平台的口碑造成很大的负面影响。因此，互联网平台非常有必要对用户进行防欺诈的引导与教育，提升用户的戒备心理，降低其被诈骗的风险。

*厂商之间联防联控。*目前互联网欺诈具有明显的周期性和集中性特征，黑灰产活动猖獗时，会同时或者短周期内先后对多个互联网平台的用户实施诈骗，所以各大互联网厂商有必要互通有无，共享情报，甚至与公安部门合作，联合打击欺诈行为，净化网络环境，做到提前防范和及时响应。例如，360 公司和腾讯就是很好的榜样，360 公司联合北京警方构建了猎网平台[5]，腾讯则发起了守护者计划[6]。

作为互联网用户，要学习如何最大程度地保护自身敏感信息的安全。

提升敏感信息保护意识。用户在使用互联网产品时不可避免会提供个人信息，比如创建账号时需要提供个人电话号码，在电商平台下单时要留下收货地址等。久而久之，用户会产生一种麻痹心理，在提供个人信息时不加甄别，容易成为诈骗分子的目标。所以，用户要提升对自身敏感信息的保护意识，例如更换收货地址中的名字，尽量使用单位地址作为收货地址，注册账号时使用互联网手机小号等，最大限度地避免公开自身信息。

杜绝贪小便宜的心理。很多欺诈手段都利用了人们爱贪便宜的心理，通过骗取用户的银行卡信息来非法掠夺钱财。要知道，天下没有免费的午餐，天上也不可能掉馅饼，如果某些活动或者商品的优惠不符合常理，那么里面一定有猫腻，不能丢了西瓜捡芝麻。例如，很多跑路的 P2P 平台，你看中的是它们超过 10%的年化收益率，而它们看中的却是你的本金。虽然互联网为我们带来了各种便利，但也处处有陷阱，所以要摒弃贪小便宜的心理，避免被骗子利用。

了解骗子行骗的手法。为了避免成为被欺诈的对象，互联网用户很有必要了解当前流行的诈骗手法，看清楚常用的套路之后，就不会轻易受骗。

下面简单地谈一谈互联网平台从技术角度如何应对欺诈。

1．为敏感信息加盐，避免轮询接口，清除可能泄露信息的漏洞。通常情况下，信息的泄露大部分都是因为平台自身麻痹大意造成的，比如技术方案存在漏洞而被黑灰产攻击、密码被破解、被撞库和脱库等。

2．建立完善的开发流程规范。互联网平台的缺陷和漏洞给了黑灰产可乘之机，敏感信息通常就是由此被泄露的。而为了使业务快速上线，开发人员有时很难全面考虑敏感信息泄露的风险，所以有必要建立预防敏感信息泄露的开发规范，预防可能出现的漏洞。

3．建立情报体系。一般而言，黑灰产的诈骗活动是有明显周期性的，当外部平台的欺诈事件集中爆发时，说明欺诈威胁的风险在升高，所以监控外部欺诈事件的爆发非常有必要。完善的情报监控体系可以给业务安全相关部门提供预警，并且告知骗子欺诈的手法及欺诈的严重程度，以便安全部门进行应对。

4. 监控平台内的异常信息。当黑灰产窃取互联网平台信息或者对用户实施欺诈时，都会留下蛛丝马迹。例如，用户登录失败的比例飙升（可能有人撞库），代理 IP 地址的访问量暴涨，某些页面与地址被频繁访问等，类似的异常信息很有可能就是发生欺诈行为的征兆。所以，对平台内异常信息的监控是很有必要的，这样的监控能够为识别欺诈行为和防范信息泄露提供依据。

下面介绍一个电商欺诈信息监控平台的技术方案。该平台的架构如图 9-1 所示，包括数据层、计算层和可视化层三个部分。

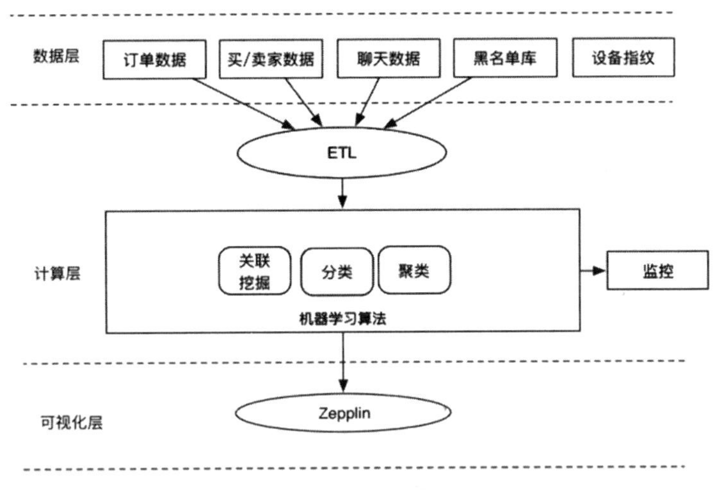

图 9-1 欺诈信息监控平台架构

其中，数据层主要完成订单数据、买家/卖家数据和聊天数据的聚合，再结合黑名单库、案例库、设备指纹等数据，通过抽取（Extract）、转换（Transform）、加载（Load）（简称 ETL）来构建机器学习算法所需的训练样本集，同时也负责实时消息数据流的传递。

计算层则根据训练样本集所构建的机器学习模型，识别消息数据流中可能存在的欺诈信息，同时通过监控系统暴露出欺诈所涉及的主体（买家、卖家），以便电商平台的运营人员及时干预。

可视化层即根据算法的输出结果，通过多种形式的图表反映目前的欺诈形态与走势，为平台调整应对欺诈的策略、分析以及判断当下形势提供依据。

9.3 反爬虫业务

反爬虫是保护网站信息的重要手段。我们可以通过 robots 文件来限制正规爬虫的访问，但多数爬虫并不按约定的规则来爬取网站信息，有些恶意爬虫甚至与 DDoS 攻击有相似的危害，所以需要建立恰当的策略来识别网站流量中哪些是正常流量、哪些是爬虫流量以及哪些是攻击流量。

笔者所在公司内的反爬虫业务，是在用户请求进入主站之前的第一道防护墙，由于用户请求的数据中不包含用户标识信息和用户访问的具体信息，所以对脱敏后的数据建模，我们仅能得到少量的有用信息。因此，除了在网络应用防火墙（Web Application Firewall，WAF）中采用一些频率限制的规则，还可以应用机器学习技术建立模型来识别爬虫流量。

9.3.1 验证问题的可分性

为了制定一个基线（baseline）来简单验证爬虫问题是否可分，我们使用了传统的统计机器学习方法。

依照信息安全操作规范，我们并未获得具体的用户信息，只是把 IP 地址作为不同用户的标识。我们仅拿到用户访问的 URL 信息和浏览器的 UA（User-Agent）信息，以及 URL 中包含的来源（refer）信息等少量信息。那么，如何通过这些有限的信息挖掘出更多的特征呢？

为了验证数据的可分性，我们并没有做过多的深入分析，仅依据已有的属性利用简单的统计方法挖掘了少量的特征，如表 9-1 所示。

表 9-1 用统计方法挖掘出的特征

特征名	类型	特征说明
visit_cnt	bigint	访问次数
content_length_non_zero_cnt	bigint	查询长度非 0 的次数
different_host_cnt	bigint	不同的域名个数
different_http_method_cnt	bigint	不同的访问方法 get/post
different_http_version_cnt	bigint	不同的 HTTP 版本数

续表

特 征 名	类 型	特征说明
different_mark_cnt	bigint	不同的一级目录个数
referer_is_none_cnt	bigint	不包含 refer 的访问次数
referer_is_not_none_cnt	bigint	包含有 refer 的访问次数
user_agent_is_none_cnt	bigint	UA 非空的次数
different_user_agent_cnt	bigint	不为空的 UA 的数目
content_type_is_none_cnt	bigint	内容类型非空的数目
different_content_type_cnt	bigint	不同的内容类型的数目
differnt_url_length_cnt	bigint	URL 长度不同的次数

我们使用了 XGBoost 进行建模，最终得到的结果为：训练集上的准确率（Accuracy）为 0.9532，精确率（Precision）为 0.9663，召回率（Recall）为 0.8857，F1 值为 0.9242，AUC 分数为 0.992893；在测试集上的准确率为 0.9482，精确率为 0.9627，召回率为 0.8765，F1 值为 0.9176，AUC 分数为 0.929942。意外的是，经过简单的数据处理和统计特征挖掘，只要使用一个较好的提升树方法，建模的效果就直接达到了基本可接受的水平。经过运营数据的检验，这部分的结果可信程度较高，线上精确率在 80%~90%之间。

9.3.2 提升模型效果

互联网平台对流量的管控中有一个特别的要求，即：大多数情形下，宁可放宽监管力度，而不允许有太多“错杀”情形。因此，反爬虫业务的模型必须有更高的精确率。由于需要使用更多的训练数据，我们最终采用了支持序列预测的循环神经网络来进行建模，其中模型的结构如图 9-2 所示。

我们使用 IP 地址访问的时间序列、类目序列、URL 序列以及用户访问序列的时间间隔，来判断访问网站的用户是否为正常用户。经过上述改进，循环神经网络模型在训练集和验证集上的精确率提高到了 98%。后续我们又增加了更多的机制来提升模型的效果。

- 为模型增加注意力（attention）机制（详见 9.4.3.1 节）：为了防止序列时间过长使得模型的注意力被分散，并且让模型更多地关注 URL 等序列的跳转信息，我们增加了注意力机制。该机制有很多实现方法，此处我们使用一个 softmax 层计算权重（weight）向量，然后用这个权重乘以 LSTM 单元的输出。

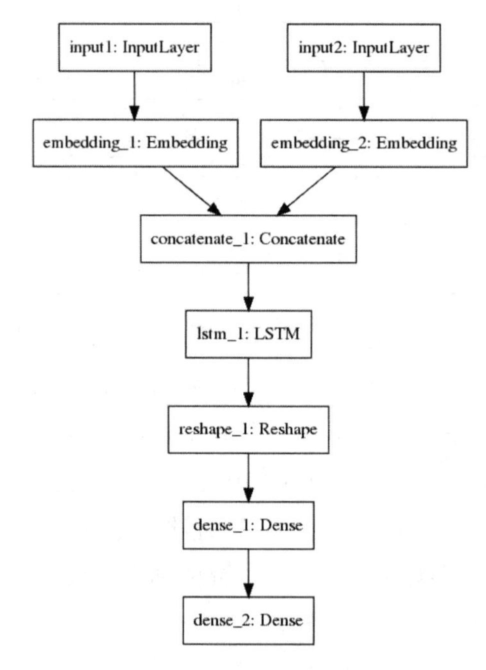

图 9-2 循环神经网络的结构

- 增加序列数据的长度：一是尝试不同的序列长度，二是尝试不同的数据截取方式。
- 增加更多的序列数据：通过对 URL 中多级目录进行处理和分类，增加了类目之间的转移序列和 refer 的转移序列等信息。

最终通过线上实验和人工复评，我们的线上循环神经网络模型达到了 92%的预测准确率。

9.4 循环神经网络在信息安全中的应用

9.4.1 原始 RNN（Vanilla RNN）

循环神经网络（Recurrent Neural Network，RNN）有别于 CNN，它是另一种形

式的深度神经网络，是一系列能够处理序列数据的神经网络的总称。这里要注意循环神经网络和递归神经网络（Recursive Neural Network）的区别。

一般来说，RNN 包含如下三个特性：

- 能够在每个时间节点产生一个输出，而且隐单元间的连接是循环的。
- 能够在每个时间节点产生一个输出，而且该时间节点上的输出仅与下一个时间节点的隐单元有循环连接。
- 包含带有循环连接的隐单元，而且能够处理序列数据并输出单一的预测。

原始RNN在处理长期依赖（时间序列上距离较远的节点）时会遇到巨大的困难，因为计算距离较远的节点之间的联系时会涉及雅可比矩阵的多次相乘，这会带来梯度消失（经常发生）或者梯度膨胀（较少发生）的问题。许多学者观察到这样的现象并对它们展开了独立研究。

为了解决这些问题，研究人员提出了许多解决办法，例如 ESN（Echo State Network），增加有漏单元（Leaky Unit）等。其中最成功、应用最广泛的就是门限 RNN（Gated RNN），而 LSTM（Long Short-Term Memory，长短期记忆网络）就是门限 RNN 中最知名的一种。有漏单元通过设计连接间的权重系数，允许 RNN 累积距离较远节点间的长期联系；而门限 RNN 则泛化了这样的思想，允许在不同时刻改变该系数，而且允许网络忘记当前已经累积的信息。

9.4.2　LSTM 算法及其变种

LSTM 算法最早由 Sepp Hochreiter 和 Jürgen Schmidhuber 于 1997 年提出[7]，是一种特定形式的 RNN。LSTM 是门限 RNN 的一种，其单一节点（也叫作 cell）的结构如图 9-3 所示。LSTM 的巧妙之处在于通过增加输入门、遗忘门和输出门，使得自循环的权重是变化的，这样一来在模型参数固定的情况下，不同时刻的积分尺度可以动态改变，从而避免了梯度消失或梯度膨胀的问题。

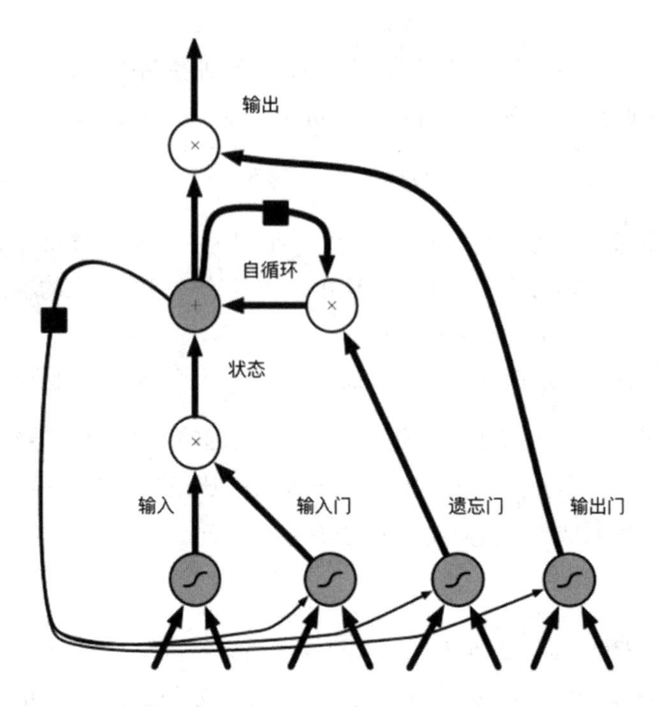

图 9-3 LSTM 的 cell 结构示意图[8]

根据 LSTM 网络的结构，每个 LSTM cell 的计算公式如下：

$$f_t = \sigma\left(W_f \cdot [h_{t-1}, x_t] + b_f\right)$$
$$i_t = \sigma(W_i \cdot [h_{t-1}, x_t] + b_i)$$
$$\tilde{C}_t = \tanh(W_C \cdot [h_{t-1}, x_t] + b_C)$$
$$C_t = f_t * C_{t-1} + i_t * \tilde{C}_t$$
$$o_t = \sigma(W_o \cdot [h_{t-1}, x_t] + b_o)$$
$$h_t = o_t * \tanh(C_t)$$

其中，f_t表示遗忘门，i_t表示输入门，$\tilde{C}_t$表示前一时刻 cell 的状态，C_t表示 cell 状态（这里就是循环的地方），o_t表示输出门，h_t表示当前 cell 的输出，h_{t-1}表示前一时刻 cell 的输出。

与前馈神经网络类似，LSTM 网络的训练采用的也是误差的反向传播算法（BP），不过因为 LSTM 处理的是序列数据，所以在使用 BP 时需要将整个时间序列上的误差传播回来。LSTM 本身可以表示为带有循环的图结构，在这个带有循环的图上使用反向传播，我们称为 BPTT（Back-Propagation Through Time）。

下面我们用图 9-4 和图 9-5 来解释 BPTT 的计算过程。从图 9-4 所示的 LSTM 的结构可以看到，当前 cell 的状态会受到前一个 cell 状态的影响，这体现了 LSTM 的循环（recurrent）特性。同时，在计算误差反向传播时，可以发现 h_t 的误差不仅包含当前时刻 T 的误差，也包含 T 时刻之后所有时刻的误差，这就是 BPTT 的含义。这样，每个时刻的误差都可以经由 h_t 和 c_{t+1} 迭代计算。

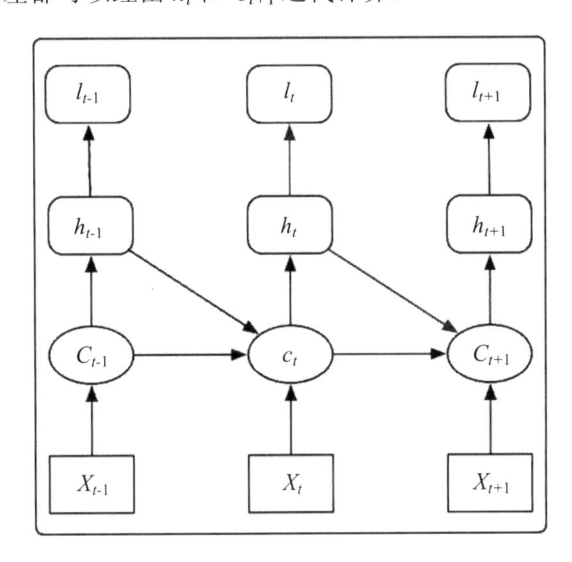

图 9-4　LSTM 网络结构示意图

为了直观地表示整个计算过程，我们绘制了 LSTM 网络的计算图，如图 9-5 所示。从图 9-5 中可以清晰地看出 LSTM 的误差前向传播和反向传播过程。h_{t-1} 的误差由 h_t 决定，而且要对所有的门传播回来的梯度求和。c_{t-1} 由 c_t 决定，而 c_t 的误差由两部分组成，一部分是 h_t，另一部分是 c_{t+1}，所以在计算 c_t 反向传播误差时，需要传入 h_t 和 c_{t+1}，而在更新 h_t 时需要加上 h_{t+1}。这样，我们就可以从时刻 T 向后计算任一时刻的梯度，利用随机梯度下降法完成权重系数的更新。具体的实现代码可以参考笔者的 GitHub 项目 https://github.com/xuanyuansen/scalaLSTM。

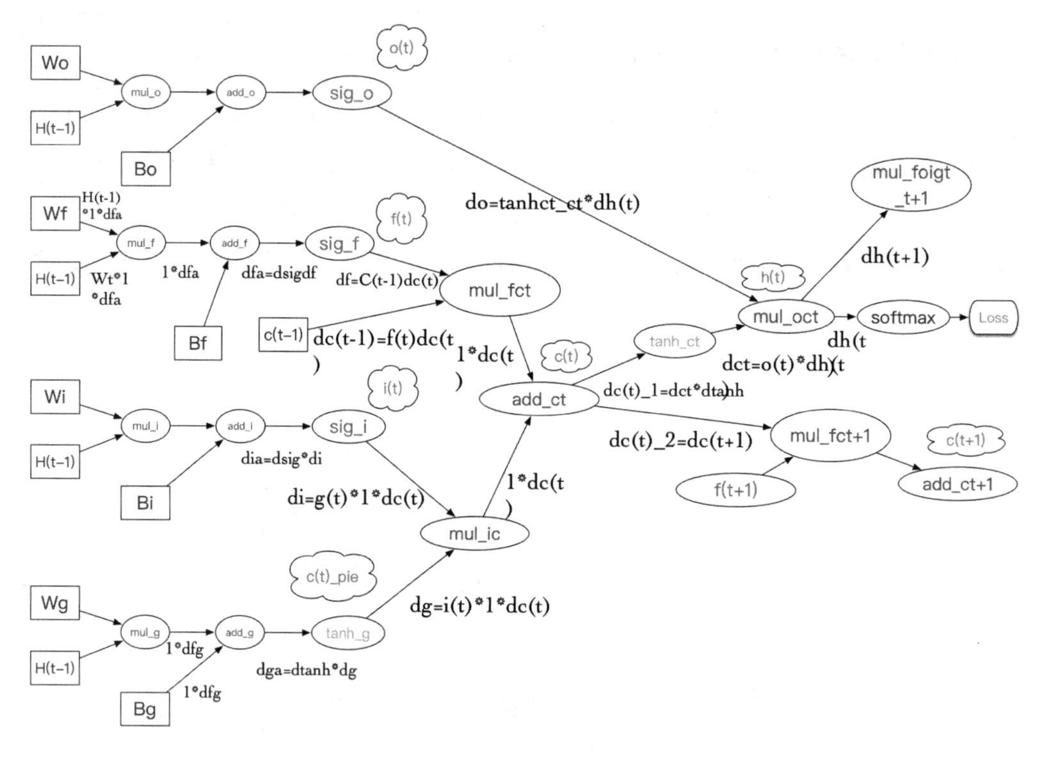

图 9-5　BPTT 示意图

LSTM 算法的变形有很多，最主要的有如下两种。

1. GRU

GRU（Gated Recurrent Unit）是使用得最广泛的一种变形的 LSTM 算法，最早由 Cho 等人于 2014 年提出[9]。GRU 与 LSTM 的区别在于，它使用同一个门限来代替输入门和遗忘门，即通过“更新”门来控制 cell 的状态。该做法简化了计算，模型的表达能力也很强，所以 GRU 越来越流行。

2. Peephole LSTM

Peephole LSTM 由 Gers 和 Schmidhuber 在 2000 年提出[10]。Peephole 的含义是指允许当前时刻的门“看到”前一时刻 cell 的状态，这样在计算输入门、遗忘门和输出门时，需要加入表示前一时刻 cell 状态的变量。有一些 Peephole LSTM 的变种会允许不同的门“看到”前一时刻 cell 的状态。

研究者提出了许多针对 LSTM 的改进，然而并没有什么类型的 LSTM 在任何任务上都能够优于其他变种，特定类型的 LSTM 仅能在部分特定任务上取得最佳的效果。关于 LSTM 算法改进的更多内容，读者可以阅读 *Deep Learning* 一书的 10.10 节。

9.4.3　应用案例

9.4.3.1　应用注意力机制和 Wide & Deep 模型识别异常流量

在探索如何将机器学习技术应用于业务安全实践的过程中，笔者的团队经历了从专家规则到统计机器学习（SVM、XGBoost 等），再到深度学习的技术升级过程。模型的线上表现说明，在样本量足够大的情况下，深度学习的效果要远超过传统的统计机器学习。在识别异常流量时，我们在传统 LSTM 模型的基础上，引入了注意力机制和 Wide & Deep 原理来构建模型。下面将从模型原理、业务特性和技术实验三个方面来介绍。

1. 模型原理

注意力机制（Attention Mechanism，下文简称为 Attention 机制）是深度学习建模中的一个重要优化方法，目前该方法已经被成功地应用于图像[11, 12]、语音[13, 14]和自然语言处理[15, 16]等领域。Attention 机制的原理是什么呢？人类在阅读一个句子或者看一张图时，往往只需关注句子中某几个重要的词或者图像中的某几个重要部位，就可以理解句子或图像的含义。Attention 机制相当于在构建神经网络结构时，给神经网络某一层（卷积层、递归层或者全连接层）的输出增加一个权重，用这个权重表示不同位置的输出的重要程度。图 9-6 所示的是 Attention 机制在 RNN 中的应用。这是在文本翻译的编码-解码过程中的应用。图 9-6 展示了如何从给定的一段文字序列$\{x_1, x_2, ..., x_T\}$生成第 t 个目标单词 y_t。

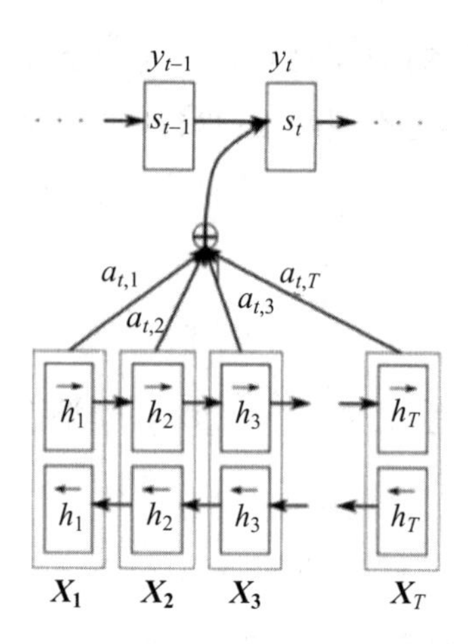

图 9-6 Attention 机制在 RNN 中的应用示例

图 9-6 所示的网络结构中上面的那一层为 Decoder（解码器），下面的两层为 Encoder（编码器），更多关于该网络结构的内容可以参考文献[17]。原始的基于 RNN 的端到端 Encoder-Decoder 模型直接使用了同一个上下文向量和所有前序单词来生成单词 y，而在增加了 Attention 机制的模型中，单词 y 的输出依赖于每个前序单词及其对应的独立上下文向量 $\boldsymbol{c}_i$（即图 9-6 中所示的连接 Encoder 与 Decoder 的节点）。上下文向量 $\boldsymbol{c}_i$ 是由隐藏层序列$\{h_1, h_2, \dots, h_{Tx}\}$决定的，其中每个 h_i 表示对输入序列中第 i 个单词附近单词的关注程度。

上下文向量 $\boldsymbol{c}_i$ 的计算公式为：

$$\boldsymbol{c}_i = \sum_{j=1}^{T_x} \alpha_{ij}\, h_j$$

隐藏层 h_j 的权值α_{ij}是使用 softmax 来计算的，$\boldsymbol{\alpha}$也叫作对齐模型（alignment mode），α_{ij}表示隐藏层的位置 j（对应于原句位置）和 $\boldsymbol{c}$ 输出的位置 i（对应于译文的位置 i）的匹配程度：

$$\alpha_{ij} = \frac{\exp(e_{ij})}{\sum_{k=1}^{L} \exp\,(e_{ik})}$$

其中

$$e_{ij} = \boldsymbol{\alpha}(S_{i-1}, h_j) = \boldsymbol{v}^{\mathrm{T}} \tanh(W_{S_{i-1}} + U h_j)$$

e_{ij}衡量隐藏层的位置 j（对应于原句的位置）和 c 输出的位置 i（对应于译文的位置 i）的匹配程度。对齐模型$\boldsymbol{\alpha}$作为一个前馈神经网络，跟 Encoder 和 Decoder 一起共同训练。对齐计算的方式使用打分函数计算，这里的例子中$\boldsymbol{\alpha}$就使用了 concat 打分函数，除此之外还有点乘、权值网络映射等几种打分函数。

Wide & Deep 模型[18]最早出现在推荐系统中，该模型使用基于 embedding 的深度模型和基于交叉特征的线性模型来进行联合训练，分别为深模型（Deep Model）和宽模型（Wide Model）。其中，Wide Model 是简单的广义线性模型，其创新点在于增加了交叉特征。

$$\phi_k(x) = \prod_{i=1}^{d} x_i^{c_{ki}}, c_{ki} \in \{0,1\}$$

$$\boldsymbol{y} = \boldsymbol{W}^{\mathrm{T}}\boldsymbol{X} + \boldsymbol{b}$$

其中 $\boldsymbol{y}$ 是预测值，$\boldsymbol{X}$ 是 D 维特征的一个向量，$\boldsymbol{W}$ 是模型的参数，$\boldsymbol{b}$ 是偏置项。特征集包含了原始输入特征和转化后的特征（交叉特征）。

Deep Model 是典型的 DNN 结构。

$$\boldsymbol{a}^{(l+1)} = f(\boldsymbol{W}^{(l)}\boldsymbol{a}^{(l)} + \boldsymbol{b}^{(l)})$$

其中，l是神经网络的层数，f是 ReLU 型激活函数，$\boldsymbol{a}^{(l)}$、$\boldsymbol{b}^{(l)}$、$\boldsymbol{W}^{(l)}$分别对应第l层的输入、偏置项和权值。Deep Model 的原始输入需要先经过 embedding 向量化，将稀疏、高维的类别特征映射为低维、稠密的 embedding 向量。

最后将 Wide Model 和 Deep Model 的特征融合，作为最后一层网络分类器（逻辑回归）的输入，如图 9-7 所示。

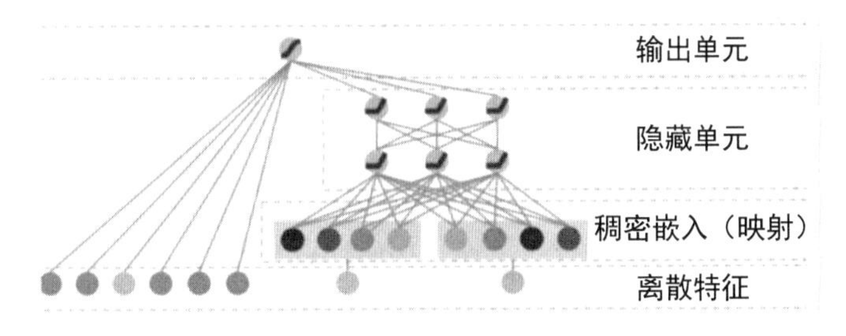

图 9-7 Wide & Deep 模型的结构

2. 业务特性

异常流量的识别是一个比较复杂的过程，需要从多个维度综合考虑某一个“用户”的行为是否为异常行为，并且其中还涉及人机识别的问题（一些专业刷单工作室会模拟真实用户的行为在交易平台完成交易）。在实际的生产环境中，可以综合多个维度的信息来评估流量的真实性，例如从用户登录的时间、上线的 IP 地址、购买物品的商家、是否有比价收藏等行为来综合考虑订单流量的真实性。

Wide & Deep 模型具备融合多维度特征（Wide Mode）和挖掘深层（Deep Mode）特征的能力，因此我们把 Wide & Deep 模型应用到异常流量的识别中。至于人机识别，则需要对比“真实”用户与“虚假”用户在时序行为特征上的区别，而递归神经网络恰好具备挖掘序列特征的能力。综合上述的分析，我们把多维度的深层特征和用户行为特征结合起来建立模型是可行的，也是经得起推敲的。

最终的神经网络模型的框架如图 9-8 所示，整个神经网络分为三个部分：Wide Model、Deep Model 和 Attention Model。

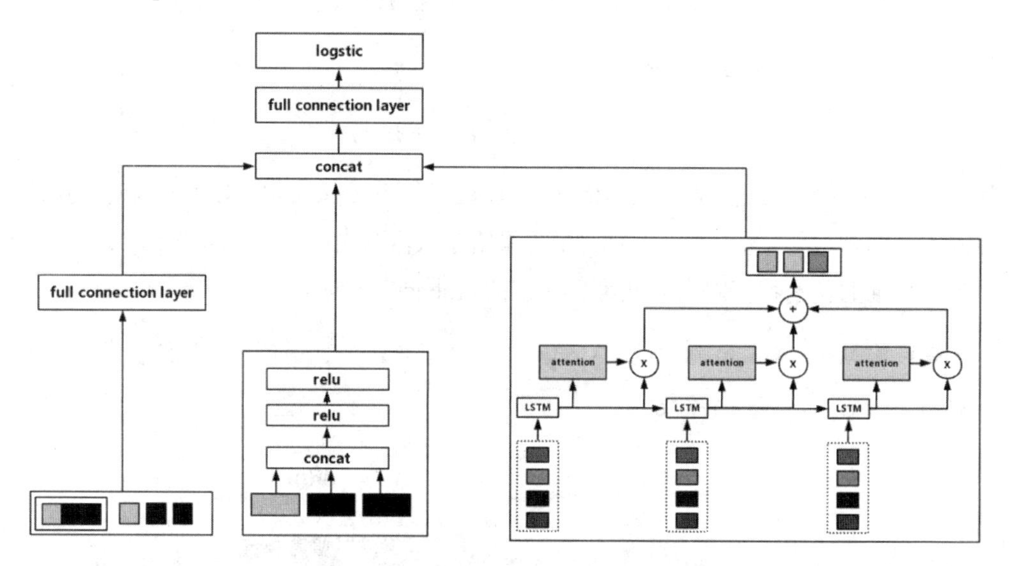

图 9-8 最终的神经网络模型的框架图

其中的 Wide Model 部分借鉴了文献[7]中的 Wide Model。这里增加了一个隐藏层，其目的有两点：

- 减少网络复杂度，加快模型的收敛。
- 保证后面与其他特征融合时的“公平”性。

这个神经网络的 Deep Model 部分采用的是典型的 embedding + DNN 结构，需要对连续数据进行离散化处理，用于 embedding 操作。至于 Attention Model，采用的是双向 LSTM + Attention 机制的结构，其输入是多维度融合的序列特征，包含用户的行为、行为持续的时间等，同样它也需要对连续数据进行离散化处理。这里引入 Attention 机制，其目的也有两点：

- 减少输入数据的计算量。通过 Attention 机制有目的地选取输入数据，降低输入数据的维度。用户的实际行为往往有上千个维度，因此引入 Attention 机制是有必要的。
- 保留“重要”的特征，忽略“不重要”的特征。引入 Attention 机制，序列模型可以更关注“显著”特征，忽略“无效”特征，从而提高模型的准确率。

3．代码实现

Wide & Deep 模型既可以支持序列数据，又可以支持离散或连续特征。通常情况下，我们将交叉类型的特征放入 Wide Model，而挖掘到的大量特征，不论是 embedding 之后的特征，还是连续或离散的特征，都可以拼接到 Deep Model 的输入中。为了发挥 Wide & Deep 模型的能力，将其应用到更多的业务领域，我们自己实现了一个框架，支持多种不同的机制，包含 Attention 机制、Wide & Deep 模型与双向 LSTM 的一种实现。其代码如下所示。

```
'''
Author: gaishi

example:
inputs_wide =
{'feature_demo':[0,0,1,1,0,0,0,1,0,1],'length':10,'name':'wide_input',
    'wide_output_dim':32,'l1':1e-4,'l2':1e-4}
inputs_deepX = {'deep_hidden_dim':128,'deep_output_dim':32}
inputs_sequenceX = {'sequence_out_dim':32}
input_deep1={'feature_demo':[0,0,1,3,7,11,2,10,6],'length':9,'name':'shop_id_
type','embedding_out_dim':16,'embedding_in_dim':20}
input_deep2={'feature_demo':[3],'length':1,'name':'user_type',
    'embedding_out_dim':8,'embedding_in_dim':10}
```

```
    input_sequence1={'feature_demo':[1,2,0,1,4,3,0,2,0],'length':10,
        'name':'time_diff','embedding_out_dim':16,'embedding_in_dim':60}
    input_sequence2={'feature_demo':[1,3,4,5,7,9,13,17,23],'length':10,
        'name':'url_seq','embedding_out_dim':16,'embedding_in_dim':60}

    inputs_deeps
    [
        {'feature_demo(not necessary)':list,'length':len(list),'name':'str'
            ,'embedding_out_dim':int,'embedding_in_dim':vacab_size,'type':'deep'},
        ...,
        {'feature_demo(not necessary)':list,'length':len(list),'name':'str',
            'embedding_out_dim':int,'embedding_in_dim':vacab_size, 'type':'deep'},
        {'feature_demo(not necessary)':list,'length':len(list),'name':'str',

'embedding_out_dim':int,'embedding_in_dim':vacab_size,'type':'sequence'},
        ...,
        {'feature_demo(not necessary)':list,'length':len(list),'name':'str'
            ,'embedding_out_dim':int,'embedding_in_dim':vacab_size,
'type':'sequence'},
    ]
    '''
    ###############################################################
    # model_wide_deep(a, b)
    # inputs: inputs_wide 是宽模型特征的json结构，由[one-hot,multi-hot,n-gra
    # m-hot]拼接而成
    # inputs_deepX: 深度模型结构的通用配置部分
    # inputs_sequenceX: 序列结构的配置
    # inputs_deeps: 一个包含深度和序列特征的字典
    # returns: 返回注意力深宽模型
    def
model_wide_deep_attention_sequence_masking(inputs_wide,inputs_deepX,inputs_sequen
ceX,*inputs_deeps):
        # 宽模型
        input_wide = Input(shape=(inputs_wide['length'],),
name=inputs_wide['name'],dtype='float32')
        output_wide = Dense(units=inputs_wide['wide_output_dim'],

activation="relu",kernel_regularizer=l1_l2(l1=1e-4,l2=1e-4))(input_wide)

        # 深模型
        inputs_deep = []
        embedding_deep = []
```

```
    lambda_deep = []

    # 序列
    inputs_sequence=[]
    embedding_sequence=[]
    sequence_length = 0
    sequence_num = 0

    for input_deep_dict in inputs_deeps:
        # 深的部分
        if input_deep_dict['type'] == 'deep':
            inputs_deep.append(Input(shape=(input_deep_dict["length"],),
                name=input_deep_dict["name"],dtype='float32'))
            embedding_deep.append(Embedding(embeddings_initializer='uniform',
                output_dim=input_deep_dict["embedding_out_dim"],
                input_dim=input_deep_dict["embedding_in_dim"],
input_length=input_deep_dict["length"], mask_zero=True,
name='embedding_'+input_deep_dict["name"])(inputs_deep[-1]))
            lambda_deep.append(Lambda(function=
                lambda x: K.reshape(x,
                    shape=(-1, input_deep_dict["length"] *
input_deep_dict["embedding_out_dim"]))
                    )(embedding_deep[-1]))
        # 序列的部分
        elif input_deep_dict['type'] == 'sequence':
            sequence_num += 0
            sequence_length = input_deep_dict['length']
            inputs_sequence.append(Input(shape=(input_deep_dict['length'],)
                ,name=input_deep_dict['name'],dtype='int32'))

embedding_sequence.append(Embedding(output_dim=input_deep_dict['embedding_out_dim
']
                ,input_dim=input_deep_dict['embedding_in_dim'],input_length=input
_deep_dict['length']
                ,mask_zero=True)(inputs_sequence[-1]))

    # 序列和注意力模型
    input_sequence = concatenate(inputs=embedding_sequence,axis=2)
    bilstm = Bidirectional(LSTM(inputs_sequenceX['sequence_out_dim'],
        return_sequences=True,name='output_sequence'))(input_sequence)
    attention_implements = TimeDistributed(Dense(1, activation='tanh'
        ,name='attention_weights_cal'))(bilstm)
```

```
    lambda_attention = Lambda(lambda x: x, output_shape=lambda x:
x)(attention_implements)
    reshape_attention = Reshape((sequence_length,))(lambda_attention)
    dense_attention = Dense(sequence_length, activation='softmax',
      use_bias=False, name="attetion_weights")(reshape_attention)
    repeatevector = RepeatVector(2 *
inputs_sequenceX['sequence_out_dim'])(dense_attention)
    attention_probs = Permute([2,
1],name='attention_probs_flatten')(repeatevector)

    # attention = bilstm * attention_probs
    attention_mul = merge([bilstm, attention_probs], mode="mul")
    output_attention = Lambda(lambda x: K.sum(x,
axis=1),name='output_attention')(attention_mul)

    # 深模型
    inputs_deep_model = concatenate(inputs = lambda_deep,axis=-1)
    output_deep_hidden =
Dense(inputs_deepX['deep_hidden_dim'],activation='relu')(inputs_deep_model)
    output_deep =
Dense(inputs_deepX['deep_output_dim'],activation='relu')(output_deep_hidden)

    # 深宽模型
    input_wide_deep =
concatenate(inputs=[output_wide,output_deep,output_attention],axis=1)
    output_wide_deep = Dense(1, activation='sigmoid',
name="output_wide_deep")(input_wide_deep)

    # 完整模型
    model_wide_deep = Model(inputs=[input_wide] + inputs_deep + inputs_sequence,
      outputs=[output_wide_deep])
    model_wide_deep.compile(loss='binary_crossentropy', optimizer='adam',
      metrics=['accuracy', f1_score, precision_score, recall_score])
    model_wide_deep.summary()
    return model_wide_deep
```

4. 技术实验

（1）数据

我们积累了近两年的标注数据，这些标注数据是通过人工校验、专家经验和模型策略交叉验证得到的。

（2）软硬件架构

考虑最终的性能以及现有的计算资源，我们采用了 TensorFlow 深度学习框架。核心计算设备为 NVIDIA P100，训练样本的数据量在 1000 万条左右，模型参数的数量在 60 万个左右。使用随机梯度下降法进行训练，其中 minibatch 设置为 2048，迭代次数为 20 轮，学习率的自动更新采用 Adam 算法，训练花费的时间为 10 小时左右。

（3）结果

我们按照正负样本比例约 1:3 对训练集进行采样，交叉验证集的正负样本比例约为 2:1，Wide & Deep 模型的精确率和召回率分别为 90%和 89%；LSTM + Attention 模型的精确率和召回率分别为 92%和 88%。Wide & Deep + LSTM + Attention 模型的精确率和召回率分别为 95%和 94%，人工抽样校验通过，达到上线标准。

最终的实验结果再次验证了把“多维度深层”特征和“用户行为”特征结合起来建立模型是可行的，并且有正向收益。

9.4.3.2　深度学习模型的实时化实践

自从笔者团队的离线深度学习模型在业务安全系统中上线以来，日均召回异常订单上万条，提升了业务安全系统对虚假交易行为的识别能力。尽管召回率得到了提升，但其背后仍然存在一个亟需优化的问题，即算法模型的产出依然是 T+1 模式的，也就是说要等到交易当日结束，在第二天才能够计算出该订单有风险的概率。

这种工作模式有几个缺点：一是不能及时对当前的流量做出判断、识别风险，为运营部门的决策提供帮助；二是虚假的流量会对排序的公平性产生干扰，如果不能及时剔除这部分流量，即便事后进行惩罚也不能完全抵消其影响。

所以，反作弊风控策略的优化和升级目标就是尽可能地提高策略的时效性，提升对抗风险行为的能力。对深度学习模型而言，就是要将离线模型优化为实时服务，实时识别出异常流量。

为了实现这样的实时服务，首先要面对的问题就是“深度学习模型的实时化服务是可行的吗？”。机器学习无外乎两个部分：数据和模型，所以要从这两个方面来寻找答案。先回顾这个 T+1 模型的实现原理。前面我们介绍过模型中的数据来自移动端的打点数据流，这些数据都是连续产生的，即用户在互联网上的各种行为序列，例如在线搜索、点击、社交网络分享、即时通信等。如果可以解析和存储这些实时数据流，就等于获得了模型所需的数据。而至于模型预测服务，只要把训练好的模型加载在内存中，通过成熟的框架提供服务即可，要是其吞吐量足够支撑线上交易，就可以提供实时预测服务。

通过上面的简单分析，我们知道从数据和模型入手可以实现模型的实时化服务。但是，麻烦也来自于这两个方面。首先，数据量较大，移动端打点数据流的 QPS（Query Per Second，每秒的查询数）约有几千，而全站的访问设备数量以百万台计，日均产生的访问消息上亿条，这对于消息的处理和存储有一定挑战。其次，深度学习模型的预测需要花费较长的时间，而线上机器的 GPU 资源有限，需要提高服务接口的吞吐能力。

我们的实时深度学习模型预测系统分为数据层、模型层、服务端和客户端四个部分，如图 9-10 所示。下面分别介绍它们。

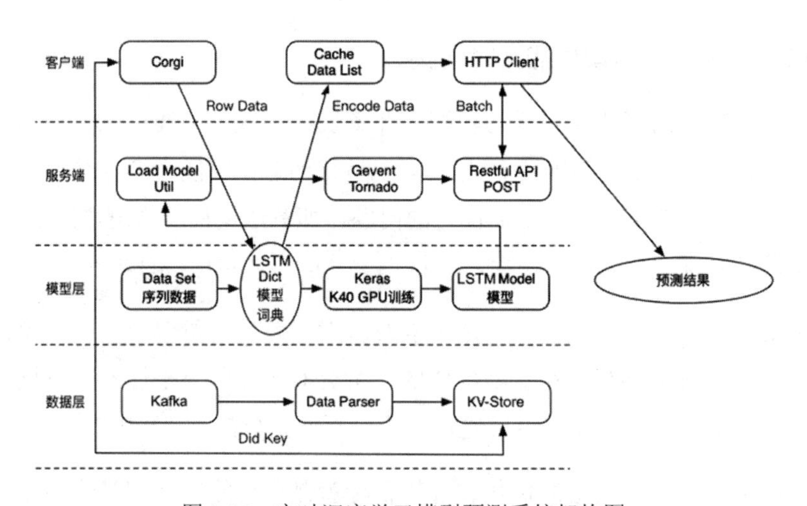

图 9-10　实时深度学习模型预测系统架构图

1. 数据层

使用来自 Kafka 的数据作为实时数据，使用 KV-Store 作为后端存储。为了减轻后端存储的压力，在处理实时数据时我们只保留一天内的数据。目前该程序已经稳定运行，占用的 KV-Store 大约为 40 GB。

2. 模型层

模型层依然使用了 Keras 开源库，将训练好的模型序列化到磁盘文件，同时存储 LSTM 模型所需要的词典。

3. 服务端

服务端使用了 Tornado 框架和 Gevent 模块，提升 HTTP 服务接口的性能，然后使用 Keras 模型中的 batch 接口来提高预测的效率。

4. 客户端

客户端消费 Corgi 消息，用读/写锁和线程安全的容器来保证等消息积累到固定数量后再访问 HTTP 服务接口，降低对服务端的冲击；同时，细化锁的粒度，保证并行度。

我们对这个系统所做的实验包括两个部分：一个是对模型的训练，另一个是实时模型上线后对排序影响的 A/B 测试。其中，对模型训练的交叉验证实验，精确率在 90%以上，召回率在 70%以上，可以看出精确率比较理想，但是召回率稍差。因为实时模型只利用了特征主体的部分行为序列信息，所以其召回率比离线模型的低是符合预期的。在 A/B 测试中，实时识别的作弊订单流量和对应的交易金额分别提升 10%以上，该实时模型在业务效果上的提升也是符合预期的。

实时深度学习模型上线之后提高了业务安全系统的时效性，对于及时监控全站的流量有一定的帮助，也验证了深度学习模型提供实时服务的可行性。

9.5 本章小结

本章先介绍了信息安全业务的重要性，通过实际案例阐述了隐私信息泄露对互联网平台及用户的影响，并以反欺诈和反爬虫为例介绍了信息安全业务的范畴以及应对措施，最后重点介绍了循环神经网络在信息安全业务中的应用，给出了离线模型和实时模型的技术实践案例。

参考资料

[1] http://finance.sina.com.cn/roll/2018-03-28/doc-ifysshiz6679229.shtml

[2] http://news.163.com/17/0627/23/CNVNNLDJ0001899N.html

[3] http://www.infzm.com/content/133013

[4] http://www.xinhuanet.com/legal/2017-09/01/c_1121588240.htm

[5] http://www.techweb.com.cn/news/2017-06-20/2537269.shtml

[6] http://www.techweb.com.cn/news/2017-07-14/2557218.shtml

[7] Graves A. Long Short-Term Memory[M]. Supervised Sequence Labelling with Recurrent Neural Networks. Springer Berlin Heidelberg, 2012, pp. 37-45.

[8] http://www.deeplearningbook.org/

[9] Cho K, Merrienboer B V, Gulcehre C, et al. Learning Phrase Representations using RNN Encoder-Decoder for Statistical Machine Translation[J]. Computer Science, 2014.

[10] Gers F A, Schmidhuber J. Recurrent Nets that Time and Count[C]// Ieee-Inns-Enns International Joint Conference on Neural Networks. IEEE, 2000, pp. 189-194 vol.3.

[11] Zhao B, Wu X, Feng J, et al. Diversified visual attention networks for fine-grained object classification[J]. arXiv preprint arXiv:1606.08572, 2016.

[12] Wang F, Jiang M, Qian C, et al. Residual Attention Network for Image Classification[J]. arXiv preprint arXiv:1704.06904, 2017.

[13] Chorowski, Jan K., et al. Attention-based models for speech recognition[J]. Advances in Neural Information Processing Systems. 2015.

[14] Bahdanau Dzmitry, Chorowski Jan, Serdyuk Dmitriy. End-to-end attention-based large vocabulary speech recognition[C]// International Conference on Acoustics, Speech and Signal Processing. IEEE, 2016.

[15] Bahdanau Dzmitry, Kyunghyun Cho, and Yoshua Bengio. Neural machine translation by jointly learning to align and translate[J]. arXiv preprint

arXiv:1409.0473, 2014.

[16] Mnih Volodymyr, Nicolas Heess, and Alex Graves. Recurrent models of visual attention[J]. Advances in neural information processing systems, 2014.

[17] Bahdanau Dzmitry, Kyunghyun Cho, Yoshua Bengio. Neural Machine Translation by Jointly Learning to Align and Translate[J]. Computer Science, 2014.

[18] Cheng, Heng-Tze, et al. Wide & deep learning for recommender systems[C]// Proceedings of the 1st Workshop on Deep Learning for Recommender Systems. ACM, 2016.

第 10 章

信贷业务安全

10.1 背景介绍

近年来兴起的互联网金融平台为广大群众提供了新的投资及借贷渠道，普惠金融本身是金融服务的进步，但是骗贷者也盯上这块巨大的利益蛋糕，一条专业的产业链逐渐形成，骗子们各司其职，共同赴这场“盛宴”。下面我们先用一则故事来帮助大家了解其中的骗术。

故事：骗贷狂欢

小 A 是一位资深“羊毛党”、专业“骗贷师”，入行短短几年，通过一系列“标准化”流程，利用虚假身份资料养号[15]，在各种互联网金融平台（以下简称“互金平台”）骗贷，屡试不爽，获利颇丰。那么，这套“标准化”的流程是怎样的呢？

第一步：攫取身份资料

在第 6 章中，我们提到用户使用互联网服务时必须注册账号，而且办理金融业务时用户的账户必须是经过实名认证的。骗贷者会通过各种途径来获取包含身份证、手机号、银行卡这三要素的个人信息。在黑市上有许多黑心商人出售上述打包资料，可见信息泄露的情况是非常严重的。

以身份证为例，常见的泄露渠道有以下几种：

---

15 养号是指黑灰产从业人员为了囤积账号，在互联网平台上注册账户并模拟正常用户进行日常操作的行为。

- 注册 App 用户时需要实名认证，如果这些信息没有受到严格保护，就会被泄露。
- 在一些偏远的农村地区或者火车站等场合，有不法分子收购身份证信息，再以一定价格打包售卖。
- 黑客攻击网站后获得用户的身份证信息，通过地下渠道出售。

而有了身份证信息后，手机号和银行卡信息就相对容易弄到。获得这样一套三要素齐全的资料，成本大约 1000~2000 元。之后小 A 就可以使用这些资料出入各大互金平台了。

第二步：伪装后潜伏下来

接下来，小 A 要利用这些资料将自己伪装成真实用户。这就好比角色扮演游戏，需要花费一些功夫才能让角色显得真实可信，这样小 A 才可以成功地潜伏下来。

小 A 购买了一批便宜的智能手机，再安装上常用的 App，之后就可以开始模拟角色了。不过，小 A 还要为每一部智能手机设定一个身份。比如，VIVO 手机的机主是某商场化妆品专柜的职员，平时爱好旅行，喜欢做瑜伽，月薪 6000 元左右。华为手机的机主是某电子厂的工人，90 后，喜欢电子竞技、直播等，月收入 5000 元左右。然后小 A 利用一些固定电话渠道做验证，如果需要工牌、薪资证明等，通过万能的某宝就可以搞定。至于其他信息，比如银行的流水，可以通过每月定期转账来刷记录，而通讯录、短信记录之类的信息也可以按需指定。最麻烦的大概是修改手机定位信息，不过也可以通过各种软件来完成。这样一路操作下来，培养一个“正常”的贷款人账户需要几个月的时间，花费在千元左右，潜伏之后就可以使用这些虚拟角色来“收割”互金平台上的贷款了。

第三步：伺机而动

一般而言，在新成立的互金平台上比较容易得手。不过，同一个用户在多个平台上贷款后，以后再能贷到款的概率就会越来越小。所以，小 A 会密切关注新开的口子（新出现的互金平台），因为新互金平台的风控策略普遍比较松懈。晚上 9 点左右一般是移动互联网用户最活跃的时间。在一个夜黑风高的夜晚，小 A 掏出一部智能手机，点上一支烟，利用 B 女士的身份在某平台上贷款 10 万元左右，几天后款项到账，而该手机就被小 A 永远关机，转出银行卡内的余额，“深藏功与名”，继续下一次诈骗。

这就是小 A 的故事。然而小 A 只是众多骗贷者中的一员，这条地下产业链的从业人员数量庞大，甚至有互金平台内部的风控人员被收买，里应外合，监守自盗。再坚固的堡垒也可以从内部攻破，而这才是最可怕的。

10.2 信贷业务安全简介

互联网金融是近年来的风口之一，大大小小的互金平台如雨后春笋般出现，现金贷、消费贷、白领贷等名目数不胜数，纷纷粉墨登场。大多数情况下，现金贷这一类小额信贷的贷款周期短，无须抵押，不限定贷款用途，放款速度快，利息也较高，对于传统银行覆盖不到的蓝领用户具有较高的吸引力。

互金平台的出现丰富了金融产品的功能，使金融服务覆盖到更多用户，是普惠金融的体现形式。然而任何事物都有两面性，互金平台也犹如一把双刃剑。部分别有用心的人利用互金平台做非法的勾当，游走在法律的边缘，攫取巨额利润。其中最为让人痛心的就是各类校园裸贷事件[1]，令人欣慰的是目前国家已经非常重视非法校园贷的现象，而且公安部已经针对这些非法行为展开严打行动[2,3]。值得注意的是，各类互金平台的诞生也吸引了“老赖”们的注意，这些职业骗贷者会在平台上屯养账号，然后伺机骗贷[4,5]，令互联网金融平台头痛不已。而对抗这些“老赖”的关键在于提高风控能力，这也是本章所要重点阐述的内容。

对于互金平台而言，追求商业利益是其目的，也是公司的立命之本。在保证公司盈利的同时，如何通过建设风控能力来应对“老赖”，控制违约风险，制定合理的贷前、贷中和贷后策略，是互金平台要解决的核心问题。那么，决定互金平台核心风控能力的因素有哪些呢？根据笔者的经验，大概可以归纳为以下三个方面。

1. 用户信用数据的积累

消费金融的风险分为两种，分别是事前风险和事后风险。事前风险是指用户在申请信贷产品之前，与其他金融机构、组织或者平台的资金来往所沉淀下来的信用风险，也就是说，用户在申请信贷产品时能够被互金平台所掌握的风险信息。而事后风险是指用户在成功申请信贷产品之后，在平台与用户的资金往来期间或者用户借款后所发生的风险。此类风险在贷前准入环节是比较难识别的，虽然在贷前准入环节可以根据已知的信用风险状况对用户做出基本的评价，但是用户的信用状态和资金情况是动态变化的，还需要依靠贷后的管理机制和策略来应对和处理事后风险。

而不论是事前风险还是事后风险，都需要基于用户的信用数据及用户的动态数据来做出判断，也就是说用户的信用数据是做判断的基础，例如用户的职业、年龄、收入、房产、车产等基本信息，还有处于动态变化中的信息，例如结婚、生子、工作变动、突发经济事件等，都会对用户的信用状况造成影响。除了上述在用户申请贷款时可以拿到的数据之外，第三方数据也是很重要的，例如与手机号码相关的数据（如通话记录、手机在网时长等）、授信使用设备的情况（如 App 的安装与使用、设备号是否系伪造等），以及是否有多头借贷（如使用多家互金平台、利用信用卡套现）等。

综上所述，信用数据是培养风控能力的基础，如果把风控模型比喻成引擎，那么信用数据就是发动引擎所需的燃料，只有积累了足够多的信用数据，才能构建出灵活、有效的风控模型。

2. 信用评分建模的能力

信用评分的建模过程一般包括三个阶段，分别是贷前评分、贷中评分和贷后评分，对应的是贷前准入、贷中监控和贷后催收预警三个模型。

贷前准入模型是基础，决定到底哪些用户才能申请本平台的信贷产品。这个阶段的信用评分也被称为 A-Score。它是用来刻画事前风险的，主要使用用户的个人信息、消费行为等数据（例如，目前很多小型互联网金融公司采用的芝麻分、同盾分等）来刻画其信用风险，然后用多维度的数据进行交叉验证，识别出欺诈和骗贷风险较高的不良用户，从准入的源头阻断信贷风险。

贷中监控体现的是平台的风控能力，它是指通过用户的行为记录、消费习惯、还款意愿、借款使用情况等来综合分析和评估其当前的信用情况，对用户使用信贷产品的情况实时监控并做出判断。这个阶段的评分也称为B-Score，一般用于在信贷产品的使用过程中动态评估用户信用，例如用户使用分期消费信贷产品时突然异地购买昂贵电子产品，这时用贷中监控模型就可以及时识别出异常。

贷后催收预警模型是兜底策略。当用户的逾期风险较高或者出现逾期时，该模型根据用户的风险恶化情况以及其历史消费信息，对这些用户分级，然后针对不同风险等级的用户使用不同的催收策略，来降低催收成本。这个阶段的评分也被称为C-Score。当用户在当前或其他平台出现逾期、贷款用途变更、违法、失联等可能无法按时还款的情况时，贷后催收预警模型会给出预警并对风险进行分级，帮助互金平台采取最优的催收策略来应对。

信用评分模型从技术的角度可以分为两类，即基于评分卡的方法和基于机器学习的方法。这也是金融领域的两大主流门派。前者基于经济学、运筹学等原理来构建复杂的关于用户行为过程的物理模型，然后用这个模型来解释数据和预测；而后者借助于现代计算机和算法的力量，通过大规模数据来训练机器学习模型，再利用得到的模型来预测和解释数据。这两种方法殊途同归，但在互联网时代后者占了上风。打一个不太恰当的比方，前者是基于物理学的原理和方法解决数学问题，而后者则是通过数学的方法来解决物理学问题。两种方法本身并无高下之分，但是对于当今的互金平台而言，考虑到建模效率、投入/产出比和迭代优化的速度等因素，后者更适于开展互联网信贷消费业务。

3. 灵活的对抗策略

通常情况下，对于互金平台危害较大是专业的黑灰产和有组织的“老赖”。他们往往躲在暗处而且有自己的组织和专业的流程，对于各大平台的风控手段有一定的应对能力。例如，他们会大规模注册用户、提交申请，以此来验证平台的风控策略，或者有规模地屯养账号，与正常用户无异地潜伏在平台内,，然后突然集中骗贷。所以在这种情况下，风控系统要有灵活的对抗策略，一方面利用大数据、复杂网络、图模型和深度学习等技术来挖掘骗贷者的蛛丝马迹，另一方面在爆发危机时快速上线应急的风控策略，阻击黑灰产者和“老赖”。

当然，在金融风控管理的整个生命周期中，催收和转呆账等也是非常重要的环节，在某些特殊的场景中，需要有催收和转呆账等策略来兜底。然而，从业务安全（或者风控）的角度来考虑，在贷前准入的授信环节控制逾期风险更有效，成本也更低，即：尽可能在用户准入时全面评估其信用风险，而避免在用户使用互金产品后出现坏账风险才开始干预。

下面我们简单谈一下如何实现全周期风控，也就是实现全生命周期的信用风控管理。互金平台信贷产品的整个周期包含五个阶段，分别是产品设计、授信准入、贷中监控、贷后催收和呆账管理。它们围绕着风险管理（风控）环环相扣，缺一不可，如图 10-1 所示。

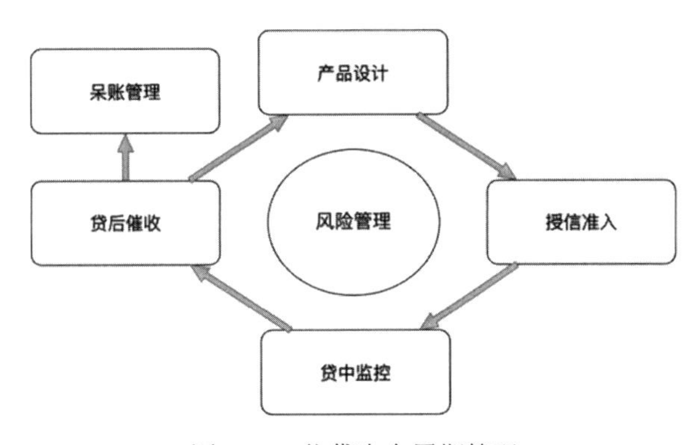

图 10-1　信贷生命周期管理

这五个阶段所涉及的内容分别如下所述。

- 产品设计：产品设计的核心是在合适的时间点满足目标用户的需求，即针对不同层面的用户开发不同的产品，需要考虑其年龄、职业、收入、性别以及婚姻等情况，而且要考虑投放渠道、盈利目标等。
- 授信准入：这是风控的第一道关，需要在产品设计的基础上，针对不同的用户群设计个性化的授信政策。其重点考虑贷款人的信用情况、资金用途和还款来源等。
- 贷中监控：这个环节也十分重要，不仅要监控交易的情况，还要关注借款人账户的情况，及时对风险预警。在用户逾期风险较高的情况下，风控人员需要及时介入。
- 贷后催收：催收是保障信用循环的最后手段，即针对已有的逾期借款通过分级的催收手段来追回。常见的逾期有正常用户还款逾期、新用户逾期、呆卡消费逾期、临时额度消费逾期以及职业变更导致逾期等。对应的催收手段有电话催收、上门催收和委托合法的专业催收公司催收等。

- 呆账管理：出现坏账后通过法律途径或者打包出售等方式来处理，核心目标是降低产品的资金损失。

10.3 分类算法在信贷业务安全中的应用

在维护业务安全的工作中，算法工程师面临的大部分需求通常都可以归结为分类问题。例如，识别电商平台中的正常交易和虚假交易，区分社交平台中的真实用户行为和虚假用户行为。为了保证信贷业务安全，要在三个阶段建立风控分类模型，即在准入（贷前）环节区分出好用户与坏用户，在交易（贷中）环节识别出高风险的异常交易，在违约（贷后）发生之后对用户进行分级而降低催收成本。下面我们就介绍几种在业务中常用的典型算法。

10.3.1 典型分类算法的介绍

本节将分别介绍逻辑回归（Logistic Regression，LR）和支持向量机（Support Vector Machine，SVM）这两种典型的分类算法。

10.3.1.1 逻辑回归算法

1. 逻辑回归分类（线性二分类问题）

逻辑回归算法的模型可以表示为：

$$P(C_1|\boldsymbol{\phi}) = y(\boldsymbol{\phi}) = \sigma(\boldsymbol{w}^{\mathrm{T}}\boldsymbol{\phi}) = \frac{1}{1+e^{-\boldsymbol{w}^{\mathrm{T}}\boldsymbol{\phi}}}$$

其中，$P(C_1|\boldsymbol{\phi})$表示样本（特征）$\boldsymbol{\phi}$属于类别C_1的概率；$y(\boldsymbol{\phi})$为线性判别函数，即 sigmoid 函数（S 形函数），用$\sigma(\boldsymbol{w}^{\mathrm{T}}\boldsymbol{\phi})$表示；$\boldsymbol{w}^{\mathrm{T}} = [w_1, w_2, \ldots, w_N]^{\mathrm{T}}$为需要根据样本求出的回归系数，其维数与样本的维数相同；对于样本集$\{\boldsymbol{\phi}_n, t_n\}$，其中$t_n$为样本的类别且$t_n = \{0,1\}$，而样本$\boldsymbol{\phi} = [x_1, x_2, \ldots, x_N]^{\mathrm{T}}$。注意，这里的样本数量为$n$。

那么，样本的似然函数为：

$$P(t|\boldsymbol{w})=\prod_{n=1}^{N} y_n^{t_n}(1-y_n)^{1-t_n}$$

其中，$y_n=p(C_1|\boldsymbol{\phi_n})$，即样本属于$C_1$类别的概率。

取似然函数的负指数，即可得到对应的交叉熵形式的误差函数：

$$\begin{aligned}E(\boldsymbol{w}) &= -\ln P(t|\boldsymbol{w})\\ &= -\ln\prod_{n=1}^{N} y_n^{t_n}(1-y_n)^{1-t_n}\\ &= -(\ln\prod_{n=1}^{N} y_n^{t_n}+\prod_{n=1}^{N}(1-y_n)^{1-t_n})\\ &= -\sum_{n=1}^{N}\{t_n\ln y_n+(1-t_n)\ln(1-y_n)\}\end{aligned}$$

为了求其最小值需要对$\boldsymbol{w}$求导，其中$y(\boldsymbol{\phi})=\frac{1}{1+e^{-\boldsymbol{w}^{\mathrm{T}}\boldsymbol{\phi}_n}}$，可得：

$$\begin{aligned}\nabla &= \frac{\partial\sum_{n=1}^{N}-\{t_n\ln y_n+(1-t_n)\ln(1-\boldsymbol{y}_n)\}}{\partial\boldsymbol{w}}\\ &= -\sum_{n=1}^{N}\left\{t_n(\frac{\partial\ln y_n}{\partial\boldsymbol{w}})+(1-t_n)(\frac{\partial(1-\ln y_n)}{\partial\boldsymbol{w}})\right\}\end{aligned}$$

又因为

$$\begin{aligned}\frac{\partial y(\boldsymbol{\phi}_n)}{\partial\boldsymbol{w}} &= \frac{\partial\frac{1}{1+e^{-\boldsymbol{w}^{\mathrm{T}}\boldsymbol{\phi}_n}}}{\partial\boldsymbol{w}}\\ &= -1\cdot(1+e^{-\boldsymbol{w}^{\mathrm{T}}\boldsymbol{\phi}_n})^{-2}(e^{-\boldsymbol{w}^{\mathrm{T}}\boldsymbol{\phi}_n})(-\boldsymbol{\phi}_n)\\ &= \frac{1}{1+e^{-\boldsymbol{w}^{\mathrm{T}}\boldsymbol{\phi}_n}}\cdot\frac{e^{-\boldsymbol{w}^{\mathrm{T}}\boldsymbol{\phi}_n}}{1+e^{-\boldsymbol{w}^{\mathrm{T}}\boldsymbol{\phi}_n}}\cdot\boldsymbol{\phi}_n\\ &= y(\boldsymbol{\phi}_n)(1-y(\boldsymbol{\phi}_n))\boldsymbol{\phi}_n\end{aligned}$$

所以

$$\begin{aligned}\frac{\partial \ln y_n}{\partial \boldsymbol{w}} &= \frac{1}{y_n} \cdot \frac{\partial y_n}{\partial \boldsymbol{w}} \\ &= \frac{1}{y_n} \boldsymbol{\phi}_n y(\boldsymbol{\phi}_n)(1 - y(\boldsymbol{\phi}_n)) \\ &= \boldsymbol{\phi}_n (1 - y(\boldsymbol{\phi}_n))\end{aligned}$$

其中

$$y_n = y(\boldsymbol{\phi}_n)$$

$$\begin{aligned}\frac{\partial \ln(1 - y_n)}{\partial \boldsymbol{w}} &= -\frac{1}{1 - y_n} \cdot \frac{\partial \ln y_n}{\partial \boldsymbol{w}} \\ &= -\frac{1}{1 - y_n} \cdot \boldsymbol{\phi}_n y(\boldsymbol{\phi}_n)(1 - y(\boldsymbol{\phi}_n)) \\ &= -\boldsymbol{\phi}_n y(\boldsymbol{\phi}_n)\end{aligned}$$

所以

$$\begin{aligned}\nabla E(w) &= -\sum_{n=1}^{N} \{t_n \boldsymbol{\phi}_n (1 - y(\boldsymbol{\phi}_n)) + (1 - t_n)(-\boldsymbol{\phi}_n y(\boldsymbol{\phi}_n))\} \\ &= -\sum_{n=1}^{N} \{t_n \boldsymbol{\phi}_n - \boldsymbol{\phi}_n y(\boldsymbol{\phi}_n)\} \\ &= \sum_{n=1}^{N} (y(\boldsymbol{\phi}_n) - t_n) \boldsymbol{\phi}_n\end{aligned}$$

从上述公式可以看出，样本对于梯度的贡献由其预测结果和原标签之间的误差乘以样本来确定。值得一提的是，这与线性回归模型的平方和误差函数的梯度具有一致的形式。

有了梯度的计算公式，就可以利用梯度下降法求得$\boldsymbol{w}$，即：给定训练步长和初始$\boldsymbol{w}$，迭代至收敛，得到的$\boldsymbol{w}$即为逻辑回归的解。其迭代公式为：

$$\boldsymbol{w}^{\text{new}} = \boldsymbol{w}^{\text{old}} - \eta \nabla E(\boldsymbol{w})$$

其中，η为学习率。

根据上述推理过程，用 Python 实现逻辑回归分类对应的梯度下降方法，代码如下：

```
#逻辑回归分类
def gradDescent(dataMatIn, classLabels):
    dataMatrix = mat(dataMatIn)
    labelMat = mat(classLabels).transpose()
    m,n = shape(dataMatrix)
    alpha = 0.001
    eps=0.0001
    weights = ones((n,1))
    while True:
        h = sigmoid(dataMatrix\*weights)    # n\*3 X 3\*1 = n\*1
        error=(h.transpose()-labelMat.transpose())\*dataMatrix
                                    # 1\*n X n\*3 = 1\*3
        suberror= alpha*error
        weights = weights - suberror.transpose()
        maxerror=0.0000001
        for element in suberror.flat:
          maxerror=max(maxerror,abs(element))
        if eps > maxerror:
            break
    return weights
```

根据上述代码计算得到的权重系数，绘制对应的数据分类结果，如图 10-2 所示。

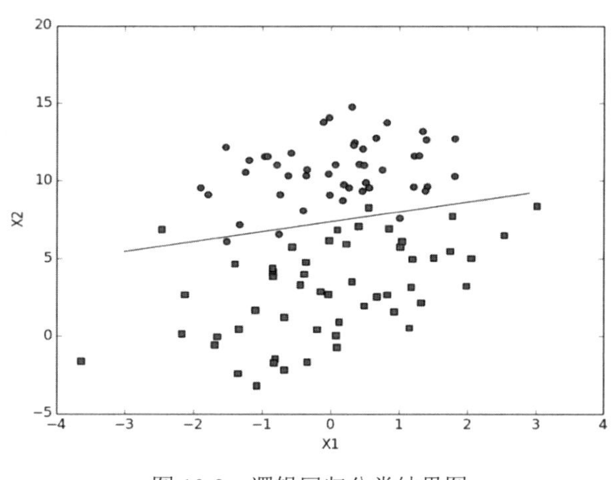

图 10-2　逻辑回归分类结果图

除了可以利用梯度下降法求逻辑回归的系数以外，还有一种更高效的迭代方法可以用来最小化误差函数，即迭代变加权最小平方差算法（Iterative Reweighted Least Squares，简称 IRLS）。

2. IRLS 算法

IRLS 算法，也叫作 Newton-Raphson 算法，它将梯度下降中的学习率替换为$E(\boldsymbol{w})$对于$\boldsymbol{w}$的二阶导数的逆，也就是海森矩阵的逆矩阵，即：

$$\boldsymbol{w}^{\text{new}} = \boldsymbol{w}^{\text{old}} - \boldsymbol{H}^{-1}\nabla E(\boldsymbol{w})$$

已知

$$\nabla E(\boldsymbol{w}) = \sum_{n=1}^{N}\{\boldsymbol{w}^{\text{T}}\boldsymbol{\phi}_n - t_n\}\boldsymbol{\phi}_n = \boldsymbol{\phi}^{\text{T}}\boldsymbol{\phi}\boldsymbol{W} - \boldsymbol{\phi}^{\text{T}}\boldsymbol{T}$$

其中$\boldsymbol{\phi}$表示$N \times M$的矩阵，样本的个数为N，维数为M。$\boldsymbol{\phi}$的第n行为向量$\boldsymbol{\phi}_n^{\text{T}}$，$\boldsymbol{T}$为$N \times 1$维的矩阵，其第$n$个值表示第$n$个特征的标签。$\boldsymbol{W}$为$M \times 1$维的矩阵。那么

$$\boldsymbol{H} = \nabla\nabla E(\boldsymbol{w}) = \nabla(\boldsymbol{\phi}^{\text{T}}\boldsymbol{\phi}\boldsymbol{W} - \boldsymbol{\phi}^{\text{T}}\boldsymbol{T}) = \boldsymbol{\phi}^{\text{T}}\boldsymbol{\phi}$$

所以

$$\boldsymbol{w}^{\text{new}} = \boldsymbol{w}^{\text{old}} - \boldsymbol{H}^{-1}\nabla E(\boldsymbol{w}) = \boldsymbol{w}^{\text{old}} - (\boldsymbol{\phi}^{\text{T}}\boldsymbol{\phi})^{-1}(\boldsymbol{\phi}^{\text{T}}\boldsymbol{\phi}\boldsymbol{W} - \boldsymbol{\phi}^{\text{T}}\boldsymbol{\phi}) = (\boldsymbol{\phi}^{\text{T}}\boldsymbol{\phi})^{-1}\boldsymbol{\phi}^{\text{T}}\boldsymbol{\phi}$$

将海森矩阵应用于逻辑回归分类，利用

$$\begin{aligned}\frac{\partial y(\boldsymbol{\phi}_n)}{\partial \boldsymbol{w}} &= \frac{\partial \dfrac{1}{1+e^{-\boldsymbol{w}^{\text{T}}\boldsymbol{\phi}_n}}}{\partial \boldsymbol{w}} \\ &= -1 \times (1+e^{-\boldsymbol{w}^{\text{T}}\boldsymbol{\phi}_n})^{-2}(e^{-\boldsymbol{w}^{\text{T}}\boldsymbol{\phi}_n})(-\boldsymbol{\phi}_n) \\ &= \frac{1}{1+e^{-\boldsymbol{w}^{\text{T}}\boldsymbol{\phi}_n}} \times \frac{e^{-\boldsymbol{w}^{\text{T}}\boldsymbol{\phi}_n}}{1+e^{-\boldsymbol{w}^{\text{T}}\boldsymbol{\phi}_n}} \times \boldsymbol{\phi}_n \\ &= y(\boldsymbol{\phi}_n)(1-y(\boldsymbol{\phi}_n))\boldsymbol{\phi}_n\end{aligned}$$

则有

$$\nabla E(\boldsymbol{w}) = \sum_{n=1}^{N}(y_n - t_n)\boldsymbol{\phi}_n = \boldsymbol{\phi}^{\text{T}}(\boldsymbol{Y} - \boldsymbol{T})$$

$$y_n = \sigma(\boldsymbol{w}^{\text{T}}\boldsymbol{\phi}_n) \Rightarrow \boldsymbol{Y} = \sigma(\boldsymbol{\phi}\boldsymbol{W})$$

其中，$\boldsymbol{\phi}$表示$N \times M$的矩阵，样本的个数为N，维数为M。$\boldsymbol{\phi}$的第n行为$\boldsymbol{\phi}_n^{\text{T}}$，$\boldsymbol{T}$为$N \times 1$维的矩阵，其第$n$个值表示第$n$个特征的标签。$\boldsymbol{W}$为$M \times 1$维的矩阵。

又由于 m 列向量对 n 列向量求导，结果为 m 行 n 列的矩阵，因此

$$H = \nabla\nabla E(\boldsymbol{w}) = \nabla\sum_{n=1}^{N}(y_n - t_n)\boldsymbol{\phi}_n = \nabla\sum_{n=1}^{N}\boldsymbol{\phi}_n\, y_n(1-y_n)\boldsymbol{\phi}_n^{\mathrm{T}}$$

$$= \boldsymbol{\phi}^{\mathrm{T}}\sum_{n=1}^{N} y_n\,(1-y_n)\boldsymbol{\phi}$$

$$H = \nabla\boldsymbol{\phi}^{\mathrm{T}}(\boldsymbol{Y}-\boldsymbol{T}) = \boldsymbol{\phi}^{\mathrm{T}}\nabla\boldsymbol{Y} = \boldsymbol{\phi}^{\mathrm{T}}\sum_{n=1}^{N} y_n\,(1-y_n)\boldsymbol{\phi}_n = \boldsymbol{\phi}^{\mathrm{T}}\sum_{n=1}^{N} y_n\,(1-y_n)\boldsymbol{\phi}$$

$\sum_{n=1}^{N} y_n\,(1-y_n)$可以由$N\times N$的对角阵$\boldsymbol{R}_{nn}$表示，那么$\boldsymbol{H}=\boldsymbol{\phi}^{\mathrm{T}}\boldsymbol{R}_{nn}\boldsymbol{\phi}$。 所以，

$$\begin{aligned}
\boldsymbol{w}^{\text{new}} &= \boldsymbol{w}^{\text{old}} - \boldsymbol{H}^{-1}\nabla E(\boldsymbol{w}) \\
&= \boldsymbol{w}^{\text{old}} - (\boldsymbol{\phi}^{\mathrm{T}}\boldsymbol{R}_{nn}\boldsymbol{\phi})^{-1}\boldsymbol{\phi}^{\mathrm{T}}(\boldsymbol{Y}-\boldsymbol{T}) \\
&= (\boldsymbol{\phi}^{\mathrm{T}}\boldsymbol{R}_{nn}\boldsymbol{\phi})^{-1}[\boldsymbol{\phi}^{\mathrm{T}}\boldsymbol{R}_{nn}\boldsymbol{\phi}\boldsymbol{w}^{\text{old}} - \boldsymbol{\phi}^{\mathrm{T}}(\boldsymbol{Y}-\boldsymbol{T})] \\
&= (\boldsymbol{\phi}^{\mathrm{T}}\boldsymbol{R}_{nn}\boldsymbol{\phi})^{-1}\boldsymbol{\phi}^{\mathrm{T}}\boldsymbol{R}_{nn}[\boldsymbol{\phi}\boldsymbol{w}^{\text{old}} - \boldsymbol{R}_{nn}^{-1}(\boldsymbol{Y}-\boldsymbol{T})]
\end{aligned}$$

IRLS 算法的实现代码如下所示：

```
def IRLSmethod(dataMatIn, classLabels):
    dataMatrix = mat(dataMatIn)  #convert to NumPy matrix
    labelMat = mat(classLabels).transpose()
    n,m=shape(dataMatrix)
    R=zeros((n,n))
    Rnn=mat(R)
    eps=0.0001
    weights_old = mat(0.01\*ones((m,1)))
    iternum=0
    while True:
        plotBestFit(weights_old)
        iternum=iternum+1
        Y= sigmoid(dataMatrix\*weights_old)
        for i in range(n):
            Rnn[i,i]=Y[i]\*(1-Y[i])
        temp1= dataMatrix.transpose()\*Rnn\*dataMatrix
        temp2= dataMatrix.transpose()\*Rnn
        RnnInverse=mat(zeros((n,n)))
        for iv in range(n):
            RnnInverse[iv,iv]=1.0/Rnn[iv,iv]
        temp3= dataMatrix\*weights_old - RnnInverse*(Y-labelMat)
```

```
        weights_new = temp1.I * temp2 * temp3
        suberror= weights_new - weights_old
        maxerror=0.0000001
        for element in suberror.flat:
            maxerror=max(maxerror,abs(element))
            break
        print iternum,weights_new,maxerror
        if eps > maxerror:
            break
        for k in range(m):
            weights_old[k] = weights_new[k]
    return weights_new
```

实验结果表明该方法收敛非常快，只用了 9 次迭代就求得了最优解。需要注意的是，初始值的选择非常重要，一定要选较小的值，否则有可能因发散而找不到最优解。

10.3.1.2　支持向量机（Support Vector Machine，SVM）

1. 硬间隔支持向量机（Hard-Margin SVM）

给定数据集$\{\boldsymbol{x}_n, t_n\}$，其中$\boldsymbol{x}_n$是$M \times 1$的向量，标签$t_n = \{-1,1\}$（$n = 1, 2, \cdots, N$），表示样本个数。硬间隔支持向量机要做的工作就是，找一个分类面$y = \boldsymbol{w}^{\mathrm{T}}\phi(\boldsymbol{x}) + b$（$\boldsymbol{w}$是$M \times 1$的向量），使得所有支持向量到该分类面的距离之和是最大的。支持向量对应的$y = \{-1, 1\}$，其到分类面$y(\boldsymbol{x}) = \boldsymbol{w}^{\mathrm{T}}\phi(\boldsymbol{x}) + b = 0$的距离为$\frac{t_n y_n}{||\boldsymbol{w}||}$，优化目标即：

$$\operatorname{argmax}_{\boldsymbol{w},b} \sum_{n=1}^{N} \min_n \left\{\frac{t_n y_n}{||\boldsymbol{w}||}\right\}$$

由于支持向量对应的$t_n y_n = 1$，所以上式可以简化为：

$$\operatorname{argmax}_{\boldsymbol{w},b} \sum_{n=1}^{N} \min_n \left\{\frac{1}{||\boldsymbol{w}||}\right\}$$

也就是$\operatorname{argmin}_{\boldsymbol{w},b}||\boldsymbol{w}||$。为了求解方便，这就等价于求解（构造二次型）：

$$\begin{aligned} &\operatorname{argmin}_{\boldsymbol{w},b} \frac{1}{2}||\boldsymbol{w}||^2 \\ s.t. \quad &t_n(\boldsymbol{w}^{\mathrm{T}}\phi(\boldsymbol{x}_n) + b) \geqslant 1 \end{aligned}$$

为了求解上述二次优化问题，构造拉格朗日算子 $a_n \geqslant 0$（$n = 1, 2, \cdots, N$），构造拉格朗日函数：

$$L(\boldsymbol{w}, b, a_n) = \frac{1}{2}||\boldsymbol{w}||^2 - \sum_{n=1}^{N} a_n \{t_n(\boldsymbol{w}^{\mathrm{T}}\phi(\boldsymbol{x}_n) + b) - 1\}$$

支持向量机的优化目标等价于求该拉格朗日函数的最小值，分别对$\boldsymbol{w}$、b求导并令其等于零，可得$\boldsymbol{w} = \sum_{n=1}^{N} a_n\, t_n \phi(\boldsymbol{x}_n)$和$\sum_{n=1}^{N} a_n\, t_n = 0$，另有约束条件 $a_n \geqslant 0$（$n = 1,2, \cdots, N$）。

将$\boldsymbol{w} = \sum_{n=1}^{N} a_n\, t_n \phi(\boldsymbol{x}_n)$和$\sum_{n=1}^{N} a_n\, t_n = 0$代入回拉格朗日函数可得：

$$\begin{aligned}
L(\boldsymbol{w}, \overline{b}, a_n) &= \frac{1}{2}||\boldsymbol{w}||^2 - \sum_{n=1}^{N} a_n \{t_n(\boldsymbol{w}^{\mathrm{T}}\phi(\boldsymbol{x}_n) + b) - 1\} \\
&= \frac{1}{2}\sum_{n=1}^{N} a_n\, t_n \phi(\boldsymbol{x}_n) \cdot \sum_{m=1}^{N} a_m\, t_m \phi(\boldsymbol{x}_m) - \sum_{n=1}^{N} a_n\, t_n (\sum_{m=1}^{N} a_m\, t_m \phi(\boldsymbol{x}_m))^{\mathrm{T}} \phi(\boldsymbol{x}_n) + \sum_{n=1}^{N} a_n \\
&= \sum_{n=1}^{N} a_n - \frac{1}{2}\sum_{n=1}^{N}\sum_{m=1}^{N} a_m\, t_m a_n t_n \phi(\boldsymbol{x}_m)^{\mathrm{T}} \phi(\boldsymbol{x}_n)
\end{aligned}$$

我们要求$L(\boldsymbol{w}, \overline{b}, a_n)$的最小值，但是在$L(\boldsymbol{w}, \overline{b}, a_n)$中是减去拉格朗日算子，所以问题变成了要求$\mathrm{argmax}_{a_n} L(\overline{a_n})$的最大值。约束条件为$\sum_{n=1}^{N} a_n\, t_n = 0$和 $a_n \geqslant 0$（$n = 1,2, \cdots, N$）。

而$L(\boldsymbol{w}, \overline{b}, a_n)$需要满足 KKT 条件，即：

$$\begin{cases} a_n \geqslant 0 \\ t_n(\boldsymbol{w}^{\mathrm{T}}\phi(\boldsymbol{x}_n) + b) - 1 \geqslant 0 \\ a_n\{t_n(\boldsymbol{w}^{\mathrm{T}}\phi(\boldsymbol{x}_n) + b) - 1\} = 0 \end{cases}$$

这说明要么$a_n = 0$，要么$t_n(\boldsymbol{w}^{\mathrm{T}}\phi(\boldsymbol{x}_n) + b) - 1 = 0$。如果$a_n = 0$，说明该数据点非支持向量，不起作用；如果$t_n(\boldsymbol{w}^{\mathrm{T}}\phi(\boldsymbol{x}_n) + b) - 1 = 0$，说明该数据点是支持向量。

2．软间隔支持向量机（Soft-Margin SVM）

硬间隔支持向量机适用于样本完全线性可分的情况，但是在实际情况中，样本往往并不是完全线性可分的。例如，在图 10-3 中，方形点代表负样本，圆形点代表正样本，而右上方的灰色方形负样本使得原本线性可分的样本集变成线性不可分的。所以，我们需要对硬间隔支持向量机做一些修改，即允许有少量样本点出现在超平面的另一边（即分类错误），这就是软间隔支持向量机。这里引入了松弛变量来解决非线性可分数据的分类问题，即$\xi_n \geqslant 0$（$n = 1, 2, \cdots, N$），同时需要加入惩罚因子来控制错分类的接受度。

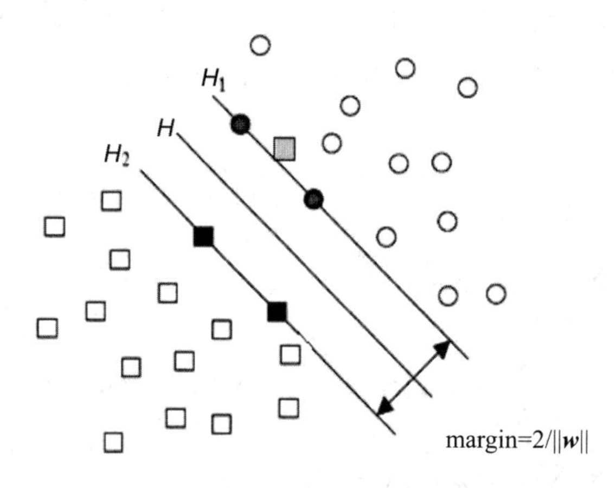

图 10-3　软间隔支持向量机

此时，求解最佳分类超平面的约束条件发生了一定的变化，即：

$$y_n(\boldsymbol{w}^{\mathrm{T}}\phi(\boldsymbol{x}_n) + b) \geqslant 1 - \xi_n \qquad \xi_n \geqslant 0 \ (n = 1, 2, \cdots, N)$$

所以当$\xi_n = 0$时，表示样本点在软间隔正确分类的那一边，例如图 10-3 中H和H_2的左下方；当$0 < \xi_n \leqslant 1$ 时，表示样本点在分类面上或在分类超平面和软间隔之间，例如图 10-3 中的H和H_2之间；当$\xi_n > 1$时，表示样本点在分类超平面错误分类的那一边，例如图 10-3 中右上方的方形样本点。

到目前为止，我们的目的是在惩罚错误分类样本点的同时，最大化样本到分类超平面之间的裕量，即：

$$\mathrm{argmin}_{\boldsymbol{w},b,\xi_n}\{C\sum_{n=1}^{N}\xi_n + \frac{1}{2}||\boldsymbol{w}||^2\}, C > 0$$

$$s.t.\ y_n(\boldsymbol{w}^{\mathrm{T}}\phi(\boldsymbol{x}_n) + b) \geqslant 1 - \xi_n$$

$$\xi_n \geqslant 0 \ (n = 1, 2, \cdots, N)$$

其中，参数C表示松弛变量惩罚因子和裕量之间的权衡，而惩罚因子项也可以定义成$\sum_{n=1}^{N}\xi_n^2$，此时得到的是二阶范数软间隔。上述公式中采用的则是一阶范数软间隔。

文献[6]中推荐使用二阶范数软间隔，但是我们这里仍然使用一阶范数软间隔推导松弛变量支持向量机，因为这两种范数软间隔在推导过程中差异不大。

与之前构造拉格朗日算子的方法一样，构造如下拉格朗日函数：

$$L(\boldsymbol{w},b,\boldsymbol{\xi},\boldsymbol{a},\boldsymbol{\mu})=\frac{1}{2}||\boldsymbol{w}||^2+C\sum_{n=1}^{N}\xi_n-\sum_{n=1}^{N}a_n\,[y_n y(\boldsymbol{x}_n)-1+\xi_n]-\sum_{n=1}^{N}\mu_n\,\xi_n$$

其中拉格朗日算子a_n和μ_n需满足$a_n\geqslant 0$，$\mu_n\geqslant 0$。根据 KKT 条件，则有：

$$\begin{cases} a_n\geqslant 0,\mu_n\geqslant 0 \\ y_n y(\boldsymbol{x}_n)-1+\xi_n\geqslant 0 \\ a_n(y_n y(\boldsymbol{x}_n)-1+\xi_n)\geqslant 0 \\ \xi_n\geqslant 0 \\ \mu_n\xi_n=0 \end{cases}$$

那么由$L(\boldsymbol{w},b,\boldsymbol{\xi},\boldsymbol{a},\boldsymbol{\mu})$分别对$\boldsymbol{w}$、$b$、$\xi_n$求偏导数并令其等于零，可得：

$$\begin{cases} \dfrac{\partial L(\boldsymbol{w},b,\boldsymbol{\xi},\boldsymbol{a},\boldsymbol{\mu})}{\partial \boldsymbol{w}}=0 & \Rightarrow \boldsymbol{w}=\displaystyle\sum_{n=1}^{N}a_n\,y_n\phi(\boldsymbol{x}_n) \\ \dfrac{\partial L(\boldsymbol{w},b,\boldsymbol{\xi},\boldsymbol{a},\boldsymbol{\mu})}{\partial b}=0 & \Rightarrow \displaystyle\sum_{n=1}^{N}a_n\,y_n=0 \\ \dfrac{\partial L(\boldsymbol{w},b,\boldsymbol{\xi},\boldsymbol{a},\boldsymbol{\mu})}{\partial \xi_n}=0 & \Rightarrow a_n=C-\mu_n \end{cases}$$

将该结果代入公式$L(\boldsymbol{w},b,\boldsymbol{\xi},\boldsymbol{a},\boldsymbol{\mu})$，可得：

$$\begin{aligned} L(\boldsymbol{w},b,\boldsymbol{\xi},\boldsymbol{a},\boldsymbol{\mu}) &= \frac{1}{2}||\boldsymbol{w}||^2+C\sum_{n=1}^{N}\xi_n-\sum_{n=1}^{N}a_n\,[y_n y(\boldsymbol{x}_n)-1+\xi_n]-\sum_{n=1}^{N}\mu_n\,\xi_n \\ &= \frac{1}{2}\sum_{n=1}^{N}\sum_{m=1}^{N}a_n\,a_m y_n y_m k(\boldsymbol{x}_n,\boldsymbol{x}_m)+C\sum_{n=1}^{N}\xi_n-\sum_{n=1}^{N}a_n\,y_n y(\boldsymbol{x}_n)+\sum_{n=1}^{N}a_n-\sum_{n=1}^{N}a_n\,\xi_n-\sum_{n=1}^{N}\mu_n\,\xi_n \\ &= \frac{1}{2}\sum_{n=1}^{N}\sum_{m=1}^{N}a_n\,a_m y_n y_m k(\boldsymbol{x}_n,\boldsymbol{x}_m)+\sum_{n=1}^{N}a_n-\sum_{n=1}^{N}a_n\,y_n[\boldsymbol{w}^{\mathrm{T}}\phi(\boldsymbol{x}_n)+b] \\ &= \sum_{n=1}^{N}a_n+\frac{1}{2}\sum_{n=1}^{N}\sum_{m=1}^{N}a_n\,a_m y_n y_m k(\boldsymbol{x}_n,\boldsymbol{x}_m)-\sum_{n=1}^{N}a_n\,y_n[\boldsymbol{w}^{\mathrm{T}}\phi(\boldsymbol{x}_n)]-\sum_{n=1}^{N}a_n\,y_n b \end{aligned}$$

$$= \sum_{n=1}^{N} a_n - \frac{1}{2}\sum_{n=1}^{N}\sum_{m=1}^{N} a_n a_m y_n y_m k(\boldsymbol{x}_n, \boldsymbol{x}_m)$$

其中$k(\boldsymbol{x}_n, \boldsymbol{x}_m) = \phi(\boldsymbol{x}_n)^{\mathrm{T}}\phi(\boldsymbol{x}_m)^{\mathrm{T}}$。由公式$a_n = C - \mu_n$可知$0 \leqslant a_n \leqslant C$，所以该问题到此可表示为：

$$\operatorname{argmax}_{a_n}\{\sum_{n=1}^{N} a_n - \frac{1}{2}\sum_{n=1}^{N}\sum_{m=1}^{N} a_n a_m y_n y_m k(\boldsymbol{x}_n, \boldsymbol{x}_m)\}$$

$$s.t. \sum_{n=1}^{N} a_n y_n = 0, \qquad 0 \leqslant a_n \leqslant C, n = 1, 2, \cdots, N$$

由上述优化目标和限制条件可知，当$a_n = 0$时，样本点对于计算分类超平面不起任何作用；当$a < a_n < C$时，$\mu_n > 0$，则$\xi_n = 0$，此时$y_n y(\boldsymbol{x}_n) = 1 - \xi_n = 1$，即此类样本点起到了支持向量的作用；当$a_n = C$时，$\mu_n = 0$，此时$\xi_n > 1$，$y_n y(\boldsymbol{x}_n) = 1 - \xi_n < 0$则会出现误分类，而当$0 < \xi_n \leqslant 1$时，$y_n y(\boldsymbol{x}_n) = 1 - \xi_n \in [0,1)$，样本点会落在裕量和超平面之间，若$\xi_n = 1$，则样本点正好在超平面上。

令$\xi_n^* = 0$，$0 < a_n^* < C$，$n \in \{1, 2, \cdots, N\}$为一组解，那么根据$y_n y(\boldsymbol{x}_n) = 1$，则有：

$$y_n^*\left(\sum_{n \in S} a_n^* y_n^* k(\boldsymbol{x}_n, \boldsymbol{x}_m) + b^*\right) = 1$$

其中S表示解空间，且$y_n \in \{1, -1\}$，则$1/y_n = y_n$，所以上式也可以表示成：

$$\sum_{n \in S} a_n^* y_n^* k(\boldsymbol{x}_n, \boldsymbol{x}_m) + b^* = y_n^*$$

将上述解空间S中所有b相加后求平均即可得到b^*的值：

$$b^* = \frac{1}{N_M}\sum_{m \in M}(y_n^* - \sum_{n \in S} a_n^* y_n^* k(\boldsymbol{x}_n, \boldsymbol{x}_m))$$

3. 序列最小优化算法（Sequential Minimal Optimization，SMO）

如何求解支持向量中的系数？最流行的方法莫过于 SMO 算法[7]。SMO 算法的思想为：第一步，选取一对拉格朗日算子a_i和a_j，选取方法为启发式方法；第二步，固定除a_i和a_j之外的其他参数，确定 L 取得极值条件下的a_i（a_j由a_i表示）。

我们来看具体的计算步骤。对于拉格朗日算子a_n，有$\sum_{n=1}^{N} a_n t_n = 0$，所以固定除$a_i$和$a_j$以外的拉格朗日算子时，有$a_i t_i + a_j t_j = -\sum_{n=3}^{N} a_n t_n = \epsilon$（一个常数）。

又因为$C \geqslant a_n \geqslant 0$，所以$a_i$和$a_j$有两种关系：一种是样本的类别相同时（$t_i$与$t_j$同号），$a_i + a_j = \epsilon$，另一种是样本的类别不同时（$t_i$与$t_j$异号），$a_i - a_j = \epsilon$。因为$a_j$由$a_i$表示，所以可以求得$a_i$的上下界。

第一种情况，$a_i + a_j = \epsilon$，$a_i = \epsilon - a_j$，又因为$C \geqslant a_n \geqslant 0$，所以$a_i$的下界$L = \max(0, a_i + a_j - C)$，上界$H = \min(C, a_i + a_j)$。

第二种情况，$a_i - a_j = \epsilon$，$a_i = \epsilon + a_j$，又因为$C \geqslant a_n \geqslant 0$，所以$a_i$的下界$L = \max(0, a_i - a_j)$，上界 $H = \min(0, a_i - a_j + C)$。

下面具体求解。先将a_j用a_i表示，得到：

$$a_i t_i + a_j t_j = \epsilon \Rightarrow a_j = (\epsilon - a_i t_i)/t_j = t_j(\epsilon - a_i t_i)$$

因为$t_i = \{1, -1\}$，将上述式子带入公式 $L(\boldsymbol{w}, b, \boldsymbol{\xi}, \boldsymbol{a}, \boldsymbol{\mu})$有：

$$\begin{aligned}
\tilde{L} &= \sum_{n=1}^{2} a_n - \frac{1}{2}\left(\left(a_i t_i \phi(\boldsymbol{x}_i) + a_j t_j \phi(\boldsymbol{x}_j)\right) + \sum_{n=3}^{N} a_n t_n \phi(\boldsymbol{x}_n)\right)^{\mathrm{T}} \cdot \left((a_i t_i \phi(\boldsymbol{x}_i) + a_j t_j \phi(\boldsymbol{x}_j)) + \sum_{m=3}^{N} a_m t_m \phi(\boldsymbol{x}_m)\right) \\
&= a_i + a_j - \frac{1}{2}\sum_{n=1}^{2}\sum_{m=1}^{2} a_n t_n a_m t_m \phi(\boldsymbol{x}_m)^{\mathrm{T}} \phi(\boldsymbol{x}_n) - (a_i t_i \phi(\boldsymbol{x}_i) + a_j t_j \phi(\boldsymbol{x}_j))^{\mathrm{T}} \sum_{m=3}^{N} a_m t_m \phi(\boldsymbol{x}_m) + \text{constant}
\end{aligned}$$

其中 constant 表示与a_i和a_j无关的常量，为了求解方便，可以将其暂时忽略。

$$\begin{aligned}
L(w, \tilde{b}, a_n) &= a_i + a_j - \frac{1}{2}\sum_{n=1}^{2} a_n t_n \left(a_i t_i \phi(\boldsymbol{x}_i)^{\mathrm{T}} + a_j t_j \phi(\boldsymbol{x}_j)^{\mathrm{T}}\right)\phi(\boldsymbol{x}_n) - (a_i t_i \phi(\boldsymbol{x}_i) + a_j t_j \phi(\boldsymbol{x}_j))^{\mathrm{T}} \sum_{m=3}^{N} a_m t_m \phi(\boldsymbol{x}_m) \\
&= a_i + a_j - \frac{1}{2}\left(a_i t_i \left(a_i t_i \phi(\boldsymbol{x}_i)^{\mathrm{T}} + a_j t_j \phi(\boldsymbol{x}_j)^{\mathrm{T}}\right)\phi(\boldsymbol{x}_i) + a_j t_j \left(a_i t_i \phi(\boldsymbol{x}_i)^{\mathrm{T}} + a_j t_j \phi(\boldsymbol{x}_j)^{\mathrm{T}}\right)\phi(\boldsymbol{x}_j)\right) \\
&\quad -(a_i t_i \phi(\boldsymbol{x}_i) + a_j t_j \phi(\boldsymbol{x}_j))^{\mathrm{T}}(w - a_i^* t_i \phi(\boldsymbol{x}_i) - a_j^* t_j \phi(\boldsymbol{x}_j)) \\
&= a_i + a_j - \frac{1}{2}\left(a_i^2 a_i^2 \phi(\boldsymbol{x}_i)^{\mathrm{T}} \phi(\boldsymbol{x}_i) + a_i t_i a_j t_j \phi(\boldsymbol{x}_j)^{\mathrm{T}} \phi(\boldsymbol{x}_i) + a_j t_j a_i t_i \phi(\boldsymbol{x}_i)^{\mathrm{T}} \phi(\boldsymbol{x}_j) a_j^2 a_j^2 \phi(\boldsymbol{x}_j)^{\mathrm{T}} \phi(\boldsymbol{x}_j)\right) \\
&\quad -(a_i t_i \phi(\boldsymbol{x}_i) + a_j t_j \phi(\boldsymbol{x}_j))^{\mathrm{T}}(\boldsymbol{w} - a_i^* t_i \phi(\boldsymbol{x}_i) - a_j^* t_j \phi(\boldsymbol{x}_j))
\end{aligned}$$

为了简化表示，将$\boldsymbol{\phi}(\boldsymbol{x}_m)^{\mathrm{T}} \boldsymbol{\phi}(\boldsymbol{x}_n)$写作$K(\boldsymbol{x}_m, \boldsymbol{x}_n)$或$K(m, n)$，也就是后面会提到的核函数。

$$\begin{aligned}L(\boldsymbol{w},\tilde{b},a_n) &= a_i + a_j - \frac{1}{2}\left(a_i^2t_i^2K(\boldsymbol{x}_i,\boldsymbol{x}_i) + a_it_ia_jt_jK(\boldsymbol{x}_j,\boldsymbol{x}_i) + a_jt_ja_it_iK(\boldsymbol{x}_i,\boldsymbol{x}_j) + a_j^2t_j^2K(\boldsymbol{x}_j,\boldsymbol{x}_j)\right)\\ &-\boldsymbol{w}^{\mathrm{T}}(a_it_i\phi(\boldsymbol{x}_i) + a_jt_j\phi(\boldsymbol{x}_i)) + (a_i^*t_i\phi(\boldsymbol{x}_i) + a_j^*t_j\phi(\boldsymbol{x}_j))^{\mathrm{T}}(a_it_i\phi(\boldsymbol{x}_i) + a_jt_j\phi(\boldsymbol{x}_j))\end{aligned}$$

又因为$a_it_i + a_jt_j = \epsilon \Rightarrow a_jt_j = \epsilon - a_it_i$，代入上述公式，则有：

$$\begin{aligned}L(\boldsymbol{w},\tilde{b},a_n) &= a_i + a_j - \tfrac{1}{2}\left(a_i^2t_i^2K(\boldsymbol{x}_i,\boldsymbol{x}_i) + 2a_it_ia_jt_jK(\boldsymbol{x}_i,\boldsymbol{x}_j) + a_j^2t_j^2K(\boldsymbol{x}_j,\boldsymbol{x}_j)\right)\\ &-\boldsymbol{w}^{\mathrm{T}}(a_it_i\phi(\boldsymbol{x}_i) + a_jt_j\phi(\boldsymbol{x}_i)) + (a_i^*t_i\phi(\boldsymbol{x}_i) + a_j^*t_j\phi(\boldsymbol{x}_j))^{\mathrm{T}}(a_it_i\phi(\boldsymbol{x}_i) + a_jt_j\phi(\boldsymbol{x}_j)\\ &= a_i + t_j(\epsilon - a_it_i) - \tfrac{1}{2}\left(a_i^2t_i^2K(\boldsymbol{x}_j) + 2a_it_i(\epsilon - a_it_i)t_jK(\boldsymbol{x}_i,\boldsymbol{x}_j)(\epsilon - a_it_i)^2t_j^2K(\boldsymbol{x}_j,\boldsymbol{x}_j)\right)\\ &-\boldsymbol{w}^{\mathrm{T}}(a_it_i\phi(\boldsymbol{x}_i) + (\epsilon - a_it_i)\phi(\boldsymbol{x}_i)) + (a_i^*t_i\phi(\boldsymbol{x}_i) + a_j^*t_j\phi(\boldsymbol{x}_j))^{\mathrm{T}}(a_it_i\phi(\boldsymbol{x}_i) + (\epsilon - a_it_i)\phi(\boldsymbol{x}_j))\end{aligned}$$

再整理消去a_j可得：

$$\begin{aligned}L(\boldsymbol{w},\tilde{b},a_n) &= a_i + t_j(\epsilon - a_it_i) - \frac{1}{2}\left(a_i^2t_i^2K(\boldsymbol{x}_i,\boldsymbol{x}_i) + 2a_it_i(\epsilon - a_it_i)K(\boldsymbol{x}_i,\boldsymbol{x}_j)(\epsilon - a_it_i)^2t_j^2K(\boldsymbol{x}_j,\boldsymbol{x}_j)\right)\\ &-\boldsymbol{w}^{\mathrm{T}}a_i(t_i\phi(\boldsymbol{x}_i) - t_i\phi(\boldsymbol{x}_j)) + (a_i^*t_i\phi(\boldsymbol{x}_i) + a_j^*t_j\phi(\boldsymbol{x}_j))^{\mathrm{T}}a_i(t_i\phi(\boldsymbol{x}_i) - t_i\phi(\boldsymbol{x}_j)) + \text{constant}\\ &= a_i - t_it_ja_i - \frac{1}{2}(t_i^2K(i,i)a_i^2 + 2\epsilon t_iK(i,j)a_i - 2t_i^2K(i,j)a_i^2 + t_i^2K(j,j)a_i^2 - 2\epsilon t_iK(j,j)a_i)\\ &-\boldsymbol{w}^{\mathrm{T}}a_i(t_i\phi(\boldsymbol{x}_i) - t_i\phi(\boldsymbol{x}_i)) + (a_i^*t_i\phi(\boldsymbol{x}_i) + a_j^*t_j\phi(\boldsymbol{x}_j))^{\mathrm{T}}a_i(t_i\phi(\boldsymbol{x}_i) - t_i\phi(\boldsymbol{x}_j)) + \text{constant}\\ &= -\frac{1}{2}(t_i^2K(i,i) - 2t_i^2K(i,j) + t_i^2K(j,j))a_i^2 - \epsilon t_i(K(i,j) - K(j,j))a_i + a_i - t_it_ja_i\\ &-(\boldsymbol{w}^{\mathrm{T}} - (a_i^*t_i\phi(\boldsymbol{x}_i) + a_j^*t_j\phi(\boldsymbol{x}_j))^{\mathrm{T}})a_i(t_i\phi(\boldsymbol{x}_i) - t_i\phi(\boldsymbol{x}_j)) + \text{constant}\end{aligned}$$

又因为$t_i^2 = 1$，令$t_it_j = s$，$\eta = K(i,i) - 2K(i,j) + K(j,j)$，可得：

$$\begin{aligned}L(\boldsymbol{w},\tilde{b},a_n) &= \frac{1}{2}\eta a_i^2 - \epsilon t_i(K(i,j) - K(j,j))a_i + a_i - sa_i\\ &-(\boldsymbol{w}^{\mathrm{T}} - (a_i^*t_i\phi(\boldsymbol{x}_i) + a_j^*t_j\phi(\boldsymbol{x}_j))^{\mathrm{T}})a_i(t_i\phi(\boldsymbol{x}_i) - t_i\phi(\boldsymbol{x}_j)) + \text{constant}\end{aligned}$$

其中，ϵ是常数。

对a_i求导可得：

$$\partial L/\partial a_i = -\eta a_i + \eta a_i^* + 1 - s - t_i\boldsymbol{w}^{\mathrm{T}}(\phi(\boldsymbol{x}_i) - \phi(\boldsymbol{x}_j))$$

令上式等于零可得：

$$\begin{aligned}a_i &= a_i^* + \frac{1 - s - t_i\boldsymbol{w}^{\mathrm{T}}(\phi(\boldsymbol{x}_i) - \phi(\boldsymbol{x}_j))}{\eta}\\ &= a_i^* + \frac{1 - s - t_i(\boldsymbol{w}^{\mathrm{T}}\phi(\boldsymbol{x}_j) - \boldsymbol{w}^{\mathrm{T}}\phi(\boldsymbol{x}_i))}{\eta}\\ &= a_i^* + \frac{1 - s + t_i(y_j - y_i)}{\eta}\end{aligned}$$

可以再做如下转换：

$$
\begin{aligned}
a_i &= a_i^* + \frac{1 - s + t_i(y_j - y_i)}{\eta} \\
&= a_i^* + \frac{t_i(\frac{1}{t_i} - \frac{s}{t_i}) + t_i(y_j - y_i)}{\eta} \\
&= a_i^* + \frac{t_i(t_i - t_j) + t_i(y_j - y_i)}{\eta} \\
&= a_i^* + \frac{t_i(t_i - t_j + y_j - y_i)}{\eta} \\
&= a_i^* + \frac{t_i\{(y_j - t_j) - (y_i - t_i)\}}{\eta}
\end{aligned}
$$

这是一个迭代求解的公式，其中的星号“*”表示上一次的值，$\eta = K(i,i) - 2K(i,j) + K(j,j)$。 由于$a_i t_i + a_j t_j = \epsilon$，因此根据$a_i$的变化很容易求出$a_j$，即：

$$
\begin{cases}
a_i t_i + a_j t_j = a_i^* t_i + a_j^* t_j \Rightarrow a_j t_j = a_i^* t_i + a_j^* t_j - a_i t_i \\
a_i t_i + a_j t_j = a_i^* t_i + a_j^* t_j \Rightarrow t_j a_j t_j = t_j(a_i^* t_i + a_j^* t_j - a_i t_i) \\
a_j = a_j^* + t_j t_i(a_i^* - a_i)
\end{cases}
$$

也就是$a_j = a_j^* + s(a_i^* - a_i)$，其中$s = t_i t_j$。

综上所述，可以得到 SMO 算法的数值解：

$$
a_i = a_i^* + \frac{t_i\{(y_j - t_j) - (y_i - t_i)\}}{\eta}, \quad a_j = a_j^* + s(a_i^* - a_i)
$$

其中约束条件为：

$$
a_i^{\text{new,clipped}} = \begin{cases}
L & a_i \leqslant L \\
a_i & L < a_i < H \\
H & a_i \geqslant H
\end{cases}
$$

当$s = -1$时，即两个点属于不同类别，约束条件为：

$$
\begin{cases}
L = \max(0, a_i - a_j) \\
H = \min(0, a_i - a_j + C)
\end{cases}
$$

当$s = 1$时，即两个点属于相同类别，约束条件为：

$$
\begin{cases}
L = \max(0, a_i - a_j + C) \\
H = \min(0, a_i - a_j)
\end{cases}
$$

求得$a_i^{\text{new,clipped}}$后很容易求得a_j^{new}，因为如果前者满足约束条件的话，后者一定也满足。

$$a_j^{\text{new}} = a_j^* + s(a_i^* - a_i^{\text{new,clipped}})$$

注意，我们要求L的最大值，其一阶导数为：

$$\partial L = -\eta a_i + \eta a_i^* + 1 - s - t_i \boldsymbol{w}^{\text{T}}(\phi(\boldsymbol{x}_i) - \phi(\boldsymbol{x}_j))$$

二阶导数为：

$$\partial\, \partial L = -\eta$$

在二阶导数小于零时 L 才有最大值，即需要保证$\eta > 0$，其中$\eta = K(i,i) - 2K(i,j) + K(j,j)$。如果$\eta < 0$，则 L 函数形如$y = x^2$，其最大值在a_i取值范围的边缘处。同理，$\eta = 0$时，∂L退化为线性函数，其最大值也在a_i取值范围的边缘处。

$\eta = 0$时，L的斜率为：

$$k = 1 - s - t_i \boldsymbol{w}^{\text{T}}(\phi(\boldsymbol{x}_i) - \phi(\boldsymbol{x}_j)) = t_i\{(y_j - t_j) - (y_i - t_i)\}$$

所以$k \geqslant 0$时，$a_i = H$；$k < 0$时，$a_i = L$。

$\eta < 0$时，∂L的对称轴为：

$$\begin{aligned} X &= -\frac{B}{2A} \\ &= \frac{\eta a_i^* + 1 - s - t_i \boldsymbol{w}^{\text{T}}(\phi(\boldsymbol{x}_i) - \phi(\boldsymbol{x}_j))}{2\eta} \\ &= \frac{1}{2}\left(a_i^* + \frac{t_i\{(y_j - t_j) - (y_i - t_i)\}}{\eta}\right) \end{aligned}$$

而a_i取值范围的中值为$a_i^{\text{middle}} = \frac{1}{2}(H + L)$，所以$a_i^{\text{middle}} \leqslant X$，$a_i = L$时，$\partial L$有最大值；$a_i^{\text{middle}} > X$，$a_i = H$时，$\partial L$有最大值。

b的更新需要满足 KKT 条件，因为支持向量对应的拉格朗日算子非零，所以更新后的b必须满足：

$$t_n(\boldsymbol{w}^{\text{T}}\phi(\boldsymbol{x}_n) + b) - 1 = 0$$

即：

$$
\begin{aligned}
&t_n((t_i a_i \phi(\boldsymbol{x}_i) + t_j a_j \phi(\boldsymbol{x}_j) + \epsilon)^{\mathrm{T}} \phi(\boldsymbol{x}_n) + b) - 1 = 0 \\
b &= t_n - (t_i a_i \phi(\boldsymbol{x}_i) + t_j a_j \phi(\boldsymbol{x}_j) + \epsilon)^{\mathrm{T}} \phi(\boldsymbol{x}_n) \\
&= t_n - (t_i a_i \phi(\boldsymbol{x}_i) + t_j a_j \phi(\boldsymbol{x}_j))^{\mathrm{T}} \phi(\boldsymbol{x}_n) - \epsilon \phi(\boldsymbol{x}_n)
\end{aligned}
$$

而更新前的b^*则不一定满足 KKT 条件，所以令

$$
\begin{aligned}
&\boldsymbol{w}^{\mathrm{T}} \phi(\boldsymbol{x}_n) + b^* = y_n \\
b^* &= y_n - (t_i a_i^* \phi(\boldsymbol{x}_i) + t_j a_j^* \phi(\boldsymbol{x}_j) + \epsilon)^{\mathrm{T}} \phi(\boldsymbol{x}_n) \\
&= y_n - (t_i a_i^* \phi(\boldsymbol{x}_i) + t_j a_j^* \phi(\boldsymbol{x}_j))^{\mathrm{T}} \phi(\boldsymbol{x}_n) - \epsilon \phi(\boldsymbol{x}_n)
\end{aligned}
$$

两式相减可得：

$$
b - b^* = t_n - y_n + t_i(a_i^* - a_i)\phi(\boldsymbol{x}_i)^{\mathrm{T}} \phi(\boldsymbol{x}_n) + t_j(a_j^* - a_j)\phi(\boldsymbol{x}_j)^{\mathrm{T}} \phi(\boldsymbol{x}_n)
$$

所以

$$
b = -\big((y_n - t_n) + t_i(a_i - a_i^*)\phi(\boldsymbol{x}_i)^{\mathrm{T}} \phi(\boldsymbol{x}_n) + t_j(a_j - a_j^*)\phi(\boldsymbol{x}_j)\phi(\boldsymbol{x}_n)\big) + b^*
$$

因为一开始我们写的是$y = \boldsymbol{w}^{\mathrm{T}} \phi(\boldsymbol{x}) + b$，而 Platt 的论文中写的是$y = \boldsymbol{w}^{\mathrm{T}} \phi(\boldsymbol{x}) - b$，所以上述公式中的 b 符号与 Platt 论文中对应的符号相反。

将b_i和b_j分开可以写成：

$$
b_i = -\left((y_i - t_i) + t_i\left(a_i^{\text{new,clipped}} - a_i^*\right)K(i,i) + t_j\left(a_j^{\text{new}} - a_j^*\right)K(i,j)\right) + b^*
$$

$$
b_j = -\left((y_j - t_j) + t_i(a_i^{\text{new,clipped}} - a_i^*)K(i,j) + t_j(a_j^{\text{new}} - a_j^*)K(j,j)\right) + b^*
$$

- 如果$a_i^{\text{new,clipped}}$在界内（上界和下界之间），$b^{\text{new}} = b_i$。
- 如果a_j^{new}在界内，$b^{\text{new}} = b_j$。
- 如果$a_i^{\text{new,clipped}}$和a_j^{new}都在界内，$b^{\text{new}} = b_i = b_j$。
- 如果$a_i^{\text{new,clipped}}$和a_j^{new}都在界上（上界和下界），那么b_i和b_j间的值都满足

要求，$b^{\text{new}}=\frac{1}{2(b_i+b_j)}$。

如果是线性核函数，那么对$\boldsymbol{w}$的值可以做如下更新，即：

$$\boldsymbol{w}^{\text{new}}=\boldsymbol{w}+t_i(a_i^{\text{new,clipped}}-a_i)\boldsymbol{x}_i+t_j(a_j^{\text{new}}-a_j)\boldsymbol{x}_j$$

软间隔支持向量机的实验结果如图 10-4 所示。其中，在分类面上圈内的样本点表示支持向量，分类面以外圈内的样本点表示允许误分类的向量，而分类面之间圈内的样本点表示的是在间隔内的向量。

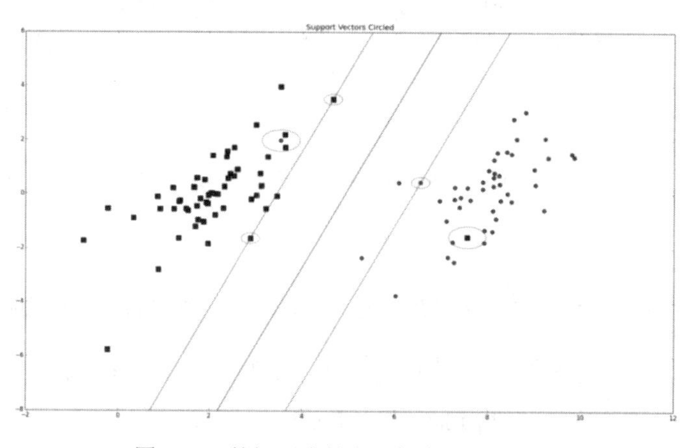

图 10-4 软间隔支持向量机实验结果示例

换成之前回归分类的数据，结果如图 10-5 所示。左侧的图为线性支持向量机，右侧的为高斯核函数支持向量机，其径向参数为 2.0，C 都为 0.9。在某些情况下，高斯核函数支持向量机未必优于线性支持向量机。

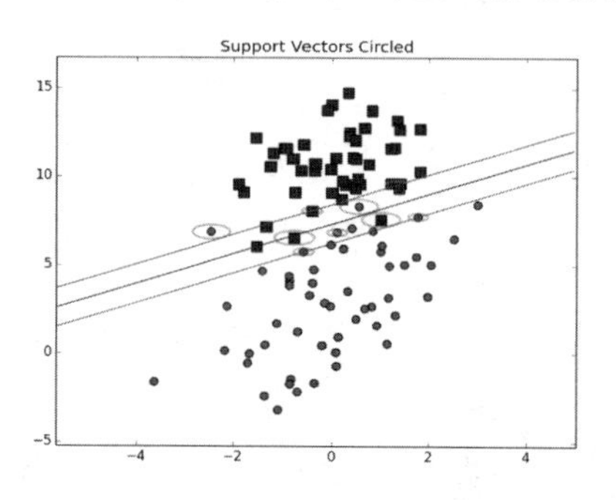

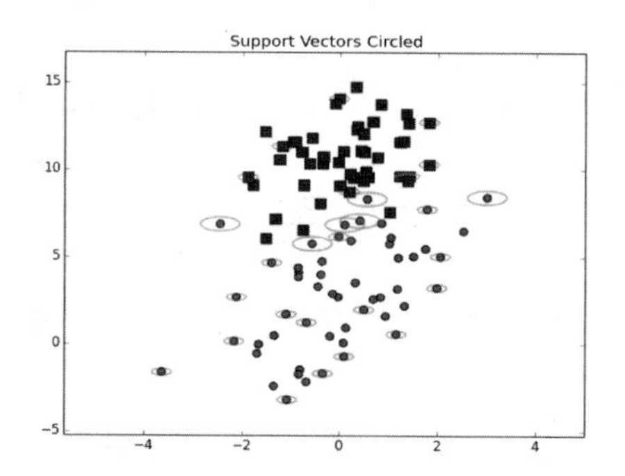

图 10-5 线性支持向量机和高斯核函数支持向量机的分类结果对比图

参考《机器学习实战》一书中的代码，并且完全按照 Platt 论文中的伪代码逻辑，我们利用 Python 实现了 SVM 算法，如下所示。

```
#coding=utf-8
'''
Created on 2013年11月11日
@author: Wangliaofan
'''
from numpy import *
import matplotlib.pyplot as plt
import matplotlib
from matplotlib.patches import Circle

def loadDataSet(fileName):
    dataMat = []; labelMat = []
    fr = open(fileName)
    for line in fr.readlines():
        lineArr = line.strip().split('\t')
        dataMat.append([float(lineArr[0]), float(lineArr[1])])
        labelMat.append(float(lineArr[2]))
    return dataMat,labelMat

#X,N\*M
#RowY,1\*M
#Kxy是N\*1的列向量
def KernelTransfrom(X,RowY,KTpyeTuple):
    N=shape(X)[0]
    Kxy=mat(zeros((N,1)))#N\*1
    if KTpyeTuple[0]=='linear' :
        Kxy=X\*RowY.T
    elif KTpyeTuple[0]=='rbf' or KTpyeTuple[0]=='gaussian' :
        for j in range(N):
            Row=X[j,:]-RowY
            Kxy[j]=Row\*Row.T
        Kxy=exp(Kxy/(-1\*KTpyeTuple[1]\*\*2))
    else:
        raise  NameError('Unknown Kernel Type')
    return Kxy

class optStruct(object):
    '''
    class doc
```

```
    '''
    def __init__(self,dataMatIn, classLabels, C, toler,KTpyeTuple):
        '''
        dataMatIn:    输入数据
        classLabels: 数据的标签
        C:           设置的上界
        toler:       容忍误差
        '''
        self.X = dataMatIn
        self.labelMat = classLabels
        self.C = C
        self.tol = toler
        self.m = shape(dataMatIn)[0]    #N\*M，N为样本个数，M为样本的维数
        self.MofX = shape(dataMatIn)[1]
        self.alphas = mat(zeros((self.m,1)))   #N\*1，初始化所有要训练的拉格朗日算子为
0
        self.b = 0                        #初始化b为0
        self.eCache = mat(zeros((self.m,2)))   #N*2,第一列为是否有效的标志，第二列保存
误差
        self.K=mat(zeros((self.m,self.m)))
        for i in range(self.m):
            self.K[:,i]=KernelTransfrom(self.X,self.X[i,:],KTpyeTuple)

def selectJrand(i,m):
    #在区间(0,m)选择和i不相等的随机数
    j=i
    while (j==i):
        j = int(random.uniform(0,m))
    return j

def clipAlpha(Alpha,H,L):
    #在对应的公式中修正Alpha的值
    if Alpha > H:
        Alpha = H
    if L > Alpha:
        Alpha = L
    return Alpha

def calcEk(oS, k):
    #计算第k个样本的分类误差，即用判别函数计算出的值与标签值相减
    #w=sum(T\*ALPHAS\*X),y(k)=wT\*x(k)+b
    #Error=y(k)-t(k),t表示标签
```

```
    #oS.X                        N\*M
    #oS.X[k,:]                    1\*M
    #multiply(oS.alphas,oS.labelMat)  N\*1
    #fXk = float(multiply(oS.alphas,oS.labelMat).T\*(oS.X\*oS.X[k,:].T)) + oS.b
    fXk = float(multiply(oS.alphas,oS.labelMat).T*oS.K[:,k]) + oS.b
    Ek = fXk - float(oS.labelMat[k])
    return Ek

def selectJ(i, oS, Ei):
    #在选择了 Ei 的基础上选择 Ej，即第二个启发式选择，思路很简单，即选择|Ei - Ek|有最大值的
Ej
     maxK = -1; maxDeltaE = 0; Ej = 0
    #set valid
    oS.eCache[i] = [1,Ei]

#choose the alpha that gives the maximum delta E
#选择能够获得最大 delta E 的 alpha
    validEcacheList = nonzero(oS.eCache[:,0].A)[0]
    if (len(validEcacheList)) > 1:
        for k in validEcacheList:
        # 遍历找到最大化 delta E 的值
            if k == i: continue
            Ek = calcEk(oS, k)
            deltaE = abs(Ei - Ek)
            if (deltaE > maxDeltaE):
                maxK = k; maxDeltaE = deltaE; Ej = Ek
        return maxK, Ej
    else:
        return -1,-1


def updateEk(oS, k):
    #及时更新误差
    Ek = calcEk(oS, k)
    oS.eCache[k] = [1,Ek]

def innerL(i, oS):
    Ei = calcEk(oS, i)
    if ((oS.labelMat[i]\*Ei < -oS.tol) and (oS.alphas[i] < oS.C)) \
        or ((oS.labelMat[i]*Ei > oS.tol) and (oS.alphas[i] > 0)):
        #启发式选择第二个要优化的拉格朗日算子
        j,Ej = selectJ(i, oS, Ei) #this has been changed from selectJrand
```

```
        if j!=-1:
            if InsideLoop(i, oS, Ei, j, Ej)==1:
                return 1
        #启发式选择失败，则遍历非零和非C的拉格朗日算子
        print 'heuristic failed'
        jList=nonzero(oS.alphas[:].A)[0]
        if (len(jList)) > 1:
            for j in jList:
                print 'current optimize',j
                if j==i or oS.alphas[j]>=oS.C: continue
                Ej = calcEk(oS, j)
                if InsideLoop(i, oS, Ei, j, Ej)==1:
                    return 1
        #遍历非零和非C的拉格朗日算子失败，那么遍历所有alpha，除了i对应的alpha
        print 'non 0 and non C failed!!!!!!!!!!!!!!!!!!!!!!!!!!'
        while True:
            j = selectJrand(i, oS.m)
            if j!=i : break
        for idx_j in range(j,oS.m):
            if idx_j==i:continue
            Ej = calcEk(oS, idx_j)
            if InsideLoop(i, oS, Ei, idx_j, Ej)==1:
                return 1
        for idx_j in range(0,j-1):
            if idx_j==i:continue
            Ej = calcEk(oS, idx_j)
            if InsideLoop(i, oS, Ei, idx_j, Ej)==1:
                return 1
        print 'All failed! Try next...........................'
        return 0
    else:
        return 0

def InsideLoop(i, oS, Ei, j, Ej):
    alphaIold = oS.alphas[i].copy(); alphaJold = oS.alphas[j].copy();
    if (oS.labelMat[i] != oS.labelMat[j]):
        L = max(0, oS.alphas[j] - oS.alphas[i])
        H = min(oS.C, oS.C + oS.alphas[j] - oS.alphas[i])
    else:
        L = max(0, oS.alphas[j] + oS.alphas[i] - oS.C)
        H = min(oS.C, oS.alphas[j] + oS.alphas[i])
    if L==H:
```

```
        print "L==H"; return 0
    #eta=k11+k22-2\*k12
    #eta = oS.X[i,:]\*oS.X[i,:].T + oS.X[j,:]\*oS.X[j,:].T - 2.0 *
oS.X[i,:]\*oS.X[j,:].T
    eta = oS.K[i,i] + oS.K[j,j] - 2.0 * oS.K[i,j]
    if 0 == eta:
        #直线
        print "eta=0"
        kgradient=oS.labelMat[j]\*(Ei - Ej)
        if kgradient>=0:
            oS.alphas[j]=H
        else:
            oS.alphas[j]=L
    elif eta<0:
        #开口朝上的抛物线
        print "eta<0"
        Xmiddle=0.5\*(oS.alphas[j]+oS.labelMat[j]\*(Ei - Ej)/eta)
        if Xmiddle>=0.5\*(H+L):
            oS.alphas[j]=L
        else:
            oS.alphas[j]=H
    else:
        #ai=ai_old+ti(Ej-Ei)/eta
        oS.alphas[j] += oS.labelMat[j]\*(Ei - Ej)/eta
        oS.alphas[j] = clipAlpha(oS.alphas[j],H,L)
    updateEk(oS, j) #added this for the Error cache
    #if (|a2-alph2| < eps\*(a2+alph2+eps))
    eps=0.001
    stepOfj=abs(oS.alphas[j] - alphaJold)
    if (stepOfj < eps\*(oS.alphas[j] + alphaJold + eps)):
        print "j not moving enough",stepOfj
        return 0
    oS.alphas[i] += oS.labelMat[j]\*oS.labelMat[i]\*(alphaJold - oS.alphas[j])
    updateEk(oS, i)
    #求 b 的值
    b1 = oS.b - Ei- oS.labelMat[i]\
        *(oS.alphas[i]-alphaIold)\
        *oS.K[i,i] - oS.labelMat[j]\
        *(oS.alphas[j]-alphaJold)\
        *oS.K[i,j]
    b2 = oS.b - Ej- oS.labelMat[i]\
        *(oS.alphas[i]-alphaIold)\
```

```
        *oS.K[i,j] - oS.labelMat[j]\
        *(oS.alphas[j]-alphaJold)\
        *oS.K[j,j]
    if (0 < oS.alphas[i]) and (oS.C > oS.alphas[i]):
        oS.b = b1
    elif (0 < oS.alphas[j]) and (oS.C > oS.alphas[j]):
        oS.b = b2
    else:
        oS.b = (b1 + b2)/2.0
    return 1
\#full John C. Platt SMO
def smoPlatt(dataMatIn, classLabels, C, toler, maxIter,KTpyeTuple):
    oS =
optStruct(mat(dataMatIn),mat(classLabels).transpose(),C,toler,KTpyeTuple)
    iternum = 0
    entireSet = True; alphaPairsChanged = 0
    while (iternum < maxIter) and ((alphaPairsChanged > 0) or (entireSet)):
        alphaPairsChanged = 0
        #遍历所有样本
        if entireSet:
            for i in range(oS.m):
                alphaPairsChanged += innerL(i,oS)
                print "fullSet, iterate: %d i:%d, pairs changed %d" %
(iternum,i,alphaPairsChanged)
            iternum += 1
        #遍历边界内样本
        else:
            nonBoundIs = nonzero((oS.alphas.A > 0) * (oS.alphas.A < C))[0]
            for i in nonBoundIs:
                alphaPairsChanged += innerL(i,oS)
                print "non-bound, iterate: %d i:%d, pairs changed %d" %
(iternum,i,alphaPairsChanged)
            iternum += 1
        if entireSet:
            #toggle entire set loop
            #在上一次完全遍历后，如果alpha有变化，只遍历边界内的样本
            entireSet = False
        elif (alphaPairsChanged == 0):
            #如果上一次完全遍历后， alpha没有改变，则继续遍历整个样本，其中随机选取了新的起始
样本点
            entireSet = True
        print "iteration number: %d" % iternum
```

```
        #计算线性情况下的W
        w=mat(zeros((oS.MofX,1)))
        for i in range(oS.m):
            w+=multiply(oS.labelMat[i]\*oS.alphas[i],oS.X[i,:].T)

    return oS.b,oS.alphas,w

def plotBestFit(weights,dataMat,labelMat):
    dataArr = array(dataMat)
    n = shape(dataArr)[0]
    xcord1 = []; ycord1 = []
    xcord2 = []; ycord2 = []
    for i in range(n):
        if int(labelMat[i])== 1:
            xcord1.append(dataArr[i,0]); ycord1.append(dataArr[i,1])
        else:
            xcord2.append(dataArr[i,0]); ycord2.append(dataArr[i,1])
    fig = plt.figure()
    ax = fig.add_subplot(111)
    ax.scatter(xcord1, ycord1, s=20, c='red', marker='s')
    ax.scatter(xcord2, ycord2, s=20, c='green')
    x = arange(-2.0, 12.0, 0.1)
    y = (-weights[2]-weights[0]*x)/weights[1]
    ax.plot(x, y)
    plt.xlabel('X1'); plt.ylabel('X2');
    plt.show()

def PlotSupportVectors(dataArr,dataLabel,weights,alphas,C,KTpyeTuple):
    xcord0 = [];ycord0 = [];
    xcord1 = [];ycord1 = [];
    xmin=999999;xmax=-999999;ymin=999999;ymax=-999999;
    length=len(dataArr)
    for kk in range(0,length):
        if dataArr[kk][0]<xmin : xmin=dataArr[kk][0]
        if dataArr[kk][0]>xmax : xmax=dataArr[kk][0]
        if dataArr[kk][1]<ymin : ymin=dataArr[kk][1]
        if dataArr[kk][1]>ymax : ymax=dataArr[kk][1]
        if (dataLabel[kk] == -1):
            xcord0.append(dataArr[kk][0])
            ycord0.append(dataArr[kk][1])
        else:
            xcord1.append(dataArr[kk][0])
```

```
                ycord1.append(dataArr[kk][1])
        fig = plt.figure()
        ax = fig.add_subplot(111)
        ax.scatter(xcord0,ycord0, marker='s', s=90)
        ax.scatter(xcord1,ycord1, marker='o', s=50, c='red')
        ax.axis([xmin-2,xmax+2,ymin-2,ymax+2])
        plt.title('Support Vectors Circled')
        b = weights[2]; w0=weights[0]; w1=weights[1]
        validEcacheList = nonzero(alphas[:,0].A)[0]
        for k in validEcacheList:
            #TnYn=1-Eipsi
            #Eipsi=1-TnYn
            #Eipsi>1时说明该样本点被错分类，即outlier
            #Eipsi<=1时说明该样本点在margin内部
            if alphas[k,0]==C:
                Eipsi=1-dataLabel[k]\*(dataArr[k][0]\*w0 + dataArr[k][1]\*w1 +b)
                if Eipsi<=1:
                    circle = Circle((dataArr[k][0], dataArr[k][1]), 0.4,
facecolor='none',  \
                        edgecolor='yellow', linewidth=2, alpha=0.4)
                    ax.add_patch(circle)
                else:
                    circle = Circle((dataArr[k][0], dataArr[k][1]), 0.4,
facecolor='none',  \
                        edgecolor='red', linewidth=2, alpha=0.4)
                    ax.add_patch(circle)
            #支持向量
            else:
                circle = Circle((dataArr[k][0], dataArr[k][1]), 0.2, facecolor='none',
\
                    edgecolor='green', linewidth=2, alpha=0.4)
                ax.add_patch(circle)
        #画分类超平面
        if KTpyeTuple[0]=='rbf' or KTpyeTuple[0]=='gaussian':
            plt.show()
            return
            dataMat=mat(dataArr);
            LabelMat=mat(dataLabel).transpose()
            svInd=nonzero(alphas.A>0)[0]
            svs=dataMat[svInd];
            labelsv=LabelMat[svInd]
            w_rbf=multiply(labelsv,alphas[svInd])
```

```
        #print svInd,svs,w_rbf
        x = arange(xmin-2.0, xmax+2.0, 0.1)
        y = arange(xmin-2.0, xmax+2.0, 0.1)
        xlength=shape(x)[0]
        matx=mat(zeros((xlength,2)))
        for i in range(xlength):
            matx[i,0]=x[i]
        for i in range(xlength):
            kernelEvaluate=KernelTransfrom(svs, matx[i,:], KTpyeTuple)
            y[i]=kernelEvaluate.T\*w_rbf+b
        ax.plot(x,y)
    elif KTpyeTuple[0]=='linear':
        x = arange(xmin-2.0, xmax+2.0, 0.1)
        y = (-w0\*x - b)/w1
        ax.plot(x,y)
        y1 = (-w0\*x - b + 1)/w1
        ax.plot(x,y1)
        y2 = (-w0*x - b - 1)/w1
        ax.plot(x,y2)
        plt.show()
```

10.3.2　应用案例：逻辑回归模型在信贷中风控阶段的应用

在信贷安全风控建模中，从可解释性的角度出发，一般会选择逻辑回归模型来对风险行为分类。在生产环境中，我们根据信贷业务的运营需求，构建了三个逻辑回归模型，分别用来预测借贷者逾期 30 天（M0）、60 天（M1）和 90 天（M2）的概率，再根据上述 M0、M1 和 M2 的逾期概率建立风控规则，进而根据风险程度来判断是否实时拦截该交易。

我们在 Prediction IO 框架上构建了基于逻辑回归模型的服务引擎。整个建模流程包含四个部分：数据预处理、特征工程（离线特征+实时特征）、训练模型和部署引擎。数据预处理部分完成数据的清洗与准备；特征工程完成特征的构建，其中涉及特征的分桶、归一化和缺失值处理等；模型训练部分基于 Spark MLlib 提供的 LogisticRegressionWithLBFGS 方法来建立逻辑回归模型，训练得到的 AUC 在 0.85 左右，满足上线标准；最后在 Spark 集群上部署基于逻辑回归模型的服务引擎。

从系统的稳定性考虑，为了解决模型服务的单点问题，在生产环境中一般会部署多个服务引擎实例，并通过 Nginx Server 来分配流量，这些引擎会通过相同的存储来获取序列化的模型和实时特征来保证输出的稳定性。整个系统的架构如图 10-6 所示，底层的计算通过 Spark on Yarn 的方式来完成，在 Spark 集群之上部署基于 Prediction IO（PIO）的模型服务引擎，引擎之上采用 Nginx Server 分流，对外提供 Restful API 服务接口。实时模型服务引擎上线后，在打扰率为 0.1%的情况下 M0 逾期率降低了 21%，符合业务预期。

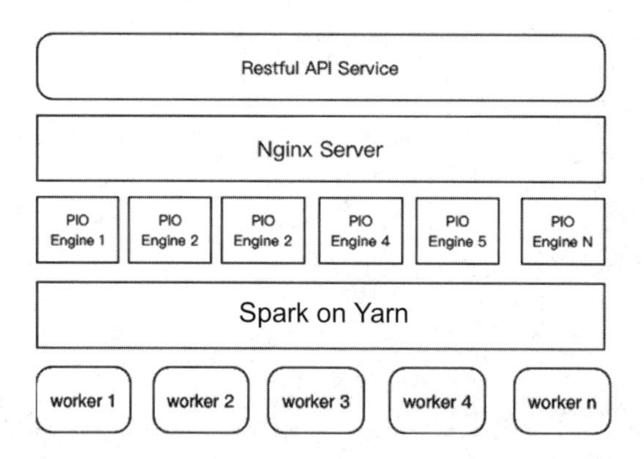

图 10-6　基于 Prediction IO（PIO）框架的模型服务架构

模型服务引擎中核心算法（逻辑回归）的代码如下：

```
import io.prediction.controller.{ P2LAlgorithm, Params }
import org.apache.spark.mllib.classification.LogisticRegressionWithLBFGS
import org.apache.spark.SparkContext
import org.apache.spark.mllib.linalg.Vector
import org.apache.spark.mllib.regression.LabeledPoint
import org.slf4j.LoggerFactory
import com.typesafe.scalalogging.slf4j.Logger

/**
 * Created by wangshuai on 16/7/28.
 * lr algorithm
 */
case class LRAlgorithmParams(
  numClasses: Int,
  preProbThreshold: Double,
  appName: String,
  realTimeFeatureSize: Int,
  dailyFeatureSize: Int,
```

```
    forecastFeatureSize: Int
  ) extends Params

  class LRAlgorithm(lp: LRAlgorithmParams)
      extends P2LAlgorithm[PreparedData, LRModel, Query, PredictedResult] {
    @transient lazy private val logger =
Logger(LoggerFactory.getLogger(this.getClass))

    def train(sc: SparkContext, data: PreparedData): LRModel = {
      this.logger.info("starting training model")
      val model = new LRModel(data, lp)
      model.evaluate()
      model.evaluateDetail()
      model
    }

    def predict(model: LRModel, query: Query): PredictedResult = {
      model.predict(query.userId, lp.realTimeFeatureSize, lp.dailyFeatureSize,
lp.forecastFeatureSize)
    }
  }

  class LRModel(
    data: PreparedData,
    lp: LRAlgorithmParams
  )
    extends Serializable {
    @transient lazy private val logger =
Logger(LoggerFactory.getLogger(this.getClass))
    //private val splits = data.labeledPoints.randomSplit(Array(0.6, 0.4), seed =
11L)
    private val splits30 = data.labeledPoints30.map { r => LabeledPoint(r._1.label30,
r._2) }
      .randomSplit(Array(0.6, 0.4), seed = 11L)
    private val splits60 = data.labeledPoints60.map { r => LabeledPoint(r._1.label60,
r._2) }
      .randomSplit(Array(0.6, 0.4), seed = 11L)
    private val splits90 = data.labeledPoints90.map { r => LabeledPoint(r._1.label90,
r._2) }
      .randomSplit(Array(0.6, 0.4), seed = 11L)

    private val model30 = new LogisticRegressionWithLBFGS()
```

```
      .setNumClasses(lp.numClasses)
      .run(this.splits30(0))
    private val model60 = new LogisticRegressionWithLBFGS()
      .setNumClasses(lp.numClasses)
      .run(this.splits60(0))
    private val model90 = new LogisticRegressionWithLBFGS()
      .setNumClasses(lp.numClasses)
      .run(this.splits90(0))

    def evaluate(): Unit = {
      val predictionAndLabels30 = this.splits30(1).map { r =>
        val prediction = this.model30.predict(r.features)
        (prediction, r.label)
      }

      val predictionAndLabels60 = this.splits60(1).map { r =>
        val prediction = this.model60.predict(r.features)
        (prediction, r.label)
      }

      val predictionAndLabels90 = this.splits90(1).map { r =>
        val prediction = this.model90.predict(r.features)
        (prediction, r.label)
      }

      Preparator.getRoc(predictionAndLabels30)
      Preparator.getRoc(predictionAndLabels60)
      Preparator.getRoc(predictionAndLabels90)

      this.logger.info("30 Weights are  " +
this.model30.weights.toArray.mkString("\t"))
      this.logger.info("60 Weights are  " +
this.model60.weights.toArray.mkString("\t"))
      this.logger.info("90 Weights are  " +
this.model90.weights.toArray.mkString("\t"))
    }

    def getProb(weights: Vector, data: Vector): Double = {
      if (weights.size != data.size) {
        this.logger.info("wrong size")
        0.0
      } else {
```

```
    val out = weights
      .toArray
      .zip(data.toArray)
      .map { r => r._1 * r._2 }
      .sum

   if (out >= 0.0)
      1.0 / (1 + scala.math.exp(-1.0 * out))
    else
      1.0 - 1.0 / (1 + scala.math.exp(-1.0 * out))
   }
  }

  def evaluateDetail(): Unit = {
    val evaRes30 = this.splits30(1).filter(r => r.label == 1.0)
      .map {
        r =>
          r.label -> (this.model30.predict(r.features),
this.getProb(this.model30.weights, r.features))
      }

  val evaRes60 = this.splits60(1).filter(r => r.label == 1.0)
      .map {
        r =>
          r.label -> (this.model60.predict(r.features),
this.getProb(this.model60.weights, r.features))
      }
    val evaRes90 = this.splits90(1).filter(r => r.label == 1.0)
      .map {
        r =>
          r.label -> (this.model90.predict(r.features),
this.getProb(this.model90.weights, r.features))
      }

    Preparator.evaluateMetric(evaRes30)
    Preparator.evaluateMetric(evaRes60)
    Preparator.evaluateMetric(evaRes90)
  }

  def predict(userId: String, s1: Int, s2: Int, s3: Int): PredictedResult = {
    this.logger.info("find target data")
```

```
      val targetData = Preparator.fetchEventsData(lp.appName, userId, s1, s2, s3,
666)

     this.logger.info("finding data done, feature
is %s".format(targetData.userFeatures.toString))

     val inputQuery: Vector = targetData.userFeatures
      val originPre30 = this.model30.predict(inputQuery)
      val originPre60 = this.model60.predict(inputQuery)
      val originPre90 = this.model90.predict(inputQuery)

     val prob30 = this.getProb(this.model30.weights, inputQuery)
      val prob60 = this.getProb(this.model60.weights, inputQuery)
      val prob90 = this.getProb(this.model90.weights, inputQuery)

     this.logger.info("30, 60, 90 original prediction is %f %f %f, 30, 60, 90 prob
is %f %f %f"
        .format(originPre30, originPre60, originPre90, prob30, prob60, prob90))

     val weightedProb = (originPre30 * prob30 + originPre60 * prob60 + originPre90
* prob90) /
      (prob30 + prob60 + prob90)

     PredictedResult(
       if (weightedProb >= 0.5) 1 else 0,
       weightedProb,
       if (prob30 >= 0.5) prob30 else 1.0 - prob30,
       if (prob60 >= 0.5) prob60 else 1.0 - prob60,
       if (prob90 >= 0.5) prob90 else 1.0 - prob90
      )
    }
  }
```

10.4 本章小结

本章首先用骗贷者的故事揭示了信贷业务中存在的风险，然后介绍了信贷业务安全的背景，信用循环的管理以及构建风控系统的重要性，最后着重介绍如何构建风控算法体系，并以逻辑回归算法为例，介绍了机器学习中的分类算法在信贷业务安全中的应用。

参考资料

[1] http://china.zjol.com.cn/ktx/201803/t20180305_6722050.shtml

[2] http://news.southcn.com/gd/content/2017-06/16/content_172678723.htm

[3] http://news.jcrb.com/jszx/201803/t20180311_1848577.html

[4] http://www.sohu.com/a/194231737_305272

[5] http://finance.ifeng.com/a/20170106/15127734_0.shtml

[6] CristianintNello. An Introduction to Support Vector Machines and other kernel-based learning methods[M]. England:Cambridge University Press, 2000.

[7] Platt J C. Fast training of support vector machines using sequential minimal optimization[M]. Advances in kernel methods. MIT Press, 1999, pp. 185-208.

第 11 章

业务安全系统技术架构

11.1 整体介绍

整个业务安全系统技术架构可以抽象为平台层、数据层、策略层、服务层和业务层等五个部分。其中，平台层提供底层的计算支撑服务，包括各种大数据计算组件、任务调度平台和规则引擎等；数据层则提供对基础数据的清洗、分析、ETL 以及特征计算等服务；策略层是业务安全系统核心能力的体现，采用了各种统计机器学习技术、NLP 技术、深度学习技术、复杂网络技术（图模型）和人机识别技术等；服务层则提供多种服务化接口，通过约定的协议、方法来提供业务安全防护服务；业务层主要负责接入各个业务，例如对接账户业务、平台业务、内容业务、信息业务和信贷业务等。业务安全系统的技术架构如图 11-1 所示。

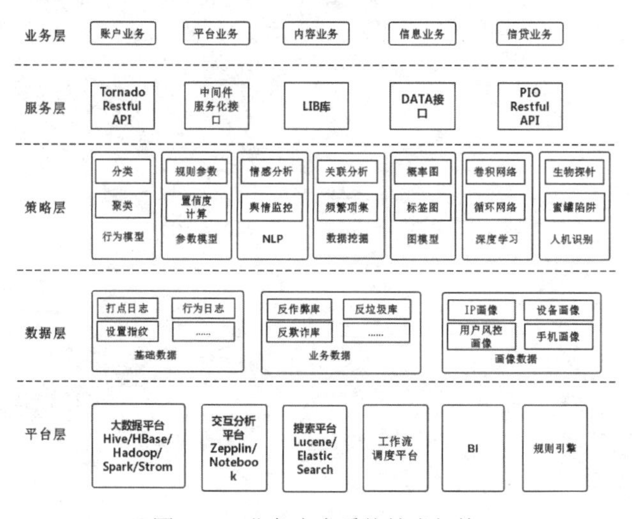

图 11-1　业务安全系统技术架构

11.2　平台层

平台层一般包括数据存储、基础计算平台、监控系统、调度系统和规则引擎系统等基础功能模块，提供了运行业务安全算法与模型所需的基础环境，是整个业务安全系统技术架构的基石。值得一提的是，以 Apache 为核心的开源组织提供了功能非常丰富和强大的各类大数据组件[1]，这些大数据组件为平台层的构建提供了强有力的支撑，在很大程度上解决了机器学习建模过程中的计算、存储与调度等问题。下面我们介绍几个典型的平台层组件。

1. Hadoop

Hadoop 是 Apache 基金会开源的分布式计算系统，是 Apache 大数据家族的核心组件，主要包含四个模块，分别是 Hadoop Common、Hadoop Distributed File System（HDFS）、Hadoop Yarn 和 Hadoop MapReduce。其中，Hadoop Common 提供了支持 Hadoop 其他模块的各种工具，HDFS 是分布式文件存储系统，Hadoop Yarn 提供了资源管理和工作调度的框架，而 Hadoop MapReduce 则是在 Yarn 上并行处理大规模数据的规范。在业务安全技术实践中，用得较多的是 HDFS 和 Hadoop Yarn，前者用于存储大数据，而后者用于管理集群资源，进行模型策略的训练与迭代，例如 Spark On Yarn。

2. HBase

HBase 也是 Apache 基金会开源的大数据组件，它是一个可扩展的非关系型分布式数据库，用于存储大规模结构化数据。HBase 参考了 Google 公司 BigTable 的设计，在 HDFS 分布式文件存储系统的基础上提供了强一致性的大规模数据读/写能力。在生产环境中，我们一般在具有如下特性的场景中使用 HBase：

- 对写数据的实时响应要求较高，而对读数据的实时响应要求不高。
- 结构化数据的读/写。
- 数据量较大且数据的属性比较稀疏。
- 属性数据有多个版本。

举个例子，在交易风控业务中，为了构建实时预测模型，我们就使用了 HBase

来存储底层特征数据，因为针对每一笔交易，在识别其风险时可以接受100~200 ms的延迟，但却要在很短的时间内写入订单相关的特征（一般要求在20 ms内完成），不然会造成特征的消息堆积而发生雪崩。

3. Hive

Hive是Apache基金会开源的结构化分布式数据仓库，其底层依赖HDFS、YARN和MapReduce等组件。Hive提供了标准的SQL功能，能够对超大规模的结构化数据进行离线分析，而且可以通过UDF（User-Defined Function）、UDAF（User-Defined Aggregation Function）和UDTF（User-Defined Table-Generating Function）来扩展SQL语句的表达能力。值得注意的是，Hive的设计目标不是作为OLTP（On-Line Transaction Processing）来使用的，而是在大规模分布式结构化数据之上执行数据仓库相关的功能，适用于离线分析的场景。在业务安全技术实践中，一般使用Hive来构建用户或者设备行为分析的宽表，或者直接将Hive用于离线的特征存储与分析。

4. Spark

Spark是Apache基金会的顶级开源项目，是基于内存的分布式计算框架。它完全基于内存计算而设计，因此计算效率要比原生的MapReduce高100倍以上。而且Spark借助于Scala语言的强大表达能力，利用Scala API处理数据任务，编程效率非常高。Spark框架提供了支持机器学习计算的MLlib模块和支持图计算的GraphX模块，在大数据和机器学习应用场景下也很流行。越来越多的高级计算框架都对支持Spark做出了努力，例如Intel基于Spark和MKL（Math Kernel Library）的深度学习计算框架BigDL，以及XGBoost On Spark、Caffe On Spark等。但值得注意的是，Spark在超大规模机器学习模型训练方面还有一定的瓶颈，该框架中缺失的重要一环是参数服务器（Parameter Server）。目前，国内的一些大厂已经基于Spark的设计思想或者在Spark基础上研发参数服务器，例如腾讯开源的Angel、新浪微博基于Spark自研的参数服务器等。

5. 规则引擎

规则引擎是平台层的重要组件，旨在提供灵活的策略配置、管理、部署等能力，支撑业务安全规则策略在线上业务中的风控作用，保证线上业务安全运行。规则引擎的核心目标是将业务决策从应用程序的代码中剥离出来，同时为运营人员提供易用的决策管控平台。开源规则引擎的代表是 JBoss Drools，但是 Drools 并不能满足很多公司线上生产环境的需求，大多数情况下开发者需要根据业务的实际特点开发适用于公司自身的规则引擎，例如基于 Redis 进行数据聚合和基于 Groove 脚本实现规则的逻辑来自研规则引擎。

6. 调度系统

调度系统是平台层的基础组件，为生产环境中的任务提供统一的运行调度功能，一般包括检查依赖、执行任务、出错后重试、事后处理和展现数据分析等功能。为什么需要调度系统？这是因为与大数据相关的任务变得越来越复杂，依赖也越来越多，shell 脚本或者 crontab 等组件已经不能很好地满足需求，需要专业的调度系统来支持这些功能。例如，Apache 正在孵化的调度系统 Airflow（http://airflow.incubator.apache.org/），就是一款优秀的专业调度工具。

11.3 数据层

在业务安全技术架构中，数据层泛指和业务安全相关的数据的整合层，主要包括采集的基础数据、面向具体场景的业务数据和描述主体风险程度的画像数据等。相关的 ETL（Extract-Transform-Load）功能是在平台层实现的，即基于各种大数据组件完成业务安全所需数据的收集、清洗、存储和加工等任务。

1. 基础数据

基础数据即客户端或者服务端按照既定规则搜集的底层数据，一般包括特定的打点数据（如 IP 地址、User Agent 等）、用户或者设备的行为数据（鼠标事件、页面停留时间，以及登录、浏览、加入购物车、下单等信息），以及一些基础的设备物理数据（Wifi 的 MAC 地址、CPU 类型、陀螺仪、加速度计等）。这些基础数据一般用于描述行为主体的真实性。例如，利用搜集到的物理层和网络层信息可以判断设备是否是虚拟机或者模拟器，再比如可以通过采集到的硬件信息和软件信息来构建设备的指纹 ID，完成对设备唯一性的标识。在实际的使用中，我们只需要唯一标识符，因此在收集数据时要进行脱敏处理。

2. 业务数据

业务数据主要指和业务安全强相关的数据，例如交易黑名单、信息欺诈库、反垃圾库和领券套利库等，即通过业务规则或者模型策略积累的黑名单数据。这些数据一方面可以帮助优化线上生产环境中的策略，另一方面也可以为训练机器学习模型提供样本。

3. 画像数据

画像数据是描述主体风险程度的细粒度数据，例如用户风险画像、IP 地址画像、收货地址画像、手机画像和设备画像等，即针对不同的主体维度进行细粒度刻画的数据。例如，在 IP 地址画像中可以提取的数据有：是否为出口 IP 地址、是否为代理 IP 地址、IP 地址的真实性、是否为云机房 IP 地址、IP 地址的真实性概率等；在设备画像中可以刻画设备型号、设备软件列表、设备是否刷过机和越狱等信息。这些描述主体风险程度的画像数据是构建风控模型和配置策略的基石，可以有效地辅助判断行为主体的风险程度。

11.4 策略层

策略层是业务安全系统技术架构的核心，目标是从海量业务数据中挖掘出风险和异常数据。目前，策略层主要依赖机器学习相关技术来构建相应的业务安全模型，包括统计机器学习方法、深度学习技术和复杂网络模型等，而策略层处理的对象则比较广，包括行为数据、文本数据和图像数据等，所以自然语言处理和机器视觉等领域的知识对于业务安全模型和策略也是非常重要的。下面简要介绍策略层涉及的几类主要技术。

1. 统计机器学习方法

从时间节点与研究方向来看，统计机器学习的发展可以概括为以下四个阶段。

第一阶段：20 世纪 50 年代初到 20 世纪 60 年代中叶

Donald Hebb 于 1949 年提出的基于神经心理学的学习机制开启了机器学习的第一阶段，这一机制也被称为 Hebb 学习规则。这个规则认为，如果两个细胞总是同时被激活的话，它们之间就有某种关联，同时被激活的概率越高，其关联度也越高。这是一个简单的无监督学习规则。

1950 年，Alan Turing（阿兰 • 图灵）发明了图灵测试来判定计算机是否有智能，他也被视为计算机科学与人工智能之父。自从图灵提出“机器与智能”，一直就有几派观点在争论。一派人认为，实现人工智能必须用逻辑和符号系统，这一派是自顶向下看问题的，被称作符号主义（symbolicism），又称为逻辑主义（logicism）、心理学派（psychologism）或计算机学派（computerism）。另一派人认为，通过模拟大脑就可以达到人工智能。这一派是自底向上看问题的。他们认为，如果能造出一台模拟大脑神经网络的机器，这台机器就有智能了，这一派被称为连接主义（connectionism），又称为仿生学派（bionicsism）或生理学派（physiologism）。显然，Hebb 的规则属于后者。当然，如果细分，其实还有一派，被称为行为主义（actionism）派，又称为进化主义（evolutionism）或控制论学派（cyberneticsism）。这一派在 20 世纪 40 年代控制论兴起的时候开始发展，其原理为控制论及感知-动作型控制系统，值得一提的是，钱学森等人提出的工程控制论和生物控制论也属于此派，而且控制论创始人维纳曾在 20 世纪 30 年代于北京的清华大学工作。

1952 年，IBM 科学家 Arthur Samuel（亚瑟·塞缪尔）在参与研究的第一台大型计算机 701 上开发了一个跳棋程序，这也是世界上第一个具有自学习功能的游戏程序，塞缪尔被称为“机器学习之父”。

1957 年，Frank Rosenblatt（弗兰克 • 罗森布拉特）基于神经感知科学背景提出了第二模型，非常类似于今天的机器学习模型。基于这个模型，Rosenblatt 设计出了第一个计算机神经网络——感知机（perceptron）。

1960 年，Widrow（维德罗）首次将 Delta 学习规则用于感知器的训练步骤中，得到最小二乘法（LSM）。

1967 年，最近邻算法（the nearest neighbor algorithm）出现，从此计算机可以进行简单的模式识别。

1969 年，Marvin Minsky（马文·明斯基）将感知器推到顶峰。他在《感知器》一书中提出了著名的 XOR 问题和感知器数据线性不可分的情形。不可否认，《感知器》中汇总的成果极具价值，Marvin 也是当时机器学习领域的集大成者。不过，他的书中片面、悲观的论调使得众多学者纷纷逃离机器学习领域，也对机器学习后十年的发展造成了不利的影响。

第二阶段：20 世纪 60 年代中期到 70 年代末

这一时期机器学习的发展几乎停滞。

1974 年，Paul John Werbos 提出反向传播（Back Propagation，BP）算法。由于这个时期神经网络的研究处于低谷，尽管之后又有多人重新定义和独立提出 BP 算法，但是这些成果并没有引起足够的重视。

第三阶段：20 世纪 70 年代末到 80 年代

20 世纪 70 年代末，从学习单个概念扩展到学习多个概念，研究者探索不同的学习策略和各种学习方法，机器学习开始慢慢复苏。

1980 年，在美国的卡内基梅隆大学召开了第一届机器学习国际研讨会，标志着机器学习研究在全世界再次兴起。此后，机器学习进入应用阶段。

1985 年左右，虽然 BP 算法的原型早在 1969 年就由 Bryson 和 Ho 提出，但是直到 20 世纪 80 年代中期人们才认识到其价值。Stuart Russell 和 Peter Norvig 也在其工作中提到，此时 BP 算法才进入大众视野。

1985 年到 1986 年间，神经网络研究人员 David E. Rumelhart、Geoffrey E. Hinton、Ronald J. Williams、James McClelland 先后提出了多层感知器（Multi-Layer Perceptron ，MLP）与 BP 训练相结合的理念。其中 Rumelhart 的《平行分布处理：认知的微观结构探索》（*Parallel Distributed Processing: Explorations in the Microstructure Of Cognition*）一书给出了完整的 BP 算法的推导公式，掀起了神经网络的第二次高潮。

1986 年，Ross Quinlan 提出一个重要的决策树算法——ID3 算法。

第四阶段：20 世纪 90 年代初到 21 世纪初

这一时期 Boosting 算法得到发展。Boosting 的思想起源于 Valiant 提出的 PAC（Probably Approximately Correct）学习模型。

1990 年，Schapire 最先构造出一种多项式级的算法，对该问题做了肯定的证明，这就是最初的 Boosting 算法。

一年后，Freund 提出了更有效的 Boosting 算法。1995 年，Freund 和 Schapire 改进了 Boosting 算法，提出了 AdaBoost（Adaptive Boosting）算法。该算法的效率和 Freund 在 1991 年提出的 Boosting 算法几乎相同，但不需要任何关于弱学习器的先验知识，因而更容易被应用到实际问题中。

1995 年，Vladimir N. Vapnik 和 Corinna Cortes 在大量理论和实证的条件下提出软间隔支持向量机（Support Vector Machine，SVM）。自此，SVM 的理论完整了。原始 SVM 是在 1963 年由 Vladimir N. Vapnik 和 Alexey Ya. Chervonenkis 提出的，但是只能解决线性可分问题。1992 年 Bernhard E. Boser、Isabelle M. Guyon 和 Vladimir N. Vapnik 提出在最大/最小化间隔超平面中使用核技巧来解决非线性分类问题。

随后由于在手写数字的识别上取得巨大成功，SVM 算法迅速成为继神经网络之后的一大研究热点。从此，机器学习社区分为神经网络社区和 SVM 社区。这两个社区其实有紧密的关联。比如 SVM、Boosting、最大熵方法（如逻辑回归）等，这些模型的结构基本上可以看成带有一层隐藏层节点（如 SVM、Boosting），或没有隐藏层节点（如逻辑回归）的浅层神经网络。最近几年，机器学习从浅层向深层发展。机器学习的基础之一是统计学习，传统机器学习很大一部分是统计学习理论（Statistical Learning Theory）在实践中的一种应用形式，并且以浅层的统计学习为主，而当前的机器学习主要以树或网络结构的统计学习为基础。

纵观传统机器学习的发展史，只有经过工业界应用检验的机器学习方法才能成为推动技术前进的动力。我们既要抬头看天，也要脚踏实地，做一个真正推动技术发展、对社会有价值的机器学习工程师。

2. 深度学习

深度学习近年来非常抢眼，而且重新点燃了大众对人工智能的热情，许多技术人员都对它激动不已。然而，深度学习本身并不是一门新技术，其历史可以追溯至

20 世纪 40 年代，而且在其发展过程中，有很长的一段时间都被统计机器学习方法（以 SVM 技术为代表）所压制。更有趣的是，在得名“深度学习”之前，这项技术还有许多其他名字，也因此“深度学习”才会被误认为是一项新技术。

深度学习技术的发展经过了三次浪潮：在 20 世纪 40 年代至 60 年代，深度学习被称为“控制论”；在 20 世纪 80 年代至 90 年代，它又被称为“联结学习”；从 2006 年起，该技术以“深度学习”这个名字开始复苏[2]。

纵观深度学习的发展，有如下几点值得注意：

- 随着训练数据的增加，深度学习的效果将越来越好。
- 随着计算机硬件和深度学习软件基础架构的改善，深度学习模型的规模将越来越大。
- 随着时间的推移，深度学习解决复杂应用的精度也将越来越高[2]。

除了上述趋势，还有两个值得注意的现象。

一是工业界和学术界在深度学习技术领域内的互动。深度学习的第三次大发展得益于学术界的一些领军人物的研究，比如 Geoffrey Hinton、Lecun、Bengio、Andrew Ng、Li Feifei 等，他们都为深度学习的发展做出了贡献。而工业界在深度学习上也投入了非常多的资源，推动了深度学习的应用。直观的原因是工业界有大量的数据，而数据是构建深度学习模型的基石，而且工业界也天然地需要用算法来满足业务需求。可以说工业界既提供了深度学习发展的环境与土壤又收获了其果实，所以不难理解工业界为什么在深度学习技术上有如此巨大的投入。例如，在著名的机器视觉会议 CVPR（IEEE Conference on Computer Vision and Pattern Recognition，IEEE 国际计算机视觉与模式识别会议）上，工业界的研究论文占据了近半壁江山；而学术界的大牛也纷纷加入工业界深入进行他们的研究以及加速成果的转化，如 Hinton、Lecun、Andrew Ng 等，甚至 SVM 的作者 Vladimir Vapnik 也被 Facebook 挖走。工业界和学术界之间人才的流动促进了深度学习技术在现实世界中的应用。

二是开源基础软件架构对深度学习的落地起到了极大的推动作用，如 Torch、MXNet、CNTK、Torch、Caffe/Caffe2、BIGDL 和炙手可热的 TensorFlow 等。这些开源的深度学习框架集合了开发者社区的力量，大幅提升了深度学习技术在业务环境中落地的能力，给一些中小型互联网企业创造很多机会，在某种程度上也推动了学术界的研究，例如大幅降低了算法实验的成本。

我们在面向业务安全建模的技术实践中，大量使用了深度学习技术，包括卷积神经网络、循环神经网络、Wide & Deep 深度神经网络等。在大数据的支撑下，许多深度学习模型在业务上的表现超过了传统统计机器学习方法，而且将统计类的交叉特征与嵌入（embedding）特征一起放入深度神经网络还能进一步提升模型的表现。

为什么深度学习技术的表现如此优秀呢？直观的解释是表征学习（特征学习）起了非常大的作用，因为许多信息处理任务的难易程度都取决于该信息是如何表征的，而在理论上各种分类模型的分类能力是没有什么区别的，这样一来特征工程就显得非常重要了。因为构建的特征的质量往往决定了模型表现的上限，而深度学习技术的一个优点就是可以自动地学习特征。以前馈神经网络为例，该网络的最后一层是分类器，余下的多层结构可以理解为向最后一层分类器提供特征表示，在监督学习的过程中，每一个隐藏层都学习了如何保留利于分类的性质，从某种程度上来说，即完成了特征的学习。另外，优化深度学习网络参数的初始化方法和优化训练过程中学习率的调整方法，也对提升深度学习的性能有很重要的帮助。

3．复杂网络模型（图模型）

近年来，知识图谱非常受关注，它实际上就属于复杂网络模型，而复杂网络模型的本质是基于图算法的模型。基于图的模型有一个非常好的特性，即可以实现非常多的无监督机器学习算法，例如社交媒体挖掘中的算法和异常挖掘的相关算法等。在业务安全场景中，这些算法是非常有价值的，因为很多实际业务在初期并没有标签可以用于构建分类模型，这时可以利用基于图的算法来检测风险行为，例如第 7 章中提到的 Louvain[3]、FLAUDAR[4]、CopyCatch[5]和 CatchSync[6]等算法。关于图的算法，建议多关注 KDD（Knowledge Discovery and Data Mining）会议，你会发现很多有关在图中进行风险挖掘的方法。另外，近来关于深度学习技术与图结合的研究也越来越多，在很多任务上都获取了当前最佳（State-of-Art）的结果，感兴趣的读者可以参阅相关的论文，例如 *Graph Attention Networks*[7]。

11.5 服务层

服务层是业务安全系统提供对外服务的媒介，也是业务安全模型的策略发挥作用的出口，涉及业务安全模块和各个业务系统的对接。从技术路线考虑，服务层的实现有两种途径：一是采用开源的服务框架封装对外的接口，二是依赖于自研的中间件来实现。两者各有利弊，需要权衡业务的体量、技术团队的规模和已有技术栈等综合考虑，下面分别简单介绍这两种途径。

1. 开源方案

开源的服务框架有很多，在决定采用哪一种时需要考虑如下因素，包括但不局限于：社区的成熟度和稳定性、框架的维护成本（代码规范、可扩展性、是否跨语言）、框架的性能（通信协议、序列化协议、I/O 模型、负载均衡）等。常见的开源服务化框架有 Thrift、Restful、Dubbo 和 gRPC 等。

在考虑服务框架的选型时，建议从以下几个角度考虑：交互对象、技术规模、侵入业务代码的成本等。如果交互的对象纯粹是后端程序，那么长链接和序列化的二进制服务框架性能更好些；如果交互的对象中有前端程序，那么比较适合采用短链接和跨语言的服务框架；如果是小公司或者技术团队规模不大，那么在从 0 到 1 的过程中推荐选择比较规范的服务框架，反过来，如果现有业务代码的规模已经比较大，则推荐选择侵入性较小的服务框架。

笔者所在的技术团队在提供业务安全模型服务时，除了使用公司技术团队提供的服务化框架之外，还较多地使用了 Restful 服务框架。具体的方案为：在提供基于 Python 的模型服务时，一般选择 Tornado 来实现 Restful API，而在利用 Prediction IO 提供模型服务时，则依托 Prediction IO 自身的模型部署能力提供 Restful API。

2. 自研服务框架中间件

当技术团队达到一定规模，业务复杂性达到一定程度时，需要自研符合团队技术栈的中间件来负责应用间的调用与请求。各个互联网公司都有自己不同的方案，但在本质上大多数都是 RPC 的一种实现，例如笔者所在的公司就自研了一套服务框架用于跨应用的资源调用。一般来说，一个完善的服务化框架需要包含如下组成部分：接口文档管理、服务注册中心、监控中心、分布式跟踪、服务治理、管理平台和网关等。要考虑到目前和未来的业务需求及技术的发展趋势，构建适用于技术团队自身的服务框架。

作为业务安全相关的技术人员，无须在服务框架的技术细节上投入太多精力，但是对于各种服务框架的优缺点要有一定了解，在技术选型时心中有数。如果技术团队内部有自研的服务框架中间件，要了解如何使用该服务框架，并基于此提供稳定的服务。

11.6 业务层

业务层主要对接与业务安全系统相关的业务，大的方向可以概括为账户、平台、内容、信息和信贷等。不同的业务方向所面临的问题的形式不同，但从本质上说都是和黑灰产及“羊毛党”对抗。一般而言，互联网公司成长到一定规模以后都会被黑灰产和“羊毛党”盯上，这时业务安全相关的问题就会多起来，如果准备不充分，就会陷入被动局面，甚至吃大亏。某打车软件巨头在中国运营时就被“羊毛党”“掳”走了相当多的补贴。

下面从账户、平台、内容、信息和信贷等几个方面来简要介绍用技术如何保障业务安全。

1. 账户业务安全

账户业务安全是互联网业务安全的基石。账户是各个互联网平台的门户，也是每个互联网产品的基本配置，更是黑灰产、“羊毛党”作案所需的基本资源。所以，囤积、贩卖各大互联网产品账户的行为，才会在互联网上肆虐，而撞库、脱库更是地下产业中的常见手段。截至 2017 年年中，中国网络黑产从业人员已超过 150 万，市场规模高达千亿元[8]。而据有关组织统计，九成的网络诈骗是因为信息泄露而导致的，最常见的被泄露的信息就是和账户相关的数据。所以，构筑账户安全的防护大门至关重要，这扇门要能够抵御黑灰产和“羊毛党”的“爆破”与攻击，降低对后续业务的威胁。

从技术的角度保障账户安全，主要是从基础设施、风险识别、验证手段这三个方面来识别垃圾注册与异常登录。其中，基础设施包括设备指纹、安全证书、虚拟机和模拟器检测等；风险识别即主要围绕人和机器的区别来构建识别模型，从海量数据中挖掘出异常行为；而验证手段则对应了风险识别后的管控手段，本质是对不同置信的概率风险分级应对，在保证用户体验的同时处理风险行为。

2. 平台业务安全

平台业务安全是互联网业务安全的核心，泛指互联网平台核心业务的安全。黑灰产、“羊毛党”等不法分子囤积账号之后，就会在各大互联网平台上利用灰色手段开展盈利活动。最典型的案例就是刷单、炒作信用、刷阅读量、刷粉丝和刷人气等。一方面，这些行为对平台的正常运营造成冲击，例如虚假的业务繁荣会影响平台的战略判断与决策；另一方面，这些“含水”的数据也直接影响了用户体验，对用户造成干扰，甚至会导致其弃用某些服务。

值得一提的是，自 2018 年 1 月 1 日起，新修订的《中华人民共和国反不正当竞争法》正式实施[9,10]，其中第二十条明确规定，“经营者违反本法第八条规定对其商品作虚假或者引人误解的商业宣传，或者通过组织虚假交易等方式帮助其他经营者进行虚假或者引人误解的商业宣传的，由监督检查部门责令停止违法行为，处二十万元以上一百万元以下的罚款；情节严重的，处一百万元以上二百万元以下的罚款，可以吊销营业执照。”而且，第二十七条规定，“经营者违反本法规定，应当承担民事责任、行政责任和刑事责任，其财产不足以支付的，优先用于承担民事责任。”目前这些不法行为已经被明确定性，尽管法律和法规有震慑力，但是互联网平台仍有责任和义务来提升自身的技术能力，识别灰色行为。

要从技术上保障平台业务安全，主要从四个方面入手：

- 建立情报监控平台，最大程度地跟踪外部情报，做到知己知彼。
- 强化识别技术手段，特别是积累与沉淀算法策略及建模能力，高效、全面和准确地识别业务中的异常情况。
- 驱动业务规则的优化，通过数据挖掘反推业务规则的合理性，针对业务规则的漏洞提出改良方案。
- 与同行互通有无，了解业界内安全与风控技术的进展，做到共同进步和提升，更好地保障平台业务安全。

3．内容业务安全

内容业务安全是互联网业务安全的底线。互联网上有大量垃圾信息，其中不乏涉黄、涉恐和涉暴等内容，这就为互联网平台带来多方面的风险。一方面虚假信息会大幅降低用户的产品体验，另一方面垃圾信息也给互联网平台带来了监管和法律风险。需要特别注意的是，内容业务安全工作不到位可能导致平台面临被关停的风险，所以需要保持敏感，高度警惕。

我们可以利用文本识别、图像识别、语音识别和视频识别等技术来保障内容业务安全。随着机器学习（深度学习）技术的进步，在识别垃圾文本、图像等任务上，算法的精确度越来越高，这为制定内容业务安全策略提供了保证。

4．信息业务安全

信息业务安全是互联网业务安全的重要环节，是保证用户体验和用户信息安全的关键。有统计数据显示，2017 年上半年全球范围内泄露的数据高达 19 亿条。这一数字已经超过了 2016 年全年被盗数据的总和（14 亿条左右）。2017 年 10 月，雅虎公司发布公告称其在 2013 年的数据泄露事件中约有 30 亿个账号受影响，可见信息安全形势非常严峻。而随着移动互联网的兴起和产品泛 App 化，信息安全形势更是雪上加霜。例如，Facebook 公司就有 5000 万用户的信息遭泄露，虽然 Facebook 认为与其合作的公司在获取用户信息时经过了用户的许可，但是把这些敏感信息售予第三方时并未经用户允许，这是导致此次信息泄露最主要的原因。连这样的互联网巨头都会在信息安全上“翻船”，就更不用提各类中小型互联网企业了。

对于信息业务安全，技术应该在如下三个方面发挥作用：

- 预防信息泄露的发生，当然这是最理想的情况。
- 在发生信息泄露或者欺诈时，及时检测到相关的信息，做到有的放矢地介入。
- 事后挖掘出导致信息不安全的因素，查漏补缺，避免类似情况再次发生。

5. 信贷业务安全

互联网金融是当前互联网圈的风口之一，大大小小的互金平台不断涌现。而随着互金平台的发展，信贷业务安全问题也愈来愈受重视。互联网技术大幅提升了金融行业的触达能力，是普惠金融的体现。然而，普通的借贷者中潜伏着有组织的骗贷群体，他们利用互金平台提供的便利性，挖空心思攫取钱财。据坊间传言，2017年某中小型互金平台被“专业”的骗贷群体集中欺诈，使得该平台蒙受巨大损失，之后相关技术总监引咎辞职。所以，为了保证互联网金融平台和信贷业务安全，必须构筑应对欺诈分子的技术围栏，抵御骗贷风险。

对于信贷业务来说，风控技术是其核心保障，可以在贷前、贷中和贷后三个阶段分别建立相应的风控模型，实现面向消费金融产品全生命周期的信用风控与管理。只有在信用数据、业务特征和算法模型等方面加强技术投入，持续提升风控模型的识别能力，才能充分保证信贷业务的安全。

11.7 本章小结

本章总结了业务安全系统的技术架构，分别从平台层、数据层、策略层、服务层和业务层这五个方面阐述了技术架构的内涵。其中，11.2 节介绍了支撑业务安全技术架构的计算平台，以及当前比较成熟的开源技术方案；11.3 节则强调了业务安全系统所依赖的数据，包括基础数据、业务数据和画像数据；11.4 节总结了统计机器学习、深度学习和图模型等技术的发展历程及其在业务安全中的应用；11.5 节阐述了服务层的技术选型；而 11.6 节则着重介绍了如何将业务安全技术服务于具体的业务场景。本章为构建业务安全系统的架构提供了可借鉴经验。

参考资料

[1] https://data-flair.training/blogs/apache-flink-big-data-unified-platform/

[2] Ian Goodfellow, Yoshua Bengio, Aaron Courville. Deep learning[M]. Boston: MIT Press, 2016. 2393.

[3] Blondel V D, Guillaume J L, Lambiotte R, et al. Fast unfolding of communities in large networks[J]. Journal of Statistical Mechanics, 2008(10), pp. 155-168.

[4] Hooi B, Song H A, Beutel A, et al. FRAUDAR:Bounding Graph Fraud in the Face of Camouflage[C]// ACM SIGKDD International Conference on Knowledge Discovery and Data Mining. ACM, 2016, pp. 895-904.

[5] Beutel A, Xu W, Guruswami V, et al. CopyCatch: stopping group attacks by spotting lockstep behavior in social networks[C]// WWW 13 Proceedings of the 22nd international conference on World Wide Web, 2013, pp. 119-130.

[6] Jiang M, Cui P, Beutel A, et al. CatchSync: catching synchronized behavior in large directed graphs[C]// ACM SIGKDD International Conference on Knowledge Discovery and Data Mining. ACM, 2014, pp. 941-950.

[7] Veličković P, Cucurull G, Casanova A, et al.Graph attention networks[C]// In Proceedings of the International Conference on Learning Representations (ICLR), 2018.

[8] http://cloud.idcquan.com/yaq/139835.shtml

[9] http://www.xinhuanet.com/2017-11/04/c_1121906537.htm

[10] http://www.xinhuanet.com/politics/2017-11/04/c_1121906586.htm

第 12 章

总结与展望

12.1 总结

本书开篇首先介绍了互联网业务安全的现状，并且从近年来发生的重大安全事件中总结出业务安全风险事件的三个特点：频率高、范围广；已经形成产业链；危害严重，社会影响大。基于这样的现状，我们认为可以从三个方面来应对，分别是：完善业务安全预警信息的监控，提升业务安全防护技术，培养业务安全相关的专业技术人员。我们特别强调了机器学习技术（包括统计机器学习方法、深度学习技术、图模型等）在业务安全中的重要性。

首先，我们介绍了机器学习的基础知识，从数学的角度出发，探讨机器学习的数学原理，为算法工程师理解模型、使用模型、构造模型夯实基础，也为从事机器学习相关工作的人给出指导性建议。这一部分介绍了一些常用模型的构造方法与学习方法（策略及算法），以及一些相似模型的数学原理背后的关联。

其次，我们介绍了业务安全主要涉及的几个场景以及机器学习技术在这些场景下的应用，主要包括账户业务安全、平台业务安全、内容业务安全、信息业务安全和信贷业务安全等。在介绍案例时，我们按照业务背景、业务安全建设、算法原理和应用案例的顺序进行阐述，并且将传统的统计学习方法、深度学习方法和复杂网络模型（基于图的模型）融入具体的业务安全案例中进行解析。

最后，我们介绍了支撑业务安全的技术架构，以及如何基于这样的技术架构来为各个业务安全场景服务。这些业务安全场景主要包括平台层、数据层、策略层、业务层和服务层，我们对每一个部分都做了具体的介绍。

笔者基于自己的工作经验分析了典型的业务安全场景，并就如何使用机器学习技术解决业务安全中的问题给出实践指南，为相关从业人员提供参考。

12.2　展望

下面将分别从大数据、深度学习、云计算和区块链这四个方面来展望业务安全技术的发展。

1．大数据

业务安全技术的发展一定是离不开数据的，而这里的数据必然是指大数据。可以预见的是，未来大数据处理技术依然是互联网技术栈的基础，而对于非结构化、多来源、高纬度、海量的大数据分析依然面临严峻挑战。在业务安全场景中，该挑战尤为突出。

虽然目前开源的 Apache Hadoop 生态已经为互联网技术栈提供了诸多底层组件，大幅降低了大规模数据挖掘在业务安全实践上的技术门槛，但是如何更高效地识别和挖掘风险依然是个难题，例如实时地完成图的构建和在图上进行计算。

一般来讲，业务安全风险挖掘的三原则是集中性、小概率事件和同分布。利用机器学习技术并结合三原则在大数据基础上进行业务安全风险的挖掘，是需要我们继续努力研究的课题。

2．深度学习

自从 2006 年 Hilton 教授将深度学习技术引入公众视野后，沉寂多年的神经网络技术再次成为学术界和工业界的关注焦点。学术界主流的机器学习会议上关于深度学习的论文数逐年上升；而工业界中基于深度学习技术的框架和应用（如广为人知的 Torch、Caffe、TensorFlow 和 MXNet 等）也逐渐增多，这些框架又反过来推动了深度学习技术的研究。

目前主流的深度学习技术大多数是基于 CNN 和 RNN 的，而这样的黑箱模型也有不少缺点，除了可解释性低，易受攻击也是现有深度神经网络模型固有的缺点。

不过这样的现象正在改变，例如 Hilton 教授提出的 Capsule-Net[1,2]，通过引入 Capsule 来代替传统的卷积层，在很多任务中取得了 State-of-Art 的效果。

在未来的很长一段时间内，关于深度学习技术的研究依然会是业界的主流课题，而且不排除颠覆现有 CNN 和 RNN 的技术出现，同时应用深度学习技术解决生产环境问题的精确度会越来越高。所以，在应用机器学习技术解决业务安全问题时，一定少不了深度学习的相关技术。如何引入最新的深度学习技术来解决现有的业务安全问题，以及如何在自研技术与开源技术之间取舍，如何保证深度学习模型不受攻击等等，都是我们业务安全从业人员需要思考的问题。

3. 云计算

10 年前，亚马逊公司在全球推出第一个云计算服务时，这种服务模式并不被业界看好，然而 10 年后的今天，仅仅我国国内的云计算市场份额就达到百亿美元，而全球的云计算市场份额已经达到几千亿美元。大多数互联网公司都是基于云计算开展业务的，甚至传统行业也借助于云计算提高其系统效率。除了亚马逊公司，微软、Google、阿里、腾讯等大公司也纷纷进入该领域并颇有建树。从全世界范围内来看，亚马逊公司独领风骚，而国内则是阿里遥遥领先，腾讯逐步跟进。

云计算大幅地降低了中小型互联网公司的开发门槛与运维成本，基于云构建业务安全系统也是一种趋势。然而，由于业务安全十分特殊，其对安全性与隐私性的要求高于一般业务，所以业务安全系统的建设可以部分地依赖于公有云或直接使用云端的服务，例如接入腾讯天御、阿里蚁盾和易盾等业务安全防护服务。另外，也要考虑建立私有云计算资源来构建独立的业务安全系统，来处理涉及用户敏感信息的业务等。如何针对具体的业务安全问题及互联网平台自身的业务特征，来平衡公有云和私有云的选择，是业务安全从业人员要慎重考虑的问题，同时也要仔细考虑时间和金钱的投入。但总的来说，云计算的趋势是不可逆转的。

4. 区块链

从比特币的出现开始，区块链技术逐渐进入大众的视野。“币圈”内一夜暴富的新闻屡见不鲜，也让区块链技术蒙上了一层神秘的面纱。从本质上来说，区块链可以归结为一种去中心化的数据库技术，即利用密码学的知识实现数据区块的分布式存储，而每一个数据区块则包含全部的数据记录，这样会使得信息的记录受到保护。所以，这种设计特别适用于要做记录的场景，最典型的就是记账。

区块链技术也可以应用在业务安全系统上，因为部分黑灰产或者“羊毛党”在对互联网平台进行攻击时，即利用某些漏洞或者通过绕开系统规则限制来伪造请求达到盈利性目的，如果使用区块链技术来对数据或者交易信息的记录加密，是很有可能避免数据被窜改的。区块链技术还处于快速发展之中，如何结合区块链的设计思想，从架构设计上保证业务安全是非常值得探索的。

业务安全相关技术是跟随着整个互联网技术的进步而演进的。我们认为大数据、深度学习、云计算和区块链都是值得各位同仁关注的技术，而且这几项技术之间也是相互促进的，例如可以通过区块链分发机器学习模型，以保证机器学习模型是可追溯且不可窜改的。有了这些技术的协助，机器学习算法必将发挥日益显著的价值。

放眼未来，业务安全所面临的挑战会愈加复杂，大家可以从大数据、深度学习、云计算和区块链等技术中寻找灵感，为提升业务安全系统的对抗能力添砖加瓦。过程可能是曲折的，但是光明就在前方。

参考资料

[1] Sabour S., Frosst N., Hinton G.E..Dynamic routing between capsules[C]// NIPS 17 Proceedings of the 31st International Conference on Neural Information Processing Systems, 2017, pp. 3859-3869.

[2] Geoffrey Hinton, Sara Sabour, and Nicholas Frosst. Matrix capsules with EM routing[C]// In Proceedings of the International Conference on Learning Representations (ICLR), 2018.

后记一

历经多半年的时间，本书终于成稿，能够将个人在业务安全工作中积累的经验写成书付诸出版，是一件非常令人兴奋的事情。当然，由于个人能力所限，书中难免存在疏漏之处，恳请各位读者批评指正。

本书后期稿件的整理工作主要由盖世完成，在此对盖世的辛苦工作表示感谢。同时也非常感谢编辑侠少对于多次我们延期交稿的理解，以及编辑许艳为稿件所做的辛苦细致的编辑工作。

回首个人在机器学习专业上的成长过程，首先要感谢导师曹治国教授和我读研时所在的实验室——华中科技大学图像所，在这里我走上了机器学习专业这条路。其次，要感谢周围的同学和朋友，与你们的讨论让我在学习中少走了很多弯路。最后感谢百度，因为在百度的工作使我有机会成长为一名机器学习算法工程师。

再回顾本书的成书历程，同样要感谢很多人。首先感谢我的公司（美丽联合集团蘑菇街）提供了这样一个平台，能够让我在业务安全工作中施展个人能力，使我在业务安全领域取得成绩的同时个人的专业技能与素养也得到了提升。其次，感谢我所在的团队，虽然在三年多的时间中团队的成员有诸多变化，但是他们的贡献是不可磨灭的，而且他们的工作成果也丰富了本书的内容。我非常高兴能够与他们共事，一起进步，在此表示感谢！他们的花名分别是飞虎、半山、云竹、北冥、梵天、幽鬼、子琳、于修、婉明、德乐、盖世、包公、稼轩、宫羽、云柯和藏锋。

最后，真诚地感谢我的家人、亲戚、朋友和导师，是你们让我成长，并在我情绪最低落的灰暗日子里陪伴我走出困境。

谨以此书献给所有关心我的人和我关心的人，谢谢你们。

王帅

2019 年 6 月

后记二

我个人并非机器学习和自然语言处理相关专业出身，研究生阶段的数学课程也是以在课外找资料、蹭课的方式学习的，到如今勉强算是对机器学习方面的知识有比较成体系的理解。由于机器学习是一门与数学联系十分紧密的学科，我在工作中所用、所需的技能和方法涉及很多数学领域的知识，自己花费了大把的时间来自学，因此，我特别希望能够有一本书简洁明了地介绍机器学习学科涉及的数学知识，同时讲解业界的应用案例，将理论知识与实用技能结合起来。如果当初有这样的书，相信我能省去不少时间。

非常感谢莲华的赏识，给予我共同编写本书的机会，让我这个自驱动力不足的人能够下定决心，将一个想法变为现实。

回顾半年来忙碌的时光，发生了许多对个人来说重要的事情。完成本书的写作是其中之一，另一件是家里添加的新成员——小公主 Emily，希望你能健康快乐地成长。感谢很多在我生命中最重要的人给予的支持和帮助。特别感谢公司给予足够的发展空间，感谢莲华为我提供的机会，感谢藏锋、云柯帮忙校稿（你们不仅是工作伙伴，也是朋友），感谢公司其他同事在工作上对我的帮助和理解。最后，感谢我的家人——特别是孙焱博士的理解和支持，对家庭的无私付出，兼顾她在学校的立项、沙龙以及研究论文等工作的同时无微不至地照顾宝宝。

吴哲夫
2019 年 6 月

本书常见数学符号定义

符号	释义	中文
∇	round（Franch），patial derivative (Eng) δ(Latin) 的古典写法	因此有时读作 partial，中文经常念作“偏”
$\boldsymbol{x}$	粗斜体	向量，如无特别说明，均为列向量
$\boldsymbol{A}$	粗斜体	矩阵
$\stackrel{\text{def}}{=}$	is definition as	定义为
$\propto$	is proportional to	相似/正比
$\forall$	for all	全称量词，对任意的
$\exists$	there exists (at least one)	存在量词，存在
i.e.	(Latin)that is to say	即
s.t.	subject to	约束条件
iff	if and only if	当且仅当
iid	independent and identically distributed random variables	独立同分布随机变量
a.e.	almost everywhere	殆遍，几乎处处
a.s.	almost surely	殆必，几乎必然